普通高等教育"十四五"规划教材

U0965267

中兽药学

郝智慧　主编

中国农业大学出版社
·北京·

内容简介

本教材共23章，内容包括总论：兽用中药的发展，兽用中药的性能与配伍规律，兽用中药的剂量与用法，兽用中药材的产地、采收、加工与贮藏，兽用中药的炮制，兽用中药制法与制剂，兽用中药注册与研发管理；各论：解表药，清热药，泻下药，消导理气药，温里药，化痰止咳平喘药，祛湿药，平肝息风药，收敛药，补益药，理血药，安神开窍药，涌吐药和驱虫药，杀虫止痒药和化腐生肌药，植物油脂和提取物，成方制剂和单味制剂。本教材既可作为普通高等农林院校动物医学及中医药相关专业的教材，也可作为从事中药相关领域的畜牧兽医科研人员、兽药企业研发人员以及应用中兽医药进行动物疾病防治的兽医临床工作者的工具书。

图书在版编目（CIP）数据

中兽药学 / 郝智慧主编．-- 北京：中国农业大学出版社，2025．6．-- ISBN 978-7-5655-3445-4

Ⅰ．S853.7

中国国家版本馆 CIP 数据核字第 2025X00D99 号

书　　名　中兽药学
Zhongshouyaoxue
作　　者　郝智慧　主编

策划编辑　赵　艳　蔡恩嘉　　责任编辑　赵　艳　蔡恩嘉
封面设计　中通世奥图文设计中心
出版发行　中国农业大学出版社
社　　址　北京市海淀区圆明园西路2号　　邮政编码　100193
电　　话　发行部 010-62733489，1190　　读者服务部 010-62732336
　　　　　编辑部 010-62732617，2618　　出　版　部 010-62733440
网　　址　http://www.caupress.cn　　E-mail cbsszs@cau.edu.cn
经　　销　新华书店
印　　刷　河北虎彩印刷有限公司
版　　次　2025年6月第1版　　2025年6月第1次印刷
规　　格　185 mm×260 mm　　16开本　　29.25印张　　668千字
定　　价　88.00元

编审人员

主　编　郝智慧　中国农业大学

参　编（按姓氏笔画排序）

王帅玉　中国农业大学
王学兵　河南农业大学
王胜义　中国农业科学院畜牧与兽药研究所
石广亮　东北农业大学
史万玉　河北农业大学
司红彬　广西大学
毕师诚　西南大学
刘　娟　西南大学
许小琴　中国农业大学
孙耀贵　山西农业大学
李建喜　中国农业科学院畜牧与兽药研究所
伯若楠　扬州大学
林珈好　中国农业大学
罗　燕　石河子大学
候冉冉　青岛农业大学
郭庆勇　新疆农业大学
韩俊成　新疆农业大学
曾建国　湖南农业大学

主　审　韦旭斌　吉林大学
段文龙　中国兽医药品监察所

前　言

本书是一本结合当前形势和产业实际专门讲授中兽药学知识的教材，教材分总论和各论，总论以讲解中兽药起源、一般知识，制药技术及新药评价为主，各论与《中华人民共和国兽药典（2020 年版）》紧密接轨，按类别对药材、饮片、提取物和成方制剂、单味制剂分别进行系统论述，结合当前临床常发、多发、普发疾病且中兽药确有疗效的品种进行系统编写。

本书系统深入地对中兽药药材、药性、质量控制、制剂工艺、活性成分获取工艺以及基于兽医临床特点的中兽药开发和应用进行了规范详细的讲解。同时配有彩图，便于读者更加直观地掌握。书中较多内容阐述中兽药在防治动物临床疾病中的应用，期望能为合理、安全、有效使用中兽药提供保障，以使中兽药在动物疾病防治中发挥更重要的作用。

党的二十大报告强调了创新驱动发展战略的重要性，提出了加快建设创新型国家的目标。在这一战略指导下，本书的出版可以更好地传承中兽医学的传统智慧，创新中兽医药理念，探索中兽药学新的发展方向。本书结合现代科学技术对传统中兽药进行深入研究，并系统阐述了提升中兽药学的科学性和实用性的路径，为从业者提供宝贵、客观的专业知识。

同时，本书旨在为有较高中兽药学创新需求的读者提供更加全面、系统的中兽药学知识。与传播普适基础知识的教材相比，本书展示了更多中兽药的高阶知识，与解决产业实际问题和科研创新的需求更加吻合。希望本书能够帮助读者更清晰、更直观地理解中兽药学的理论，加强运用与实践，让更多的人了解中兽药、使用中兽药，发展发扬好中兽药。本书不仅是一本专业教材，更是推动中兽医药科技创新和现代化的重要工具。

我们诚挚地希望本书能够为广大学生和中兽医药从业者提供宝贵的知识和指导，为中兽医学的发展和兽医实践的进步作出更大的贡献。本书的出版得到了中国农业大学研究生教材建设项目（JC202209）支持，在此深表感谢。由于编者能力所限，本书难免存在不足，期待读者提出宝贵意见和建议，以便在未来的修订中完善，并不断提升本书的学术价值和实用性。

我们承诺本书中涉及的文字内容和图片均不存在著作权问题。

编者
2025 年 6 月

目录

总论

各论 药材和饮片

总　论

第一章　兽用中药的发展

中兽医药和中医药相伴相生，一脉相承，兽用中药是在中兽医药理论指导下应用的药用物质及其制剂，又称“中兽药”。在传统认知中，为与中兽医概念相对应，动物用中药一直被称作“中兽药”。此外，还出现过“兽医中药”这一称谓，不过该术语主要见于专业书籍，普及程度有限，日常生活中人们仍普遍使用“中兽药”。然而，在管理实践过程中，农业农村部发现“中兽药”这一名称存在概念表述不精准的问题：一方面，容易让人误以为它与“西兽药”相对；另一方面，“中兽药制剂”“中兽药材”等细分表述缺乏依据。相比之下，“兽用中药”既能更准确地表达动物用中药的内涵，又能与人用中药形成对应关系。为此，2021 年农业农村部印发的《全国兽用抗菌药使用减量化行动方案(2021—2025 年)》(农牧发〔2021〕31 号)，首次将“中兽药”统一调整为“兽用中药”。此后，农业农村部相关文件均沿用这一规范表述。基于上述情况，本书在引用和介绍国家相关规定及条文原文时，将保留“中兽药”或“兽医中药”的原始表述；其余部分均采用“兽用中药”，确保与国家现行文件表述一致。

几千年来，兽用中药在防控动物疫病、保障养殖业健康发展方面发挥了重要作用。经历了原始社会的演进和奴隶社会的初步发展，中兽医药在漫长的封建社会中形成了完整的学术体系，并从隋唐开始便系统地传到国外，曾产生过比较深远的影响。近代以来，随着我国社会半殖民地半封建化，传统中兽医药遭受了歧视和摧残。中华人民共和国成立以后，中兽医药得到了政府和社会应有的重视，进入了一个蓬勃发展的新阶段，实现了高速发展。

第一节　古代发展

兽用中药的起源应追溯到 10 000 年以前的原始社会，人们把野生动物驯化成家畜后，便逐渐将积累的植物治疗疾病的经验应用于家畜。我国在西周时已设有专职兽医诊治“兽病”和“兽疡”，同时已采用了灌药、手术及护养等综合医疗措施。在《周礼》《诗经》和《山海经》中记载有人畜通用的药物 100 多种，同时还提出了“流赭(代赭石，主要含氧化铁等)以涂牛马无病”等。在《礼记》中还有“孟夏月也，……聚蓄百药”的记载，说明当时已有了夏令采药的知识。

秦汉时期(公元前 200 年—公元 220 年)：第一部人畜通用药学专著《神农本草经》问世。该书记载了药物 365 种(植物药 252 种、动物药 67 种、矿物药 46 种)，对药物的四气五味、用药规律作了较系统的论述，其中特别提到“牛扁(药名)杀牛虱小虫，又疗牛病”“柳叶主马疥痂疮”“梓叶傅猪疮”“桐花主傅猪疮”等。在现存史料中，最早记载兽医药方的是汉简(《流沙坠简》和《居延汉简》等)，如《流沙坠简》中有一简载写“治马伤水方：姜、桂、细辛、皂荚、附子各三分，远志五分，桂枝五钱……”从汉简中的兽医方看，当时已应用了汤剂、膏剂和丸剂，在服药方法上有饲喂前服和饲喂后服的区别。汉代名医张仲景著有《伤寒杂病论》等书，充实与发展了前人辨证施治的原则，一直为兽医临证所借鉴。

魏晋南北朝（公元220—581年）：东晋葛洪著有《肘后备急方》，卷八即“治牛马六畜水谷疫疠诸病方”，是现存古籍中最早的有关兽医方剂的篇章，其中记载有单方和复方共14个，剂型有散剂（“捣”）、煎剂和水浸剂（“水渍”），给药方法有内服（“啖”“灌”“内口中”），也有外用（“傅”“封”“洗”“涂”“灌鼻”“内小便孔中”），同时还试图用狂犬的脑组织敷伤者的咬伤处，以防治狂犬病。北魏贾思勰撰写的农书《齐民要术》，其中卷六为《畜牧兽医专卷》，列举了治牛、马、驴、羊、猪的药方40余个，并且有散、膏、煎、胶、酒、熏烟等不同剂型和用法，其中如麦芽治消化不良（中谷）、麻子治腹胀、榆白皮治咳嗽、芥子和巴豆合剂（刺激剂）涂敷患部治跛行等，以及关于家畜群发病的防治隔离措施等，反映了当时的兽医技术已达到了相当高的水平。南梁陶弘景所著的《神农本草经集注》对药物的分类、产地、采制加工、真伪鉴别等都有较详细的论述；南北朝刘宋时期雷敩撰写的《雷公炮炙论》是我国最早的中药炮制学专著，为后世中药鉴定提供了重要依据。

隋唐时期（公元581—907年）：隋朝刊行过的《疗马方》是我国最早的兽医方剂专著；唐高宗时（公元659年）颁布的《新修本草》（即《唐本草》，由李苏敬等主持编撰）收载药物844种，是我国最早出现的人畜通用药典，也是世界上第一部由国家颁布的药典；唐末（公元838年前后），李石所著的《司牧安骥集》对于传统中兽医学的理论及诊疗技术有比较全面系统的论述，记载了大量用中药治疗马病的知识，是我国最早的兽医教科书。

宋代（公元960—1279年）：设立专人掌管供马医用的药物，还出现了我国最早的兽医药房，如有“宋之群牧司有药蜜库……，掌受糖蜜药物，以供马医之用”的记载；王愈所撰的《蕃牧纂验方》载有57个验方，除四时调理方外，分心、肝、脾、肺、肾、杂治六部；《安骥药方》收载药方144个，按功效和主治分为25类，形成了中兽医方剂的基本理论。

元代（公元1279—1368年）：卞宝所著的《痊骥通玄论》收载了药物250种，“痊骥通玄注解汤头”收载方剂113个（有“用药须知”），吸收了当时中医方剂学的一些理法和配伍规律，丰富和发展了中兽医方剂学。当时还有《安骥集》（八卷本）和《治牛马驼经》等的印行。

明代（公元1368—1644年）：李时珍书考800余家（其中参考有畜牧兽医古书）编著了举世闻名的《本草纲目》，收载药物1 892种和方剂11 096个，其中包含兽医用药物60余种和大量兽医药知识，于1596年刊行后，不久即传到国外，为中外医药学的发展作出了杰出的贡献；徐光启所著的《农政全书》记载了治马、驴、牛、羊、猪、犬、猫、鸡的疾病验方100余个；喻本元、喻本亨兄弟合撰的《元亨疗马集》（附《牛驼经》）是在国内外流传最广的一部中兽医学代表著作，书中理、法、方、药俱备，内容丰富多彩，列举了200多种兽用中药，400多个经验良方涉及药物400多种，所述72症的每一症都是作者心得和前人经验的结合，不仅使古代的马病治疗达到了一个新的高度，而且为中兽医治疗学做出了典范。

清代（公元1644—1911年）：傅述凤所著的《养耕集》收载治牛病方100余个；周海蓬所著的《疗马集》收载药方110个；《牛经切要》收载治牛、猪病方36个；《猪经大全》记载猪病50多种，验方63个；李南晖（号青峰）等编著的《活兽慈舟》约在1873年刊行，该书对黄牛、水牛、马、猪、羊、犬、猫等的病证均有论述（共240种），收载方剂（包括单方）700多个。

第二节　近代发展

鸦片战争(1840 年)以后,随着我国社会的半殖民地半封建化,中医药发展陷入了困境。鸦片战争以前,虽然存在着歧视兽医学为“医方小道”,“故无人学兽医久矣”的情况,但民间对我国传统兽医药知识仍然有所整理和总结。彼时西方文化给中国传统文化以前所未有的冲击,部分知识分子将中国落后的原因简单归结于传统文化而加以指责,造成了中国传统文化的式微、断裂。西医学超速发展且占据科学与技术的高台阶,加之中医学发展滞后,导致中医疗法受众对中医学理解的困难以及随之而来的认受性和公信力的降低,中医学面临着话语权的不断丧失。

1904 年(保定成立马医学堂)以后,西方兽医学系统传入我国,中国开始有中、西兽医学之分。受维新思想的影响,当时认为中兽医“止系本乡所见”,不能“别悟新理新法”,加之在政治机构、军队系统,乃至学校教育中都是聘用西兽医,从而迫使中兽医处于民间兽医地位。1936 年在南京发起成立的中国畜牧兽医学会中,并无中兽医;1914 年北洋军阀提出“废止中医”;1925 年国民党当局禁止把中医课列入医学教育,1929 年国民党当局在召开的“第一次中央卫生委员会议”上,公然通过了“废止旧医案”,因立即受到了人民的强烈反对才被迫取消。中兽医药在近代的发展举步维艰。

第三节　现代发展

中华人民共和国成立后,中央人民政府高度重视中兽医药工作,中兽医学进入了一个蓬勃发展的新阶段,兽用中药枯木逢春。

一、中兽医药研究得到重视

1953 年,由中国畜牧兽医学会主办的《中国畜牧兽医杂志》创刊。1955 年 10 月,金重冶编著、郭沫若等作序的《新牛马经》由财政经济出版社出版,分中药、针灸、治疗三篇。

1956 年,周恩来总理于 1 月 5 日亲自签发了《国务院关于加强民间兽医工作的指示》,同时对中兽医提出了“团结、使用、教育和提高”的政策,调动了广大中兽医或民间兽医的积极性。2 月 20 日,中国畜牧兽医学会成立中兽医小组,于船任组长,成员有吴学聪(北京农业大学,现中国农业大学)、金重冶(农业部畜牧兽医局,现农业农村部畜牧兽医局),该小组是中国第一个中兽医学术组织。

1956 年 9 月,农业部在北京召开第一次全国民间兽医座谈会,刘寿山所著的《兽医常用中药》也在同年出版。1957 年,根据全国民间兽医座谈会资料研究整理、编撰的《中兽医验方汇编》出版;郑藻杰所著的《兽医国药及处方》出版;江西省中兽医研究所主编的《民间兽医通讯》创刊(后于 1979 年改名为《中兽医学杂志》);《中国兽医杂志》由原刊《中国畜牧兽医杂志》分出,成为中国传播中、西兽医学术的主要期刊;中国农业科学院中兽医研究所于 1982 年 5 月创办了《中兽医医药杂志》。

1958 年,毛泽东主席发出了“中国医药学是一个伟大的宝库,应当努力发掘,加以提高”的指示,为中兽医药的发展指明了方向。

1958 年 6 月，中国农业科学院在兰州召开“第一次全国中兽医研究工作座谈会”；7 月，经农业部批准，中国农业科学院中兽医研究所在兰州建立。中国农业科学院中兽医研究所于 1960 年 8 月创办中兽医专科学校。1996 年 11 月，中国农业科学院中兽医研究所与中国农业科学院兰州畜牧研究所合并成立中国农业科学院兰州动物与兽药研究中心，中国农业科学院中兽医研究所的牌子随后确认得以保留(1997 年 9 月)。

1960 年，贵州省兽医实验室整理校订《猪经大全》。1963 年 1 月，农业部和中国农业科学院组织编写的《兽医中药学》《中兽医诊断学》《中兽医治疗学》和《重编校正元亨疗马牛驼经全集》出版，《兽医中药学》收载中药材 328 种，是中华人民共和国成立后第一本专门论述兽医中药的书籍。1963 年 8 月，国务院发布《关于民间兽医工作的决定》，指出“对于中兽医的验方和草药，农业科学研究机关，应该抓紧搜集、整理和研究”。

20 世纪 60 年代开始，国内采用现代科技手段对有效方药进行研究，开展中兽医传统理论验证，试图阐明其现代科学实质及作用机理，出现中西结合研究趋势。

1984 年 8 月，中国畜牧兽医学会及安徽有关单位联合倡议建立“喻氏兄弟纪念馆”。1987 年 8 月，《中国农业百科全书・中兽医卷》开始编纂。1992 年 9 月，首届“海峡两岸中兽医学术研讨会”在西安召开。

为满足动物疾病防治的需求，提升我国中药产品的科技含量和自主创新能力，《国民经济和社会发展第十一个五年规划纲要》和《国家中长期科学和技术发展规划纲要(2006—2020 年)》提出增强中药产品的市场竞争能力，为我国的食品卫生安全和动物疫病防治提供有力保障。

2008 年，“十一五”国家科技支撑计划重点项目“中兽药现代化技术研究与开发”开始实施。项目着力开展中兽药现代化共性关键技术研究和兽医中药新产品的研制开发，探索建立具有中兽医辨证施治特色的中兽药药效学评价动物模型和药效学评价标准，起草中兽药研制和审评指导原则，研制抗耐药菌、防治动物病毒病和寄生虫病的中兽药，以及免疫增强剂和中药饲料添加剂。中国农业科学院兰州畜牧与兽药研究所、中国兽医药品监察所、中国农业大学、南京农业大学等多家单位承担相关课题研究。

2011 年，“十二五”国家科技支撑计划“现代中兽药研究与新药创制”由中国农业大学主持，针对畜牧业生产中动物疾病群体防治和动物源食品安全生产需求，主攻动物呼吸系统及消化系统常见病、胎产病和感染性疾病、提高免疫力的中兽药研制和示范应用。

2017 年，“十三五”国家重点研发计划重点专项“中兽药现代化与绿色养殖技术研究”由湖南农业大学等单位主持，以促进我国养殖业的持续健康发展及中兽医药行业发展。

2023 年，“十四五”国家重点研发计划“中兽药现代化与产业化技术研发”由中国农业大学主持，以创制一批机理明确、成分清晰、品质过硬、临床实用、疗效确实的现代中兽药优势产品，构建产业化技术示范体系，形成优势中兽药产品精准应用的技术模式，建立临床应用示范基地，满足动物疾病绿色防控的需求，提升我国中兽药产品现代化与产业化技术水平。

国家在重点专项中设置专项，为推动兽用中药重大产品创制及产业化关键技术研究，保障食品和公共卫生安全提供了强有力的科技支撑。

目前，兽用中药在防治奶牛乳房炎、奶牛子宫内膜炎、奶牛卵巢疾病、仔猪和犊牛腹泻、母猪产后缺乳综合征、育肥猪发热、鸡球虫病以及增强免疫、抗内毒素等方面进行了有益探索，取得了可喜成绩。

二、中兽医药现代教育兴起

在1956年开办的中兽医训练班的基础上，1958年在河北定县（现定州市）创办了第一所中兽医学校，北京农业大学设立中兽医班。1959年，农业部发出《关于中兽医“采风”和编辑中兽医新药物志》的通知，各省（区、市）搜集整理出一批中兽医诊疗经验、经验良方和中草药汇编等。农业部委托河北定县中兽医学校举办中兽医教师训练班，开展全国中兽医师资培训，全国农业院校和中等农业学校畜牧兽医专业相继开设了中兽医学课程。1965年4月，农业部发出《函请考虑在部分学校设置中兽医专业的意见》，北京农业大学设立了中兽医专业。1979年，四川畜牧兽医学院开始了中兽医本科教育，同年，全国高等农业院校试用教材《中兽医学》出版，《藏兽医经验选编》出版。1998年，教育部将中兽医专业合并到动物医学，部分学校在动物医学专业中分出中兽医方向，中兽医药学的教学工作在各大高校迅速展开。

三、兽用中药标准化工作循序渐进

1965年，农业部组织制定的兽药国家标准《兽医药品规范（草案）》于1968年颁布试行，其中收载了部分中药品种，兽用中药有了较为系统的国家标准。

1978年版《兽药规范》分为一部、二部（草案），一部为兽用化学药品部分，二部为兽医中草药部分。二部收载兽用中药645种，其中中药材531种、成方制剂114种。另收载附录7个。

1990年版《中华人民共和国兽药典》是我国第一版兽药典，分为一部、二部。二部收载中药材和成方制剂499种，其中中药材418种、成方制剂81种（含散剂79种）。另收载附录44项，其中制剂通则7项，包括散剂、胶剂、片剂、注射液、酊剂、浸膏剂与流浸膏剂和软膏剂。1990年版《中华人民共和国兽药典》未收载的1978年版《兽药规范》部分品种经修订后编纂成1992年版《中华人民共和国兽药规范》，后者分为一部、二部。二部收载兽用中药227种，其中药材及其制品175种、制剂52种。

2000年版《中华人民共和国兽药典》二部收载中药材和成方制剂656种（新增179种），其中中药材473种、成方制剂183种。部分药材和制剂增加了犬、猫、兔、禽、渔、蚕、蜂等动物的用法用量；增加了渔、蚕、蜂等动物应用的部分成方制剂，如虾蟹脱壳促长散、筋骨草蜕皮液、蜂螨液。另收载附录68项，其中制剂通则11项，新增项包括锭剂、合剂（口服液）、颗粒剂、灌注剂4项制剂通则。为适应信息化发展需要，2000年版《中华人民共和国兽药典》制作了可供全文检索的配套光盘。

2005年版《中华人民共和国兽药典》分为一部、二部和三部。二部收载中药材和成方制剂685种，其中中药材491种（新增药材20种）、成方制剂194种（新增成方制剂11种）。另收载附录69项（增加11项），增加了原子吸收分光光度法、毛细管电泳法、粒度测定法、可见异物检查法、灭菌法、重金属和农药残留测定法、中药质量标准分析、方法验证指导原则等方法及其原则；散剂中增加了“药材提取物”，胶剂增加了水分测定，片剂中增加了糖衣片、薄膜衣片、泡腾片，颗粒剂中增加了挥发油、环糊精包合处理；薄层色谱法将市售薄层板列为首选项，高效液相色谱法、气相色谱法等方法增加了对仪器的要求；对中药软膏剂、酊剂、合剂增加了微生物限度检查。

2010年版《中华人民共和国兽药典》二部收载药材和饮片、植物油脂和提取物、成方制剂和单味制剂共1 114种（包括新增饮片373种），其中药材和饮片529种、植物油脂和提取物

22 种（首次集中单篇收载）、成方制剂和单味制剂 191 种；新增 431 个品种中，含药材 37 种、饮片 372 种、植物油脂和提取物 16 种、成方制剂 6 种。另收载附录 93 项（新增 17 项，修订 60 项），增加丸剂和胶囊剂 2 项制剂通则，增加红外分光光度法、琼脂糖凝胶电泳法、离子色谱法等 11 项检验方法，增加中药注射剂安全检查法应用指导原则、中药生物活性测定指导原则、微生物限度检查法应用指导原则和药品微生物实验室规范指导原则 4 项指导原则，增加中药特征图谱/指纹图谱鉴别技术，新增 6 个品种（提取物）的特征图谱/指纹图谱鉴别。

2010 年版《中华人民共和国兽药典》更加注重中药质量控制的整体性，增加了 373 个中药饮片标准和 16 个中药提取物标准（集中收载的 22 个提取物和植物油脂品种：人参茎叶总皂苷、三七总皂苷、大黄流浸膏、大黄浸膏、马钱子流浸膏、广藿香油、丹参总酚酸提取物、丹参酮提取物、水牛角浓缩粉、甘草流浸膏、甘草浸膏、当归流浸膏、远志流浸膏、连翘提取物、刺五加浸膏、茵陈提取物、姜流浸膏、穿心莲内酯、黄芩提取物、黄藤素、薄荷脑、露水草提取物），一定程度上解决了兽用中药品种少、研发水平滞后的问题，为开发生态绿色兽药、提高兽用中药生产和质量水平奠定了基础。

2010 年版《中华人民共和国兽药典》的配套丛书《兽药使用指南》分化学药品卷、中药卷和生物制品卷共三卷，中药卷为首次发布，中药卷收载 191 个成方制剂。还出版了《中华人民共和国兽药典》配套丛书《中药显微鉴别和薄层色谱彩色图集》。

2015 年版《中华人民共和国兽药典》二部收载药材和饮片、植物油脂和提取物、成方制剂和单味制剂 1 148 种，其中药材和饮片 929 种（含饮片 397 种）、植物油脂和提取物 22 种、成方制剂和单味制剂 197 种。另收载附录 107 项（新增 15 项）。

2015 年版《中华人民共和国兽药典》在凡例中明确了对不按处方生产情况的判定："即使符合《中华人民共和国兽药典》或按照《中华人民共和国兽药典》没有检出其添加物质或相关杂质，亦不能认为其符合规定"，为违规添加非处方成分行为的定性提供了依据；增加对药材霉菌毒素及其加工中硫的控制，大幅度修订了农药残留量测定法；在正文品种中，增加了对毒性成分或易混杂成分的检查与控制；完成多个标准中对含苯等毒性溶剂的替换。强化标准物质、药用包材、药用玻璃容器管理，加强了对兽药检测新技术的收载，新增国家兽药标准物质通则、药用辅料功能性指标研究指导原则、药用包材通用要求指导原则、药用玻璃材料和容器指导原则等多个通用性指导原则。

2020 年版《中华人民共和国兽药典》二部收载药材和饮片、植物油脂和提取物、成方制剂和单味制剂 1 370 种，其中药材和饮片 1 139 种（药材 514 种、饮片 625 种）、植物油脂和提取物 22 种、制剂 209 种。另收载附录 110 项。

2020 年版《中华人民共和国兽药典》突出兽医临床和养殖用药需求，在确保安全的前提下增加了宠物用品种、兽医专用品种，兽医特色剂型、制剂通则及方法，和兽医专用药材及传统兽医特色制剂的收载。增加广东紫珠、臭灵丹草等新药材和玉屏风口服液、板蓝根注射液等极具传统兽医学特色的兽医专用药材和传统兽医特色制剂；加强对中药材及中药成方制剂质量的整体控制，重点增强薄层鉴别、一法多测和专属性检查；扩大检验操作中苯替代的品种范围；取消了人参、甘草、黄芪的六六六检查，取消了人参的艾氏剂检查，将山楂、丹参、甘草、白芍、金银花、枸杞子、黄芪的镉限度由 0.3 mg/kg 修订为 1 mg/kg；适当充实"证候"相关内容，部分药材和饮片增加或修订含乙醇制剂的证候，使其可用于犬、猫。增加了可溶性粉剂通则、微粉剂通则。其配套丛书《兽药红外光谱集（2020 年版）》于 2022 年出版。

历版《中华人民共和国兽药典》二部(中药)收载情况见表 1-1。

表 1-1　历版《中华人民共和国兽药典》二部(中药)收载情况

版次	药材、饮片/种	提取物/种	成分制剂/种	总计/种	附录/项
1990 版	418	药材含 9 种提取物	81	499	44
2000 版	473	制剂含 6 种提取物	183	656	68
2005 版	491	制剂含 6 种提取物	194	685	69
2010 版	529	22	191	1 114	93
2015 版	929	22	197	1 148	107
2020 版	1 139	22	209	1 370	110

经过多年摸索,一套科学的兽医中药检测方法和质量控制标准逐步建立起来。1978 年版《中华人民共和国兽药规范》开始采用显微鉴别、薄层层析法;《中华人民共和国兽药典》1990 年版开始采用薄层色谱(TLC)鉴别,用分光光度法进行含量测定;2000 年版收载对照药材的 TLC 鉴别,用 TLC 和高效液相色谱法(HPLC)进行含量测定;2005 年版大幅度增加 TLC 鉴别方法;2010 年版大幅度增加 TLC、HPLC 方法,增加了特征图谱/指纹图谱的测定;2015 年版进一步完善了显微鉴别,增加了质谱法。

四、兽用中药迈入法制化发展轨道

改革开放以后,我国畜牧业发展迅猛,兽用中药在防病保健方面的作用受到养殖用户的欢迎,中药研发、生产得到政府相关部门的高度重视。

1980 年 8 月,国务院颁布《兽药管理暂行条例》,标志着兽用中药的发展迈入法制化管理轨道;1987 年 5 月 21 日,国务院颁布《兽药管理条例》,2001 年,为了履行有关知识产权保护方面的承诺,我国对该条例的个别条文进行了修订;2004 年 4 月 9 日国务院令第 404 号颁布《兽药管理条例》,加强对兽药生产和兽用生物制品的管理,进一步规范了兽药进出口管理程序,强化监督措施,规范执法程序。

1990 年 12 月,我国第一部兽药典《中华人民共和国兽药典》出版,其中二部为中药部,更多引入显微镜、色谱、光谱等仪器检测手段,质量管理手段更上新台阶。兽用中药标准进入国家技术法典序列。

1991 年,农业部第一届兽药审评委员会成立,下设化学药品(包括抗生素、生化制品、放射性药品)、中药、生物制品 3 个分委员会。其后,各地也相继成立省级兽药审评机构;1993 年,农业部兽药审评委员会中药分委员会正式开展工作,兽用中药的研制与审批走上正轨。

五、中国自信引领兽用中药高质量发展

进入 21 世纪,中国自信引领兽用中药高质量发展,兽用中药产业发展迎来“黄金期”。2004 年 11 月,新版《兽药管理条例》施行以后,各地不再批准发布兽药地方标准,新兽药审批权限被集中到农业部,同年颁布的《兽用中药、天然药物分类及注册资料要求》进一步加强兽用中药评价体系建设。在现代化生产和管理条件下,我国的兽用中药从研究、注册审批、生产、销售、使用,直至用药安全监测,已经形成较为完整的产业链。

《中华人民共和国兽药典》2000年版、2005年版、2010年版、2015年版、2020年版陆续出版，兽医中药材、成方制剂品种不断增加，中药灌注剂、微粉剂、可溶性粉等新剂型得到确立，特征图谱得到应用，兽用中药质量控制水平不断提升。

农业部高度重视兽药行业发展和产品质量安全监管工作，认真贯彻落实国务院“放管服”改革精神，持续加大兽药行业“放管服”力度，不断优化兽药行业营商环境，促进行业健康可持续发展。同时，紧紧围绕“优供给、强安全、保生态”的目标，不断推动完善兽药管理相关法规制度，不断加大兽药行业监管力度，严格实施《兽药非临床研究质量管理规范》(GLP)、《兽药临床试验质量管理规范》(GCP)、《兽药生产质量管理规范》(GMP)、《兽药经营质量管理规范》(GSP)和二维码全程可追溯监管，确保了兽药产品质量安全。2016年4月22日，农业部颁布《农业部关于促进兽药产业健康发展的指导意见》(农医发〔2016〕15号)，明确提出加快兽用中药产业发展。

为了加强中兽医药高等教育专业人才的培养，河北农业大学、西南大学、中国农业大学、河南牧业经济学院、河南农业大学和辽宁中医药大学陆续恢复中兽医本科专业招生。

2022年2月11日，农业农村部兽药评审中心发布《证候类中兽药临床研究技术指导原则》。为进一步加强兽用中药临床研究技术指导工作，规范新兽用中药研究活动，加快兽药产品研发和上市应用，2025年6月11日，农业农村部发布了《用于猪肺热咳喘证中药临床研究技术指导原则》等15个证候类中药临床研究技术指导原则。中兽医理论对中兽药研究和应用的指导作用得到强化。

至此，兽用中药发展迈入高质量发展快车道，必将为我国动物健康和人类安全，为农业生产的高质量发展和乡村振兴提供有力保障。

复习思考题

1. 什么是兽用中药？
2. 简述兽用中药的发展历程。
3. 简述历版《中华人民共和国兽药典》中有关兽用中药的变革。

第二章　兽用中药的性能与配伍规律

第一节　性　能

研究药物性能的形成机制及其运用规律的理论称为药性理论，广义内容包括兽用中药基原、产地、采集、炮制、制剂、四气五味、升降沉浮、归经、良毒、阴阳、补泻、配伍、禁忌、用法、用量等，狭义内容包括四气五味、升降沉浮、归经、毒性等。

一、四气

药物具有的寒、凉、温、热四种不同药性，自古称为四气，也称四性。其中寒凉与温热属于两类不同的性质，而寒与凉、温与热则是性质相同，仅在程度上有所差异，凉次于寒，温次于热。此外，尚有一些药物的药性不甚明显，作用比较平缓，称为平性。实际上，它们或多或少偏于温性，或偏于凉性，属微凉或微温，并未越出四气范围，故习惯上仍称四气。

寒、凉、温、热四种药性是古人根据药物作用于机体所引发的反应和对于疾病所产生的治疗效果而做出的概括性归纳，是与所治疾病的寒、热性质相对而言的。凡是能够治疗热性证候的药物，便认为是寒性或凉性；能够治疗寒性证候的药物，便认为是温性或热性。一般来说，寒性和凉性的中药属阴，具有清热、泻火、凉血、解毒、攻下等作用；温性和热性的中药属阳，具有温里、祛寒、通络、助阳、补气、补血等作用。

《素问・至真要大论》云："寒者热之、热者寒之"，《神农本草经・序例》曰："疗寒以热药，疗热以寒药"，即热证用寒凉药，寒证用温热药，这是中兽医的治病常法，也是临床用药的原则。

二、五味

辛、甘、酸、苦、咸五种不同药味，称为五味。有些中药具有淡味或涩味，所以实际上不止五种，但是习惯上仍然称为五味。药味的确定，最初是依据药物的真实滋味，由口尝而知。后来由于将中药的滋味与作用相联系，并以药味来解释和归纳中药的作用，便逐渐根据药物的作用确定其味。如凡有发表作用的中药，便认为有辛味；有补益作用的中药，便认为有甘味等。由此就出现了中药的味与实际味道不符合的情况，如葛根味辛、石膏味甘、玄参味咸等。前人在长期的临床用药实践中，发现药物的味和它的功用之间有一定联系，即不同味道的药物对疾病有不同的治疗作用，从而总结出了五味的用药理论。所以药物的味已不能完全以舌感辨别，它已包括了药物作用的含义。《素问・至真要大论》将中药五味的作用简要地归纳为"辛散、甘缓、酸收、苦坚、咸软"，后世医家又进一步发展出"辛能散行、甘能缓补、酸能收涩、苦能燥泻、咸能软下”，五味也可归属于阴和阳两大类，即辛、甘、淡味属阳，酸（涩）、苦、咸味属阴。

三、升降浮沉

升降浮沉指药物进入机体后的作用趋向，是与疾病表现的趋向相对而言的。升是上升，降是下降，浮是上行发散，沉是下行泄利。升与浮、降与沉的趋向类似，只是程度上有所差别，故通常以“升浮”“沉降”合称。由于各种疾病在病机和证候上常有向上（如呕吐）、向下（如泄泻、脱肛）、向外（如自汗、盗汗）、向内（如表证未解）等病势趋向的不同，以及在上、在下、在表、在里等病位的差异，因此，能够针对病情，改善或消除这些病证的药物，相对说来也就分别具有升降浮沉的不同作用趋向。药物的这种性能有助于调整紊乱的脏腑气机，使之归于平顺，或因势利导，祛邪外出。升浮药主上行而向外，属阳，有升阳、发表、祛风、散寒、催吐、开窍等作用；沉降药主下行而向内，属阴，有潜阳、熄风、降逆、止吐、清热、渗湿、利尿、泻下、止咳、平喘等功能。此外，个别药物还存在着双向性，如麻黄既能发汗，又可平喘利水。凡病变部位在上、在表者，用药宜升浮不宜沉降，如外感风寒表证，当用麻黄、桂枝等升浮药来解表散寒；在下、在里者，用药宜沉降不宜升浮，如肠燥便秘之里实证，当用大黄、芒硝等沉降药来泻下攻里。病势上逆者，宜降不宜升，如肝火上炎引起的两目红肿、羞明流泪，应选用石决明、龙胆等沉降药以清热泻火、平肝潜阳；病势下陷者，宜升不宜降，如久泻脱肛或子宫脱垂，当用黄芪、升麻等升浮药来益气升阳。一般来说，治病用药不得违反这一规律。

四、归经

归经指中药对机体某部分的选择作用，即主要对某经（脏腑及其经络）或某几经发生明显的作用，而对其他经则作用较小，或没有作用。例如同属寒性的药物都具有清热作用，然而黄连偏于清心热，黄芩偏于清肺热，龙胆偏于清肝热，各有所专；又如同是补药，也有党参补脾，蛤蚧补肺，杜仲补肾等的区别。因此，将各种药物对机体各部分的治疗作用进行系统归纳，便形成了归经理论。

兽用中药的归经以脏腑、经络理论为基础，以所治具体病证为根据。由于经络能够沟通畜体的内外表里，所以一旦畜体发生病变，体表的病证可以通过经络而影响内在脏腑，而脏腑的病变也可以通过经络反映到所属体表。各个脏腑、经络发生病变时所产生的症状是各不相同的。在临床上，将药物的疗效与病因病机以及脏腑、经络联系起来，就可以说明药物和归经之间的相互关系。例如桔梗、杏仁能治咳嗽、喘气，则归肺经；朱砂能安神，则归心经；麦芽能消食，则归脾经和胃经等。由此可见，药物的归经理论具体指出了药效之所在，是从客观疗效观察中总结出来的规律。

至于一药有归数经者，即是其对数经的病变都能发挥作用，如杏仁归肺与大肠，既能平喘止咳，又能润肠通便；石膏归肺与胃经，能清肺火和胃火。但是，在应用中药的时候，如果只掌握其归经，而忽略了四气五味、升降浮沉等性能，是不够全面的。因为同一脏腑经络的病变，有寒、热、虚、实以及上逆、下陷等的不同，同归一经的药物，其作用也有温、清、补、泻以及上升、下降的区别。因此，不可只注意归经而将入该经的药物不加区分地应用。

兽用中药归经理论对于中药的临床应用具有重要指导意义：一是根据动物脏腑经络的

病变“按经选药”，如肺热咳喘，宜选用入肺经的黄芩、桑白皮；胃热，宜选用入胃经的石膏、黄连；肝热或肝火，宜选用入肝经的龙胆、夏枯草；心火亢盛，宜选用入心经的黄连、连翘。二是根据脏腑经络病变的相互影响和传变规律选择用药，即选用入他经的药物配合治疗，如肺气虚而见脾虚者，在选择入肺经的药物的同时，选择入脾经的补脾药物以补脾益肺（培土生金），使肺有所养而逐渐恢复；又如肝阳上亢而见肾水不足者，在选用入肝经药物的同时，选择入肾经滋补肾阴的药物以滋肾养肝（滋水涵木），使肝有所涵而虚阳自潜。总之，既要全面地了解和掌握中药性能，又要熟悉脏腑、经络之间的相互关系，才能更好地指导临床用药。

第二节 配 伍

药物配伍关系阐述了药物间的相互作用。药物配合有时可增进原有药效，有时可抵消或削弱原有药效，有时可降低、消除或产生毒副作用，这些作用有的具有临床意义，有的则是临床禁忌。将这些进行归纳总结便形成了药物的“七情”理论。

一、单行

单行是指用单味药治病，多用于治疗病情单一的疾病，如用黄芩治疗肺热出血，用马齿苋治疗动物痢疾，用益母草膏治疗动物发情迟缓或不发情等。

二、相须

相须是指将性能相似、具有协同功效的兽用中药配合使用，即一种药必须配另一种药，某种功效才能更好发挥，如麻黄配桂枝，发汗解表、祛风散寒的作用增强；大黄配芒硝，泻下通便的作用增强。

三、相使

相使是指将具有某种共性作用的两种药物配合使用，一种药物为主，另一种药物为辅，辅药可增强主药的功效。如黄芪与茯苓配合应用，可增强黄芪补气利水的作用，治疗脾虚水肿效果较好，其中黄芪健脾益气、利水消肿，为主药；茯苓淡渗利湿，增强黄芪的作用，为辅药。

四、相畏

相畏是指两种药物配合使用时，一种药物的毒性或毒副作用能被另一种药物减轻、消除或抑制。《本草纲目》中“半夏畏生姜、干姜”是指半夏毒性受制，“巴豆畏大黄”是指巴豆与大黄同用，其泻下作用反被抑制。

五、相杀

相杀是指一种药物能够消除、减轻或抑制另一种药物的毒副作用。如生姜杀半夏毒，羊血杀钩吻毒，金钱草杀雷公藤毒，绿豆杀巴豆毒等。

六、相恶

相恶是指两种药物配合使用后，会使药效作用降低或消失，或一种药物能破坏另一种药物的某种功效。如人参恶莱菔子，莱菔子能削弱人参补气的作用；生姜恶黄芩，黄芩能削弱生姜温胃止呕的作用。

七、相反

相反是指两种药物配合使用后，能增强某种毒性或副作用。如甘草反甘遂，贝母反乌头，乌头反半夏等。

第三节　禁　忌

临床上治疗动物疾病的药物既有单方，又有复方，多数情况下复方优于单方。围绕动物疾病的病因、病机和状态，依据药物性味归经，有目的地将两种或两种以上的药物配合使用，这被称为兽用中药配伍。临床实践中，随着对疾病和药物间协同、拮抗作用认识的不断加深，人们发现大部分疾病有表里同病、寒热错杂、虚实互现、数病相兼等复杂多变的情况，同时随着人们发现药物品种的日趋增多，出现了多种药物配合应用的方法。不断总结药物的配伍规律，既能增进疗效，又能降低或消除毒副作用，可确保达到安全有效治疗疾病的目的。

一、配伍禁忌

配伍禁忌是指同时使用两种或两种以上的药物治疗疾病时，会产生或增强毒性作用和副反应，或降低原有药物的功效，应尽可能避免这种配伍用药。配伍禁忌主要包括药物“七情”中的相反和相恶，大多数兽用中药间的配伍禁忌并未完全阐明，所以有关配伍禁忌的药物数量和配伍在不断增多，但我们必须牢记古人总结出的“十八反”和“十九畏”。

十八反　甘草(炙甘草)反甘遂、大戟(京大戟、红大戟)、海藻、芫花，乌头(川乌、制川乌、草乌、制草乌、附子)反贝母(川贝母、浙贝母、平贝母、伊贝母、湖北贝母)、瓜蒌(瓜蒌子、瓜蒌皮、天花粉)、半夏、白蔹、白及，藜芦反人参、红参、人参叶、西洋参、党参、北沙参、南沙参、丹参、玄参、苦参、细辛、芍药(赤芍、白芍)。

十九畏　硫黄畏朴硝(芒硝、玄明粉)，水银畏砒霜，狼毒畏密陀僧，巴豆(巴豆霜)畏牵牛，丁香(母丁香)畏郁金，川乌、草乌畏犀角，牙硝(芒硝、玄明粉)畏三棱，官桂畏石脂，人参(红参、人参叶)畏五灵脂。

二、妊娠禁忌

妊娠禁忌是指药物可能会对母畜或胎儿产生不良反应，从而影响动物的正常妊娠生理，导致畸胎、死胎、流产等，因而在妊娠中慎用或禁用这些兽用中药。

《中华人民共和国药典》将“妊娠禁忌药”进行了以下分类：

(1)据药性　妊娠禁忌药可分为大毒和辛热之品，如水银、狼毒、砒石等为大毒药，附子、乌头、蜀椒等为辛热药。

(2)据药效　可将活血通经、破气行滞、软坚散结、攻逐峻下、滑利重坠、走窜开窍者均归为妊娠禁忌药。

(3)据作用对象(母体或胎儿)　妊娠禁忌药可分为作用于母体的妊娠禁忌药和作用于胎儿的妊娠禁忌药,如红花主要作用于母体而影响妊娠,半夏等直接损伤胎儿。

(4)据作用结果　妊娠禁忌药可分为杀胎、堕胎、滑胎、毒胎。

(5)据作用强度　妊娠禁忌药可分为禁用与慎用,可能会导致母体或胎儿严重损伤的毒性较强或药性猛烈者归为禁用药,毒性较低或药性较缓者归为慎用药。

三、证候禁忌

证候禁忌是指某一种或几种药物只适用于某种疾病的特定证候,而其他证候一般不宜应用。如大黄只适用于热结肠燥便秘,而阴虚、血亏、阳虚精亏所致大便秘结,就是大黄的证候禁忌。证候禁忌是一般的用药规律,临床上有时能通过科学配伍而扩大药物病证范围,如大黄配附子,寒热并用,温通去积,也可用于冷积便秘。临床实践发现,除极少数药性特别平和的药物外,一般药物都有证候禁忌,临床配伍使用时一定要遵循。

第四节　毒　性

历代本草书籍中,常在每一味药物的性味之下,标明其"有毒"或"无毒",以表示药物有无毒性。早在远古时代,人们在发现药物治疗作用的同时,对药物的毒性也有了初步的了解。随着药性理论的发展和临床经验的积累,古今对毒药和毒性的认识逐步加深,同时也存在着很大差异,概括起来有以下几个方面。

一、毒性即药物的偏性

古人认为毒就是药,毒性即药物的偏性。如《素问·汤液醪醴论》云:"当今之世,必齐毒药攻其中,鑱石针艾治其外。"

二、毒性药物的毒副作用

在原始社会,人们通过生产和生活医疗实践,已初步认识到了药物的毒性。如《淮南子·修务训》云:"尝百草之滋味,水泉之甘苦……一日而遇七十毒。"

三、现代毒性的概念

随着科学技术的发展,人们对毒性本质的认识逐步加深。时至今日,西医学认为,所谓毒药是指对机体产生化学或物理化学作用而损害机体,引起功能障碍、疾病甚至死亡的物质。现代毒性完整的概念应当包括急性毒性、亚急性毒性、慢性毒性和特殊毒性(如致癌、致突变、致畸胎、成瘾等)。剧毒药,一是指中毒剂量与治疗剂量比较接近,或某些治疗量已达到中毒剂量的范围,因此治疗用药时安全系数小;二是指毒性对机体组织器官损害剧烈,可产生严重或不可逆的后果。

复习思考题

1. 什么是中药药性理论？研究药性理论有何意义？
2. 什么是中药四气五味？各有何特点？
3. 中药配伍禁忌主要包括哪几个方面？各有何意义？
4. 中药归经的依据和方法是什么？

第三章　兽用中药的剂量与用法

第一节　剂　量

剂量，即每一药物的常用治疗量。药物功效的发挥，既取决于其质量，也与其用量密切相关。用药剂量的多少，关系到治疗的效果和药物对动物体的毒性。因此准确地掌握中药的剂量，不但对保证中药的临床疗效非常重要，而且也为保证用药安全所必需。

一、古今计量单位及换算

中药的计量单位，古今有别。明清以后，普遍采用 16 位进制，即 1 斤＝16 两＝160 钱。如今，我国对中药生药计量采用法定计量单位，即 1 kg＝1 000 g。为了方便处方和配药，特别是古方剂量的换算，通常按规定以近似值进行换算，1 两（16 进制）≈30 g，1 钱≈3 g，1 分≈0.3 g，1 厘≈0.03 g。

二、确定剂量的依据

剂量是影响用药安全性、有效性的重要因素之一。临床上主要依据所用药物的性质性能、用药方法、动物情况（体质和年龄等）及四时气候等多方面来确定中药的具体用量。

◢ 药物的性质性能　包括药材质地、药物的气味与毒性。

（1）药材质地　花叶类质轻之品用量宜轻，金石、贝壳质重之品用量宜重；干品用量宜轻，鲜品用量宜重。

（2）药物气味　气味平淡、作用缓和的药，用量宜重；气味浓厚、作用峻猛的药，用量宜轻。

（3）毒性　有毒者，应严格控制剂量，不得超出安全范围；无毒者，剂量变化幅度较大，可适当增加用量。

◢ 用药方法　包括方药配伍、剂型与使用目的。

（1）方药配伍　单味应用时剂量宜大，复方应用时剂量宜小；在方中作主药时用量宜稍大，而作辅药用量宜小些。

（2）剂型　入汤剂时用量宜大；入丸剂、散剂时用量宜小。

（3）使用目的　某些药因用量不同可出现不同作用，故可据不同使用目的增减用量。如以槟榔行气消积，牛、马用 9～24 g 即可，驱绦虫则须用 60～120 g。

◢ 动物病情、体质和年龄　当以祛邪为主时，病情重者用量宜重，病情轻者用量宜轻。以补虚为主时，脾胃强健者，用量宜稍大；脾胃虚弱者，用量宜稍小。体质强壮者，用量可稍大;体质虚弱者,用量宜减轻。壮龄动物用量可稍大,老弱动物用量应小些。

畜种 动物种类、个体大小均影响用药量。本书每味中药的剂量分别针对不同动物种类列出。不同年龄、不同动物种类用药剂量比例如表 3-1 和表 3-2 所示。

表 3-1 不同年龄动物用药剂量比例

动物种类	年龄	用药剂量比例	动物种类	年龄	用药剂量比例
马	2～19 岁	1	猪	10 月龄以上	1
	19 岁以上	1/2～3/4		6～10 月龄	3/4～1
	1～2 岁	1/8～1/2		3～6 月龄	1/4～3/4
	1 岁以下	1/16～1/8		1～3 月龄	1/8～1/4
牛	2～14 岁	1	羊	1 岁以上	1
	15 岁以上	1/2～3/4		6～12 月龄	1/4～1
	1～2 岁	1/8～1/2		1～6 月龄	1/10～1/4
	1 岁以下	1/16～1/8			

注:引自《中华人民共和国兽药典》2020 年版(二部)下册。

表 3-2 不同动物种类用药比例

动物种类(体重)	用药比例	动物种类(体重)	用药比例
马(300 kg)	1	猪(60 kg)	1/8～1/5
黄牛(300 kg)	1～1.25	犬(15 kg)	1/16～1/10
水牛(500 kg)	1～1.5	猫(4 kg)	1/32～1/20
驴(150 kg)	1/3～1/2	鸡(1.5 kg)	1/40～1/20
羊(40 kg)	1/6～1/5		

注:引自《中华人民共和国兽药典》2020 年版(二部)下册。

本书方剂中所标明的公制剂量,除明确规定动物种类外,均为 2～19 岁马的参考剂量。

三、常用剂型的剂量范围

各动物之间给药剂型不同,用药剂量也会存在差异,本书根据《中华人民共和国兽药典(2020 版)》(二部)对不同动物的常用剂型使用剂量范围进行统计,如下所述。

散剂,适用于饮水给药和拌料给药,给药量一般用克(g)计算。例如:泰山盘石散,马、牛 250～350 g,羊、猪 60～90 g,犬、猫 5～15 g;银翘散,马、牛 250～400 g,羊、猪 50～80 g,兔、禽 1～3 g;鸡球虫散,每千克饲料,鸡 10～20 g。

口服液(合剂),适用于饮水给药或者直接饮用,给药量一般用毫升(mL)计算。例如:白头翁口服液,马、牛 150～250 mL,羊、猪 30～45 mL,兔、禽 2～3 mL;玉屏风口服液,每升水,鸡 2 mL;双黄连口服液,犬、猫 1～5 mL,鸡 0.5～1 mL。

片剂,适用于直接给药,或与食物、饲料、饮水给药,给药量一般用片数计算。例如:板蓝根片,马、牛 20～30 片,羊、猪 10～20 片,每片相当于原生药 0.5 g;龙胆碳酸氢制片羊、猪 10～30 片,犬、猫 2～5 片;清瘟败毒片,每千克体重,犬、猫 2 片,鸡 2～3 片,每片相当于原生药 0.3 g。

颗粒剂,适用于饮水或者拌料给药,给药量一般用 g 计算。例如:七清败毒颗粒,每升水,禽 2.5 g;清肺颗粒,一次量,猪 20～40 g;板青颗粒,马、牛 50 g,鸡 0.5 g。

注射剂，适用于皮下、肌内和静脉注射给药，给药量一般用 mL 计算。例如，板蓝根注射液，肌内注射，一次量，马、牛 40～80 mL，羊、猪 10 ～25 mL；鱼腥草注射液，肌内注射，马、牛 20～40 mL，羊、猪 5～10 mL，犬 2 ～5 mL，猫 0.5～2 mL。

胶囊剂，适用于口服给药，目前多为宠物用药，给药量一般用毫克(mg)计算。例如：地黄归芩胶，口服，一次量，每千克体重，犬 40～80 mg；芍甘和胃胶囊，口服，一次量，每千克体重，犬 24～48 mg；川贝止咳胶囊，口服，一次量，每千克体重，犬 60～120 mg。

酊剂，适用于口服给药，给药量一般用 mL 计算，例如：大黄酊，口服给药，马、牛 30～100 mL，羊、猪 5～15 mL；复方龙胆酊，马、牛 50 ～100 mL，羊、猪 5～20 mL。

可溶性粉，适用于饮水给药，给药量一般用 g 计算。例如：双黄连可溶性粉，每升水，仔猪 1 g；银黄可溶性粉，混饮，每升水，鸡 1 g；银黄可溶性粉，混饲，每千克饲料，猪 1 g，对虾 0.8 g；银黄可溶性粉，喂服，每千克体重，犬 0.1 g。

浸膏，适用于口服给药或混饲给药，给药量一般用 g 计算。例如：颠茄浸膏，马 0.5～4 g，牛 1～5 g，羊、猪 0.1～0.5 g，犬 0.02 ～0.03 g；黄芪浸膏，口服，一次量，每千克体重，犬 0.2～0.5 g；混饲时，每千克饲料添加黄芪浸膏 0.8～1.5 g，增强动物机体免疫力。

流浸膏，适用于口服给药，给药量一般用 mL 计算。例如：益母草流浸膏，口服，一次量，马、牛 20～60 mL，羊、猪 5～15 mL，可促进母畜产后子宫复旧；当归流浸膏，口服，一次量，每千克体重，犬 1～3 mL。

第二节　用　法

无论以何种形式给药，都需要将药物加工制成适合治疗、预防应用的一定剂型。在传统兽用中药的剂型中，药物的用法有口服和外用之分，口服多制成汤、丸、散、膏、酒、露和胶囊等剂型，外用有敷、灸、涂搽、洗浴等。20 世纪 30 年代，研创出了中药注射剂，以后又发展出了胶囊剂、冲剂、气雾剂、膜剂等新剂型。需群体给药的规模化养殖场应用的多为饮水和拌料给药的口服液、颗粒剂或散剂、可溶性粉剂等。

一、传统给药方式

兽用中药的传统给药方式以汤剂、散剂型口服为主，口服是临床应用兽用中药的主要给药途径。口服灌药的效果除受到剂型等因素的影响外，还与服药的时间、服药的多少及服药的冷热等给药方法有关。所以，就汤剂及散剂的用法加以叙述。方剂在配制使用时，必须注意下列六点。

煎煮方法　中药汤剂沿用至今已有数千年历史，为了提高汤剂的疗效，我国历代医家都很重视中药煎煮方法。正确掌握中药的煎煮方法直接关系到临床疗效，它包括煎器选择、药材加工、煎药水量、煎前浸泡、煎煮火候、入煎次序和煎煮次数等几个方面。

(1)煎药器具选择　中药汤剂的质量与选用的煎煮器具有密切的关系。历代医药学家对煎煮器具均有论述，梁代陶弘景说“温汤勿用铁器”，李时珍说“煎药并忌用铜铁器，宜银器瓦罐”。古人强调用陶器煎药，因陶器与药物所含各种成分不发生化学反应，煎出的汤剂质量好，且砂锅传热均匀、缓和，价格低廉，自古沿用至今。宜用砂锅、瓦罐、陶瓷器皿、白色搪瓷器皿及挂锡的铜锅或不锈钢锅煎煮中药，忌用铜、铁和铝等金属器具。

（2）药材加工　为了使药物的有效成分易于煎出，凡作为汤饮剂所用的药材必须经过切制，制成饮片或粗颗粒，颗粒大小使其在煎煮时不呈糊状为宜。从理论上讲，饮片越薄越好，此时水与药物接触面积大，有效成分渗出速度快，浸出物质就多。

（3）煎药水量　煎煮中药的水必须是含矿物质及杂质少、无异味、洁净澄清的，通常生活中可饮用的水都可用来煎煮中药。煎药的加水量是一个很重要的问题，加水量的多少直接影响汤剂的质量。中药材质地不同，其吸水量有明显差别，一般为药量的 5～10 倍，个别的如胖大海可吸水达 20 倍。因此，煎药用水量要根据药物的用量和质地而定。

（4）煎前浸泡　中药饮片煎前浸泡，既有利于有效成分的充分溶出，又可缩短煎煮时间，避免煎煮时间过长导致部分有效成分耗损或破坏过多。

（5）煎煮火候　把药物放入容器内，先加入适量的水浸泡 20～30 min，再加入适当的洁净水（河水、泉水、井水或自来水），密闭其盖，然后煎煮。

（6）药前准备　给动物灌药前的准备工作虽然很多，但对所灌药物的质量、配方要求不能有丝毫的马虎。既要比对处方中的配伍情况，又要对加工药物的外观质量进行观察。只有这样，才能把一切不安全的因素消灭。

（7）药前查对　在配药时，必须注意药味的配合是否适当，剂量是否合适，方剂中的各味药是否有配伍禁忌。在衡量药物时，剂量必须准确，包药时必须把异物除净，并应注意每味药的质量，配完后要查验，避免遗漏或拿错。

（8）适度研药　在研药时，可采用小型电动粉碎机粉碎，也可采用药碾或臼捣的方法。

灌药时间　适时灌药也是合理用药的重要方面，具体灌药时间应根据动物胃肠状况、病情需要及药物特性来确定。所以，《本草经》的序录上有“病在胸膈以上者，先食后服药；病在心腹以下者，先服药而后食；病在四肢血脉者，宜空腹而在旦；病在骨髓者，宜饱满而在夜”。在《蕃牧纂验方》《安骥药方》及《元亨疗马集》里也有“空肠”“草后”“草饱”“空草”“草前”“喂饱”“草半灌之”“隔日再灌”等记载。一般来说，在空肠、空草或草前灌药，则药物吸收较快，而且可以直接作用于胃肠，适用于脾、胃、大小肠病症及急症和虫积证；而草后、草饱、草半、喂饱后，则药物的吸收较慢，适用于慢性病或服用刺激性大的药物及滋养药等。病在胸膈以前的动物，先投草料后灌服药物；病在心腹以后的动物，则应先灌服药物而后投喂草料；病在四肢血脉的动物，宜在清晨空腹时灌服；病在骨髓的动物，宜在夜间投喂草料之后灌服。清晨空腹灌喂时，因胃及十二指肠内均无食物，所服药物可避免与食物混合，能迅速进入肠中充分发挥药效；峻下逐水药晨起空腹时灌服，不仅有利于药物迅速入肠发挥作用，且可避免夜间频频小便影响动物休息。投喂草料前，胃中较为空虚，有利于药物的消化吸收；驱虫药、攻下药及其他治疗消化道疾病的药物，均宜投喂草料前服用。对胃肠道有刺激性的药物，宜草后灌服，草后胃中存有较多食物，药物与食物混合，可减轻药物对胃肠的刺激。消食药亦宜投喂草料后及时灌服，以利于充分发挥药效。一般药物，无论喂前或喂后灌服，服药与投喂草料都应间隔 1 h 左右，以免影响药物、草料的消化吸收和药效的发挥。此外，为了使药物能充分发挥作用，有的药还应在特定的时间服用。如镇静安神药宜在夜间休息前 30～60 min 灌服，缓下剂亦宜在夜间休息前灌服，以便翌日清晨排便，涩精止遗药也是如此。截疟药应在疟疾发作前 2 h 投喂，急性病则不拘时间灌服。

灌药次数　若采用汤剂治疗多用温服，一般每日 1 剂，煎煮 2 次，滤液取汁，合并滤液分 2 次或 3 次候温灌服。病情急重者，可每天 2 剂甚或 6 剂，即每隔 4 h 左右灌服 1 次，昼夜不停，使药力持续，利于顿挫病势。慢性病可隔天灌服 1 次，或 1 剂分 2 天灌服。应用发汗药、泻下药时，如药力较强，灌服药应适可而止，一般以得汗、得下为度，不必尽剂，以免汗、下太过，损伤正气。呕吐动物灌服宜少量、频服，药物少量对胃的刺激小，不致药入即吐，频频灌服，才能保证一定的服药量。

灌药温度　临床用药时，灌服药物的冷热应具体分析，一般汤药宜于温时灌服。若治寒证用热药，宜于热时灌服，特别是辛温发汗解表药用于外感风寒表实证，不仅药宜热灌服，灌药后还需温覆取汗。治热病所用寒药，如热在胃肠，动物欲饮冷水者可凉灌服，如热在其他脏腑，动物不欲冷饮者，寒药仍以温时灌服为宜。若用从治法，则温热药冷灌服，或寒凉药热灌服。对于丸、散等固体药剂，除特别规定外，一般都宜用温开水调匀灌服。

灌药操作　灌药操作及注意事项包括下列五点。

(1)器卫　一般指灌角、灌勺、竹筒及黄铜所制的灌药器、灌药瓶、投丸器、胃导管等灌药器具。

(2)地点　对于大动物，要选择宽敞平坦、光线充足、四周无障碍物，且有适当保定栏或树的场所。若没有保定栏或树，可设立粗圆光滑木柱一支，埋地深度约 1 m，木柱上要有分叉，或钉一拉环，以用于保定。如临时灌药，可以树杈或梁柱代之。对于中小动物，只要选择平坦的地方即可。

(3)保定　灌药时应做适当的保定，大动物宜固定在木桩或保定栏内。临灌药时，对于马、骡，可先将吊口绳戴在动物的头上，将口吊平；对于牛，可将缰绳拴到肩部同高，太高伤气恐错咽，太低药汁容易流出；如遇戴有夹板笼头的动物，可将吊口绳套在笼头底下，以免妨碍张口；将缰绳从左边活套在木柱上，不可拴紧或打结，否则动物猛扑或后退时，容易发生危险。对于猪、兔、鸡等，则应妥为保定。

(4)灌药　将药盛入灌药器，从一侧口角喂到口时应先轻插之，将药液送入口中，刺激舌根，使其吞咽，即可将药灌入，不宜直冲咽喉以免异物伤肺。对咽喉肿痛、破伤风或中风的动物，以及服有刺激性的药物时，最好使用胃导管从口或鼻直接投入胃中，待动物将药吞咽干净后放下吊绳。

(5)注意事项　灌药前，应将冲好的药盆放在安稳的地方，勿使动物接近，以防踩倒。对于药液温度，冬季宜温，夏季宜凉；寒证宜温，热证宜凉。灌药时，如遇患呼吸道疾病(如咳嗽、吊鼻和三喉证)和老瘦气虚、出汗或喘息者，要缓一缓再灌；对于灌药不咽的动物，要在药内临时添水以稀释，然后以手掌轻拍其头部，或用空灌药器插入口中使其舌活动，再少灌、慢灌，且应以盆接药，多灌几次，勿使误咽或将药物洒失；如遇喉症和风症不能灌药时，可灌熬成的药汁，待灌入三口后，应缓一缓再灌，尤其是应避免速灌或高灌，以防药汁误入气管。在灌服洗药盆的稀水时，要将头放低些再灌；灌完时，要停片刻，再放开动物。拉吊口绳的人员，要站在动物的左前方，灌药的人员，要站在右前方，千万不可站在正前方，以免动物的前肢和头碰伤人，或者被咬伤。遇猛扑顽强的动物，可临时筹划各种妥当的办法，如以绳缚其肢体，或以布掩其眼，或扭其耳唇等。最好先软后硬，以平安灌药为目的，如正在灌药中间，动物忽又顽抗急动，这时可暂停，不可强灌。

灌药后注意事项

(1)对于气胀的动物，服药后，病轻者应牵遛，病重者应系于安静通风的厩舍内。

(2)服药后,轻症者至少应休息 1 d,重症者例外。

(3)服药后,如有同槽合喂的,宜隔槽喂。

(4)服药后,当夜忌喂面粉和绿豆粉,但可在翌日中午喂。

(5)服药后 3 d 内,忌饮空肠水,也忌雨淋、驮重或快走。

(6)服药后 30 min 左右,如有口流清水者,一般是胃内有虫,接触药味,在胃内窜动的表现,隔 2~3 h,可恢复原状。该症状特别是在瘦弱的动物常见,应该注意。

二、现代应用形式

(一)按给药途径分类

口服给药

散剂、汤剂、丸剂、膏剂、口服液、胶囊剂等,广泛适用于猪、牛、羊、马等成年动物的个体治疗。其中,散剂和丸剂适口性较好,可混入少量饲料中投喂个体动物;汤剂可通过灌服方式用于个体治疗,但因液体量大,用于幼畜时需注意呛咳风险。另外,片剂、颗粒剂、可溶性粉剂、口服液等,不仅适用于个体治疗,更适群体给药。口服液和可溶性粉剂可混入饮水中,适用于规模化养殖场中的猪群、鸡群、鸭群等;颗粒剂和散剂可拌入饲料,适用于牛、羊、猪等有采食固体饲料习性的动物,在幼畜群体给药时,需根据体重精确计算剂量,避免药物过量。

外用给药

敷剂常用于马、牛等大动物的关节炎症、跌打损伤治疗;酊剂(涂剂、搽剂)可直接涂抹于皮肤或黏膜,适用于各类家畜、宠物的体表感染治疗,如犬猫的皮肤病、猪牛羊的体表寄生虫感染等,但幼畜皮肤娇嫩,使用时需降低药物浓度并注意观察不良反应。洗剂通过浸泡或冲洗外用,适用于禽类的羽毛清洁与消毒,以及家畜局部感染的清洗,不过幼禽浸泡时要严格控制水温与时间,防止应激。现代新剂型中,气雾剂适用于猪、鸡、鸭等规模化养殖群体的体表喷雾消毒,操作便捷;膜剂贴敷于患处,常用于马、牛、羊等家畜的伤口愈合,也可用于宠物的小型创伤处理。

注射给药

现代剂型中药注射剂通过皮下、肌内或静脉注射给药,具有起效快的特点,适用于各类家畜、宠物及实验动物的重症治疗,如猪的高热病、牛羊的败血症等。但幼畜因体质较弱,对药物耐受性低,在进行注射给药时,需严格控制剂量与注射速度,优先选择皮下或肌内注射,避免静脉注射带来的风险。

直肠或子宫给药

栓剂和锭剂通过塞入直肠或子宫,经黏膜吸收发挥作用。栓剂适用于猪、牛、羊等家畜的局部治疗(如直肠炎、阴道炎)或全身给药(抗炎、抗菌),尤其适用于疾病导致食欲废绝、无法口服给药的个体动物;用于幼畜时,需选择小号栓剂,并注意操作轻柔,防止损伤黏膜。锭剂多为固体制剂,通过直肠给药(如肛门栓)或子宫内放置,适用于牛、马等大动物的慢性炎症治疗,可缓慢释放药物以达到长效治疗效果。

(二)按应用场景分类

个体治疗

口服给药方式下,汤剂、丸剂、散剂、胶囊剂、口服液和颗粒剂等剂型,适用于各类家畜、宠物的个体治疗。如犬猫的肠胃疾病可用胶囊、冲剂进行精准给药；幼畜个体治疗时，多采用口服液或颗粒剂，方便调整剂量且易于投喂。外用给药的敷、灸、涂搽、洗浴、气雾剂、膜剂等方法和剂型，可用于治疗家畜、宠物的体表疾病，例如马的关节肿痛可用敷剂，宠物的皮肤病可用涂搽剂，幼畜外用时要特别注意药物刺激性。注射给药的中药注射剂主要用于家畜、宠物及实验动物的急重症治疗，如猫的胰腺炎、羊的肺炎等，幼畜使用时需密切观察不良反应。

群体给药(规模化养殖场)

饮水或拌料给药的口服液、颗粒剂(冲剂)、散剂、可溶性粉剂等剂型，适用于规模化养殖场中的猪群、鸡群、鸭群、鹅群等群体动物的疾病预防与治疗。例如，在鸡群发生呼吸道疾病时，可通过在饮水中添加可溶性粉剂进行群体给药；在猪群生长阶段，可将散剂或颗粒剂拌入饲料进行预防性给药。对于幼畜群体，需根据动物种类、生长阶段和体重，严格计算药物添加量，确保每只动物都能获得有效剂量，同时避免药物浪费和过量中毒风险。

复习思考题

1. 兽用中药使用时，确定剂量的依据是什么？
2. 方剂在配制使用时必须注意哪些要点？

第四章　兽用中药材的产地、采收、加工与贮藏

第一节　兽用中药材的产地

兽用中药材出产的地方，称为产地。兽用中药材的天然产地或原始产地，称为原产地，如川芎、黄连、川贝母等的原产地均为四川。兽用中药材的产地与质量密切相关，自然界的地形错综复杂，土质多种多样，气候千变万化，雨量大小不等，日照长短不一，地球物化等众多因素导致生态环境千差万别。不同的动植物在其繁衍进化的过程中，对不同的生态环境产生了特殊的适应性，这不但造成各种动植物品种分布有一定的地域性，也造成不同地区所产的同种动植物药材，其质量、性能、功效及毒性作用都可能存在差异。因此，产地不同，药材内在成分的质和量都会存在差异，从而影响临床疗效。如南方所产黄花蒿含有的具有截疟作用的青蒿素明显高于北方所产，云南腾冲地区所产附子比四川所产附子的毒性大 18 倍，广西地龙的质量不及广东南海等县的地龙。矿物药也不例外，不同地区的同一矿物药的成因可能不同，矿物药形成后经历的地质作用可能不同，以至原矿物成分及其嵌生矿物成分也不同，使得不同地区所产的同种矿物药质量存在差异。

“道地药材”是指历史悠久、产地适宜、品质优良、炮制考究、疗效突出的药材。首先，优良的种质资源是道地药材形成的基础，道地药材的种质资源是优质的遗传资源，主要包括栽培品种或类型、野生种、近缘野生种和选育的良种等。其次，道地药材的生长发育都离不开适宜生存的环境条件。道地药材是通过长期的临床实践经验，反复择优而逐步确立的，临床实践是道地药材形成的根本因素。“质优效佳”是道地药材的标志，临床疗效是判断和评价道地药材品质的最终标准。驰名中外的道地药材有吉林的人参、鹿茸，辽宁的细辛、五味子，内蒙古的甘草、黄芪，河北的枣仁，福建的泽泻，广东的砂仁，广西的蛤蚧，云南的三七、茯苓，青海的大黄，甘肃的当归，四川的川贝母、川芎、附子、黄连，河南的生地黄、牛膝、山药，江苏的薄荷、苍术，宁夏的枸杞子，山西的党参，山东的阿胶，浙江的杭菊花、白芍等(表 4-1)。道地药材虽是在长期的生产和用药实践中形成的，但也并不是一成不变的。如三七原产于广西，称为广三七、田七，云南所产者后来居上，称为滇三七，云南成为三七的新道地产区。

表 4-1　传统道地药材区域分布

产区	区域特点	主要品种
东北道地药材产区	本区域大部属温带、寒温带季风气候，是关药的主产区。包括内蒙古东北部、辽宁、吉林及黑龙江等地	人参、鹿茸、北五味、关黄柏、辽细辛、关龙胆、辽藁本、赤芍、关防风等

续表 4-1

产区	区域特点	主要品种
华北道地药材产区	本区域大部属亚热带季风气候，是北药的主产区。包括内蒙古中部、天津、河北、山西等地	黄芩、连翘、知母、酸枣仁、潞党参、柴胡、远志、山楂、天花粉、款冬花、甘草、黄芪等
华东道地药材产区	本区域属热带、亚热带季风气候，是浙药、江南药、淮药等的主产区。包括江苏、浙江、安徽、福建、江西、山东等地	浙贝母、温郁金、白芍、杭白芷、浙白术、杭麦冬、台乌药、宣木瓜、牡丹皮、江枳壳、江栀子、江香薷、茅苍术、苏芡实、建泽泻、建莲子、东银花、山茱萸、茯苓、灵芝、铁皮石斛、菊花、前胡、木瓜、天花粉、薄荷、元胡、玄参、车前子、丹参、百合、青皮、覆盆子、瓜蒌等
华中道地药材产区	本区域属温带、亚热带季风气候，是怀药、蕲药等的主产区。包括河南、湖北、湖南等地	怀山药、怀地黄、怀牛膝、怀菊花、密银花、荆半夏、蕲艾、山茱萸、茯苓、天麻、南阳艾、天花粉、湘莲子、黄精、枳壳、百合、猪苓、独活、青皮、木香等
华南道地药材产区	本区域属热带、亚热带季风气候，气温较高、湿度较大，是南药的主产区。包括广东、广西、海南等地	阳春砂、新会皮、化橘红、高良姜、佛手、广巴戟、广藿香、广金钱草、罗汉果、广郁金、肉桂、何首乌、益智仁等
西南道地药材产区	本区域气候类型较多，包括亚热带季风气候及温带、亚热带高原气候，是川药、贵药、云药的主产区。包括重庆、四川、贵州、云南等地	川芎、川续断、川牛膝、黄连、川黄柏、川厚朴、川椒、川乌、川楝子、川木香、三七、天麻、滇黄精、滇重楼、川党参、川丹皮、茯苓、铁皮石斛、丹参、白芍、川郁金、川白芷、川麦冬、川枳壳、川杜仲、干姜、大黄、当归、佛手、独活、青皮、姜黄、龙胆、云木香、青蒿等
西北道地药材产区	本区域大部属于温带季风气候，较为干旱，是秦药、藏药、维药的主产区。包括内蒙古西部、西藏、陕西、甘肃、青海、宁夏、新疆等地	当归、大黄、纹党参、枸杞、银柴胡、柴胡、秦艽、红景天、胡黄连、红花、羌活、山茱萸、猪苓、独活、青皮、紫草、款冬花、甘草、黄芪、肉苁蓉、锁阳等

第二节　兽用中药材的采收、加工与贮藏

一、采收

兽用中药材的采收季节、时间和方法直接影响药材的品质。大部分兽用中药是植物药，植物在其生长发育的不同阶段，药用部分所含有效成分和有害成分往往大不相同，因而其疗效和毒副作用就会有很大差异。一般原则是，应在药用部位中有效成分含量最高的季节采收。不同药用部位的采集时间和方法如下（表 4-2）。

◢全草　多在枝叶茂盛、花朵初开时采集。茎粗或较高的可贴近地面收割，如益母草、荆芥、薄荷等；茎细或较软的可连根拔起，如车前草、鹅不食草、紫花地丁等。有个别药物宜采收幼苗，如茵陈。

◢根和根茎　一般以春初或秋末即 2 月、8 月采收为好，此时植物的养分多贮藏在根或根茎部分，有效成分含量较高，药材质量较好，如沙参、苍术、天麻、天南星、桔梗等。但也有些

药物例外，如半夏要在夏季采收。有些药物的根和根茎1年可采，但也有不少药物的根和根茎，需要生长2～3年甚至更长的时间才能采收。

树皮和根皮 树皮多在春夏之交采剥，根皮以春秋采剥为好。因为此时植物生长旺盛，液浆丰富，药效好，也易于剥离，如黄柏、秦皮、厚朴、地骨皮、桑白皮等。有些树木，若要其继续生长，以便多次采收树皮，则不应将树皮整圈剥下，以免损害树干的输导系统，导致树木死亡。

叶 通常在花蕾将放或盛开的时候采收，以叶片茂盛、色青绿时采收为好，此时叶片健壮，有效成分含量较高，如荷叶、枇杷叶、大青叶、紫苏叶等。但也有些药物例外，如桑叶应在秋季经霜后采收。

花 一般采收未开放的花蕾或刚开放的花朵。采收过早，花未形成，气味不足；采收过迟，花瓣脱落，气味散失，如金银花、款冬花、辛夷、槐花等。用花粉入药的，应在花盛开时采收，如蒲黄、松花粉等。

果实和种子 一般多在果实成熟时采摘，如杏仁、五味子、车前子、赤小豆等。有些应在开始成熟时及时采收，以免果实脱落或爆裂，如青葙子、急性子、茴香、豆蔻、牵牛子等。而个别药物需采收未成熟的果实或果皮，如枳实、青皮等。

动物类 应根据生长和活动季节捕捉。如全蝎、蝉蜕宜在春、夏、秋三季采捉，土鳖虫、地龙宜在夏季捕捉，此时较易捕捉，产量大，质量好。斑蝥须在夏秋清晨露水重时捕捉，否则飞翔活跃，不易捕捉。桑螵蛸须在秋末至春初采收，否则孵化成虫。而蛤蚧则全年均可捕捉。

在采集兽用中药材时，还须注意合理采收，保护药源。尽量做到计划采集，留根保种，并充分利用药材。有的还需要进行人工种植或养殖。

表4-2 兽用中药材的采收时期

分类	药用部分	一般采收期
植物类	根类	春初或秋末
	皮类	春末或夏初
	茎叶类	生长全盛时
	花类	含苞或初放时
	果实类	初成熟或未老熟时
	种子、核仁类	完全成熟时
	全草类	开花时
	树脂、胶质类	干燥季节
动物类	全尸或部分尸体	按各种动物的特点采取
矿物类	成块或细粉末	农闲或开矿时

二、加工

用于兽用中药材的产地加工是指在产地对原植物、原矿物或原动物中采收的药用部位进行简单加工处理，使之成为原药材的过程，也称用于兽用中药材的“初加工”或“粗加工”。它是兽用中药材生产的最后一个环节，是防止用于兽用中药材鲜品成分分解、变质的重要手段，是保证兽用中药质量，为兽用中药材炮制提供合格原料的首要环节，也是生产兽用中药饮片的“第一车间”。兽用中药材产地加工技术直接影响兽用中药饮片的质量和临床疗效。

常用方法　包括洗涤与挑选、切片、去皮或壳、蒸、煮、烊、硫熏、发汗、干燥等。

1. 洗涤与挑选

洗涤主要是洗除药材表面的泥沙和污垢，多用于根、根茎类药材。

直接晒干或阴干的药材多不洗，具有芳香气味的药材一般不得用水淘洗。初步分级，便于进一步加工和干燥，如牛膝去芦头、须根，牡丹皮去木质心，厚朴刮去粗皮。

挑选主要是清除药材中的杂质和非药用部位，同时根据形状的不同进行初步的分级等。去除的方法传统多用人工，如半夏、天南星、白附子等，需趁鲜在产地用麻袋或其他粗布袋摩擦撞去外表皮或须根。目前，也有的地方进行产地集中加工，逐步采用了一些机械设备，如脱皮机、去毛机等。

2. 切片

较大的根及根茎类、坚硬的藤木类和肉质的果实类药材大多趁鲜切成块、片，以利于干燥，如大黄、土茯苓、乌药、鸡血藤、木瓜、山楂等。但某些含挥发性成分或有效成分容易氧化的药材，则不宜在产地切成薄片干燥或长期贮藏，否则会降低药材质量，如当归、川芎、常山、槟榔等。

3. 去皮或壳

部分果实种子类药材和根及根茎类药材，需在产地去除果壳或外表皮，以使药材表面光洁，既达到药材性状要求，又易于干燥和贮藏。如山药、白芍、黄柏、肉桂等药材，通常需要手工去粗皮，使其表面光洁，以利于其进入市场流通。一部分果实种子类药材采收后，需晒干去壳，取出种子，如车前子、菟丝子等；另一部分需先去壳，取出种子后再晒干，如白果、苦杏仁、桃仁等。

4. 蒸、煮、烊

含黏液、淀粉或糖多的药材，用一般方法不易干燥，经蒸、煮或烊处理后，则易于干燥，加热时间和方法视药材性质而定。如白芍、明党参煮至透心，天麻、红参蒸透，红大戟、太子参置沸水中略烊，鳖甲需在沸水中烫至背甲上的硬皮能剥落时剥取背甲。

药材经加热处理后，不仅容易干燥而且便于刮皮，如明党参、北沙参等；有的能杀死虫卵，防止孵化，如桑螵蛸、五倍子等；有的蒸制后能起滋润作用，如黄精、玉竹等；有的不易散瓣，如杭菊花。加热可使一些药材中的酶失去活力，以免其分解药材中的有效成分。

5. 硫熏

为使有些药材色泽洁白、防止霉烂，常在干燥前后用硫磺熏制，如山药、白芷、天麻、川贝母、牛膝、天南星等。这是传统的加工方法，会不同程度地破坏环境和药材的天然本质，残留的二氧化硫具有一定的毒性。

6. 发汗

有些药材在产地加工中需用微火烘至半干或微煮、蒸后，堆置起来发热，使其内部水分往外溢，变软、变色、香味增加或刺激性减少，以利于干燥。这种方法习称“发汗”，用于厚朴、杜仲、玄参、续断、茯苓等。

7. 干燥

一般兽用中药材经过采收、整理后，除供新鲜使用外，都必须进行干燥处理，妥善贮藏，以保证药材质量。如果保存不善，则药物易遭受虫蚀、霉败，气味走失，导致疗效降低。干燥是兽用中药材贮藏前的重要措施，植物药还应除去泥土、杂质和非药用部分，按不同的特性，采用晒干、阴干、风干或人工加温等方法干燥。

(1)阳光晒干法　是指利用直射阳光的热力以及流动的空气进行干燥的方法。这种方法方便经济，常用于初步干燥茎类、根茎以及种子类药材，如桔梗、桑枝、牛蒡子等。但必须注意的是，绿色植物的叶、色彩鲜艳的花、气味芳香的药物不宜阳光干燥，因经阳光暴晒后，绿色植物变黄，鲜艳花瓣褪色，芳香药物丧失芳香气味，质量降低。容易受日光影响的药材还有茯苓、骨碎补等，不宜用此法干燥。

(2)加热干燥法　是指用火烘干等火力干燥的方法。这种方法的加热温度可以任意调控，而且不受天气的影响。对于在雨季或不能用阳光晒干的药材，如大黄、番红花、红花及其他各种花类，用阳光晒干时容易变色，因此必须采用火炕或烘箱(柜)来进行干燥。对于皮类和根类的干燥，可用烫手的温度；全草和花类，可用微温手的温度；含有香味的药材，温度不可烫手；而叶类应采用微火烘干。多汁的浆果如枸杞子，多汁的块茎如黄精、玉竹、山药、泽泻等，应迅速干燥，加热温度可达 70～90 ℃。具有挥发性的芳香药、动物药，以及动物及其脏器组织如乌梢蛇、胎盘等，须缓缓干燥，温度控制在 20～30 ℃为宜。在加热时，温度须慢慢升高，以免药材的精华受到损害，用阳光晒干或加热干燥后，应放置室内一夜，使其稍柔软后，再进行包装贮藏。

(3)阴干法　是指将药材用绳捆扎成束，悬于室内或置于架上阴凉处，在室温下任其通风，使水分自然蒸发的方法。凡含有香味的药材、花瓣、绿叶植物和全草药物的干燥一般多用此法。

(4)石灰干燥法　是指把药材放入盛有生石灰的密闭容器内，然后置于阴凉干燥的地方，使药材缓慢干燥的方法。这种方法适用于人参、鹿茸、枸杞子、动物脏器及虫类等的贮存。对于多肉性的根茎类如半夏、贝母等，可混放一些石灰粉使其干燥，能保持它们的白色。

兽用中药材产地加工通则　分为植物类、动物类和矿物类。

1. 植物类

(1)根及根茎类　一般于采挖后去尽地上茎叶、泥土和须毛等，及时干燥。有的需先刮去或撞去外表皮使其色泽洁白，如桔梗、北沙参、半夏、知母等；质地坚硬或较粗的药材，需趁鲜切片或剖开干燥，如天花粉、苦参等；富含黏液质或淀粉类药材，需用开水稍烫或蒸后再干燥，如天麻、白及等。

(2)皮类　一般采收后修切成一定大小再晒干，或加工成单卷筒、双卷筒状，如厚朴等；或削去栓皮，如黄柏、杜仲等。

(3)叶及全草类　多含挥发油，采后宜置通风处阴干。有的则需先行捆扎，形成一定的重量或体积后干燥，如薄荷。

(4)花类　在加工时要注意保持花朵完整和色泽鲜艳，一般直接烘干或晒干，并应注意控制烘晒时间。

(5)果实类　一般采收后直接干燥，也有的需经过烘烤等加工过程，如乌梅等。

(6)种子类　通常是果实干燥后取出种子或直接采收种子干燥，也有将果实直接干燥贮存，用时取种子或种仁入药，如砂仁、巴豆、使君子等。

2. 动物类

动物类药材捕捉后产地加工的方法因药而异。一般加工处理要及时得当，常用的方法有洗涤、精选、干燥、冷冻或加入适量防腐剂等。如蜈蚣在捕捉烫死后，应及时选用与虫体长宽相近的竹签，将虫体撑直，然后暴晒使其干燥。还可用硫磺熏蒸，不仅使蜈蚣虫体进一步干燥、增加药材的色泽，而且可杀灭附着在虫体表面及内部的虫卵，提高药材的质量并利于贮藏。

3. 矿物类

矿物类药材的产地加工主要是清除泥土和非药用部分，以保持药材的纯净度。

三、贮藏

兽用中药在运输、贮藏过程中，如果管理不当、养护不善，在外界条件和自身性质相互作用下，就会逐渐发生物理、化学变化，出现发霉、虫蛀、变色、变味、走油、风化等现象，直接影响药物的质量与疗效，这种现象称为兽用中药的变异现象。兽用中药的变异现象与兽用中药自身的性质(包括所含化学成分及其性质、含水量等)和外界的环境密切相关。掌握影响兽用中药材变质的主要因素，了解发生变异的原因，才能有效避免变异，从而保证临床用药的安全有效。

影响兽用中药材变异的常见外界因素　包括温度、湿度、空气、日光、微生物、虫害及鼠害等。

(1)温度　兽用中药材在常温下成分基本稳定，易于贮藏，但当温度升至 34 ℃以上时，就会发生某些变异，如含油脂较多的苦杏仁、柏子仁油分外溢，含糖类较多的黄精、玉竹发生粘连、变味等。而温度低于 0 ℃时，某些含水量较高的兽用中药材(如鲜地黄、鲜石斛等)所含水分就会冻结，细胞壁及原生质受损，从而导致疗效降低。

(2)湿度　湿度可影响兽用中药材的含水量，直接引起潮解、溶化、糖质分解、霉变、风化、干裂等。

(3)空气　空气中的氧和臭氧也是引起兽用中药材变质的重要因素。害虫的生长发育及繁殖都离不开氧，因此，改变空气成分的组成比例是防治害虫的有效途径之一。

(4)日光　长时间的日光照射会促使兽用中药材成分发生氧化、分解、聚合等光化反应，日光中的紫外线和热还可使含蛋白质的兽用中药材变性、色素分解，加速鞣质产生沉淀。

(5)微生物　是兽用中药材发霉、腐烂的主要因素。兽用中药材中的营养物质包括脂肪、蛋白质、碳水化合物和水分等，有利于微生物的生长繁殖，其中霉菌类是造成发霉变质的主要微生物。

(6)虫害　由于兽用中药材来源广泛，受采收、加工、运输、贮藏、包装等的方式的影响，加之害虫生物学特性多样，药材易被不同程度污染和危害。在常用的兽用中药饮片中，易被虫蛀的占 40%以上。

(7)鼠害　鼠类易破坏兽用中药材的包装，造成药材被窃食，同时还可造成排泄物污染、病原微生物传播等，尤其是死鼠对兽用中药材危害更大。

兽用中药材贮藏中常见的变异现象

兽用中药材贮藏中常见的变异现象有虫蛀、发霉、变色、走油等。

(1)虫蛀　是指害虫侵入兽用中药材内部所引起的破坏性作用。兽用中药材及其制剂大都含有淀粉、脂肪、糖类、氨基酸等，营养丰富，当温度在 15～35 ℃、空气相对湿度在 70%～80%、兽用中药材含水量在 15%以上时，极易滋生害虫，发生虫蛀。兽用中药材经虫蛀后，会形成蛀孔，产生蛀粉，成分损耗，且会受排泄物污染，造成疗效降低，甚至完全失效，如泽泻、莲子、甘草、党参等最易受虫蛀蚀心。

(2)发霉　是指在适当温度(20～35 ℃)、湿度(相对湿度 75%以上或兽用中药材含水量超过 15%)和足够的营养条件下，兽用中药材表面附着或内部寄生的霉菌滋生的现象。霉菌能够侵蚀药材内部组织，使其变质，以致失效。

（3）变色　是指兽用中药材在采收、加工、贮藏过程中，受到温度、空气、日光的影响而自身原有色泽改变的现象。变色的原因主要是兽用中药材所含化学成分不稳定，发生氧化、聚合、水解等反应而产生新的有色物质。例如花类药材，光线直射就会引起褪色。颜色的变化不仅影响外观，更重要的是有可能产生荧光。

（4）走油　也称泛油，是指含有脂肪油、挥发油、黏液质、糖类等成分较多的兽用中药材在温度湿度较高的条件下，出现的油润、返软、发黏、颜色变深等现象。因此，贮藏这类药材时，必须将其放置在阴凉干燥处。

此外，常见的变异现象还包括气味散失、风化、潮解、粘连融化、升华、腐蚀等。因此，要恰当地贮藏兽用中药材，以避免上述常见变异现象的发生。

贮藏方法　兽用中药材贮藏时，应避免虫蛀、发霉、变质、变色、鼠耗、遗失等，以保持药效和留备较长时间的应用。

（1）注重防潮　除药材本身所含水分外，室内通风不好、地面潮湿或室温太高，都能使室内湿度增高，极易导致药材霉变。温度过高也能使药材过度干燥，影响其原有的质量，能使一些芳香类药材（如薄荷、桂皮等）的挥发成分加速消失。所以贮藏的处所必须打扫干净并消毒，地面应没有裂缝，要有通风设备，并且要经常晾晒和定期检查药材，注意防潮。对于在雨季中容易霉变、虫蛀的药材，可置于烘房中或用火炕干燥。对于少量的药材，也可用铁皿盛装后放在灶房的炉台上干燥，但须注意温度不可过高，以免将药材烘焦。

（2）特殊处理　对于人参、枸杞子、杭菊花、党参等比较贵重的药材，还可采用冷藏法。对于不同的药材或不同时间存入的药材，须留有相当的间隔，以免虫害蔓延。除有特殊香味的药材外，可用硫磺在密闭的室内燃烧熏之，以防害虫。

（3）对抗贮存　在防虫蛀方面可采取对抗性方法。如牡丹皮与泽泻同贮，白花蛇内放花椒，三七内放樟脑，柏子仁内放白矾，土鳖虫、蜈蚣、地龙内放大蒜头，当归、瓜蒌内放酒等，都可以防止虫蛀。人参须和细辛放，冰片必同灯心草贮，生姜择老砂藏，山药候干灰窖，沉香和真檀香甚烈，包纸须重。

总之，对不同的药材资源，应采取不同的贮藏方法，才能避免药材发霉、虫蛀、变色、变味，保持其疗效，防止不应有的损失。此外，对于剧毒药，应按国家规定保存于上锁的柜中，注意保管。

综上所述，兽用中药材保存的总体原则是：干燥勿受潮，贮藏防鼠耗，有毒应另放，名贵莫遗失，加强责任制，防损保疗效。

复习思考题

1. 简述道地药材的生长与哪些环境因素有关。
2. 简述不同药用部位的采收时间和方法。
3. 简述兽用中药材在贮藏过程中的变异现象。
4. 为避免变异，应如何贮藏兽用中药材？

第五章　兽用中药的炮制

炮制，也称炮炙，是指在应用前根据临床用药或制剂的需要对药材进行加工处理的过程，包括去除杂质、整形、加热、加入辅料或精制等。由于兽用中药大都是生药，其中不少必须经过特定的炮制处理，才能更符合用药需要。炮制得当对保证药效、用药安全、便于制剂和调剂都有十分重要的意义。

第一节　兽用中药炮制的目的

炮制的目的是多方面的，归纳起来有如下几点。

去除杂质及非药用部分　如洗净泥土、拣去异物，杏仁去皮、远志去心、枇杷叶刷去毛等。

切制饮片　便于调剂或制剂。如根、茎类切片以及矿物药煅、淬后，便于煎煮或入丸、散等制剂。

消除或降低药物的毒性或副作用　如大戟、甘遂醋制后毒性降低，柏子仁去油后不致滑肠，何首乌酒蒸后致泻作用减弱。

改变药物的性能　使之更适合病情需要。如生地黄清热凉血，制成熟地黄后则滋阴补血；生姜煨熟后，其发散力减缓，而温中之效增强。

增强药物的疗效　如延胡索醋制后止痛作用增强，马兜铃蜜制后润肺止咳功效增强。

引药入经　如盐制入肾、醋制入肝等。

有利于贮藏　如槐实、莱菔子等种子类药物经过加热处理后，可长期不变质，醋制、酒制皆具有防腐作用。

第二节　兽用中药炮制的方法

炮制的方法包括修治、水制、火制、水火共制等，现分述于下。

一、修治

修治即采用净化、粉碎或切制等方法和手段，将兽用中药原药材进行加工，使之达到药用的要求。

纯净　采用拣、筛、簸、刷、刮等方法，去掉灰屑、杂质及非药用部分。如拣去合欢花中的枝、叶，刷掉石韦、枇杷叶上的绒毛，刮去厚朴、肉桂的粗皮，筛去川椒的内核等。

粉碎 用捣、碾、研、镑、锉等方法，使药材粉碎，便于制剂和服用。凡入丸、散等制剂的药材，一般都以药碾或粉碎机粉碎为一定大小标准的粉末，以便调制。

切制 用刀具将药材切成段、片、块、丝等一定规格的饮片，以便干燥、称量和调制。如麻黄、白茅根、荆芥、益母草宜切段，泽泻、白术宜切厚片，天麻、槟榔宜切薄片，茯苓、葛根宜切块，陈皮、枇杷叶、桑白皮宜切丝等。

二、水制

水制即用水或其他辅料处理药材，以使药物清洁、润湿、软化或毒性降低。包括漂洗、浸泡、闷润、喷洒、水飞等方法。

漂洗 将药物置于宽水或长流水中，反复地换水，以除去杂质、盐味及腥味。如将芦根、白茅根洗去泥土杂质，海藻、昆布漂去盐分，紫河车漂去腥味等。

浸泡 将质地松软或经水泡易损失有效成分的药物置于水中浸湿，然后立即取出，称为“浸”，又称“沾水”；而将药物置于清水或辅料药液中，使水分渗入，药材软化，便于切制，或用以除去毒质及非药用部分，称为“泡”。如用白矾水浸泡半夏、天南星，用胆巴水浸泡附子等。操作时要根据浸泡目的、季节、气温的不同，调整浸泡时间及搅拌和换水次数，以免药材腐烂变质而影响药效。

闷润 根据药材质地的软坚、加工时的气温和工具的不同，采用淋润、洗润、泡润、浸润、晾润、盖润、伏润、露润、复润、双润等多种方法，使清水或其他液体辅料徐徐渗入药材组织内部，至内外的湿度均匀，便于切制饮片。如淋润荆芥、泡润槟榔、酒洗润当归、姜汁浸润厚朴、伏润天麻、盖润大黄等。

喷洒 对一些不宜用水浸泡但又需潮湿者，可采用喷洒湿润的方法。如在炒制药物时，按不同要求，可喷洒清水、酒、醋、蜜水、姜汁等辅料药液。

水飞 水飞是研磨极细粉末的一种方法。将不溶于水的药材粉碎后，置乳钵或碾槽内加水共研，再加入多量的水并搅拌。较粗的粉粒即下沉，细粉末混悬于水中，倾出混悬液，粗粒再加水研。倾出的混悬液沉淀后，分出，干燥即成极细粉末。如水飞朱砂、滑石、炉甘石等。

三、火制

火制即用火加热处理药材的方法。根据加热的温度、时间和方法的不同，可分为炒、炙、煅、煨等。

炒 将药材置于锅中加热并不断翻动，炒至一定程度后取出。根据“火候”大小可分为：

(1)炒黄 以将药材炒至表面微黄或能嗅到药物固有的气味为度，如炒牛蒡子、炒紫苏子。

(2)炒焦 以将药材炒至表面焦黄，内部淡黄为度，如焦山楂、焦白术、焦麦芽等。

(3)炒炭 以将药材炒至外部枯黑，内部焦黄为度，即“存性”，如艾叶炭、地榆炭、姜炭等。药材炒制后要洒水，以免复燃。

炒黄、炒焦使药材易于粉碎加工，并缓和药性。种子类药材经炒后则煎煮时有效成分易于溶出。而炒炭能缓和药物的烈性或副作用，或增强其收敛止血、止泄的作用。

(4)小炒 是对中药的特殊炮制,这类炮制品通常不作为常规饮片贮存,而是依据处方按需要加工,犹如在餐厅依客人点餐烹饪的“小炒菜”,故得此名,如当归麻油炒、党参小米炒。

炙 拌炒药物时加液体辅料,使其渗入药材内部或附着于药材表面以改变药性、增强疗效或减少副作用。常用的辅料有蜂蜜、醋、酒、盐水、姜汁、米泔水、酥油等液体。由于所用的辅料不同,其作用也有区别。如蜜炙黄芪、甘草可增强补中益气作用,蜜炙枇杷叶、款冬花可增强润肺止咳作用,酒炙川芎可增强行血之功,醋炙香附子可增强疏肝止痛之效,盐炙杜仲可增强补肾功能,姜汁炙厚朴可抑制药之寒性并加强止呕功效、降低毒副作用等。

煅 将药材用猛火直接或间接煅烧,使质地松脆,易于粉碎,充分发挥其疗效。坚硬的矿物或贝壳类药多直接煅烧,以煅至红透为度,如煅石膏、煅牡蛎、煅紫石英等。间接煅烧是将药物置于密闭耐火容器中煅烧,如煅制血余炭、棕榈炭等。

煨 将药材包裹于湿面粉、湿纸中,放在弱火中烤烘或铺在铁丝网上用火烤,使面糊或纸的表面焦黑,去火待冷后剥除,如煨生姜、煨木香、煨甘遂等;或将药物埋入热火灰里加热爆熟,如煨肉豆蔻等;或用草纸与饮片隔层分放加热。其中以面糊包裹者称为面裹煨,以湿草纸包裹者称为纸裹煨,以草纸分层隔开者称为隔纸煨,将药材直接埋入火灰中,使其高热发泡者,称为直接煨。煨法可以除去部分药材的油脂或刺激性物质,以降低毒副作用等。但在煨药时须注意火力,以免将药材烧毁。

四、水火共制

水火共制是指既用水又用火炮制的一类方法,包括煮、蒸、淬、露、焯等。

煮 药材加水或用辅料煮,以降低毒性或增强疗效。如醋煮商陆、芫花、狼毒可降低毒性,酒煮黄芩可增强清肺热的功效等。

蒸 用蒸汽将药材蒸熟,或清蒸,或加辅料蒸,以增强药效或缓和烈性。如酒蒸大黄可缓和泻下作用,反复蒸晒何首乌可增强其补肝肾、益精血之功,消除其泻下之力。

淬 将药材煅红后,迅即投入冷水或液体辅料中,反复多次,改变质地与性质。淬后不仅酥脆易于粉碎,而且辅料被其吸收,可增强疗效。如淬自然铜、淬青礞石、淬炉甘石等。

露 用蒸馏的方法来制造药液,如金银花的蒸馏液就是长花露。

焯 又称潭,是将药物放入沸水中短暂潦过后立即捞出。此法常用于种子类药材的去皮,肉汁、多汁类药材经焯后便于进一步干燥。如杏仁、桃仁、白扁豆水焯去皮,马齿苋、天门冬经水焯后便于晒干等。

五、其他制法

其他制法有法制、制霜、发酵、精制等。

法制 是如法炮制的意思,往往在炮制时需加多种辅料。如法制豆豉、法制半夏等。

制霜 霜是药材榨去油脂后剩下的残渣,如巴豆霜;有的药材煮提后所剩残渣研细也称霜,如鹿角霜;有的为药材渗出的结晶体,如西瓜霜等。

发酵 可使药材性质改变,也是一种炮制方法,如六神曲、半夏、胆南星等都是经过一定的发酵过程制成的。

精制 可以进一步滤去药物杂质并进行纯化。此法多用于水溶性天然结晶药材，经过溶解、浓缩、结晶等步骤，达到精制的目的，如精制芒硝、紫硇砂等。

第三节　兽用中药炮制的作用

近年来，应用现代科学技术研究兽用中药炮制的报道越来越多。科研人员采用化学、药理学、微生物学等现代科学探索了兽用中药炮制的原理、方法等，本节仅介绍现代研究中炮制增强临床疗效的原理。炮制能增强兽用中药的疗效，主要是通过改变药物所含的化学成分，如增加有效成分的含量、增加有效成分的溶出、产生新的有效成分等实现的。兽用中药是通过其所含有效成分来发挥疗效的，有效成分的高低将直接关系到其药理作用的强弱和临床疗效的高低。有毒中草药经炮制解毒而降低或消除其毒副作用后，才能安全有效地服务于临床。

一、增加有效成分的含量

现代研究表明，不少兽用中药炮制后，其有效成分的含量明显升高，从而使其作用增强。如川芎的主要成分包括川芎嗪，具有抑制血栓形成、扩张冠状动脉、增加血流量等作用，炮制使川芎嗪含量增加了33%，从而增强了川芎活血、祛瘀、行气等作用。

二、增加有效成分的溶出

炮制不仅能增加有效成分的含量，而且还能增加有效成分的溶出，从而增强药效。如种子或果实类药材经炮制后，其种皮或果皮爆裂，有利于有效成分的溶出。

三、增加新的有效成分

兽用中药经炮制后可以产生新的成分，这些新的有效成分往往比原有成分有更强的药理活性。如炉甘石为碳酸盐类矿石，经煅制发生分解反应，生成氧化锌，据测定，煅炉甘石中氧化锌含量比生品炉甘石高20%左右，氧化锌含量的增高，增强了炉甘石的消炎收敛作用。

四、有毒化学成分减少或改变

有毒药材经炮制后，其有毒化学成分减少或改变，毒性降低，因此药性缓和、副作用消失、疗效增强。如苍耳子经过炒制后，其毒性蛋白变性，凝固在细胞中不易溶出，从而达到去毒解毒的目的。

复习思考题

1. 兽用中药炮制的目的是什么？
2. 兽用中药的炮制分为哪几种，分别包括哪些？
3. 兽用中药炮制的意义有哪些？

第六章 兽用中药制法与制剂

第一节 工艺与设备

兽用中药制药工艺包括前处理、提取、分离纯化和干燥，其中前处理包括洗药、干燥、粉碎，提取包括渗漉法、回流法、水提醇沉、水蒸气蒸馏、超临界提取，分离纯化包括大孔树脂分离、膜分离、高速逆流色谱分离、微波分离和分子蒸馏，干燥包括喷雾干燥和真空冷冻干燥。兽用中药质量研究包括性状、鉴别和含量测定三个方面，特征图谱鉴别是兽用中药质量研究中的创新方法，含量测定主要包括紫外分光光度法、液相色谱法、气相色谱法和色谱质谱联用法等。本节将重点介绍关键生产中常涉及的工艺。

一、前处理工艺及设备

（一）工艺

洗药 在兽用中药的制药前处理工艺中，第一步要进行的便是洗药。所有采购回来投入生产的原材料，不管是兽用中药还是原料药材，都要进行洗药工序。大部分兽用中药制药企业使用滚筒式洗药机，用喷淋水洗药。这种洗药方法只对根茎类、藤木类、枝类等部分药材有效，洗药前需先除去杂质及非药用部分。地胆草、独活等药材要用螺旋桨式洗药机洗药。

粉碎 兽用中药材无论是制成饮片还是液态等其他形式，都需要进行粉碎处理，使其更易于提纯和加工。根据兽用中药来源与性质，可采用单独粉碎、混合粉碎、干法粉碎和湿法粉碎等粉碎方法。对一些富含糖分、具一定黏性的药材，可采用传统粉碎方法，如串料法；对热可塑性的物料，可采用低温粉碎等方法。

（二）设备

洗药机 洗药机采用整体旋转式结构，进料口、出料口、筒体全部采用不锈钢板制成，并配有高压水泵喷淋装置，可选用自来水直接冲洗，物料由内螺旋导向板向前推进，实行连续生产、自动出料，对特殊品种可反复倒顺精洗，直到洗净为止。洗药机洗净中草药、蔬菜、果实表面泥沙、实质的效果良好，适用于直径在 3 mm 以上的根茎类、皮类、种子类、果实类、藤木类、贝壳类、矿物类药材的清洗。

万能粉碎机 在万能粉碎机活动齿盘和固定齿盘间的高速相对运动下，被粉碎物经齿冲击、摩擦及物料彼此间冲击等综合作用而被粉碎。主要用于兽用中药材原料的粗加工，便于后续运输及药材有效成分的提取。

气流粉碎机 气流粉碎机与旋风分离器、除尘器、引风机组成一整套粉碎系统。压缩空气经过滤干燥后，通过拉瓦尔喷嘴高速喷射入粉碎腔，在多股高压气流的交汇点处，物料被反复碰撞、摩擦、剪切而粉碎。粉碎后的物料在风机抽力作用下随上升气流运动至分级区，在高速旋转分级涡轮产生的强大离心力作用下，粗细物料分离，符合粒度要求的细颗粒通过分级轮进入旋风分离器和除尘器而被收集，粗颗粒下降至粉碎区被继续粉碎。

二、提取工艺及设备

（一）工艺

回流法　回流法可分为回流热浸法和回流冷浸法。由于该法连续加热，浸提液在蒸发锅中受热时间较长，故不适用于受热易破坏的药材成分的浸出。

(1)回流热浸法　将药材饮片或粗粉装入提取容器内，添加溶剂至浸没药材。浸泡一定时间后，安装冷凝装置。加热，回流浸提至规定时间，将回流液滤出后，再添加新溶剂回流，合并各次回流液，回收溶剂，即得浓缩液。

(2)回流冷浸法　少量药粉可用索氏提取器提取，大量生产采用循环回流冷浸装置。回流法比渗漉法的溶剂用量少，是因为溶剂能循环使用。

水提醇沉工艺　兽用中药材的水提液经浓缩后在常温或低温下加入乙醇进行醇沉，乙醇既作为溶剂来溶解浓缩液中的有效成分，又作为沉淀剂来沉淀某些杂质。乙醇沉淀是兽用中药提取过程中常用的工艺步骤。兽用中药用水提取，水提液往往溶解有大量的淀粉、树胶、蛋白质、果胶、多糖、黏液质、色素等，通过加入适量的乙醇，促进醇不溶物析出沉淀，而乙醇上清液含有鞣质、生物碱、醇溶性氨基酸、苷类等，以此来除去杂质，提取有效药用成分。

水蒸气蒸馏法　水蒸气蒸馏法包括共水蒸馏法(即直接加热法)、通水蒸气蒸馏法及水上蒸馏法。为提高馏出液的纯度或浓度，一般需进行重蒸馏，收集重蒸馏液。但蒸馏次数不宜过多，以免挥发油中某些成分氧化或分解。水蒸气蒸馏法适用于具有挥发性，能随水蒸气蒸馏而不被破坏，与水不发生反应、又难溶或不溶于水的化学成分的提取、分离，如挥发油的提取。

（二）设备

多功能提取罐　多功能提取罐是医药化工中常用的浸出提取设备，可进行药材水提取、醇提取、挥发油提取以及药渣中溶剂的回收等，也可实现煎煮、渗漉、温浸、回流、循环浸渍、加压或减压浸出等多种工艺。多功能提取罐的工作过程如下：药材通过顶部加料口进入罐内，浸出液经过活底上的滤板过滤后排出。下半部外面用一夹套装置，其夹层可通入蒸汽加热，或通水冷却药液。排渣底盖可用气动装置自动启闭。提取罐在排出药渣时可能因药渣的膨胀而出现架桥现象，导致难以自动排出，为此，在直径较小、易产生架桥现象的斜锥式和无锥式提取罐中设破拱装置，以利于药渣排出。

超临界流体萃取设备　超临界流体萃取设备从功能上大体可分为八部分：萃取剂供应系统、低温系统、高压系统、萃取系统、分离系统、改性剂供应系统、循环系统和计算机控制系统，具体包括二氧化碳注入泵、萃取器、分离器、压缩机、二氧化碳储罐、冷水机等设备。由于萃取在高压下进行，所以对设备以及整个管路系统的耐压性能要求较高，生产过程实现微机自动监控，可以大大提高系统的安全可靠性，并降低运行成本。

连续逆流提取设备　连续逆流提取设备主要由投料斗、旋转式提取筒、出渣螺旋输送器、溶媒罐等组成。原料经粗粉碎、浸润后从投料斗投入提取筒旋转，同时固定在提取筒内壁上的螺旋带将物料从机组前端向后缓慢推进，提取溶剂从机组末端的进液管进入提取筒，由筒后端穿过移动的物料向前端流动，固液两相物质在这种逆向运动中充分接触，从而将药材中有效成分提取出来。药渣经出渣螺旋输送器强制推动至出渣口而排出，出渣螺旋同时对药渣进行挤压，将药渣中残留药液挤出药材组织，减少药渣中残留的药液。

三、分离纯化工艺及设备

（一）工艺

常压蒸发　用于非热敏性药液的蒸发。

减压蒸发　用于含热敏性成分药液的蒸发。

薄膜蒸发　蒸发速度快，受热时间短；不受料液静压和过热影响，成分不易被破坏；可在常压或减压下连续操作；能将溶剂回收重复利用。薄膜蒸发的进行方式有两种：一种是使液膜快速流过加热面进行蒸发；另一种是使药液剧烈地沸腾，产生大量泡沫，以泡沫的内外表面为蒸发面进行蒸发。

多效蒸发　设计原理为能量守恒定律，低温低压（真空）蒸气含有的热能与高温高压含有的热能相差很小，而对于汽化热，明显后者更高。

（二）设备

浓缩罐　浓缩罐（浓缩器）适用于兽用中药、西药、淀粉糖、食用乳品等物料的浓缩与工业有机溶剂（如乙醇）的回收，适用于批量小、品种多的热敏性物料的低温真空浓缩。其优点在于回收能力大，采用外加热自然循环与真空负压蒸发相结合的方式，蒸发速度快，浓缩比可达 1.3∶1。液料在全密封状态下无泡沫浓缩，具有无污染、药味浓的特点，而且清洗方便（打开加热器的上下盖即可进行清洗），操作简单，占地面积小。装置由立管式加热器、浓缩器、冷凝器及管道阀门等组成，真空系统可与其他设备配用水力喷射器或真空泵。

蒸发器　蒸发器原理是利用蒸发的方式，将溶液加热后，使其中部分溶剂汽化并被移除，从而提高溶液浓度，即溶液被浓缩的过程。蒸发器主要由加热室和蒸发室两部分组成。按溶液在蒸发器中的运动状况可大致分为两类：循环型与单程型。循环型即沸腾溶液在加热室中多次通过加热表面，单程型即沸腾溶液在加热室中仅一次通过加热表面。

四、干燥工艺与设备

（一）工艺

喷雾干燥　喷雾干燥具备不同的物化形式，可以通过不同的雾化器来实现，包括气流型雾化器、压力型雾化器和离心型雾化器等。气流型雾化器构造十分简单，应用广泛，但其运行中需要耗费较大的能量。压力型雾化器具有较强的生产能力，耗能小，雾化过程中产生的废料也不多，对一些固体小颗粒有较好的可回收性。由于离心型雾化依靠离心作用，雾化过程中受压力影响较小，在当前兽用中药制药领域中应用十分广泛。

真空冷冻干燥　真空冷冻干燥简称为冻干技术，是将药物低温冻结再真空干燥，把药物中的结合水除去。这些步骤不会对药物本身的物理及化学性质产生影响，很大程度上地保留了原始制药时的药性。某些液状药物经真空冷冻干燥浓缩之后，颜色不发生变化，而且很疏松，加水后能迅速溶解，稳定性好，污染的概率降低，便于运输，保存期限延长，药物质量提高。

（二）设备

真空干燥机 真空干燥机是通过抽去包装容器内部空气达到预定真空度后，去除容器内部件水分的设备，专为干燥热敏性、易分解和易氧化物质而设计，能够向内部充入惰性气体，特别是对一些成分复杂的药品，也能进行快速干燥。

喷雾干燥机 喷雾干燥机为连续式常压干燥器的一种，一般包括高速离心喷雾干燥机、压力喷雾干燥机、气流喷雾干燥机及无菌喷雾干燥机等。空气经过滤和加热，进入干燥器顶部空气分配器，热空气呈螺旋状均匀地进入干燥室。料液经塔体顶部的高速离心雾化器，(旋转)喷雾成极细微的雾状液珠，与热空气并流接触，在极短的时间内可干燥为成品。成品连续地由干燥塔底部和旋风分离器中输出，废气由引风机排出。经喷雾干燥机干燥的兽用中药浸膏粉不会出现焦化变质现象，其收粉率大大增加(95%以上)，而且不会产生混药现象和粘壁现象。

闪蒸干燥机 闪蒸干燥机是集干燥、粉碎、筛分于一体的新型连续式干燥设备，特别适用于滤饼状、膏糊状、稀泥浆状物料的烘干。湿物料在干燥塔内干燥时间仅为5～8 s，水分瞬间蒸发，干燥出的产品质量与干燥的温度、风速、风量、破碎的速度有很大关系。热空气由入口管以切线方向进入干燥室底部的环隙并螺旋状上升，同时物料由加料器定量加入干燥塔，并与热空气进行充分热交换，较大较湿的物料在搅拌器的作用下被机械破碎，水分含量较低及颗粒度较小的物料随旋转气流一并上升，输送至分离器进行气固分离，成品收集包装，而尾气则经除尘装置处理后排空。

五、制剂专用设备

（一）散剂设备

散剂是指饮片或提取物经粉碎、均匀混合制成的粉末状制剂，所以主要制剂设备是指粉碎机、混合机和填充机。

（二）制粒设备

制粒常有湿法制粒、一步法制粒和干法制粒。制粒包括原辅料的粉体与黏合剂混合成软材、颗粒干燥等过程。

槽式混合机＋摇摆制粒机 该工艺的特点是各自工序相对独立、成本低。

高速混合制粒机 其把混合与制粒工艺结合在一起，并在全封闭的容器内进行制粒。其特点是节约时间、混合效果好、生产效率高、成品颗粒与球度佳、流动性好、易清洗、无污染、成品含量稳定和能耗低等。

流化床制粒机 流化床制粒机集混合、制粒、干燥于一体，其特点是生产效率高、劳动强度低、受外界污染小和成品颗粒整齐。

干式制粒机 干式制粒机通过对粉末混合物加压制成大片，再粉碎整粒制成所需粒度的颗粒，适用于湿热敏性药物。干式制粒设备的特点是所需设备少、占地面积小、省时省工。

（三）片剂专用压片设备

压片机是将颗粒状物压制成直径不大于13 mm的圆形、异形和带有文字、符号、图形的片状物的自动连续生产设备。按机型可以分为单冲式压片机、花篮式压片机、旋转式压片机、亚高速旋转式压片机、全自动高速压片机以及旋转式包芯压片机等。

（四）口服液设备

口服液生产设备是制药行业用于制备、灌装、包装液体药剂的核心装备，其工艺流程涵盖配液、过滤、灌封、灭菌、质检等环节，具有自动化、高精度及符合 GMP 标准的特点。典型设备包括以下组成部分。

配液系统 由不锈钢配液罐、搅拌器、加热/冷却装置组成，实现原料溶解、混合及温度控制，配备精密过滤器（如 0.22 μm 微孔滤膜）去除杂质，确保药液澄明度。

洗瓶与灭菌设备 洗瓶机分为喷淋式、毛刷式及超声波式，其中超声波洗瓶机因其高效（清洗速度快）与高洁净度（去除微粒残留）成为主流。灭菌干燥设备包括柜式电热烘箱和隧道式灭菌机，后者通过高温（≥300 ℃）或湿热灭菌（121 ℃）结合层流净化技术，确保瓶体无菌。

灌装封口设备 全自动灌装机采用可编程逻辑控制器（PLC）控制，灌装精度可达±1%，支持 10～50 mL 多规格调节（如 30 mL、50 mL 机型），适用于糖浆、酵素等黏稠液体。轧盖机通过四刀轧盖技术实现螺纹封口，兼具美观性与密封性；部分机型集成理盖、送盖功能，形成灌轧一体机，减少人工干预。

联动生产线 整合洗瓶、烘干、灌装、封口、贴标、装盒等模块，通过 PLC 控制实现全流程自动化，产能可达 200～400 瓶/min，减少人工干预。

（五）制剂包装设备

充填机 将产品按预定量充填到包装容器内的机器，按照充填物料的性质，一般分为容积式充填机、称量式充填机和计数充填机。将产品按预定容量充填到包装容器内的机器称为容积式充填机，一般适用于液体产品，如流浸膏剂、酊剂、注射剂、合剂和灌注剂。将产品按预定质量充填至包装容器内的机器称为称量式充填机，充填过程中，事先称出预定质量的产品，然后填充到包装容器内，一般适用于固体产品，如散剂、可溶性粉、颗粒剂、片剂等。将产品按预定数目充填至包装容器内的机器称为计数充填机，一般适用于有最小使用单剂量的药物，如片剂、胶囊剂、丸剂等。

贴标机 贴标机是将成卷的不干胶纸标签（纸质或金属箔）粘贴在产品或规定包装上的设备。

第二节 处方筛选

一、处方筛选的途径

在兽用中药新药的研究中，有单味药和多味药的成方制剂，在处方筛选和选题过程中，均需注意对新药材品种的开发利用。中药材的来源品种达 1 万种以上，而目前为止，主要集中在普遍熟悉、广泛使用，且化学成分较为清楚、质量易于控制的 300 种左右，故应加强对常用中药材品种潜在功用的开发利用。中药的化学成分复杂，因此一味药具有多种功效，其主治病种更是多种多样，对这些药材潜在功用的开发利用是很有必要的。另外，注意对古方的精减化裁。中药古方及近代验方数以万计，从中优选良方研制新药是新药开发的重要途径。对一些配伍精当、药味不多、功用专一、疗效明显的方剂，可以直接加以利用，进行新制剂研究。同时要注意根据不同的证型选方，发挥中医同病异治的特长和优势，即不同的疾病，只要证型相同，均可在一定情况下，选用同一治法和方剂。用于兽用中药研发的方剂可以来源于临床经方、验方等，经方是指经典医药著作中记载的方剂，验方不是古代医书上的流传方，而是未经过论证，但是临床却有疗效的。在经方、验方的基础上，经过药效学试验筛选而得优化处方。

对于兽用中药的方剂的药味筛选要注意：

配伍要严谨 中药处方中可对古方、验方作适当的加减，而成药则要求具有一般规律性才能广泛使用。所以，对古方、验方也应筛选出最基本的结构，将方中作用相同、很次要的或配伍不当的药物去掉，保留其精华。

用料要准确 由于中药材的个体差异很大，受产地、采收季节、药用部位、加工方法等的影响较大，即使是同一产地的药材，生长周期不同、采用部位不同，有效成分的含量也有很大差异。

剂量的筛选 剂量是指药物用于机体发生特定生物效应而产生治疗作用的 1 日平均用量。理想的剂量是药性和药效最佳，且不良反应最小时的用量。

二、处方筛选方法

兽用中药复方的处方筛选、优化是指通过考查复方药味及药量的变化和组合对药效的影响，揭示复方药效与组方各药味及其剂量间的依赖关系，并最终获得最优处方。

植物化学理论研究模式 将活性筛选与化学分离紧密结合，以药效为指标，追踪分离复方中有效部位与有效成分，根据临床疗效建立与某一病证相对应的药理模型，确定复方产生某种药理作用的有效部位或有效成分，并分析其剂量与药效的关系，在一定程度上阐明复方组方规则及疗效机制。在此基础上，研究方剂中有效成分、有效部位的提取及有效组分的配伍。

数学设计研究模式 包括正交试验设计、均匀设计、直接实验设计、正交 t 值法等。

与现代技术相结合的研究模式 在现有方剂基础上，通过现代提取工艺筛选确定其药效基础，在中药复方的处方筛选研究中，应优先选择临床上长期使用有效的兽用中药复方作为研究对象，避免筛选的盲目性，然后根据确切的药物作用机制对兽用中药组方进行优选，使药物制剂中的活性组分相对确定。

(1)主要有效成分含量测定 通过对处方中主要有效成分的含量测定，以量效关系原则为依据，选择主要有效成分含量能够充分发挥药效的处方。

(2)药理学试验 通过实验动物的有效性试验可以初步探明处方对于病证治疗的初步有效性，明确处方组分的物质基础。

(3)毒理学试验 主要包括急性毒性试验、亚慢性毒性试验、慢性毒性试验和特殊毒性试验等。

(4)临床试验 在实验动物有效性明显的基础上，进一步扩展到靶动物有效性试验，筛选对靶动物病证具有明显疗效的处方。临床试验分为 3 个阶段：Ⅰ期临床试验(靶动物安全性试验、药物代谢动力学试验)、Ⅱ期临床试验(药效评价试验)和Ⅲ期临床试验(扩大临床试验)。

第三节 剂 型

一、兽用中药制剂的主要剂型

剂型是根据动物病证的需要，将中药制成与之相适应的各种制剂形态。历代医家经过长期的临床实践，创造了多种剂型。在《内经》收载的 13 方中，就有汤剂、丸剂、散剂、膏剂、酒等。

兽用中药的剂型最早见于《汉简》，有汤剂、膏剂、丸剂，其后的《齐民要术》中有汤、丸、散、膏、酒和熏烟剂等。随着医药事业的发展和对中药有效化学成分的研究及临床药理试验，除传统的中药剂型外，又增加了许多新剂型，如针剂、片剂、冲剂、糖浆剂等。兽用中药制剂主要有散剂、胶剂、片剂、丸剂、颗粒剂、软膏剂、流浸膏剂与浸膏剂、合剂、胶囊剂、灌注剂、注射液、超微粉、可溶性粉等。《中华人民共和国兽药典》(2020 年版，二部)收载的兽用中药制剂有散剂 154 种、酊剂 11 种、片剂 9 种、颗粒剂 5 种、流浸膏剂与浸膏剂 9 种、注射液 5 种、口服液或合剂 5 种、锭剂 1 种、膏剂 1 种、灌注剂 1 种、丸剂 1 种、粉剂 1 种。

二、主要剂型的定义和分类

散剂 是指饮片或提取物经粉碎、均匀混合制成的粉末状制剂，分为内服散剂和外用散剂，是古老的剂型之一。《司牧安骥集》和《元亨疗马集》中多用这类剂型。散剂的优点是：制法简单，剂量可随意控制；稳定性高，发挥疗效比丸剂、片剂快；应用方便，可减少汤剂的煎药时间；可避免某些易挥发成分的丧失；对黏膜、创面有保护和收敛作用；便于贮存、携带、运输。其缺点是：存在分重上的麻烦，药量大，不便于服用；凡有腐蚀性、挥发性、易吸湿变质的药物，不宜制成散剂；不易粉碎的药物如玄参、生地黄、熟地黄、肉苁蓉等不宜制成散剂。散剂分内服与外用两种：内服散剂一般用清水、温水浸湿调匀，必要时以温酒、童便、蜂蜜、油类等灌服；外用散剂多用醋、油、酒或水调匀外敷。

片剂 是指提取物、提取物加饮片细粉或饮片细粉与适宜辅料混匀压制或用其他适宜方法制成的圆片状或异形片状的制剂。片剂包括浸膏片、半浸膏片和全粉片等。

丸剂 是指饮片细粉或提取物加适宜的黏合剂或其他辅料制成的球形或类球形制剂，常见丸剂类型有水丸、糊丸、浓缩丸等。水丸是指饮片细粉以水(或根据制法以黄酒、醋、稀药汁、糖液等)为黏合剂制成的丸剂。糊丸是指饮片细粉以米粉、米糊或面糊等为黏合剂制成的丸剂。浓缩丸是指饮片或部分饮片提取浓缩后，与适宜的辅料或其余饮片细粉，以水、蜂蜜或蜂蜜和水为黏合剂制成的丸剂。

颗粒剂 是指提取物与适宜的辅料或饮片细粉制成的具有一定粒度的颗粒状制剂。颗粒剂可分为可溶颗粒(通称为颗粒)和混悬颗粒。

软膏剂 是指提取物、饮片细粉与适宜基质均匀混合制成的半固体外用制剂。常用基质分为油脂性、水溶性和乳剂型，其中用乳剂型基质制成的软膏又称为乳膏剂，按基质可分为水包油型乳膏剂与油包水型乳膏剂。

流浸膏剂、浸膏剂 是指饮片用适宜的溶剂提取，蒸去部分或全部溶剂，调整至规定浓度而制成的制剂。除另有规定外，流浸膏剂 1 mL 相当于原饮片 1 g；浸膏剂分为稠膏和干膏两种，1 g 相当于饮片 2～5 g。

合剂 是指饮片用水或其他溶剂，采用适宜方法提取制成的口服液体制剂，又称口服液。合剂的特点是：吸收快，见效快；可随病情变化调整药物，增减分量，制作简单，用具简便，容易掌握，便于普及。其缺点是：只宜单剂煎煮，不能成批生产，且不溶物或药渣较多，浪费大；易腐败变质，不能久存，不便携带。

胶囊剂 是指将饮片用适宜方法加工后，加入适宜辅料填充于空心胶囊或密封于软质囊材中的制剂，可分为硬胶囊、软胶囊(胶丸)和肠溶胶囊等，主要用于口服。硬胶囊是指将提取物、提取物加饮片细粉或与适宜辅料制成的均匀粉末、细小颗粒、小丸、半固体或液体，充填于空心胶囊中的胶囊剂。软胶囊是指将提取物或液体药物或与适宜辅料混匀后用滴制法或压制法密封于软质囊材中的胶囊剂。肠溶胶囊是指不溶于胃液，但能在肠液中崩解或释放的胶囊剂。

灌注剂　是指饮片提取物、药物以适宜的溶剂制成的供子宫、乳房等灌注的灭菌液体制剂。分为溶液型、混悬型和乳浊型。

注射剂　是指饮片经提取、纯化后制成的供注入动物体内的溶液、乳状液及供临用前配制成溶液的粉末或浓溶液的无菌制剂。注射液包括溶液型注射液或乳状液型注射液，可用于肌内注射、静脉注射或静脉滴注等。注射用无菌粉末指供临用前用适宜的无菌溶液配制成溶液的无菌粉末或无菌块状物，无菌粉末用冷冻干燥法或喷雾干燥法制得，无菌块状物用冷冻干燥法制得。

膏剂　是指用水或植物油煎熬浓缩药物而成的剂型，有内服和外用两种。

(1)内服药膏　常是煎膏剂，就是将药物加水加热煎煮后去渣浓缩，加入蜂蜜或糖而成。多半是滋补性的药物作膏剂，又称为膏滋，用于体弱动物。

(2)外用药膏　分软膏药和硬膏药。软膏药是用适当的基质(如凡士林)与药物细粉均匀混合制成的一种容易涂布于皮肤或黏膜的半固体外用制剂。因基质在常温下是半固体，具有一定的黏稠性，涂于皮肤能渐渐融化，有效成分可被吸收，呈现缓和的疗效。一般多用于跌打肿痛或风湿痹痛、痈肿等，如紫草膏、黄连软膏。硬膏药是用肥皂或麻油作基质，经过特殊处理，加入药料而成的暗黑色膏药，涂布于布或纸等材料上，供贴敷于皮肤的外用剂型。有局部治疗作用，常用于治疗跌打损伤、风湿痹痛等。

第四节　辅料与助剂

稀释剂　也称填充剂，是指制剂中用来增加体积或重量的成分。在药物剂型中，稀释剂通常占有很大比例，不仅可保证药物一定的体积大小，而且减少主药成分的剂量偏差，改善药物的压缩成型性，如粉末流动性、湿法颗粒或干法颗粒成型性、含量均一性、崩解性、溶出度、片剂外观、片剂硬度和脆碎度、物理和化学稳定性等。常用的稀释剂包括淀粉、蔗糖、乳糖、预胶化淀粉、微晶纤维素、无机盐类和糖醇类等。

黏合剂　是指一类使无黏性或黏性不足的物料粉末聚集成颗粒，或压缩成型的具黏性的固体粉末或溶液。黏合剂可分为天然高分子材料、合成聚合物和糖类。黏合剂具有聚合物的化学属性，包括结构、单体性质和聚合顺序、功能基团、聚合度、取代度和交联度将会影响制粒过程中的相互作用。同一聚合物由于来源或合成方法的不同，其性质可能显示出较大的差异。常用的黏合剂包括淀粉浆、纤维素衍生物、聚维酮、明胶等。

崩解剂　是指加入处方，促使制剂迅速崩解成小单元并使药物更快溶解的成分。崩解剂包括天然的、合成的或化学改造的天然聚合物。常用的崩解剂包括干淀粉、羧甲基淀粉钠、低取代羟丙基纤维素、交联羧甲基纤维素钠、交联聚维酮、泡腾崩解剂等。崩解剂可分为非解离型和阴离子型:非解离型聚合物主要是多糖，如淀粉、纤维素、支链淀粉和交联聚维酮；阴离子型聚合物主要是化学改性纤维素的产物等。使用离子聚合物时应考虑其化学性质。

润滑剂　作用为减小颗粒间、颗粒和固体制剂制造设备如片剂冲头和冲模的金属接触面之间的摩擦力。常用润滑剂包括硬脂酸镁、微粉硅胶、滑石粉、氢化植物油、聚乙二醇类、月桂醇硫酸钠等。

助流剂和抗结块剂　作用是提高粉末流速和减少粉末聚集结块，通常是无机物质细粉。它们不溶于水但是不疏水，其中有些物质是复杂的水合物。常用的助流剂和抗结块剂包括滑石粉、微粉硅胶等无机物质细粉。

抗黏剂　主要用于在压片、制备微丸等过程中降低药物之间或药物和机械之间的黏连。抗黏剂一般也作为润滑剂和助流剂使用，通常使用微粉硅胶、滑石粉和硬脂酸镁等。

润湿剂　是指本身无黏性，但能润湿并诱发药粉黏性的液体，适用于具有一定黏性的药粉制粒或进一步压片的过程，通常使用乙醇和水，或者配成一定浓度的乙醇后使用。

包衣剂　可以掩盖药物异味、改善外观、保护活性成分、调节药物释放速度。包衣材料包括天然材料、半合成材料和合成材料，为粉末或者胶体分散体系（胶乳或伪胶乳），通常制成溶液或者水相及非水相体系的分散液。蜡类和脂类在其熔化状态时可直接用作包衣，而不使用任何溶剂。

成膜剂　一般使用高分子材料作为药物外层包膜，适用于小剂量的药物。采用不同的成膜材料可制成不同释药速度的膜剂，既可制备速释膜剂，又可制备缓释膜剂或控释膜剂。常用的成膜材料分为天然高分子材料和合成高分子材料，天然高分子材料有明胶、阿拉伯胶、琼脂、淀粉、糊精等，此类成膜材料多数可降解或溶解，但成膜性能较差，故常与其他成膜材料合用；合成高分子材料包括聚乙烯醇、乙烯-乙酸乙烯共聚物、羟丙纤维素、羟丙甲纤维素、聚维酮和甲基丙烯酸酯-甲基丙烯酸共聚物等。

溶剂　在制备液体制剂时，需要将原料药及辅料以一定的形式分散在液体介质中，这种液体介质就是溶剂。溶剂可分为极性溶剂、半极性溶剂和非极性溶剂，极性溶剂一般使用水、甘油和二甲基亚砜；半极性溶剂一般使用乙醇、丙二醇和聚乙二醇；非极性溶剂一般使用脂肪油、液体石蜡和乙酸乙酯。

增溶剂　包含很多种不同的化学结构和等级。典型的增溶剂为阴离子型或非解离型表面活性剂，在水中自发形成的胶束形态和结构起增溶作用。增溶剂包括固态、液态或蜡质材料。

助悬剂和（或）增稠剂　在药物制剂中，助悬剂和（或）增稠剂用于稳定分散系统（如混悬剂或乳剂），其原理为减少溶质或颗粒运动的速率，或降低液体制剂的流动性。助悬剂或增稠剂可以是低分子，也可以是大分子或矿物质。低分子助悬剂或增稠剂如甘油、糖浆，大分子助悬剂或增稠剂包括亲水性的碳水化合物高分子物质（如阿拉伯胶、琼脂、海藻酸、羧甲基纤维素、角叉莱胶、糊精、羟丙基纤维素、羟丙甲纤维素、麦芽糖糊精、甲基纤维素、果胶等）和非碳水化合物亲水性大分子物质（如明胶、聚维酮、卡波姆、聚氧乙烯和聚乙烯醇）。

皮肤渗透促进剂　是指能提高或加速药物渗透、穿过皮肤的物质。理想的皮肤渗透促进剂应对皮肤无损伤或刺激，无药理活性，无致敏性，理化性质稳定，与药物及其辅料有良好的相容性，起效快，作用时间长等。常用的渗透促进剂有表面活性剂、二甲基亚砜及其类似物、氮酮类化合物、吡咯酮衍生物、醇类化合物和脂肪酸类化合物等。

保湿剂 是指在产品中可在较宽的相对湿度范围内变化和较长时间内增加或保持水分的原料，这类原料挥发性低，可以保留水分。保湿剂一般可分为三类，包括无机保湿剂、有机保湿剂和金属-有机保湿剂。无机保湿剂包括氯化钙等，有机保湿剂包括多元醇、氨基酸和多糖，金属-有机保湿剂包括乳酸盐和葡萄糖酸盐等。

pH 调节剂 在生产过程和最终产品中，如果对 pH 有要求，则需加入 pH 调节剂。pH 调节剂根据性质分为酸类、碱类和缓冲盐类，常用的酸有盐酸、硫酸和醋酸等，还可以使用磷酸、枸橼酸、酒石酸、马来酸、酸性氨基酸类及苹果酸等；常用的碱类有氢氧化钠、碳酸氢钠、浓氨溶液等，还可以使用有机胺类（如乙二胺、乙醇胺等）和碱性氨基酸等；缓冲盐类多为磷酸盐缓冲液、硼酸盐缓冲液和硼酸缓冲液等。

稳定剂 是指保持药物原有的物理形态、化学结构及微生物数量等特性的物质，所以一般也包括助悬剂、助溶剂、抗氧化剂及抑菌剂等。助悬剂和助溶剂可以保持原有的溶液物理形态。注射液中往往使用亚硫酸钠、亚硫酸氢钠、焦亚硫酸钠、硫代硫酸钠等抗氧化剂以延缓有效成分被氧化。抑菌剂如苯甲酸类和山梨酸等可以抑制细菌的繁殖，保持药物的稳定。

矫味剂 是指药物中用于改善或屏蔽药物苦味或其他难以忍受的味道的药用辅料。主要包括各种屏味剂、脂性物质（包括卵磷脂、表面活性剂）、亲水性药物包埋剂材料（如聚丙烯酸树脂类药用涂膜剂、改性淀粉类碳水化合物、环糊精类葡萄糖低聚物等）以及离子交换树脂、蛋白质、沸石和其他各种新型药用辅料。

抑菌剂 抑菌剂可能无法杀死细菌，但可以抑制细菌的生长，阻止细菌滋生过多，保证产品的安全。抑菌剂的种类很多，常用抑菌剂根据其化学结构和性质可分为：对羟基苯甲酸酯类，如羟苯甲酯、羟苯乙酯等；阳离子表面活性剂，如苯扎氯铵、苯扎溴铵等；醇类，如三氯叔丁醇等；有机汞类，如硫柳汞等、硝酸汞等；酸类，如山梨酸、苯甲酸等。还有很多天然提取物可用作抑菌剂。

着色剂 是指使用后给药物赋予色泽或是改善色泽的物质，即色素。着色剂按其来源和性质分为合成着色剂和天然着色剂两类。

吸附剂 也称吸收剂，可使活性成分附着在其颗粒表面，具有大的比表面积、适宜的孔结构及表面结构，对吸附质有强烈的吸附能力。吸附剂一般分为有机物和无机物两类，有机物类包括小麦胚粉、脱脂的玉米胚粉、玉米芯碎片、粗麸皮、大豆细粉及吸水性强的谷物类等，无机物类包括二氧化硅、蛭石、硅酸钙等。

复习思考题

1. 兽用中药主要制剂剂型有哪些？
2. 简述兽用中药制剂的主要辅料、助剂。
3. 简述兽用中药生产的主要工艺及设备。

第七章 兽用中药注册与研发管理

1987年，农业部开始组织新兽药评审。2004年，《兽药管理条例》修订完成，2004年11月，农业部令第44号颁布《兽药注册办法》。2004年12月，农业部公告第442号颁布《中兽药、天然药物分类及注册资料要求》，除了规定中兽药的注册要求，还将天然药物与其并列，拓展了兽用中药研究方向的空间。

2005年8月31日，农业部令第55号颁布《新兽药研制管理办法》。2006年，农业部兽药评审中心成立。2006年3月，农业部公告第630号颁布《兽药研究技术指导原则》，包括药学部分兽药研究技术指导原则13个。2009年8月，农业部公告第1247号颁布兽药试验指导原则15个。2011年6月8日，农业部公告第1596号颁布兽药研究技术指导原则5个。2022年2月，农业农村部兽药评审中心颁布《证候类中兽药临床研究技术指导原则》。

农业部令第55号颁布的《新兽药研制管理办法》于2005年11月1日起施行，在中国境内从事新兽药临床前研究、临床试验和监督管理，应当遵守该办法。境外企业不得在中国境内进行新兽药研制所需的临床试验和其他动物试验。根据进口兽药注册审评的要求，需要进行临床试验的，由农业部指定的单位承担，并将临床试验方案和与受委托单位签订的试验合同报农业部备案。

农业农村部负责全国新兽药研制管理工作，对研制新兽药使用一类病原微生物（含国内尚未发现的新病原微生物）、属于生物制品的新兽药临床试验进行审批；省级人民政府兽医行政管理部门负责对中药等其他新兽药临床试验审批；县级以上地方人民政府兽医行政管理部门负责本辖区新兽药研制活动的监督管理工作。

第一节 注册管理与分类

一、注册管理

《兽药管理条例》规定，未曾在中国境内上市销售的兽用药品都归入新兽药的范畴。按照《兽药管理条例》和《兽药注册管理办法》有关规定，兽用中药新药在我国生产前应向农业农村部履行注册报批手续，经农业农村部兽药评审中心组织专家技术审评，并经中国兽医药品监察所质量检验复核通过后，由农业农村部批准为新兽药。农业农村部兽药评审中心历经"审评委员会委员""专家库专家"评审，正在向"专职评审与专家咨询相结合"转变。

二、注册分类

目前，中兽药、天然药物注册分类仍执行2004年农业部公告第442号，具体内容如下。

第一类　未在国内上市销售的原药及其制剂。

(1)从中药、天然药物中提取的有效成分及其制剂。

(2)来源于植物、动物、矿物等药用物质及其制剂。

(3)中药材代用品。

第二类　未在国内上市销售的部位及其制剂。

(1)中药材新的药用部位制成的制剂。

(2)从中药、天然药物中提取的有效部位制成的制剂。

第三类　未在国内上市销售的制剂。

(1)传统兽医中药复方制剂。

(2)现代兽医中药复方制剂,包括以中药为主的中西兽药复方制剂。

(3)兽用天然药物复方制剂。

(4)由中药、天然药物制成的注射剂。

第四类　改变国内已上市销售产品的制剂。

(1)改变剂型的制剂。

(2)改变工艺的制剂。

然而,农业农村部借鉴人用药品管理经验,起草并即将颁布施行的《兽药注册管理办法》和《兽用中药注册分类及申报资料要求》,分类规定如下。

兽用中药是指在我国中兽医药理论指导下使用的药用物质及其制剂。

1. 创新型兽药

创新型兽药指处方未在兽药(包括人药)国家标准及注册标准中收载,具有临床价值,且未在中国境内上市销售的兽药。一般包含以下情形:

(1)兽用中药复方制剂,指由多味饮片(药材)、提取物等在中兽医药理论指导下组方而成的制剂。包括单方制剂和以中药为主的中西复方制剂。

(2)从单一植物、动物、矿物等物质中提取得到的提取物及其制剂。

(3)新药材及其制剂,指未被兽药国家标准、注册标准和国家药品标准、药品注册标准及省、自治区、直辖市药材标准(以上标准统称为法定标准)收载的药材及其制剂,以及具有上述标准药材的原动植物新的药用部位及其制剂。

2. 改良型兽药

改良型兽药指与已上市兽药相比,改变其剂型、生产工艺,且具有临床应用优势和特点,或增加功能主治、靶动物等的兽药。一般包含以下情形:

(1)改变已上市兽药剂型的制剂。

(2)改变已上市兽药生产工艺的制剂。

(3)增加功能主治的制剂。

(4)增加靶动物或人药用于兽药的制剂。

兽用天然药物是指在现代兽医药理论指导下使用的药用物质及其制剂。兽用天然药物参照兽用中药注册分类。

其他情形,主要指境外已上市申请进口的兽用中药和兽用天然药物。

第二节 研发管理

一、兽用中药研究试验指导原则

1991 年以来，农业部陆续颁布一系列新兽药试验、研究等技术指导原则（62 个）和试验技术规范（4 个）对新兽药研发提出统一要求，对新兽药研发与注册起到了重要指导作用。

1992 年 5 月 9 日，农业部颁布《实验临床试验技术规范（试行）》和《兽用消毒剂鉴定技术规范》。1997 年 11 月 19 日颁布《兽药药物动力学试验技术规范（试行）》。2002 年 7 月 31 日，农业部颁布《渔药临床试验技术规范》。

2006 年 3 月 29 日，农业部公告第 630 号颁布药学部分兽药研究技术指导原则 13 个，其中包括兽用中药指导原则 6 个：《兽用中药、天然药物原料前处理技术指导原则》《兽用中药、天然药物提取纯化工艺研究技术指导原则》《兽用中药、天然药物制剂研究技术指导原则》《兽用中药、天然药物中试研究技术指导原则》《兽用中药、天然药物稳定性试验技术指导原则》《兽用中药、天然药物质量标准分析方法验证指导原则》。

2009 年 8 月，农业部公告第 1247 号颁布兽药试验指导原则 15 个，其中和兽用中药相关的有 10 个：《兽药临床前毒理学评价试验指导原则》《兽药急性毒性（LD_{50} 测定）指导原则》《兽药 30 天和 90 天喂养试验指导原则》《兽药 Ames 试验指导原则》《兽药小鼠骨髓细胞染色畸变试验指导原则》《兽药小鼠精子畸形试验指导原则》《兽药小鼠骨髓细胞微核试验指导原则》《兽药大鼠传统致畸试验指导原则》《繁殖毒性试验指导原则》《兽药慢性毒性和致癌试验指导原则》。

2011 年 6 月 8 日，农业部公告第 1596 号颁布兽药研究技术指导原则 5 个：《兽用中药、天然药物临床试验技术指导原则》《兽用中药、天然药物临床试验报告的撰写原则》《兽用中药、天然药物安全药理学研究技术指导原则》《兽用中药、天然药物通用名称命名指导原则》《兽用中药、天然药物质量控制研究技术指导原则》。

农业部颁布的研究指导原则和试验技术规范涵盖药学、临床研究等方面，但仍未建立起按中医证候模型研究中药的技术体系，没有发挥中兽医药理论指导作用，兽医中药研究集中在现代兽医学的“提升动物机体免疫力、抗菌、抗病毒、抗寄生虫、促生长”等方面。为体现兽医中药的优势和特点，兽医中药的研究和应用应立足中兽医理论，制定符合兽医中药特点的审评规则和研究指导原则，运用传统中兽医整体观念、辨证论治理论进行药物筛选和临床药效研究。2022 年 2 月 10 日，农业农村部兽药评审中心颁布的《证候类中兽药临床研究技术指导原则》成为良好开端，内容如下。

证候（简称证）是中兽医学对动物疾病发展到一定阶段的病因、病性、病位及病势等的高度概括，具体表现为一组有内在联系的症状和体征，是中兽医临床诊断和治疗疾病的依据。证候类中兽药是指主治为证候的中兽药制剂。本指导原则旨在为证候类中兽药临床试验的开展和有效性、安全性评价提供基础性指导，其正文内容中的每一个原则性要求都可随着后续研究的不断深入，进一步丰富和发展为更详实具体的技术标准。

1. 证候类中兽药的处方来源及基本要求

证候类中兽药的处方应来源于兽医临床实践，符合中兽医药理论，体现理、法、方、药相一致的原则。证候类中兽药应有充分的应用历史证明性文献材料或研究资料，包括处方来源、组方合理性、临床应用情况(包括提供临床实践完善处方的演变过程)、功能主治、用法用量等相关内容。如拟开发的证候类中兽药是来源于中兽医临床经验的积累，针对临床常见基本证候的，应提供相关证明；如具有一定临床研究基础且有相应数据证明的成熟有效的处方，应提供相关临床研究总结报告，该总结报告应明确具体中兽医证候、疗效特点和安全性信息；如是源于科技立项的临床研究成果，应提供临床研究部分的总结资料。

证候类中兽药立项开发时，应注意评估与已上市同类药的临床价值差异，以明确其是否具备临床开发价值。

2. 证候类中兽药的临床定位

证候类中兽药临床应定位于消除、改善或控制具有内在关联性的一组疾病的主要临床症状、体征等，也可定位于通过证候改善达到疾病治疗等目的。

3. 证候类中兽药的证候诊断

拟开发中兽药的中兽医证候确定应有与之相关的兽医临床实践基础，并应遵循中兽医药理论。中兽医证候诊断标准可以参照有关国家标准、行业标准或团体标准等进行制定，如无适用的诊断标准，可自行制定并经专家论证达成共识。证候诊断构成要素可采用定性或半定量方式，或主次症的方法，可制定具有中兽医特色的证候诊断量表，并可根据具体研究内容辅以客观诊断指标。

4. 证候类中兽药的基本研究思路及试验设计

(1)基本研究思路　证候类中兽药临床研究可有多种模式，如单纯中兽医证候研究模式、中兽医病证结合研究模式或中兽医证统西兽医病的研究模式，无论何种研究模式，证候类中兽药研究均应对所研究证候的动态变化规律及相关西兽医疾病所处特定阶段要有明确的界定。

①单纯中兽医证候研究：选择符合某个中兽医证候诊断标准的靶动物进行研究，观察药物对该中兽医证候所涉及的症状、体征以及相关指标的改善情况。

②中兽医病证研究：在符合某一中兽医疾病诊断标准的基础上，选取该病的某一证候进行研究，观察药物对该证候所涉及的症状、体征以及相关指标的改善情况。

③证病结合研究：在“异病同治”“以证统病”诊治思维模式的指导下，基于不同疾病发生发展过程中的某个阶段出现有相同病机特点、相似证候要素的，可以在同一证候下选择不同西兽医疾病来进行研究，突出以证候为中心的设计理念，观察药物对中兽医证候疗效以及西兽医疾病的疗效。

(2)设计考虑

①纳入标准：纳入标准的制定，应考虑临床试验目的以及实施过程，包括应符合相关诊断标准的规定，受试动物在病情、病程等基线一致性方面的规定。建议纳入基础治疗(如有)和证候表现基本稳定的动物，对基础治疗处于动态调整阶段的动物不宜纳入。纳入西兽医疾病时应注意把握证候与西兽医治疗之间的关系。试验设计者可根据试验的需要制定合理的纳入标准。应在动物主人知情同意的情况下开展临床试验。

②排除标准：应排除兼夹影响目标证候诊断或证候疗效判断的其他证候的动物。应排除通过改善症状可能导致掩盖病情进展的情形，排除给药后会发生严重后果或加速疾病进程的特定动物群体。

③试验设计：探索性研究可以根据试验目的采用多种试验设计。确证性研究应遵循随机、

盲法、对照、重复的原则,并基于探索性研究的初步结果来估算样本量。

如采用加载设计,须事先规定好基础治疗,如基础治疗的用药指征、用药种类、用药剂量、用药方法、用药时间等。

④对照药:对照药宜首选安慰剂,也可设置不治疗对照。如果已有用于该证候的中兽药上市,可选择业内所公认的中兽药进行阳性对照,但应阐明阳性对照的目的、意义和选择合理性。

安慰剂应在剂型、外观、气味、口感、质感等特征上与试验药物尽量接近,确保临床研究者在盲态下开展研究。

5. 疗程及观测时点

应根据药物特点和前期研究信息合理设置观测时点及疗程,并根据研究目的的不同,科学设计观测的方法、时点、内容等。

6. 有效性评价

证候类中兽药应采用科学公认的中兽医证候疗效评价标准,根据研究目的确定好主要疗效指标和次要疗效指标,应重视证候疗效的临床价值评估。疗效指标选择如下。

(1)以改善目标症状或体征为目的者,应以目标症状或体征消失率/复常率,或临床控制率为疗效评价指标,但同时应注意观察目标症状或体征痊愈时间和/或起效时间的评价。

(2)可引入动物主人报告结局指标,将动物主人“自评”与兽医“他评”相结合。

(3)可采用能够反映证候疗效的客观应答指标进行评价。证候疗效的客观指标包括现代兽医学中的理化指标、生物标志物等。临床试验期间需观察评估中兽医证候疗效的起效时间、缓解时间或消失时间。

(4)基于生存质量或适应能力改善等方面的考虑,推荐采用公认具有普适性或特异性的生存质量或适应能力等量表进行疗效评价。也可采用基于科学原则所开发的中兽医证候疗效评价工具进行疗效评价。

7. 临床试验过程中的安全性评价

临床试验期间,研究者需关注中兽医证候的变化情况以及疾病进展情况,及时评估可能存在的用药风险。安全性评价可以结合受试动物疾病相关检查来评估,如某些能够反映疾病病情进展的理化检查指标。

8. 试验质量控制与数据管理

(1)信息采集　中兽医四诊信息采集是中兽医证候研究的必需手段,中兽医数据的信息化采集有利于临床试验质量的控制。研究者结合靶动物特点应制定“四诊信息采集标准操作规程(SOP)”并严格执行。临床试验前,应进行四诊信息采集规范化培训,并对研究者的四诊信息采集进行一致性评价。

四诊信息采集应遵循客观化原则。其信息采集工具可以是纸质版采集表,或基于计算机软件的图文采集系统。四诊信息采集表/系统,可以是普适性的也可以是特异性的,并以量化评定的形式呈现。

(2)数据管理　申请人和研究者应加强数据管理工作,鼓励研究者通过电子数据采集系统采集数据以确保研究数据的真实性和可靠性。另外,临床研究项目应制定临床试验风险控制、临床试验数据管理、数据核查、统计分析等计划和措施,以促进证候类中兽药临床试验整体质量控制水平的提升。

(3)研究人员　主要研究者须是具备中兽医专业或中西兽医结合专业教育背景,从事兽医临床工作的高级技术人员。研究者须是具备中兽医专业或兽医专业教育背景，从事兽医临床工作或经过培训能够胜任兽医临床工作的专业技术人员。

9. 说明书撰写原则

证候类中药的说明书【功能主治】项的内容应符合中兽医术语表述。

二、临床前研究管理（GLP）

中药制剂（中药材、中成药）的新兽药临床前研究包括药学、药理学和毒理学研究，具体研究项目如下：原药材的来源、加工及炮制、生产工艺、结构确证、理化性质及纯度、剂型选择、处方筛选、检验方法、质量指标、稳定性、药理学、毒理学等。

临床前安全性试验应当在通过《兽药非临床研究质量管理规范》（兽药 GLP）监督检查的机构或药品非临床研究质量管理规范认证的机构开展，并遵守兽药 GLP 的要求，通过毒理学研究等揭示兽用中药对使用对象动物（靶动物）的安全进行风险评估的过程，包括急性毒性试验、长期毒性试验、遗传毒性试验、生殖毒性（含致畸）试验、致癌试验、过敏性（局部、全身和光敏毒性）试验、溶血性和局部（血管、皮肤、黏膜、肌肉等）刺激性试验等。承担新兽药安全性评价的单位须具有农业农村部认定的资格，执行《兽药非临床研究质量管理规范》，并参照农业农村部颁布的《兽药急性毒性试验（LD_{50} 测定）指导原则》《兽药 30 天和 90 天喂养试验指导原则》《兽药 Ames 试验指导原则》《兽药小鼠骨髓细胞染色体畸变试验指导原则》《兽药小鼠精子畸形试验指导原则》《兽药小鼠骨髓细胞微核试验指导原则》《兽药大鼠传统致畸试验指导原则》和《兽药繁殖毒性试验指导原则》，以及国家卫生健康委员会颁布的《中药、天然药物急性毒性研究技术指导原则》《中药、天然药物长期毒性研究技术指导原则》和《中药、天然药物局部刺激性和溶血性研究技术指导原则》等有关技术指导原则进行试验。采用指导原则以外的其他方法和技术进行试验的，须提交能证明其科学性的资料。

三、临床研究管理

《兽药临床试验质量管理规范》（兽药 GCP）是为了规范兽药临床试验过程，确保试验数据的真实性、完整性和准确性，根据《兽药管理条例》制定的兽药临床试验全过程的标准规定。新兽药临床试验应当在通过兽药 GCP 监督检查的机构开展，并遵守兽药 GCP 的要求。申请人进行临床试验，须在试验前提出申请，并提交下列资料：

（1）《新兽药临床试验申请表》1 份。

（2）申请报告 1 份，内容包括研制单位基本情况；新兽药名称、来源和特性。

（3）临床试验方案原件 1 份。

（4）委托试验合同书正本 1 份。

（5）试验承担单位资质证明复印件 1 份。

（6）本办法第四条规定的有关资料 1 份。

（7）试制产品生产工艺、质量标准（草案）、试制研究总结报告及检验报告。

（8）试制单位《兽药 GMP 证书》和《兽药生产许可证》复印件。

（9）使用一类病原微生物的，还应当提交农业农村部的批准文件复印件。

进行中药的新兽药临床试验，还须提供农业农村部认定的兽药安全评价实验室出具的安全性评价试验报告原件 1 份，或者提供国内外相关药理学和毒理学文献资料。

进行新兽药临床试验，向所在地省级人民政府兽医行政管理部门提出申请。省级人民政府兽医行政管理部门收到新兽药临床试验申请后，对临床前研究结果的真实性和完整性以及临床试验方案进行审查。必要时，可以派至少 2 人对申请人临床前研究阶段的原始记录、试验条件、生产工艺以及试制情况进行现场核查，并形成书面核查报告。省级人民政府兽医行政管理部门自受理申请之日起 60 个工作日内做出是否批准的决定，确定试验区域和试验期限，并书面通知申请人。省级人民政府兽医行政管理部门做出批准决定后，报农业农村部备案。

临床试验批准后应当在 2 年内实施完毕。逾期未完成的，可以延期 1 年，但须经原批准机关批准。临床试验批准后变更申请人的，应当重新申请。

承担兽药临床试验的单位应当具有农业农村部认定的相应试验资格。兽药临床试验须执行《兽药临床试验质量管理规范》。

兽药临床试验须参照农业农村部颁布的兽药临床试验技术指导原则进行。采用指导原则以外的其他方法和技术进行试验的，应当提交能证明其科学性的资料。

临床试验用兽药应当在取得《兽药 GMP 证书》的企业制备，制备过程应当执行《兽药生产质量管理规范》。根据需要，农业农村部或者省级人民政府兽医行政管理部门可以对制备现场进行考察。

申请人对临床试验用兽药和对照用兽药的质量负责。临床试验用兽药和对照用兽药应当经中国兽医药品监察所或者农业农村部认定的其他兽药检验机构进行检验，检验合格的方可用于试验。临床试验用兽药和对照用兽药未经检验，或者检验不合格用于试验的，试验结果不予认可。

对批准机关做出责令修改试验方案、暂停或终止试验的决定有异议的，申请人可以在 5 个工作日内向原批准机关提出书面意见并说明理由。原批准机关应当在 10 个工作日内做出最后决定，并书面通知申请人。

临床试验用兽药标签应当注明批准机关的批准文件号、兽药名称、含量、规格、试制日期、有效期、试制批号、试制企业名称等，并注明“供临床试验用”字样。

临床试验用兽药仅供临床试验使用，不得销售，不得在未批准区域使用，不得超过批准期限使用。

临床试验应当根据批准的临床试验方案进行。如需变更批准内容的，申请人应向原批准机关报告变更后的试验方案，并说明依据和理由。

临床试验的受试动物数量应当根据临床试验的目的确定，符合农业农村部规定的最低临床试验病例数的要求或相关统计学的要求。因新兽药质量或其他原因，临床试验过程中试验动物发生重大动物疫病的，试验单位和申请人应当立即停止试验，并按照国家有关动物疫情处理规定处理。

临床试验用兽药和对照用兽药未经检验，或者检验不合格用于试验的，试验结果不予认可。

承担临床试验的单位和试验者应当密切注意临床试验用兽药不良反应事件的发生，并及时记录在案。临床试验过程中发生严重不良反应事件的，试验者应当在 24 h 内报告所在地省级人民政府兽医行政管理部门和申请人，并报农业农村部。

临床试验期间发生下列情形之一的，原批准机关可以责令申请人修改试验方案、暂停或终止试验：

(1)未按照规定时限报告严重不良反应事件的。

(2)已有证据证明试验用兽药无效的。

(3)试验用兽药出现质量问题的。

(4)试验中出现大范围、非预期的不良反应或严重不良反应事件的。

(5)试验中弄虚作假的。

(6)违反《兽药临床试验质量管理规范》其他情形的。

临床试验完成后,申请人应当向原批准机关提交批准的临床试验方案、试验结果及统计分析报告,并附原始记录复印件。

申请人申请新兽药临床试验时,提供虚假资料和样品的,批准机关不予受理或者对申报的新兽药临床试验不予批准,并对申请人给予警告,1 年内不受理该申请人提出的该新兽药临床试验申请;已批准进行临床试验的,撤销该新兽药临床试验批准文件,终止试验,并处 5 万元以上 10 万元以下罚款,3 年内不受理该申请人提出的该新兽药临床试验申请。农业农村部对提供虚假资料和样品的申请人建立不良行为记录,并予以公布。

第三节 行政审批程序

一、网上申报

首先在农业农村部政务服务平台(http://zwfw. moa. gov. cn)进行注册,也可以通过国家政务服务平台(http://gjzwfw. www. gov. cn/)设置的入口访问。通过审核后登录网站,点击"新建申请",选择"兽药类"—"新兽药注册",按要求填写《新兽药注册申请表》,上传相关附件,提交后,将填写好的申请表打印盖章。

二、申报资料接收和受理(形式审查)

按注册资料项目要求将兽用中药新药研究资料进行整理、打印、装订成册,将 2 份新兽药注册资料原件和 2 份《新兽药注册申请表》盖章原件,递交至农业农村部行政审批综合服务大厅(以下简称"政务服务大厅"),获得材料接收单。

政务服务大厅接收兽药注册申报资料后,将申报材料转交至农业农村部新兽药评审中心,评审中心按照农业农村部行政审批办事指南的办事条件、兽药注册资料相关要求,对接收的申报资料进行形式审查,并将形式审查意见报畜牧兽医局和政务服务大厅,形式审查一般周期为 10 个工作日。申请人可在农业农村部行政审批综合办公系统中查看申报项目的状态。

政务服务大厅根据形式审查意见办理予以受理或不予受理手续,并书面通知申请人和评审中心。形式审查通过方可进入技术评审,不通过将会出具不予受理通知书,并给出不予受理理由和依据,同时将 1 份新兽药注册资料和《新兽药注册申请表》退回申请人。

三、申报资料技术评审和批准

通过形式审查后,申请人持材料接收单到农业农村部行政审批综合服务大厅换取受理通知书,将申报材料递交至新兽药评审中心,由其组织专家进行技术评审并给出具体评审意见，同时给予申请人一定时限进行补充回复，直至通过技术评审环节。

评审中心收到受理的申报资料后，在规定时限内提出评审结论，并报农业农村部畜牧兽医局。若评审过程中发现重大技术问题或真实性问题，评审专家可将申报材料直接退审，并出具不予批准的办结通知书。

（一）技术评审

评审中心建立实施评审中心专家主审与兽药注册评审专家库其他专家咨询相结合的兽药注册评审工作机制。评审过程通常分为初审和复审，但经初审即可得出评审结论的，可不进行复审。

评审中心专家对受理的申报资料进行技术评审，提出初审或复审意见。根据工作需要，可咨询兽药注册评审专家库中其他专家的意见。咨询时可采取现场或远程咨询会、函审/网审咨询等方式。参加技术评审的所有评审专家均应提出书面审查意见。召开评审专家咨询会时，由评审中心专家任产品主审专家，介绍注册资料和审查意见，并提出需要咨询的事项和问题。评审中心咨询专家意见时，按照评审中心制定的专家选取原则从兽药注册评审专家库中遴选专家，对于涉及不同专业的品种或有疑难问题的品种，可分别或同时向不同专业的专家进行咨询。根据需要，也可向专家库以外的专家进行咨询。评审专家咨询会议由评审中心有关人员主持。

评审中应按照兽药注册资料要求和相关指导原则要求对申报资料进行科学评审。原则上，初审应一次性提出全面审查意见，并明确是否进行验证试验、复核检验和现场核查等。申请的兽药属于疫苗的，基于风险管理原则，必要时可提出对生产用菌毒种进行检验的要求。评审中心可根据注册申请人的申请安排沟通交流。根据初审意见，申请人一次性提交补充资料。收到申请人的补充资料后，评审中心进行复审。如初审意见要求开展验证试验、复核检验、现场核查等，还应在收到有关报告后一并进行复审。对需要提交补充资料的申请事项，评审时限延长 40 个工作日。未能一次性提交补充资料或者补充资料明显不符合评审意见要求的，予以退审。

原则上，每个兽药注册申请初审和复审各一次。对拟退审的，评审中心可将退审意见反馈给申请人。如申请人有异议，应在收到意见后 5 个工作日内以书面形式提出。根据需要，评审中心可再增加一次复审。评审时限延长 40 个工作日。

（二）兽药质量标准复核和样品检验

技术评审期间需开展兽药质量标准复核和样品检验的，申请人应在收到评审中心复核检验通知后 132 个工作日内，向中国兽医药品监察所提交复核检验所需样品及相关资料和材料。产品复核检验质量标准经申请人确认后，不得修改。中国兽医药品监察所根据评审意见，按照《兽药注册办法》等相关规定开展兽药质量标准复核和样品检验工作，并在规定时限内完成，将检验报告书和复核意见送达申请人，同时将检验报告书报农业农村部畜牧兽医局、复核意见报评审中心。

中国兽医药品监察所在收到评审中心复核检验通知后或者发出第一次复核检验不合格报告后 132 个工作日内，未收到申请人复核样品、相关资料或材料不全导致无法开展检验的，中国兽医药品监察所应向评审中心说明具体情况，评审中心根据说明对该项注册申请按自动撤回处理。第二次送样的复核检验应重新进行检验计时。

根据评审意见对疫苗菌毒种进行检验的，中国兽医药品监察所将检验结果和结论报农业农村部畜牧兽医局和评审中心，并增加 150 个工作日检验用时。

（三）补充资料及提交有关物质等兽药质量标准复核和样品检验

技术评审期间需补充资料、确认技术标准、提交标准物质以及菌毒种和细胞等的，评审中心以书面形式通知申请人。申请人按照评审意见在规定时限内一次性提交补充资料、确认技术标准、向中国兽医药品监察所提交标准物质等。

（四）审批与办结

农业农村部畜牧兽医局根据评审中心的技术评审意见和结论以及中国兽医药品监察所的复核检验结论，提出审批方案。建议予以批准的，报分管部门领导审批，并根据分管部门领导审批意见印发公告、制作注册证书；建议不予批准的，由农业农村部畜牧兽医局局长审签，办公大厅根据审批结论办结，并书面通知申请人。

复习思考题

1. 简述新药注册涉及的指导原则。
2. 简述兽用中药新药注册分类和管理的办法。
3. 简述兽用中药行政审批程序的主要步骤。

各　论

药材和饮片

第八章 解表药

凡以发散表邪为主要功效，常用于治疗表证的药物，称为解表药，又称发表药。本类药物大多辛散轻扬，主入肺、膀胱经，偏行肌表，能促进肌体发汗，使表邪由汗出而解，从而达到治愈表证、防止疾病传变的目的。即《素问・至真要大论》所谓："其在皮者，汗而发之。"此外，部分解表药兼能利水消肿、止咳平喘、透疹、止痛、消疮等。

解表药主治恶寒发热、头身疼痛、无汗或有汗不畅、脉浮之外感表证。部分解表药尚可用于水肿、咳喘、麻疹、风疹、风湿痹痛、疮疡初起等兼有表证者。

使用解表药时应针对外感风寒或风热表邪不同，相应选择长于发散风寒或风热的药物。由于冬季多风寒，春季多风热，夏季多挟暑湿，秋季多兼燥邪，故应根据四时气候变化的不同而恰当地与祛暑、化湿、润燥药配伍。若体虚外感，正虚邪实，难以祛散表邪者，又应根据体质不同，分别与益气、助阳、养阴、补血药配伍，以扶正祛邪。温病初起，邪在卫分，除选用发散风热药物外，应同时与清热解毒药配伍。

使用发汗力较强的解表药时，用量不宜过大，以免发汗太过，耗伤阳气，损及津液，造成"亡阳""伤阴"的弊端。又汗为津液，血汗同源，故表虚自汗、阴虚盗汗以及疮疡日久、淋证、失血患者，虽有表证，也应慎用解表药。同时，使用解表药还应注意因时因地而异，如春夏腠理疏松，容易出汗，解表药用量宜轻；冬季腠理致密，不易汗出，解表药用量宜重。北方严寒地区用药宜重，南方炎热地区用药宜轻。且解表药多为辛散轻扬之品，入汤剂不宜久煎，以免有效成分挥发而药效降低。

根据药性及功效主治差异，解表药可分为发散风寒药和发散风热药两类，也称辛温解表药与辛凉解表药。

现代药理学研究证明，解表药一般具有不同程度的发汗、解热、镇痛、抑菌、抗病毒、祛痰、镇咳、平喘、利尿等作用。

第一节 发散风寒药

本类药物性味多属辛温，辛以发散，温可祛寒，故以发散肌表风寒邪气为主要作用。主治风寒表证，证见恶寒发热，无汗或汗出不畅，头身疼痛，鼻塞流涕，口不渴，舌苔薄白，脉浮紧等。部分发散风寒药分别兼有祛风止痒、止痛、止咳平喘、利水消肿、消疮等功效，又可治疗风疹瘙痒、风湿痹证、咳喘以及水肿、疮疡初起等兼有风寒表证者。

一、麻黄

本品为麻黄科植物草麻黄 *Ephedra sinica* Stapf.、中麻黄 *Ephedra intermedia* Schrenk et C A. Mey. 或木贼麻黄 *Ephedra equisetina* Bge. 的干燥草质茎。秋季采割绿色的草质茎,晒干(图 8-1,彩图 8-1)。主产于我国山西、内蒙古、河北等地。

图 8-1　草麻黄的原植物和饮片

性味与归经　辛、微苦,温。归肺、膀胱经。

功能　解表散寒,宣肺平喘,利水消肿。

主治

(1)外感风寒　本品味辛发散,性温散寒,主入肺经,善于宣肺气、开腠理、透毛窍而发汗解表,发汗力强,为发汗解表之要药。宜用于风寒外郁,腠理闭密无汗的外感风寒表实证,每与桂枝相须为用,以增强发汗散寒解表之力。因麻黄兼有平喘之功,故对风寒表实而有喘逆咳嗽者,尤为适宜,如麻黄汤(组成:麻黄、桂枝、杏仁、甘草,《伤寒论》)。

(2)喘咳　本品为治疗肺气壅遏所致喘咳的要药,并常以杏仁等止咳平喘药为辅助。治疗风寒外束、肺气壅遏的喘咳实证,常与杏仁、甘草配伍,如三拗汤(组成:麻黄、杏仁、甘草,《太平惠民和剂局方》)。治疗寒痰停饮、咳嗽气喘、痰多清稀者,常与细辛、干姜、半夏等配伍,如小青龙汤(组成:麻黄、芍药、细辛、炙甘草、干姜、桂枝、五味子、半夏,《伤寒论》)。若肺热壅盛、高热喘急者,每与石膏、杏仁、甘草配伍,以清肺平喘,如麻杏石甘汤(组成:麻黄、杏仁、甘草、石膏,《伤寒论》)。

(3)利水消肿　宜于风邪袭表、肺失宣降的水肿、小便不利兼有表证者,每与甘草同用,如甘草麻黄汤(组成:甘草、麻黄,《金匮要略》)。若再与生姜、白术等发汗解表、利水退肿药配伍,则疗效更佳,如越婢加术汤(组成:麻黄、石膏、生姜、甘草、白术、大枣,《金匮要略》)。

用法用量　煎灌,马、牛 15～30 g,羊、猪 3～9 g,犬 3～5 g。

禁忌　本品发汗宣肺力强,凡表虚自汗、阴虚盗汗及肺肾虚喘者均当慎用。

按语　麻黄性微温,味辛微苦,质轻浮,体空疏,气味俱淡,专走气分,能散肺经之郁,解肺气之郁,为治疗感冒第一要药。其生用发汗力强,炙用发汗力弱。长于平喘止咳,欲作发汗,配桂枝,按 3∶2 应用,才能增强发汗功效。

现代研究

(1)化学成分　本品主要含麻黄碱、伪麻黄碱、甲基麻黄碱、麻黄次碱、苄甲胺和松油醇等。

(2)药理作用　麻黄碱能松弛支气管平滑肌,且作用较和缓持久,并有兴奋心脏、收缩血管、升血压及兴奋中枢等作用;伪麻黄碱有明显利尿作用,并能缓解支气管平滑肌痉挛;麻黄挥发油有解热、降温和发汗作用，并对流感病毒有抑制作用。

二、桂枝

本品为樟科植物肉桂 *Cinnamomum cassia* Presl. 的干燥嫩枝。春、夏二季采收，除去叶，晒干或切片晒干（图 8-2，彩图 8-2）。生用。主产于我国广西、广东、云南等地。

图 8-2　桂枝的原植物和饮片

性味与归经　辛、甘，温。归心、肺、膀胱经。

功能　发汗解肌，温通经脉，助阳化气。

主治

（1）风寒表证　本品辛甘温煦，甘温通阳扶卫，其开腠发汗之力较麻黄温和，而善于宣阳气于卫分，畅营血于肌表，故有助卫实表、发汗解肌、外散风寒之功。对于外感风寒，不论表实无汗、表虚有汗及阳虚受寒者，均宜使用。如外感风寒、表实无汗者，常与麻黄同用，以开宣肺气、发散风寒，如麻黄汤（组成：麻黄、桂枝、杏仁、炙甘草，《伤寒论》）；若外感风寒、表虚有汗者，当与白芍同用，以调和营卫、发汗解肌，如桂枝汤（组成：桂枝、芍药、甘草、大枣、生姜，《伤寒论》）。

（2）关节痹痛　外感风寒湿邪，肢体疼痛、关节不利者，常与附子、羌活、防风等配伍，如桂枝附子汤（组成：桂枝、附子、生姜、大枣、炙甘草，《伤寒论》）。尤其善治前肢关节、肌肉的麻木疼痛，可为前肢的引经药。

（3）痰饮，水肿　若膀胱气化不行，水肿、小便不利者，每与茯苓、猪苓、泽泻等同用，如五苓散[组成：猪苓、泽泻、白术、茯苓、桂枝（去皮），《伤寒论》]。

用法用量　煎灌，马、牛 15～45 g，驼 30～60 g，羊、猪 3～10 g，兔、禽 0.5～1.5 g。

禁忌　凡外感热病、阴虚火旺、血热妄行等证，均当忌用。孕畜慎用。

按语　桂枝辛、甘、温，辛能发散，甘能和中，温可散寒。上行能透达营卫以解肌表之风寒，下行能引火归元以气化水道，横走四肢温经通脉而止疼痛。无汗能发，有汗能止。欲发汗配麻黄，欲止汗配白芍。

麻黄与桂枝均为发汗解表之药，常相须为用以增强疗效。但麻黄所主，以毛窍闭塞、汗不能透达之表实无汗证，故为表中之表药；桂枝所主，以营卫不和、虽汗出而邪不能去之表实有汗证，故为表中之里药。

麻黄与桂枝虽都能发汗，但麻黄辛苦开泄，能开腠理而透毛窍，发汗作用较强，且能宣肺平喘、利尿退肿；桂枝辛甘温煦，主要功能是温通经脉，能通达阳气而解表，发汗的作用较为缓弱。故治风寒表证、风寒无汗，常与麻黄配伍，以增强发汗的作用；而治风寒表证、自汗、恶风则不用麻黄，多与芍药同用，以协调营卫、发表散寒。桂枝性温助热，如主治不当则有伤阴、动血之虞，故在温热病阴虚火旺及出血证时，不宜主治。

现代研究

（1）化学成分　本品主要含挥发油，如桂皮醛、肉桂酸、2-甲氧基肉桂酸、香豆素、β-谷甾醇、丁香醛等。

（2）药理作用　本品所含桂皮油能扩张血管，改善血液循环，促使血液流向体表，从而有利于发汗和散热；桂皮醛能刺激汗腺分泌，扩张皮肤血管，并通过发汗，加速散热而起解热作用；乙醇浸出液对金黄色葡萄球菌、大肠杆菌、肺炎球菌、炭疽杆菌、沙门氏菌等均有抑制作用；桂皮油能促进唾液及胃液分泌，帮助消化，故有健胃作用。

三、荆芥

本品为唇形科植物荆芥 *Schizonepeta tenuifolia* Briq. 的干燥地上部分。夏、秋二季花开到顶、穗绿时采割，除去杂质，晒干或切段晒干（图 8-3，彩图 8-3）。生用。主产于我国江苏、浙江、江西、河北、湖北。

图 8-3　荆芥的原植物和饮片

性味与归经　辛，微温。归肺、肝经。

功能　解表散风，透疹，消疮。

主治

（1）感冒　本品辛散气香，长于发表散风，且微温不烈，药性和缓，为发散风寒药中药性最为平和之品。对于外感表证，无论风寒、风热或寒热不明显者，均可广泛使用。治疗风寒感冒、恶寒发热、头痛无汗者，常与防风、羌活、独活等同用，如荆防败毒散（组成：羌活、独活、柴胡、前胡、枳壳、茯苓、防风、荆芥、桔梗、川芎、甘草，《摄生众妙方》）；治疗风热感冒、发热头痛者，每与辛凉解表药金银花、连翘、薄荷等配伍，如银翘散（组成：连翘、金银花、苦桔梗、薄荷、竹叶、生甘草、芥穗、淡豆豉、牛蒡子，《温病条辨》）。

（2）麻疹不透，风疹瘙痒　治疗表邪外束、麻疹初起、疹出不畅，常与蝉蜕、薄荷、紫草等同用；若与苦参、防风、白蒺藜等配伍，又治疗风疹瘙痒。

(3)疮疡初起 本品可用于疮疡初起而有表证者。偏于风寒者，常与羌活、川芎、独活等配伍；偏于风热者，每与金银花、连翘、柴胡等配伍。

用法用量 煎灌，马、牛 15～60 g，羊、猪 6～12 g，犬、猫 2～5 g，兔、禽 1.5～3 g，不宜久煎。

按语 荆芥味辛微温而芳香，其味辛而不燥，其气清，质地轻扬，擅长发散，主治风邪在表诸证。欲祛风寒，配麻桂；欲散风热，配银翘、薄荷。本品生用发汗力强，炒用发表力弱，炒黑则止血。因入血分而能理血，透疹消痈，有"疮家圣药"之称。

现代研究

(1)化学成分 本品主要含挥发油，如薄荷酮、异薄荷酮、胡薄荷酮、异胡薄荷酮、柠檬烯等。

(2)药理作用 本品水煎剂可增强皮肤血液循环，增加汗腺分泌，有微弱解热作用；对金黄色葡萄球菌、白喉杆菌有抑制作用。

四、防风

本品为伞形科植物防风 *Saposhnikovia divaricata* (Turcz.) Schischk. 的干燥根(图 8-4，彩图 8-4)。春、秋二季采挖未抽花茎植株的根，除去须根及泥沙，晒干。切厚片，生用。主产于我国黑龙江、内蒙古、吉林、辽宁。

图 8-4 防风的原植物和饮片

性味与归经 辛、甘，温。归膀胱、肝、脾经。

功能 祛风解表，胜湿止痛，止痉。

主治

(1)外感风寒 本品辛温发散，气味俱升，以辛散祛风解表为主，虽不长于散寒，但又能胜湿、止痛，且甘缓微温不峻烈，故外感风寒、风湿、风热表证均可配伍使用。治疗风寒表证、头痛身痛、恶风寒者，常与荆芥、羌活、独活等同用，如荆防败毒散(组成：羌活、独活、柴胡、前胡、枳壳、茯苓、防风、荆芥、桔梗、川芎、甘草，《摄生众妙方》)；治疗外感风湿、身重肢痛者，每与羌活、藁本、川芎等同用，如羌活胜湿汤(组成：羌活、独活、藁本、防风、炙甘草、川芎、蔓荆子，《内外伤辨》)；治疗风热表证、发热恶风、咽痛口渴者，常与薄荷、蝉蜕、连翘等辛凉解表药配伍。又因其发散作用温和，对卫气不足、肌表不固、而感冒风邪者，本品与黄芪、白术等益卫固表药配伍，相辅相成，祛邪而不伤正，固表而不留邪，共奏扶正祛邪之效，如玉屏风散（组成：防风、黄芪、白术，《丹溪心法》）。

（2）风湿痹痛　治疗风寒湿痹、肢节疼痛、筋脉挛急者，可与羌活、独活、姜黄等祛风湿止痹痛药配伍。若风寒湿邪郁而化热，关节红肿热痛成为热痹者，可与地龙、薏苡仁、乌梢蛇等配伍。

（3）风疹瘙痒　本品以祛风见长，药性平和，风寒、风热所致之瘾疹瘙痒皆可配伍使用。治疗风寒者，常与麻黄、白芷、苍耳子等配伍，如消风散（组成：荆芥穗、甘草、川芎、羌活、白僵蚕、防风、茯苓、蝉壳、藿香叶、人参、厚朴、陈皮，《宋・太平惠民和剂局方》）；治疗风热者，常与薄荷、蝉蜕、僵蚕等配伍；治疗湿热者，可与土茯苓、白鲜皮、赤小豆等配伍；若血虚风燥者，常与当归、地黄等配伍；若兼里实热结者，常与大黄、芒硝、黄芩等配伍，如防风通圣散（组成：防风、川芎、当归、芍药、大黄、薄荷叶、麻黄、连翘、芒硝、石膏、黄芩、桔梗、滑石、甘草、荆芥、白术、栀子，《宣明论方》）。

（4）破伤风　治疗风毒内侵，贯于经络、引动内风而致肌肉痉挛、四肢抽搐、项背强急、角弓反张的破伤风证，常与天麻、天南星、白附子等祛风止痉药同用。

用法用量　煎灌，马、牛 15～60 g，驼 45～100 g，羊、猪 5～15 g，兔、禽 1.5～3 g。

禁忌　本品药性偏温，阴血亏虚、热病动风者不宜使用。

按语　防风辛散甘缓，可上达周身，为风药之主药，各种风证皆宜之。临床上，无汗恶风用生防风，有汗恶风用炒防风，祛血分之风用防风炭。本品治肠风下血尤有殊功。防风与羌活皆为祛风胜湿之药，但防风甘润性缓，为风药之润剂，羌活辛温燥烈，为风药之燥剂。防风与荆芥均为祛风散寒要药，但防风偏治外感之风，荆芥偏治外感之寒。

现代研究

（1）化学成分　本品主要含挥发油、甘露醇、苦味苷等。

（2）药理作用　本品有解热、抗炎、镇静、镇痛等作用；水浸剂对绿脓杆菌和金黄色葡萄球菌有一定抑制作用，煎剂对痢疾杆菌、溶血性链球菌等有不同程度的抑制作用。

五、香薷

本品为唇形科植物石香薷 *Mosla chinensis* Maxim.（图 8-5，彩图 8-5）或江香薷 *Mosla chinensis* ‘Jiangxiangru’ 的干燥地上部分。前者习称“青香薷”，后者习称“江香薷”。夏季茎叶茂盛、花盛开时择晴天采割，除去杂质，阴干。切段，生用（图 8-5）。青香薷主产于我国广

图 8-5　石香薷的原植物和饮片

东、广西、福建，江香薷主产于江西。

性味与归经 辛，微温。归肺、胃经。

功能 发汗解表，化湿和中。

主治

(1)外感风寒，内伤暑湿，恶寒发热，腹痛吐泻 本品辛温发散，入肺经能发汗解表而散寒；其气芳香，入于脾胃又能化湿和中而祛暑，多用于暑天感受风寒而兼脾胃湿困，证见恶寒发热、头痛身重、无汗、脘满纳差、腹痛吐泻、苔腻者，可收外解风寒、内化湿浊之功。因该证多见于暑天贪凉饮冷之人，故前人称"香薷乃夏月解表之药"，常与厚朴、扁豆配伍，如香薷散(组成：白扁豆、厚朴、香薷，《太平惠民和剂局方》)。

(2)水肿，小便不利，脚气浮肿 本品辛散温通，外能发汗以散肌表之水湿，又能宣肺气启上源，通畅水道，以利尿退肿，多用于水肿而有表证者。治疗水肿、小便不利及脚气浮肿者，可单用或与健脾利水的白术等配伍。

用法用量 煎灌，马、牛 15～45 g，羊、猪 3～10 g，兔、禽 1～2 g。

禁忌 本品辛温发汗之力较强，表虚有汗及暑热证忌用。本品用于发表，量不宜过大，且不宜久煎；用于利水消肿，量宜稍大，且须浓煎。

按语 香薷既能发汗解表，又能祛暑化湿，故对于暑天乘凉饮所引起的怕冷发热无汗及呕吐腹泻等症，是一味常用的药品。本品虽能祛暑，但性温辛散，多适用于阴暑病证。

现代研究

(1)化学成分 本品主要含挥发油，包括麝香草酚、香荆芥酚、百里香酚、聚伞花素、乙酸百里酯、乙醇香荆酯等，以及黄酮类(5-羟基-6，7-二甲氧基黄酮、5-羟基-7，8-二甲氧基黄酮)、洋芹素等。

(2)药理作用 本品挥发油有发汗解热作用，能刺激消化腺分泌及胃肠蠕动；对金黄色葡萄球菌、伤寒杆菌、脑膜炎双球菌等有较强的抑制作用；海州香薷的水煎剂有抗病毒作用；酊剂能刺激肾血管而使肾小球充血、滤过性增大而有利尿作用。

六、细辛

本品为马兜铃科植物北细辛 *Asarum heterotropoides* Fr. Schmidt var. *mandshuricum* (Maxim.)Kitag.、汉城细辛 *Asarum sieboldii* Miq. var. seoulense (Nakai)或华细辛 *Asarum sieboldii* Miq. 的干燥根和根茎(图 8-6、彩图 8-6)。夏季果熟期或初秋采挖，除净地上部分和泥沙，阴干。切段，生用。前两种习称"辽细辛"，主产于我国辽宁、吉林、黑龙江；华细辛主产于陕西。

性味与归经 辛，温。归心、肺、肾经。

功能 解表散寒，温肺化饮，通窍止痛。

主治

(1)风寒感冒 本品辛温发散，芳香透达，入肺经长于解表散寒，祛风止痛，宜用于外感风寒、头身疼痛较甚者，常与羌活、防风、白芷等祛风止痛药同用，如九味羌活汤(组成：羌活、防风、苍术、细辛、川芎、香白芷、生地黄、黄芩、甘草，《此事难知》)；因其既能散风寒，又能通鼻窍，更宜用于风寒感冒而见鼻塞流涕者，常与白芷、苍耳子等配伍。本品既入肺经散在表之风

图 8-6　辽细辛的原植物和饮片

寒，又入肾经而除在里之寒邪，故与麻黄、附子配伍，可治疗阳虚外感、恶寒发热、无汗、脉反沉者，如麻黄附子细辛汤（组成：麻黄、附子、细辛，《伤寒论》）。

（2）寒痛证　本品辛香走窜，宣泄郁滞，上达巅顶，通利九窍，善于祛风散寒，且止痛之力颇强，尤宜用于风寒头痛、牙痛、痹痛等多种寒痛证。治疗外感风邪、偏正头痛，常与川芎、白芷、羌活同用，如川芎茶调散（组成：薄荷叶、川芎、荆芥、香附子、防风、白芷、羌活、甘草，《太平惠民和剂局方》）。若胃火牙痛者，又当与生石膏、黄连、升麻等清胃泻火药配伍。治疗风寒湿痹、腰膝冷痛，常与独活、桑寄生、防风等配伍，如独活寄生汤（组成：独活、寄生、杜仲、牛膝、细辛、秦艽、茯苓、桂心、防风、川芎、人参、甘草、当归、芍药、干地黄，《备急千金要方》）。

（3）鼻渊，鼻塞流涕　本品为治鼻渊、鼻塞之良药，宜与白芷、苍耳子、辛夷等散风寒、通鼻窍药同用。

（4）肺寒咳嗽　治疗外感风寒，水饮内停之恶寒发热，无汗，喘咳，痰多清稀者，常与麻黄、桂枝、干姜等同用，如小青龙汤（组成：麻黄、芍药、细辛、干姜、炙甘草、桂枝、五味子、半夏，《伤寒论》）；若纯系寒痰停饮射肺，咳嗽胸满，气逆喘急者，可与茯苓、干姜、五味子等配伍，如苓甘五味姜辛汤（组成：茯苓、甘草、干姜、细辛、五味子，《金匮要略》）。

用法用量　煎灌，马、牛 9～15 g，驼 15～30 g，羊、猪 1.5～3 g，犬 0.5～1.0 g。

禁忌　气虚多汗、阴虚阳亢头痛、阴虚燥咳或肺热咳嗽者忌用。不宜与藜芦同用。用量不宜过大。

按语　细辛气味辛烈，温散力大，特点是窜透开滞，故外能散在表之寒，内能温在里之寒。用于外寒者配麻桂，用于里寒者配姜附。然不可过量应用，“多则气闷塞不通者死”。细辛与独活皆能祛风，但细辛善搜肝肾血分之风寒，独活善搜肾经气分之伏风。细辛与麻黄均为祛风散寒之要药，但散筋骨之寒偏于里者，多用细辛，散肌腠之寒偏于表者，多用麻黄。

现代研究

（1）化学成分　本品主要含挥发油，如甲基丁香油酚、黄樟醚，还含细辛醚、细辛酮等。

（2）药理作用　本品挥发油有解热、镇静、镇痛、抗炎、表面麻醉及浸润麻醉作用；大剂量挥发油可使中枢神经系统先兴奋后抑制，显示一定毒副作用；体外实验显示，挥发油对革兰氏阳性菌、枯草杆菌、伤寒杆菌及多种真菌有一定的抑制作用。

七、白芷

本品为伞形科植物白芷 *Angelica dahurica*（Fisch. ex Hoffm.）Benth. et Hook. f. 或杭白芷 *Angelica dahurica*（Fisch. ex Hoffm.）Benth. et Hook. f. var. *formosana*（Boiss.）Shan et Yuan 的干燥根（图 8-7，彩图 8-7）。夏、秋二季叶黄时采挖，除去须根及泥沙，晒干或低温干燥。切厚片，生用。主产于我国浙江、四川、河南、河北。

图 8-7　白芷的原植物和饮片

性味与归经　辛，温。归胃、大肠、肺经。

功能　散风祛湿，消肿排脓，通窍止痛。

主治

（1）外感风寒　本品辛散温通，祛风解表散寒之力较温和，而以止痛、通鼻窍见长，宜用于外感风寒、头身疼痛、鼻塞流涕之证，常与防风、羌活、川芎等祛风散寒止痛药同用，如九味羌活汤（组成：羌活、防风、苍术、细辛、川芎、香白芷、生地黄、黄芩、甘草，《此事难知》）。

（2）风湿痹痛　外感风寒者，可单用，即都梁丸（组成：白芷、川芎，《百一选方》）；或与防风、细辛、川芎等祛风止痛药同用，如川芎茶调散（组成：薄荷叶、川芎、荆芥、香附子、防风、白芷、羌活、甘草，《太平惠民和剂局方》）；属外感风热者，可与薄荷、菊花、蔓荆子等配伍。若风寒湿痹、关节疼痛、屈伸不利者，可与苍术、草乌、川芎等同用。

（3）鼻窍不通　鼻科疾病之鼻塞不通，流涕不止者，每与苍耳子、辛夷等散风寒、通鼻窍药同用。

（4）疮黄疔毒　对于疮疡初起、红肿热痛者，每与金银花、当归、穿山甲等药配伍，如仙方活命饮（组成：白芷、贝母、防风、赤芍药、当归尾、甘草节、皂角刺、穿山甲、天花粉、乳香、没药、金银花、陈皮，《校注妇人良方》）；若脓成难溃者，常与益气补血药同用，共奏托毒排脓之功，如托里消毒散（组成：人参、川芎、白芍、黄芪、当归、白术、茯苓、金银花、白芷、甘草、皂角针、桔梗，《外科正宗》）、托里排脓汤（组成：人参、黄芪、白术、甘草、茯苓、白芍、金银花、连翘、贝母、肉桂、陈皮、生姜，《医宗金鉴》），均与人参或黄芪等同用。

此外，本品祛风止痒，可治疗皮肤风湿瘙痒。

用法用量　煎灌，马、牛 15～30 g，驼 25～45 g，羊、猪 3～9 g，犬、猫 0.5～3 g。外用适量。

禁忌 阴虚血热者忌用。

按语 白芷辛温芳香，辛能发散，温可除寒，芳香通窍，为疗风止痛之上品。本品尚有消肿排脓，生肌长肉，祛腐生新的作用，故有“疮家圣药”之称。本品温燥升散，能耗血伤阴，故血虚有热，阴虚火旺，痈疡已溃，脓出畅通者忌用。

现代研究

(1)化学成分　本品主要含香豆素类物质，如白芷素、白芷毒素、欧前胡素、异欧前胡素、别欧前胡素、别异欧前胡素、氧化前胡素、水合氧化前胡素，还含挥发油等。

(2)药理作用　少量白芷毒素有兴奋中枢神经、升血压作用，并能引起流涎呕吐，大量能引起强直性痉挛，继以全身麻痹；能对抗蛇毒所致的中枢神经系统抑制；水煎剂对大肠杆菌、痢疾杆菌、伤寒杆菌、绿脓杆菌、变形杆菌有一定的抑制作用；有解热、抗炎、镇痛、解痉、抗癌作用；水浸剂对某些真菌有一定的抑制作用。

八、紫苏叶

本品为唇形科植物紫苏 *Perilla frutescens* (L.) Britt. 的干燥叶(或带嫩枝)(图 8-8，彩图 8-8)。夏季枝叶茂盛时采收。除去杂质，晒干，生用。我国各地均产。

图 8-8　紫苏叶的原植物和饮片

性味与归经 辛，温。归肺、脾经。

功能 解表散寒，行气和胃，止血。

主治

(1)风寒感冒，咳嗽呕恶　本品辛散性温，发汗解表散寒之力较为缓和，轻证可以单用，重证须与其他发散风寒药合用。因其外能解表散寒，内能行气和胃，且略兼化痰止咳之功，故风寒表证而兼气滞，胸脘满闷、恶心呕逆，或咳嗽痰多者，较为适宜。治疗前者，常与香附、陈皮等配伍，如香苏散(组成：香附、苏叶、陈皮、甘草，《太平惠民和剂局方》)。治疗后者，每与杏仁、桔梗等同用，如杏苏散(组成：苏叶、杏仁、半夏、茯苓、前胡、陈皮、桔梗、枳壳、甘草、生姜、大枣，《温病条辨》)。

(2)呕吐　治疗中焦气机郁滞之胀满、恶心呕吐。偏寒者，常与砂仁、丁香等温中止呕药同用；偏热者，常与黄连、芦根等清胃止呕药同用；若妊娠胎气上逆，胸闷呕吐，胎动不安者，常与砂仁、陈皮等理气安胎药配伍。

用法用量　煎灌，马、牛 15～60 g，驼 25～80 g，羊、猪 5～15 g，兔、禽 1.5～3 g。

禁忌　本品不宜久煎。

按语　紫苏发汗之功次于桂麻，且能理气宽中，解郁止平，凡外感风寒而兼呕吐者，最相宜。其叶长于发表散寒，其茎长于理气宽中止呕，代替砂仁以行气开胃治疗慢性消化不良效果较好。

现代研究

(1)化学成分　本品主要含挥发油，如紫苏醛、紫苏酮、苏烯酮、矢车菊素、莰烯、薄荷醇、薄荷酮、紫苏醇、二氢紫苏醇、丁香油酚等。

(2)药理作用　本品煎剂有解热作用；有促进消化液分泌、增进胃肠蠕动的作用，能减少支气管分泌，缓解支气管痉挛；水煎剂对大肠杆菌、痢疾杆菌、葡萄球菌均有抑制作用。

附药：紫苏梗

本品为唇形科植物紫苏 *Perilla frutescens* (L.) Britt. 的干燥茎。性味辛，温；归肺、脾经。功能理气宽中，止痛，安胎。适用于胸膈痞闷，胃脘疼痛，嗳气呕吐，胎动不安。

单用紫苏叶，主要发散风寒；单用紫苏梗，长于理气安胎；单用紫苏子，偏于降气祛痰；茎叶(紫苏子和紫苏梗)同用，则具有发散并兼理气的功能。

九、苍耳子

本品为菊科植物苍耳 *Xanthium sibiricum* Patr. 的干燥成熟带总苞的果实(图 8-9，彩图 8-9)。秋季果实成熟时采收，干燥，除去梗、叶等杂质。生用，或炒去刺用。主产于我国山东、江苏、湖北等地。

图 8-9　苍耳子的原植物和饮片

性味与归经　辛、苦，温；有毒。归肺经。

功能　散风湿，通鼻窍，解疮毒。

主治

(1)风湿痹痛　本品辛温宣散，既能外散风寒，又能通鼻窍、止痛，治疗外感风寒，证见恶寒发热、全身疼痛、鼻塞流涕者，可与防风、白芷、羌活等其他发散风寒药同用。因其发汗解表之力甚弱，故一般风寒感冒少用。

(2)脑颡鼻脓　鼻科疾病之鼻塞流涕、头痛者，一药数效，标本兼治，可内服亦宜外用，尤宜于鼻渊而有外感风寒者，常与辛夷、白芷等散风寒、通鼻窍药配伍。若鼻渊证属风热外袭或湿热内蕴者，本品又常与薄荷、黄芩等疏散风热、清热药同用。

此外，本品尚能解疮毒，治疗风疹瘙痒，可与地肤子、白鲜皮、白蒺藜等同用。

用法用量 煎灌，马、牛 15～45 g，羊、猪 3～15 g，兔、禽 1～2 g。

禁忌 血虚头痛不宜服用，过量服用易致中毒。

按语 苍耳子善于疏散宣通，能上达巅顶，下走足膝，内通筋骨，外通肌肤，为祛风胜湿止痛之要药。苍耳茎叶亦可代苍耳用。但本品有毒，用时宜慎重。另外，将苍耳茎中的蛀心虫浸于麻油中，加少许雄黄、甘草水，解疮毒有奇效。

现代研究

（1）化学成分　本品主要含脂肪酸类（棕榈酸、硬脂酸、油酸、亚油酸），还含苍耳苷、苍耳醇、苍耳脂等。

（2）药理作用　本品小剂量有呼吸兴奋作用，大剂量则有抑制作用；对心脏有抑制作用，使心跳减慢、收缩力减弱；对兔耳血管有扩张作用，静脉注射有短暂降血压作用；苍耳苷对正常大鼠、兔和犬有明显的降血糖作用；对金黄色葡萄球菌、乙型链球菌、肺炎双球菌有一定的抑制作用；苍耳苷、生物碱等为苍耳子的有毒成分，主要损害肝脏，中毒的主要原因是用量过大和炮制不当。

十、辛夷

本品为木兰科植物望春花 *Magnolia biondii* Pamp.、玉兰 *Magnolia denudata* Desr. 或武当玉兰 *Magnolia sprengeri* Pamp. 的干燥花蕾（图 8-10，彩图 8-10）。冬末春初花未开放时采收，除去枝梗，阴干。生用。主产于我国河南、安徽等地。

图 8-10　辛夷的原植物和饮片

性味与归经 辛，温。归肺、胃经。

功能 散风寒，通鼻窍。

主治

（1）风寒鼻塞　本品辛散温通，能发散风寒，宣通鼻窍。治疗外感风寒、肺窍郁闭、恶寒发热、头痛鼻塞者，可与防风、白芷、细辛等发散风寒药配伍。若风热感冒而鼻塞头痛者，亦可于薄荷、金银花、菊花等疏散风热药中，酌加本品，以增强通鼻窍、散风邪之力。

（2）脑颡鼻脓　偏风寒者，常与白芷、细辛、苍耳子等散风寒、通鼻窍药同用；偏风热者，常与薄荷、连翘、黄芩等疏风热、清肺热药同用。

用法用量　煎灌，马、牛 15～60 g，羊、猪 3～9 g，犬、猫 2～5 g，包煎。外用适量。

禁忌　阴虚火旺者忌用。

按语　辛夷质轻，辛温香散，能疏散上部风邪，引诸药上行，长于透鼻窍，为治疗鼻渊鼻塞之要药。现代临床多用于慢性鼻炎、过敏性鼻炎、肥厚性鼻炎，内服或制成油剂滴鼻均可。本品虽有发散风寒作用，但一般都不用于外感风寒。辛夷与苍耳子均为治疗鼻病之要药。但辛夷偏于散上焦风寒，开宣肺窍；苍耳偏散头部风湿，兼治头风痛。

现代研究

（1）化学成分　本品主要含木脂类（木兰脂素、松脂素二甲醚等）、生物碱（柳叶木兰碱、木兰箭毒碱等）、挥发油（柠檬醛、丁香油酚、乙酸龙脑酯、反式丁香烯、β-蒎烯、1，8-桉叶素等）等。

（2）药理作用　本品有收缩鼻黏膜血管的作用，能保护鼻黏膜，并促进黏膜分泌物的吸收，减轻炎症，通畅鼻腔；水提取物或醇提取物有降血压作用；水煎剂对横纹肌有乙酰胆碱样作用，并能兴奋子宫平滑肌，亢奋肠运动；对多种致病菌有抑制作用，煎剂对多种真菌有抑制作用。

第二节　发散风热药

本类药物性味多辛苦而偏寒凉，辛以发散，凉可祛热，故以发散风热为主要作用。主要适用于风热感冒以及温病初起、邪在卫分，证见发热、微恶风寒、咽干口渴、头痛目赤、舌边尖红、苔薄黄、脉浮数等。部分发散风热药分别兼有清头目、利咽喉、透疹、止痒、止咳的作用，又可治疗风热所致目赤多泪、咽喉肿痛、麻疹不透、风疹瘙痒以及风热咳嗽等证。

一、薄荷

本品为唇形科植物薄荷 *Mentha haplocalyx* Briq. 的干燥地上部分（图 8-11，彩图 8-11）。夏、秋二季茎叶茂盛或花开至三轮时，选晴天，分次采割，晒干或阴干。生用。主产于我国江西、江苏等地。

图 8-11　薄荷的原植物和饮片

性味与归经 辛，凉。归肺、肝经。

功能 疏风散热，清利头目，利咽，透疹。

主治

(1)外感风热、风温初起 本品辛以发散，凉以清热，清轻凉散，其辛散之性较强，是辛凉解表药中最能宣散表邪，且有一定发汗作用之药，为疏散风热常用之品，故风热感冒和温病卫分证常用。治疗风热感冒或温病初起、邪在卫分，发热、微恶风寒、头痛等证，常与金银花、连翘、牛蒡子等配伍，如银翘散(组成:连翘、金银花、苦桔梗、薄荷、竹叶、生甘草、芥穗、淡豆豉、牛蒡子，《温病条辨》)。

(2)头痛，目赤多泪，喉痹，咽喉肿痛，口舌生疮 治疗风热上攻、头痛，宜与川芎、石膏、白芷等祛风、清热、止痛药配伍。治疗风热上攻之目赤多泪，可与桑叶、菊花、蔓荆子等同用。治疗风热壅盛、咽喉肿痛，常与桔梗、生甘草、僵蚕等配伍。

(3)麻疹不透，风疹瘙痒 治疗风热束表、麻疹不透，常与蝉蜕、牛蒡子、柽柳等配伍。治疗风疹瘙痒，可与荆芥、防风、僵蚕等祛风止痒药同用。

用法用量 煎灌，宜后下。马、牛 15～45 g，羊、猪 3～9 g，兔、禽 0.5～1.5 g。

禁忌 体虚多汗者不宜使用。

按语 薄荷辛凉，轻清凉散，芳香开郁，上清头目，下疏肝气。既可表散风热之邪，又可疏解气分之滞，为治疗风热目赤、咽喉肿痛、肝脾气滞之要药。凡风热表证，无汗用薄荷叶，有汗用炒薄荷，理脾胃滞气用薄荷梗，治暑湿腹泻用鲜薄荷，治风热目赤用薄荷炭。薄荷叶长于发汗解表，薄荷梗偏于行气和中。

现代研究

(1)化学成分 本品主要含挥发油，如薄荷脑(薄荷醇)、薄荷酮、异薄荷酮、柠檬烯等。

(2)药理作用 小剂量薄荷内服通过兴奋中枢神经系统，使皮肤毛细血管扩张，促进汗腺分泌，增加散热，起到发汗解热作用；薄荷油能抑制胃肠平滑肌收缩，能对抗乙酰胆碱而呈现解痉作用；薄荷醇有利于胆作用；薄荷油外用能刺激神经末梢的冷感受器而产生冷感，并反射性地造成深部组织血管的变化而起到消炎、止痛、局部麻醉的作用。

二、柴胡

本品为伞形科植物柴胡 *Bupleurum chinense* DC. 或狭叶柴胡 *Bupleurum scorzonerifolium* Willd. 的干燥根(图 8-12，彩图 8-12)。按性状不同，分别习称“北柴胡”和“南柴胡”。春、秋二季采挖，除去茎叶及泥沙，干燥。切段，生用或醋炙用。北柴胡主产于我国河北、河南、辽宁，南柴胡主产于湖北、江苏、四川。

性味与归经 辛、苦，微寒。归肝、胆、肺经。

功能 发表和里，升举阳气，舒肝解郁。

主治

(1)感冒发热，寒热往来 本品辛散苦泄，微寒退热，善于祛邪解表退热和疏散少阳半表半里之邪。对于感冒发热，无论风热、风寒表证，皆可使用。治疗风寒感冒、恶寒发热、头身疼痛，常与防风、生姜等配伍，如正柴胡饮(组成:柴胡、防风、陈皮、芍药、甘草、生姜，《景岳全

图 8-12　柴胡的原植物和饮片

书》)。若外感风寒,寒邪入里化热,恶寒渐轻,身热增盛者,柴胡常与葛根、黄芩、石膏等同用,以解表清里,如柴葛解肌汤(组成:柴胡、干葛、甘草、黄芩、芍药、羌活、白芷、桔梗、石膏,《伤寒六书》)。治疗风热感冒,发热,头痛等症,可与菊花、薄荷、升麻等辛凉解表药同用。柴胡制成的单味或复方注射液,对于外感发热,有较好的解表退热作用。若伤寒邪在少阳,寒热往来、胸胁苦满、口苦咽干、目眩,本品用之最宜,为治疗少阳证之要药,常与黄芩同用,以清半表半里之热,共收和解少阳之功,如小柴胡汤(组成:柴胡、黄芩、人参、半夏、炙甘草、生姜、大枣,《伤寒论》)。

(2)肝郁气滞,胸胁胀痛　治疗肝失疏泄、气机郁阻所致的胸胁或少腹胀痛、情志抑郁等证,常与香附、川芎、白芍同用,如柴胡疏肝散(组成:陈皮、柴胡、川芎、枳壳、芍药、炙甘草、香附,《景岳全书》)。若肝郁血虚,脾失健运,乳房胀痛,胁肋作痛,神疲食少,脉弦而虚者,常与当归、白芍、白术等配伍,如逍遥散(组成:当归、川芎、芍药、熟地黄、人参、半夏(制)、柴胡、黄芩、陈皮、麦门冬、甘草,《太平惠民和剂局方》)。

(3)气虚下陷,子宫脱垂,脱肛　治疗中气不足、气虚下陷所致的脘腹重坠作胀、食少倦怠、久泻脱肛、子宫脱垂、肾下垂等脏器脱垂,常与人参、黄芪、升麻等同用,以补气升阳,如补中益气汤(组成:柴胡、当归、白芍、白术、茯苓、生姜、薄荷、炙甘草,《脾胃论》)。

用法用量　煎灌,马、牛 15～45 g,羊、猪 3～10 g,兔、禽 1～3 g。

禁忌　柴胡性升散,古人有"柴胡劫肝阴"之说,阴虚阳亢、肝风内动、阴虚火旺及气机上逆者忌用或慎用。本品疏散退热宜生用,疏肝解郁宜醋炙,升举阳气可生用或酒炙。

按语　柴胡味辛、苦,性微寒,体轻升浮,有解表泄热、疏肝解郁、升阳举陷、和解表里、调和肝脾、通利三焦、推陈致新的功效,是一味性质平和而应用最广的药物。本品生用和解力大,酒炒升散力大,醋炒注肝而活血止痛。欲和解表里,配黄芩;欲疏解肝气,配当归、白芍、香附;欲升举中气,配升麻、黄芪、党参。柴胡与胆草均能疏解肝热,但柴胡长于治肝胆虚火,胆草长于治肝胆实火。柴胡与葛根均能发表泄热,但柴胡长于治寒热往来,葛根长于治发热兼口渴。

现代研究

(1)化学成分　本品主要含皂苷类(柴胡皂苷 a、柴胡皂苷 b、柴胡皂苷 c、柴胡皂苷 d 等)和挥发油(2-甲基环戊酮、柠檬烯、月桂烯、香芹酮、戊酸、己酸、庚酸、辛酸、2-辛烯酸、壬酸、γ-庚烯酸等),还含多糖、有机酸、植物甾醇及黄酮类等。

（2）药理作用　本品煎剂、注射液、醇浸膏、挥发油及粗皂苷等对多种原因引起的动物实验性发热有解热作用；柴胡及其有效成分柴胡皂苷有抗炎作用，其抗炎作用与促进肾上腺皮质系统功能等有关；有镇静、镇痛、镇咳、保肝、利胆等作用。

三、升麻

本品为毛茛科植物大三叶升麻 *Cimicifuga heracleifolia* Kom.、兴安升麻 *Cimicifuga dahurica*（Turcz.）Maxim. 或升麻 *Cimicifuga foetida* L. 的干燥根茎（图 8-13，彩图 8-13）。秋季采挖，除去泥沙，晒至须根干时，燎去或除去须根，晒干。切片，生用或蜜炙用。主产于我国东北、河北、山西、内蒙古等地。

图 8-13　大三叶升麻的原植物和饮片

性味与归经　辛、微甘，微寒。归肺、脾、胃、大肠经。

功能　发表透疹，清热解毒，升举阳气。

主治

（1）痘疹透发不畅　治疗麻疹初起、透发不畅，常与葛根、白芍、甘草等同用，如升麻葛根汤（组成：升麻、白芍药、炙甘草、葛根，《太平惠民和剂局方》）。

（2）咽喉肿痛　为清热解毒之良药，可治疗热毒证所致的多种病证。因其尤善清解阳明热毒，故胃火炽盛成毒的牙龈肿痛、口舌生疮、咽肿喉痛及皮肤疮毒等尤为多用。治疗牙龈肿痛、口舌生疮，常与生石膏、黄连等同用，如清胃散（组成：人中白、青黛、白芷、杭芍、生石膏、冰片、牛黄、麝香，《慈禧光绪医方选议》）。治疗风热疫毒上攻之大头瘟、头面红肿、咽喉肿痛，常与黄芩、玄参、板蓝根等配伍，如普济消毒饮（组成：黄芩、黄连、陈皮、甘草、玄参、柴胡、桔梗、连翘、板蓝根、马勃、牛蒡子、薄荷、僵蚕、升麻，《东垣试效方》）。

（3）气虚下陷，脱肛，子宫脱垂　本品升提之力较柴胡为强。故常治疗中气不足、气虚下陷所致的脘腹重坠作胀，食少倦怠，久泻脱肛，子宫脱垂、肾下垂等脏器脱垂，常与黄芪、人参、柴胡等同用，以补气升阳，如补中益气汤（组成：黄芪、炙甘草、人参、当归、橘皮、升麻、柴胡、白术，《脾胃论》）。

用法用量　煎灌，马、牛 15～45 g，驼 30～60 g，羊、猪 3～10 g，兔、禽 1～3 g。

禁忌　麻疹已透、阴虚火旺，以及阴虚阳亢者忌用。

按语 升麻味辛性凉，能升散阳明热毒由内达外，又能清轻发散表热。用于痘疹热毒，常与葛根配伍；用于外感风热，常与银翘配伍。李东垣根据脾胃升降特点，选补脾益气药与升阳举陷药配伍，组成补中益气汤，治疗中气下陷的久泻、脱肛、子宫脱垂等，每收良效。

现代研究

(1)化学成分 本品主要含升麻碱、水杨酸、鞣质、咖啡酸、阿魏酸等。

(2)药理作用 本品提取物有解热、抗炎、镇静等作用；对结核杆菌、金黄色葡萄球菌和绿脓杆菌有不同程度的抑制作用；有抑制心脏、减慢心率、降血压、抑制肠管痉挛、收缩子宫等作用。

四、葛根

本品为豆科植物野葛 *Pueraria lobata* (Willd.) Ohwi 或甘葛藤 *Pueraria thomsonii* Benth. 的干燥根(图 8-14,彩图 8-14)。前者习称"野葛",后者习称"粉葛"。野葛在秋、冬二季采挖，多趁鲜切成厚片或小块，干燥；甘葛藤在秋、冬二季采挖，多除去外皮，稍干，截段或再纵切两半或斜切成厚片，干燥。生用或煨用。野葛主产于我国河南、湖南、浙江、四川，甘葛藤主产于广西、广东。

图 8-14 葛根的原植物和饮片

性味与归经 甘、辛，凉。归脾、胃经。

功能 解肌退热，生津止渴，透疹，升阳止泻。

主治

(1)外感发热，项背强痛 本品甘辛性凉，轻扬升散，具有发汗解表，解肌退热之功。外感表证发热，无论风寒与风热，均可选用。治疗风热感冒，发热、头痛等，可与薄荷、菊花、蔓荆子等辛凉解表药同用。若风寒感冒，邪郁化热，发热重，恶寒轻，头痛无汗，目疼鼻干，口微渴，苔薄黄等，常与柴胡、黄芩、羌活等配伍，如柴葛解肌汤(组成：柴胡、干葛、甘草、黄芩、芍药、羌活、白芷、桔梗、石膏，《伤寒六书》)。本品既能辛散发表以退热，又长于缓解外邪郁阻、经气不利、筋脉失养所致的项背强痛，故风寒感冒、表实无汗、恶寒、项背强痛者，常与麻黄、桂枝等同用，如葛根汤(组成：葛根、麻黄、桂枝、生姜、甘草、芍药、大枣，《伤寒论》)；若表虚汗出、恶风、项背强痛者，常与桂枝、白芍等配伍，如桂枝加葛根汤(组成：葛根、麻黄、芍药、生姜、炙甘草、大枣、桂枝，《伤寒论》)。

(2)胃热口渴　治疗热病津伤口渴，常与芦根、天花粉、知母等同用。

(3)麻疹不透　治疗麻疹初起，表邪外束，疹出不畅，常与升麻、芍药、甘草等同用，如升麻葛根汤(组成：升麻、白芍药、炙甘草、葛根，《太平惠民和剂局方》)。若麻疹初起，已现麻疹，但疹出不畅，见发热咳嗽，或乍冷乍热者，可与牛蒡子、荆芥、前胡等配伍，如葛根解肌汤(组成：葛根、前胡、荆芥穗、牛蒡子、连翘、蝉蜕、木通、赤芍、甘草、灯心、桑白皮、贝母，《麻科活人全书》)。

(4)脾虚泄泻　治疗表证未解，邪热入里，身热，下痢臭秽，肛门有灼热感，苔黄脉数，或湿热泻痢，热重于湿者，常与黄芩、黄连、甘草同用，如葛根芩连汤(组成：葛根、炙甘草、黄芩、黄连，《伤寒论》)。若脾虚泄泻，常与人参、白术、木香等配伍，如七味白术散(组成：人参、茯苓、炒白术、甘草、藿香叶、木香、葛根，《小儿药证直诀》)。

用法用量　煎灌，马、牛 20～60 g，羊、猪 5～15 g，犬、猫 3～5 g，兔、禽 1.3～5 g。

禁忌　胃寒者所当慎用，夏日表虚汗多尤忌。

按语　葛根生用发汗解表，发表透疹，生津止渴；煨用升阳止泻。其解热作用甚佳，用于邪郁肌表，身热不退，无论口渴与否，有汗无汗均相宜。李东垣称："葛根其气轻浮，鼓舞胃气上行，生津液，又解肌热，治脾胃虚弱泄泻圣药也。"

葛根与石膏均能解肌热。但葛根解外感风热所致的肌热，证见脉浮数，口渴而少饮者，石膏解胃热上逆所致的肌热，证见脉洪大，口渴喜饮者。

现代研究

(1)化学成分　本品主要含黄酮类[葛根素、黄豆苷元、黄豆苷、黄豆苷元 8-*O*-芹菜糖(1-6)葡萄糖苷等]和香豆素类(6,7-二甲基香豆素等)。

(2)药理作用　本品煎剂、乙醇浸膏、葛根素等对实验性发热模型动物均有解热作用；煎剂、醇浸剂、总黄酮、大豆苷、葛根素均能对抗垂体后叶激素引起的急性心肌缺血；葛根总黄酮能扩张冠状动脉血管和脑血管，增加冠状动脉血流量和脑血流量，降低心肌耗氧量，增加氧供应；能直接扩张血管，使外周阻力下降，有明显降血压作用；葛根素能改善微循环，提高局部微血流量，抑制血小板聚集；所含不同成分分别有收缩与舒张内脏平滑肌的作用。

五、蝉蜕

本品为蝉科昆虫黑蚱 *Cryptotympana pustulata* Fabricius 的若虫羽化时脱落的皮壳(图 8-15，彩图 8-15)。夏、秋二季采集，除去泥沙，晒干。生用。主产于我国山东、河北、河南、江苏、浙江等地。

图 8-15　蝉和蝉蜕饮片

性味与归经　甘，寒。归肺、肝经。

功能　疏散风热，利咽，明目退翳，解痉。

主治

(1)外感风热，咽喉肿痛　本品甘寒清热，质轻上浮，长于疏散肺经风热以宣肺利咽、开音疗哑，故风热感冒，温病初起，证见声音嘶哑或咽喉肿痛者，尤为适宜。治疗风热感冒或温病初起，发热恶风，头痛口渴者，常与薄荷、牛蒡子、前胡等配伍。治疗风热火毒上攻之咽喉红肿疼痛、声音嘶哑，与薄荷、牛蒡子、金银花等配伍。

(2)皮肤瘙痒　治疗风热外束，麻疹不透，可与麻黄、牛蒡子、升麻等同用；治疗风湿浸淫肌肤血脉，皮肤瘙痒，常与荆芥、防风、苦参等同用，如消风散(组成：当归、生地黄、防风、蝉蜕、知母、苦参、胡麻、荆芥、苍术、牛蒡子、石膏、甘草、木通，《外科正宗》)。

(3)目赤翳障　治疗风热上攻或肝火上炎之目赤肿痛，翳膜遮睛，常与菊花、白蒺藜、决明子等同用。

(4)破伤风　治疗破伤风证，牙关紧闭，四肢抽搐，角弓反张，常与僵蚕、全蝎、天南星同用。

用法用量　煎灌，马、牛 15～30 g，羊、猪 3～10 g。

按语　蝉蜕味甘咸，性凉，其气轻虚，能宣肺，又平肝，既散风热，又定惊痫，退热明目，是较常应用的熄风止痉明目药。

现代研究

(1)化学成分　本品含甲壳质、壳聚糖、角蛋白、氨基酸及微量元素等。

(2)药理作用　本品有解热作用，其中蝉蜕头足比身部的解热作用强；有抗惊厥作用，其煎剂能延长实验性破伤风家兔的平均存活期，减轻家兔惊厥；有镇静作用，能明显减少正常小鼠的自发活动，延长戊巴比妥钠所致睡眠的时长，对抗咖啡因引起的兴奋作用。

六、桑叶

本品为桑科植物桑树 *Morus alba* L. 的干燥叶(图 8-16，彩图 8-16)。初霜后采收，除去杂质，晒干。生用或蜜炙用。我国大部分地区均产。

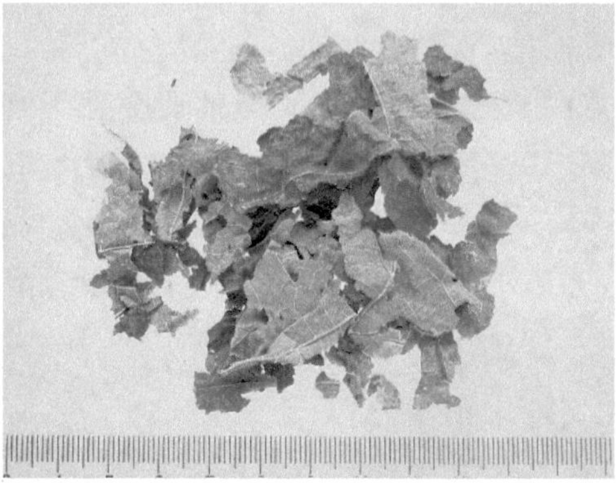

图 8-16　桑叶的原植物和饮片

性味与归经 甘、苦,寒。归肺、肝经。

功能 疏散风热,清肺润燥,清肝明目。

主治

(1)风热感冒 本品甘寒质轻,轻清疏散,虽疏散风热作用较为缓和,但又能清肺热、润肺燥,故常用于风热感冒,或温病初起,温热犯肺,发热、咽痒、咳嗽等症,常与菊花相须为用,并与连翘、薄荷、桔梗等配伍,如桑菊饮(组成:杏仁、连翘、薄荷、桑叶、菊花、苦梗、甘草、苇根,《温病条辨》)。

(2)肺热燥咳 治疗肺热或燥热伤肺,咳嗽痰少,色黄而黏稠,或干咳少痰,咽痒等症。轻者可与苦杏仁、沙参、贝母等同用,如桑杏汤(组成:桑叶、杏仁、沙参、象贝、香豉、栀皮、梨皮,《温病条辨》);重者可与生石膏、麦冬、阿胶等同用,如清燥救肺汤(组成:桑叶、石膏、甘草、人参、胡麻仁、阿胶、麦门冬、杏仁、枇杷叶,《医门法律》)。

(3)目赤流泪 常治疗风热上攻、肝火上炎所致的目赤、涩痛、多泪,可与菊花、蝉蜕、夏枯草等疏散风热、清肝明目之品配伍。若肝热引起的头昏、头痛,本品亦可与菊花、石决明、夏枯草等清肝药同用。

用法用量 煎灌,马、牛 15～30 g,羊、猪 5～10 g,犬 3～8 g,兔、禽 1.5～2.5 g。

禁忌 一般生用,燥热伤肺宜蜜炙用。

按语 桑叶轻清发散,能退风热之邪,其性甘寒,有清肝明目之效,为疏解表热,清泄肝肺,明目退翳的要药。

现代研究

(1)化学成分 本品主要含黄酮类(芸香苷、槲皮素、异槲皮苷、桑苷等)和香豆素类(伞形花内酯、东莨菪素、东莨菪苷等),还含挥发油、生物碱、萜类等。

(2)药理作用 鲜桑叶煎剂体外试验对金黄色葡萄球菌、乙型溶血性链球菌等多种致病菌有抑制作用,煎剂对钩端螺旋体有抑制作用;对多种原因引起的动物高血糖症均有降血糖作用,所含脱皮固酮能促进葡萄糖转化为糖原,但不影响正常动物的血糖水平,此外还有降血压和利尿作用。

七、菊花

本品为菊科植物菊 *Chrysanthemum morifolium* Ramat. 的干燥头状花序(图 8-17,彩图 8-17)。9—11 月花盛开时分批采收,阴干或焙干,或熏、蒸后晒干。生用。药材按产地和加

图 8-17 菊花的原植物和饮片

工方法的不同，分为亳菊、滁菊、贡菊、杭菊、怀菊等。主产于我国浙江、安徽、河南、四川等地。

性味与归经 甘、苦，微寒。归肺、肝经。

功能 散风清热，平肝明目。

主治

（1）风热感冒 本品味辛疏散，体轻达表，气清上浮，微寒清热，功能疏散肺经风热，但发散表邪之力不强。常治疗风热感冒，或温病初起，温邪犯肺，发热、头痛、咳嗽等症，每与性能功用相似的桑叶相须为用，并常与连翘、薄荷、桔梗等配伍，如桑菊饮（《温病条辨》）。

（2）目赤肿痛，翳膜遮睛 故可治疗肝经风热，或肝火上攻所致目赤肿痛，治疗前者常与蝉蜕、木贼、白僵蚕等疏散风热明目药配伍，治疗后者可与石决明、决明子、夏枯草等清肝明目药同用。若肝火上攻而眩晕、头痛，以及肝经热盛、热极动风者，可与羚羊角、钩藤、桑叶等清肝热、息肝风药同用，如羚角钩藤汤（组成：羚角片、霜桑叶、京川贝、鲜生地黄、双钩藤、滁菊花、茯神木、生白芍、生甘草，《通俗伤寒论》）。若肝肾精血不足，目失所养，眼目昏花，视物不清，又常与枸杞子、熟地黄、山茱萸等滋补肝肾、益阴明目药配伍，如杞菊地黄丸（组成：生地黄、山茱萸、茯苓、山药、丹皮、泽泻、枸杞子、菊花，《医级》）。

用法用量 煎灌，马、牛 15～45 g，驼 30～60 g，羊、猪 3～10 g，兔、禽 1.5～3 g。

禁忌 气虚胃寒，食少泄泻者慎用。

按语 菊花有黄白之分，效用相似，均能疏风清热，清肝明目。但黄菊清透疏风力优，白菊平肝明目力优，野菊清热解毒力优。菊花与桑叶均能疏风泄热，清肝明目。但菊花长于清肝明目，桑叶长于疏风散热。菊花与防风均为治风要药。但菊花偏治周身游风而发散风热，防风偏祛周身筋骨伏风而发散风寒。

现代研究

（1）化学成分 本品主要含挥发油、绿原酸、菊苷、腺嘌呤、胆碱、黄酮、水苏碱、微量维生素A、B族维生素、氨基酸及刺槐素等。

（2）药理作用 本品水浸剂或煎剂对金黄色葡萄球菌、多种致病性杆菌及皮肤真菌均有一定的抑制作用，对流感病毒和钩端螺旋体也有抑制作用；菊花制剂有扩张冠状动脉、增加冠状动脉血流量、提高心肌耗氧量的作用，并有解热、抗炎、镇静、降压、缩短凝血时间的作用。

八、牛蒡子

本品为菊科植物牛蒡 *Arctium lappa* L. 的干燥成熟果实（图 8-18，彩图 8-18）。秋季果实成熟时采收果实，晒干，打下果实，除去杂质，再晒干。生用或炒用，用时捣碎。主产于我国河北、吉林、辽宁、浙江。

性味与归经 辛、苦，寒。归肺、胃经。

功能 疏散风热，宣肺透疹，解毒利咽。

主治

（1）外感风热，咳嗽气喘 本品辛散苦泄，寒能清热，升散之中具有清降之性，功能疏散风热，发散之力虽不及薄荷等，但长于宣肺祛痰、清利咽喉，故风热感冒而见咽喉红肿疼痛，或咳嗽痰多不利者，十分常用。治疗风热感冒，或温病初起、发热、咽喉肿痛等症，常与金银花、连

图 8-18　牛蒡子的原植物和饮片

翘、荆芥等同用，如银翘散（组成：连翘、金银花、苦桔梗、薄荷、竹叶、生甘草、芥穗、淡豆豉、牛蒡子，《温病条辨》）。若风热咳嗽、痰多不畅者，常与桑叶、桔梗、前胡等配伍。

（2）痈肿疮毒，咽喉肿痛　治疗风热外袭，火毒内结，痈肿疮毒，兼有便秘者，常与大黄、栀子、连翘等同用。治疗乳痈肿痛，尚未成脓者，可与金银花、栀子、瓜蒌等同用。本品与玄参、黄芩、板蓝根等清热泻火解毒药配伍，还可治疗瘟毒发颐、痄腮、喉痹等热毒之证。

用法用量　煎灌，马、牛 15～45 g，羊、猪 5～10 g，犬、猫 2～5 g。

禁忌　本品性寒，滑肠通便，气虚便溏者慎用。

按语　牛蒡子辛、苦，寒，具有滑利之性。辛能疏散风热，苦能泄降肺气，寒能清泄热邪。体滑气香能利咽散结、能通利大肠。凡风热、肺热、毒盛、咽肿、秘结用之良。

玄参、山豆根、牛蒡子均能治咽喉肿痛。玄参偏于治虚火上冲的咽喉肿痛，山豆根偏清肺胃实火上冲的咽喉肿痛，牛蒡子主治外感风热所致的咽喉肿痛。

现代研究

（1）化学成分　本品主要含木脂素类和挥发油成分。

（2）药理作用　本品煎剂对肺炎双球菌有明显的抑制作用，水浸剂对多种皮肤真菌有不同程度的抑制作用；有解热、利尿、降血糖、抗肿瘤作用；牛蒡子苷有抗肾病变作用，可抑制实验性肾病大鼠尿蛋白排泄的增加，并能改善血清生化指标。

九、淡豆豉

本品为豆科植物大豆 *Glycine max*（L.）Merr. 的成熟种子的发酵加工品（图 8-19，彩图 8-19）。生用。我国大部分地区均产。

性味与归经　苦、辛，凉。归肺、胃经。

功能　解表清热。

主治

（1）外感发热　本品辛散轻浮，能疏散表邪，且发汗解表之力颇为平稳，无论风寒、风热表证，皆可配伍使用。治疗风热感冒，或温病初起，发热、微恶风寒，头痛口渴，咽痛等症，常与金银花、连翘、薄荷等同用；若风寒感冒初起，恶寒发热、无汗、头痛、鼻塞等症，常与葱白配伍，如

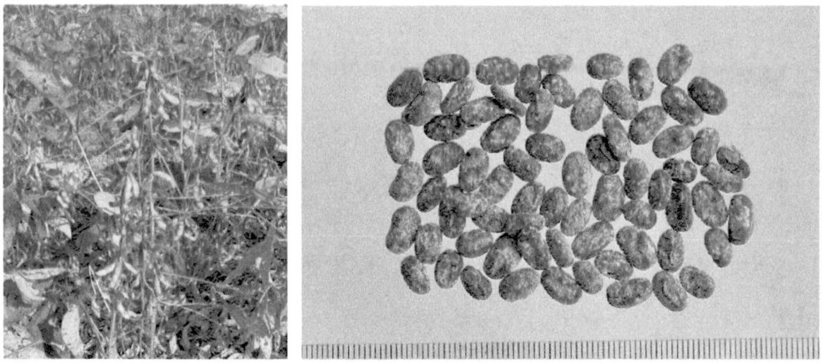

图 8-19　淡豆豉的原植物和饮片

葱豉汤(组成:葱白、淡豆豉,《肘后方》)。

(2)躁动不安　治疗外感热病,邪热内郁胸中,常与清热泻火除烦的栀子同用,如栀子豉汤(组成:栀子、淡豆豉,《伤寒论》)。

用法用量　煎灌,马、牛 15～60 g,驼 30～90 g,羊、猪 10～15 g。

按语　淡豆豉质轻上浮,具有疏散宣透之性,既能透散表邪,又能宣散郁热。发汗之力颇为平稳,有发汗不伤阴之说。其清热力较弱,清宣胸中郁热主要借其宣发透散之力,故温邪初盛,或余热内扰,欲其透发者最为常用。

现代研究

(1)化学成分　本品主要含异黄酮类(大豆苷、黄豆苷、大豆素、黄豆素等),还含维生素、淡豆豉多糖及微量元素等。

(2)药理作用　本品有微弱的发汗作用;有健胃、助消化作用。

本章小结

1. 发散风寒药

发散风寒药均有发散风寒功能,主治风寒感冒;性味辛温,多归肺经。

(1)发汗解表药　麻黄、桂枝、紫苏、生姜。四药发汗以解除表证,故宜用于风寒感冒无汗或汗出不畅者。其中:①麻黄与桂枝发汗作用强,主治外感风寒表实无汗证。麻黄又有良好的平喘作用,广泛用于各种原因引起的喘咳,因其能发汗解表,尤宜用于外感风寒所致喘咳;其利尿消肿,又常用于水肿兼表证者。桂枝发汗力弱于麻黄,与白芍配伍主治外感风寒,营卫不调有汗者;又能温经通脉,治寒凝经脉引起的各种疼痛;助阳化气,治心脾肾阳虚引起的痰饮、水肿等。②紫苏与生姜虽能发汗,但力弱不及麻黄、桂枝,故宜用于外感风寒轻证;二者又都能止呕,尤宜用于胃肠感冒;还能解鱼蟹毒。紫苏行气止呕,治脾胃气滞,腹胀呕吐;生姜除温胃止呕外,还能温肺止咳,解半夏、天南星及乌头类药物毒性。

(2)祛风散寒、止痛药　防风、白芷、细辛。基于前述功能,三药均可主治外感风寒之头身疼痛。其中:①防风还能祛风湿,宜用于风寒感冒或外感风寒挟湿引起的表证,尤其适用于头身疼痛为主症者,还常主治风湿痹证、关节疼痛,防风还能止痉。②白芷、细辛均能通鼻窍,治头痛鼻塞。

(3)祛风解表药　防风、荆芥。二者长于祛风,并能止痒。风寒感冒、风热感冒均可主治。

荆芥炒制还能止血，并能透疹、清头目、利咽喉。

此外，生姜与细辛还能温肺止咳。

2. 发散风热药

发散风热药均有发散风热功能，主治风热表证或温病卫分证；性味辛寒凉，多归肺经。

(1)疏风热、利咽、透疹药　薄荷、牛蒡子、蝉蜕。三药散风热而长于利咽，适宜用于风热或温病初期引起的表证兼咽喉疼痛；还能透疹(使疹子透发)，治麻疹疹出不畅。牛蒡子又可清热解毒，治热毒引起的咽喉红肿热痛、热毒疮痈等。薄荷发散力强，还能疏肝理气，用于肝郁气滞证。蝉蜕又能清肝明目，息风止痉。

(2)疏风热、清肺、明目药　桑叶与菊花。二者均有前述功能，主治风热表证或温病卫分证兼有咳嗽、目赤症状者，还可治肺热咳嗽，肝热目疾。桑叶蜜炙可润肺，治肺燥干咳。菊花又能清热解毒，治疮痈。

(3)退热、升阳药　柴胡、葛根、升麻。三药均能发表退热。主治风寒或风热表证所致发热。柴胡还治邪在少阳半表半里的往来寒热证。三者均能升阳，升阳之力升麻最强，柴胡次之，葛根又最弱。柴胡、升麻又能升脾胃阳气以举陷，与补气药同用，治中气下陷，脏器脱垂证。柴胡还可疏肝解郁，治肝郁气滞证。升麻还能清热解毒。葛根升阳以止泻，主治脾虚腹泻；还可升津止渴，治各种口渴；还善治项背强痛。升麻与葛根尚能透疹。

(4)疏散透疹药　薄荷、牛蒡子、蝉蜕、升麻、葛根。皆能疏散风热，透疹。此外，荆芥也能疏散透疹，桑叶、菊花、蝉蜕能清肝明目，牛蒡子、升麻能解毒。

复习思考题

1. 试述解表药的含义、分类、作用、适用范围及用药禁忌。
2. 麻黄与桂枝，柴胡与升麻、葛根，在性能、功能、主治上有哪些异同点？
3. 查阅相关文献，简述麻黄、桂枝、细辛、葛根、柴胡的药理作用。

第九章　清热药

凡以清解里热为主要作用的药物，称为清热药。

清热药的药性寒凉，具有清热泻火、燥湿、凉血、解毒及清虚热等功效。本类药物主要用于表邪已解、里热炽盛而无积滞的里热证，如外感热病、高热烦渴、温热泻痢、温毒发斑、痈肿疮毒及阴虚发热等。本类药物以《内经》"热者寒之"及《本经》"疗热以寒药"为基本用药原则。

由于发病原因不一，病情发展变化的阶段不同，以及动物体质的差异，里热证既有气分与血分之分，又有实热与虚热之异，因此就有多种类型的临床表现。针对热证的不同类型，并根据药物的功效，将清热药分为五类：清热泻火药，清气分热，用于高热烦渴等气分实热；清热燥湿药，清热燥湿，用于泻痢、黄疸等湿热证；清热凉血药，清解营分、血分热邪，用于吐衄、发斑等血分实热证；清热解毒药，清解热毒，用于痈肿疮疡等热毒炽盛的病证；清虚热药，清虚热、退骨蒸，用于温邪伤阴、夜热早凉，阴虚发热、骨蒸劳热等证。

本类药物大多寒凉，易伤脾胃，故脾胃虚弱、食少便溏者应慎用。有些药物苦燥伤阴，应与养阴生津药物同用。还需注意用药中病即止，以防克伐太过，损伤正气。

第一节　清热泻火药

热与火均为六淫之一，统属阳邪。热为火之渐，火为热之极，故清热与泻火两者不可分。凡能清热的药物，大抵皆能泻火。清热泻火药，以清泄气分邪热为主，用于热病邪入气分，证见高热、烦渴、汗出、烦躁，甚或神昏狂躁、脉象洪大等的气分实热证。此类药物各有不同的作用部位，分别适用于肺热、胃热、心火、肝火等引起的脏腑火热证。体虚而有里热证时，应注意扶正祛邪，可与滋阴、补血、补气药配伍。

一、石膏

本品为硫酸盐类矿物硬石膏族石膏，主要含二水硫酸钙（$CaSO_4 \cdot 2H_2O$）（图 9-1，彩图 9-1）。全年可挖。研细生用或煅用。分布广，几乎我国各地皆有蕴藏，主产于湖北、甘肃及四川，以湖北应城产者最佳。

图 9-1　石膏

性味与归经　辛、甘，大寒。归肺、胃经。

功能　清热泻火，生津止渴。

主治

(1)外感热病,壮热神昏,狂躁不安　本品大辛大寒,辛能解肌热,寒能胜胃火。善于清气分实热,用于肺胃大热,高热不退等实热亢盛证,常与知母相须为用,以增强清解里热的作用,如白虎汤(组成:知母、石膏、炙甘草、粳米,《伤寒论》)。

(2)肺热喘促　用于肺热咳嗽、气喘、口渴贪饮等实热证,常与麻黄、杏仁配伍以加强宣肺止咳平喘作用,如麻杏甘石汤(组成:麻黄、杏仁、炙甘草、石膏,《伤寒论》)。

(3)胃热贪饮　本品能清胃泻火,用于胃火亢盛等证,常与知母、生地黄等同用。

用法用量　煎灌,马、牛 30～250 g,猪、羊 15～30 g,犬 3～5 g,兔、禽 1～3 g。

禁忌　胃无实热、脾胃虚寒、阴虚内热及体质素虚者忌用。

按语　石膏为清解气分实热的要药,凡热在气分而见壮热汗出、烦渴、脉象洪大者,皆可用大寒的石膏以清热泻火。如与清热凉血药同用,尚能治疗热盛发斑、神昏谵语等气营两燔证。石膏善清肺胃热,如见邪热郁沸或胃火炽盛等证,均可使用。在临床主治时,配知母,则清热泻火,可治疗阳明里热;配麻黄,则清宣肺热,可治疗肺热喘咳;配熟地黄,则清胃滋阴,治疗胃火、虚火牙痛;配人参,则清热益气,治疗热盛气津两伤。总而言之,大都是取其清肺凉胃的功能。

现代研究

(1)化学成分　生石膏的主要成分为二水硫酸钙($CaSO_4 \cdot 2H_2O$),煅石膏的主要成分为硫酸钙($CaSO_4$)。

(2)药理作用　本品可抑制发热中枢而起解热作用,并能抑制汗腺分泌,近来报道,石膏及白虎汤对内毒素所致发热有明显的解热效果,并可减轻口渴;内服,经过胃酸作用,一部分变为可溶性钙盐而被吸收,使血钙浓度增加,抑制骨骼肌的兴奋性,起镇痛、解痉作用,同时还能降低血管的通透性,故有消炎作用。

二、知母

本品为百合科植物知母 *Anemarrhena asphodeloides* Bge. 的干燥根茎(图 9-2,彩图 9-2)。春、秋二季采挖,除去须根和泥沙,晒干,习称“毛知母”;或剥去外皮晒干。主产于我国河北、山西及东北等地。

图 9-2　知母的原植物和饮片

性味与归经　苦、甘，寒。归肺、胃、肾经。

功能　清热泻火，滋阴润燥。

主治

（1）胃热，肺热咳嗽　适用于肺、胃实热证。常与石膏同用，以增强清热作用，如白虎汤（组成：石膏、知母、甘草、粳米，《伤寒论》）；若用于肺热痰稠，可与黄芩、瓜蒌、贝母等配伍。

（2）外感热病，阴虚内热，肠燥便秘　用于阴虚潮热，肺虚燥咳、热病贪饮等。清虚热，常与黄柏等同用，如知柏地黄汤（组成：熟地黄、山茱萸、干山药、泽泻、茯苓、丹皮、知母、黄柏，《医宗金鉴》）；润肺燥，常与沙参、麦冬、川贝母等同用；治疗热病贪饮，常与天花粉、麦冬、葛根等配伍。

用法用量　煎灌，马、牛 20～60 g；猪、羊 5～15 g；禽 1～2 g。

禁忌　脾虚便溏者不宜应用。

按语　知母性味苦寒而不燥，上能清肺，中能凉胃，下能泻肾火。配黄芩，则泻肺火；配石膏，则清胃热；配黄柏，则泻肾火。知母既能清实热，又可退虚热，但其滋阴生津的功能较弱，用于阴虚内热、肺虚燥咳及消渴等证，须与滋阴药配伍，始能发挥其作用。本品能润燥滑肠，故脾虚便溏者不宜使用。

现代研究

（1）化学成分　本品含多种甾体皂苷、黄酮苷、多量的黏液质、糖类、烟酸等。

（2）药理作用　动物实验证明，本品有明显的解热、祛痰、利尿、降血糖作用；其煎剂对痢疾杆菌、肺炎双球菌等多种致病菌以及常见的皮肤真菌均有不同程度的抑制作用；大剂量可导致呼吸、心跳停止。

三、芦根

本品为禾本科植物芦苇 *Phragmites communis* Trin. 的新鲜或干燥根茎（图 9-3，彩图 9-3）。全年均可采挖，洗净，切段，鲜用或晒干用。我国各地均产。

图 9-3　芦根的原植物和饮片

性味与归经　甘，寒。归肺、胃经。

功能　清热生津，止呕，利尿。

主治

（1）胃热呕吐，肺痈　用于肺热咳嗽、痰稠、口干之证，常与黄芩、桑白皮等同用。尚能清胃热以止呕吐，用于胃热呕逆，可与竹茹等配伍。治疗肺痈，常与冬瓜仁、薏苡仁、桃仁同用，如苇茎汤（组成：苇茎、薏苡仁、桃仁、瓜瓣，《备急千金要方》）。

（2）内热口渴　用于热病伤津、烦热贪饮、舌燥津少等，常与天花粉、麦冬、石膏等同用。

（3）热淋涩痛　常与白茅根、车前草等同用。

用法用量　煎灌，马、牛 30～60 g，猪、羊 10～20 g，犬、猫 5～10 g。

禁忌　脾胃虚寒者忌用。

按语　临床上，芦根主要用于清肺热而祛痰排脓，或清胃热而生津止呕。其性虽寒，但味甘淡而力薄，清肺胃，可作辅助药品。其优点是性不滋腻，生津而不恋邪，凡温病热恋卫、气，或热病后有伤津口渴的证候，均可主治。苇茎汤中原用芦苇的地上茎，而不是芦苇的根茎，但因一般药店不备，故以芦根代替，临床应用已久，说明苇茎和芦根的作用相似。故临床上可以即时采集新鲜芦根和苇茎同用，既能节约挖掘芦根的人力，又能扩大药源。

现代研究

（1）化学成分　本品含木聚糖等有免疫活性的成分，还含黄酮、蛋白质、脂肪、多聚醇、甜菜碱、薏苡素等。

（2）药理作用　本品有镇痛、解热作用；在体外实验中，对 β-溶血链球菌有抑制作用；所含多糖有免疫促进作用。

四、栀子

本品为茜草科植物栀子 *Gardenia jasminoides* Ellis 的干燥成熟果实（图 9-4，彩图 9-4）。9—11 月果实成熟呈红黄色时采收，除去果梗和杂质，蒸至上气或置沸水中略烫，取出，干燥。主产于我国长江以南。

图 9-4　栀子的原植物和饮片

性味与归经　苦，寒。归心、肺、三焦经。

功能　泻火解毒，清热利尿，凉血。外用消肿止痛。

主治

(1)三焦热盛　善于清心、肝、三焦经之热，尤长于清肝经之火热。多用于肝火目赤及多种火热之证，常与黄连、黄芩等同用，如黄连解毒汤(组成：黄连、黄柏、黄芩、栀子，《外台秘要》)。

(2)湿热黄疸　本品清三焦火而利尿，兼利肝胆湿热。常用于湿热黄疸，尿液短赤，常与茵陈、大黄等同用，如茵陈蒿汤(组成：茵陈蒿、栀子、大黄，《伤寒论》)。

(3)血热鼻衄，热淋　本品泻火凉血，适用于血热妄行、鼻血及尿血，常与黄芩、生地黄等配伍。

(4)口舌生疮，目赤肿痛　本品泻火解毒，用于疮疡红肿热痛，常与金银花、蒲公英、连翘等同用。

用法用量　灌服，马、牛 15～60 g，猪、羊 6～12 g，犬 3～6 g，禽 1～2 g。

禁忌　本品苦寒伤胃，脾虚便溏者不宜用。

按语　栀子，一名山栀，轻清上行，能泻肺火，去肌表热，在外感热病、表里有热之际，能起表里双解的作用。本品苦寒泄降，又能泄三焦火，凉血清心热，可用于热病心烦、血热妄行及热淋尿血等证。故山栀既能清气分热，又能清血分热。至于泄热利湿，治疗黄疸，为其特长。

本品配黄芩，能泻肺火；再加淡豆豉，能双解表里之热；配黄芩，能泻三焦火、清心热；配生地黄、丹皮，能凉血止血，治血热妄行、吐衄、尿血；配黄柏、茵陈，能清热利湿，治湿热黄疸。

现代研究

(1)化学成分　本品含栀子素、栀子苷、去羟栀子苷和藏红花素、藏红花酸、熊果酸、鞣酸等。

(2)药理作用　本品煎剂及醇提取液有利胆作用，既能促进胆汁分泌，又能降低血中胆红素，促进血液中胆红素迅速排泄；对溶血性链球菌和皮肤真菌有抑制作用；有解热、镇痛、镇静、降压及止血作用；水浸液在试管内对多种皮肤真菌有抑制作用。

五、夏枯草

本品为唇形科植物夏枯草 *Prunella vulgaris* L. 的干燥果穗(图 9-5，彩图 9-5)。夏季当果穗呈棕红色时采收，除去杂质，晒干。我国各地均产，主产于江苏、浙江、安徽、河南等地。

图 9-5　夏枯草的原植物和饮片

性味与归经　苦、辛，寒。归肝、胆经。

功能　清肝泻火，明目，散结消肿。

主治

(1)目赤肿痛　善于治疗肝热传眼、目赤肿痛之证。常与菊花、决明子、黄芩等同用。

(2)乳痈，疮肿　用于疮黄、温病等，常与玄参、贝母、牡蛎、昆布等同用。

用法用量　灌服，马、牛15～60 g，猪、羊5～10 g，犬3～5 g，禽1～3 g。

禁忌　脾胃虚弱者慎用。

按语　夏枯草为清肝火、散郁结之要药，其所主治的大多是肝经病证。配菊花、决明子，可清肝明目，治目赤肿痛；配石决明、钩藤，可平降肝阳，治头痛、头晕；配玄参、贝母、牡蛎等，可软坚散结，治瘰疬结核。

现代研究

(1)化学成分　本品全草含三萜皂苷、黄酮类、齐墩果酸、熊果酸、咖啡酸、生物碱和水溶性盐类等成分。

(2)药理作用　本品有利尿作用；茎叶、花穗及全草均有降血压作用，提取物的结晶A(齐墩果酸与熊果酸混合物)及以结晶A为主要苷元的总皂苷，有降血压活性及抗心律失常作用；煎剂在体外对痢疾杆菌、伤寒杆菌、霍乱弧菌、大肠杆菌、人型结核杆菌、葡萄球菌均有不同程度的抑制作用；能兴奋子宫及增强肠蠕动；对艾氏腹水癌及肉瘤有抑制作用。

六、淡竹叶

本品为禾本科植物淡竹叶 *Lophatherum gracile* Brongn. 的干燥茎叶(图9-6，彩图9-6)。夏季末抽花穗前采收，晒干。主产于我国长江流域至南部各地。

图9-6　淡竹叶的原植物和饮片

性味与归经　甘、淡，寒。归心、胃、小肠经。

功能　清热，利尿。

主治

心热舌疮，尿短赤，尿血　用于心经实热、口舌生疮、尿短赤等，常与木通、生地黄等同用。

用法用量　灌服，马、牛15～45 g，猪、羊5～15 g，犬3～6 g，禽1～3 g。

按语　淡竹叶一药，始载于《本草纲目》。它是一种草本植物"淡竹叶"的叶，而非淡竹或苦竹的叶（鲜竹叶）。由此可知，在明代以前一些常用的由竹叶等组成的方剂，其所用的竹叶，皆是鲜竹叶，而非淡竹叶。

鲜竹叶与淡竹叶两药皆能清心除烦、利小便，但鲜竹叶清心热的效果较好，且能凉胃，又能治疗上焦风热。淡竹叶的利尿作用较好，以渗湿泄热见长。

现代研究

（1）化学成分　本品含三萜类和甾类物质芦竹素等。

（2）药理作用　本品对实验性发热动物有解热作用；其利尿作用较弱，但能增加尿中氯化物的排出；有升血糖的作用；对金黄色葡萄球菌、绿脓杆菌有一定的抑制作用。

第二节　清热燥湿药

本类药物性味苦寒，苦能燥湿，寒能清热，故有清热燥湿的功效，并能清热泻火。主要用于湿热证及火热证。如湿温或暑温夹湿，因湿热蕴结，气机不畅，而见身热不扬、小便短赤、舌苔黄腻；湿热蕴结脾胃，升降失常，而致痞满吐利；湿热壅滞大肠，传导失职，则见泄泻、痢疾；湿热蕴蒸肝胆，可见黄疸尿赤；湿热下注，热淋灼痛；湿热流注关节，则见关节红肿热痛；湿热浸淫肌肤，则成湿疹、湿疮；及诸脏腑火热证。上述病证，均属本类药物应用范围。苦寒多能伐胃，性燥多能伤阴，故一般用量不宜过大。凡脾胃虚寒，津伤阴亏者当慎用。如需用时，可与健胃及养阴药同用。此外，本类药物多兼泻火、解毒作用，可治疗热证火证及痈肿疮毒，可与清热泻火、清热解毒药参酌使用。

一、黄芩

本品为唇形科植物黄芩 *Scutellaria baicalensis* Georgi. 的干燥根（图 9-7，彩图 9-7）。春、秋二季采挖。蒸透或开水润透后切片。主产于我国河北、山西、内蒙古、河南及陕西等地。

图 9-7　黄芩的原植物和饮片

性味与归经　苦，寒。归肺、胆、脾、大肠、小肠经。

功能　清热燥湿，泻火解毒，止血，安胎。

主治

(1)胃肠湿热，泻痢，黄疸　主要用于湿热泻痢，湿温，黄疸，热淋等。治疗湿热泻痢，常与葛根、黄连等配伍，如葛根芩连汤(组成：葛根、甘草、炙黄芩、黄连，《伤寒论》)；治疗黄疸，多与栀子、茵陈等配伍；治疗湿热淋证，可与木通、生地黄等配伍。

(2)肺热咳喘　尤其以清肺热见长，用于肺热咳嗽，可与知母、桑白皮等配伍；用于泻上焦实热，常与黄连、栀子、石膏等同用；用于风热犯肺，与栀子、杏仁、桔梗、连翘、薄荷等配伍。

(3)高热贪饮，痈肿疮毒　常用于痈肿疮毒，咽喉肿痛等。常与金银花、连翘、牛蒡子、板蓝根等同用。

(4)便血，衄血　可用于血热出血，如吐血、衄血。常与生地黄、白茅根、三七等同用。

(5)胎动不安　可治疗热盛，胎动不安之证。常与白术、当归等配伍，如当归散(组成：当归、黄芩、芍药、川芎、白术，《金匮要略》)。

用法用量　灌服，马、牛 20～60 g，猪、羊 5～15 g，兔、禽 1.5～2.5 g。

禁忌　本品苦寒伤胃，脾胃虚寒者及无湿热实火者不宜使用。

按语　黄芩能泻上焦肺火，清肠中湿热，为临床常用药物。本品配柴胡，则清透解热；配桑白皮，则泻肺火；配黄连，则清热泻火而燥湿；配白芍，则清热止痢而除痛；配白术，则清热补脾而安胎。

现代研究

(1)化学成分　本品含黄芩苷元、黄芩苷、汉黄芩素、汉黄芩苷、黄芩新素、苯甲酸、β-谷甾醇、豆甾醇等。

(2)药理作用　本品煎剂在体外有较广的抗菌谱，对伤寒杆菌、痢疾杆菌、绿脓杆菌、百日咳杆菌、葡萄球菌、链球菌、肺炎双球菌、脑膜炎双球菌等均有抑制作用，对流感病毒、钩端螺旋体及多种致病真菌也有抑制作用；在动物实验中，有解热、降压、利尿、镇静、利胆、保肝、降低毛细血管通透性以及抑制肠管蠕动等作用；黄芩苷、黄芩苷元对豚鼠离体气管过敏性收缩及整体动物过敏性气喘均有缓解作用，与麻黄碱有协同作用。

二、黄连

本品为毛茛科植物黄连 *Coptis chinensis* Franch.、三角叶黄连 *Coptis deltoidea* C. Y. Y Cheng et Hsiao 或云连 *Coptis teeta* Wall. 的干燥根茎(图 9-8，彩图 9-8)。秋季采挖，干燥。

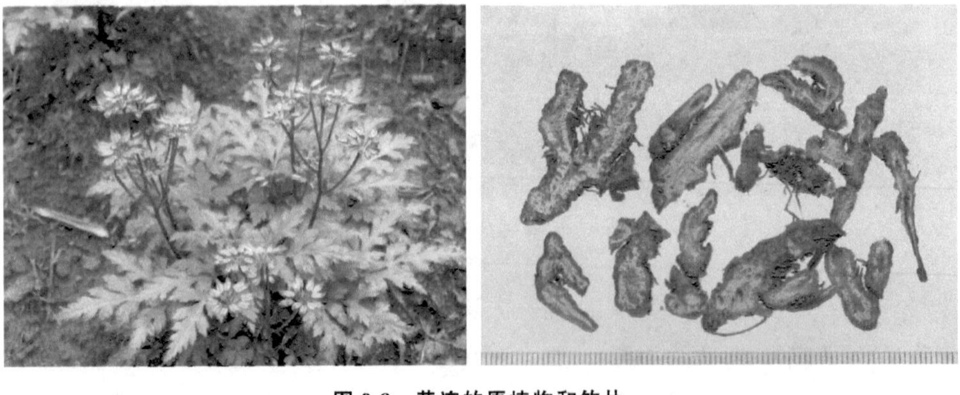

图 9-8　黄连的原植物和饮片

主产于我国四川、云南、湖北。

性味与归经 苦，寒。归心、脾、肝、胃、胆、大肠经。

功能 清热燥湿，泻火解毒。

主治

（1）湿热泻痢，胃火炽盛，肝胆湿热 本品大苦大寒，清热燥湿之力胜于黄芩，尤长于清中焦湿火郁结。用于湿热中阻，气机不畅，脘腹痞满，常与黄芩、干姜、半夏等同用，如半夏泻心汤（组成：半夏、干姜、黄芩，黄连、人参、大枣、炙甘草，《伤寒论》）。治疗湿热泻痢，轻者单用即效，若泻痢腹痛，里急后重，与木香同用，如豆蔻香连丸（组成：木香、黄连、诃黎勒、肉豆蔻、丁香，《太平惠民和剂局方》）；若存泻痢身热者，与葛根、黄芩、甘草配伍，如葛根芩连汤（组成：葛根、甘草、炙黄芩、黄连，《伤寒论》）；若下痢脓血，又可与当归、肉桂、白芍、木香等配伍，如芍药汤（组成：芍药、当归、黄连、槟榔、木香、甘草、大黄、黄芩、官桂，《素问病机气宜保命集》）。本品善除脾胃大肠湿热，为治疗湿热泻痢要药。

（2）心火亢盛，目赤肿痛 本品泻火解毒，尤善清心经实火。若三焦热盛，高热烦躁，常与黄芩、黄柏、栀子等同用，如黄连解毒汤（组成：黄连、黄柏、黄芩、栀子，《外台秘要》）。若心火内伤，迫血妄行，吐血衄血，可与黄芩、大黄同用，如泻心汤（组成：大黄、黄连、黄芩，《金匮要略》）。

（3）火毒疮痈 本品清热燥湿，泻火解毒，尤善疗疔毒。治疗痈肿疔毒，常与黄芩、栀子、连翘等同用，如黄连解毒汤（组成：黄连、黄柏、黄芩、栀子，《外台秘要》）。治疗皮肤湿疮，可用黄连制成软膏外敷。治疗眼目红肿，用黄连煎汁点眼。

此外，本品善清胃火，可用于胃火炽盛的呕吐，常与竹茹、橘皮、半夏同用。

用法用量 煎灌，马、牛 15～30 g，猪、羊 5～10 g，犬 3～5 g，兔、禽 0.5～1 g。

禁忌 本品大苦大寒，过服久服易伤脾胃，肺胃虚寒者忌用。苦燥伤津，阴虚津伤者慎用。

按语 黄连性寒，味甚苦，功能泻心火、解热毒，为治痢止呕之要药。本品配黄芩、山栀等，则泻火而解热毒；配大黄、黄芩，则泻火而止吐衄，且可治疗目赤口疮；配木香，则清热止痢而除腹痛；配竹茹，则清胃热而止呕吐；配吴茱萸，则和肝胃而治胃痛反酸；配天花粉、知母、生地黄，则清胃火而治消渴；配朱砂，则泻心火而安神。

现代研究

（1）化学成分 本品含小檗碱（黄连素）、甲基黄连碱等多种生物碱，其中黄连素占5%～8%。

（2）药理作用 本品有广谱的抗菌作用，对痢疾杆菌、伤寒杆菌、绿脓杆菌、大肠杆菌、白喉杆菌、百日咳杆菌、结核杆菌、葡萄球菌、脑膜炎双球菌、溶血性链球菌、肺炎双球菌等均有较明显的抑制作用，对钩端螺旋体、阿米巴原虫、滴虫、流感病毒及多种皮肤真菌也有抑制作用，其中对痢疾杆菌的抑制作用最强；能增强白细胞的吞噬能力；有降压、利胆、解热、镇静、镇痛、抗利尿、局部麻痹等作用。

三、黄柏

本品为芸香科植物黄皮树（川黄柏）*Phellodendron chinense* Schneld. 的干燥树皮（图 9-9，彩图 9-9）。剥取树皮，刮去粗皮，晒干。主产于我国四川、贵州、湖北、云南等地。

图 9-9　黄柏的原植物和饮片

性味与归经　苦，寒。归肾、膀胱经。

功能　清热燥湿，泻火解毒，退虚热。

主治

(1)湿热泻痢，黄疸，带下，热淋　本品苦寒沉降，清热燥湿，长于清泻下焦湿热。治疗膀胱湿热，小便灼热、淋漓涩痛，常与车前子、滑石等清热利尿通淋之品配伍。治疗湿热泻痢，可与白头翁、黄连、秦皮等配伍，如白头翁汤(组成：白头翁、黄柏、黄连、秦皮，《伤寒论》)。治疗湿热黄疸尿赤，常与栀子同用，如栀子柏皮汤(组成：栀子、甘草、黄柏，《伤寒论》)。

(2)疮疡肿毒，湿疹　本品既能清热燥湿，又能泻火解毒。治疗疮疡肿毒，内服外用均可，内服常与黄连、栀子同用，外用以本品研细末，用猪胆汁或鸡蛋清调敷患处。治疗湿疹湿疮，阴痒阴肿，可与荆芥、苦参、蛇床子等同用，内服外洗均可，也可与青黛、滑石、甘草研细末撒敷。

(3)阴虚火旺，盗汗　本品长于清退虚热。常与知母相须为用，并与熟地黄、山萸肉、龟板等滋阴降火药同用，如知柏地黄汤(组成：熟地黄、山茱萸、干山药、泽泻、茯苓、丹皮、知母、黄柏，《医宗金鉴》)。

用法用量　煎灌，马、牛 10～45 g，猪、羊 20～50 g，犬 5～6 g，兔、禽 0.5～2 g。外用适量。

禁忌　本品苦寒，易损胃气，故脾胃虚寒者忌用。

按语　黄柏、黄芩、黄连三药，都是苦寒的药品，均能清热燥湿、泻火解毒。但黄柏泻肾火而退虚热，且能除下焦湿热；黄芩则以清肺热为专长，又能安胎；黄连泻心火而除烦，善止呕逆，这是三药不同之点。因此，一般所谓黄芩治上焦、黄连治中焦、黄柏治下焦的说法，就是根据黄芩清肺火、黄连止呕逆、黄柏泻肾火的特点而来的。但是，现在临床上作为清热解毒药应用时，黄芩、黄连、黄柏三药都是通用的，没有上述严格区分。

现代研究

(1)化学成分　本品含小檗碱、黄柏碱、防己碱、棕榈碱等多种生物碱，还含黄柏酮、黄柏内脂等。

(2)药理作用　本品抗菌谱和抗菌效力与黄连相似，对痢疾杆菌、伤寒杆菌、结核杆菌、金黄色葡萄球菌、溶血性链球菌等多种致病菌均有抑制作用，对某些皮肤真菌及钩端螺旋体、乙肝表面抗原也有抑制作用；对血小板有保护作用；外用可促使皮下渗血的吸收；有利胆、利尿、降压、解热等作用，但其效用不及黄连；有降血糖作用；有促进小鼠抗体生成的作用。

四、龙胆

本品为龙胆科植物龙胆 *Gentiana scabra* Bge.、三花龙胆 *Gentiana triflora* Pall.、条叶龙胆 *Gentiana manshurica* Kitag. 或坚龙胆 *Gentiana rigescens* Franch. 的干燥根和根茎（图 9-10，彩图 9-10）。前三种习称“龙胆”，后一种习称“坚龙胆”。春、秋二季采挖，洗净，干燥。我国各地均产。

图 9-10 龙胆的原植物和饮片

性味与归经 苦，寒。归肝、胆经。

功能 泻肝胆实火，除下焦湿热。

主治

（1）湿疹、瘙痒、湿热黄疸 本品大苦大寒，清热燥湿，尤善清下焦湿热。治疗湿热下注，尿短赤，湿疹瘙痒等，常与黄柏、苦参、苍术等同用。治疗肝胆湿热，黄疸、尿赤，可与茵陈、栀子、黄柏等同用。

（2）目赤肿痛 本品苦寒沉降，能泻肝胆实火。常与柴胡、黄芩、木通等同用，如龙胆泻肝汤（组成：龙胆草、黄芩、栀子、泽泻、木通、车前子、当归、生地黄、柴胡、甘草，《太平惠民和剂局方》）。治疗肝火上炎，目赤肿痛，与黄连配伍。

用法用量 煎灌，马、牛 15～45 g，猪、羊 30～60 g，犬 1～5 g，兔、禽 1～2 g。

禁忌 脾胃虚寒者不宜用。阴虚津伤者慎用。

按语 龙胆善泻肝胆实火，除下焦湿热。配柴胡、山栀、黄芩，则清肝泻火；配木通、车前子、泽泻，则清利湿热；配黄连、牛黄、钩藤，则泻火定惊；配茵陈、郁金、黄柏，则利湿退黄。

现代研究

（1）化学成分 本品含环烯醚萜苷、龙胆苦苷、樟芽菜苦苷等，还含龙胆碱、龙胆黄素、龙胆糖等。

(2)药理作用　本品煎剂对绿脓杆菌、变形杆菌、伤寒杆菌、金黄色葡萄球菌、某些皮肤真菌及钩端螺旋体均有一定的抑制作用，并有抗炎作用；龙胆碱有镇静作用，还可使肌肉松弛，对麻醉动物有降血压作用；少量口服可反射性地增强胃液分泌，并能增加游离酸，有助消化、增食欲的作用；有保肝(降低谷-丙转氨酶)、利胆作用。

五、苦参

本品为豆科植物苦参 *Sophora flavescens* Ait. 的干燥根(图 9-11，彩图 9-11)。春、秋二季采收，干燥。我国各地均产。

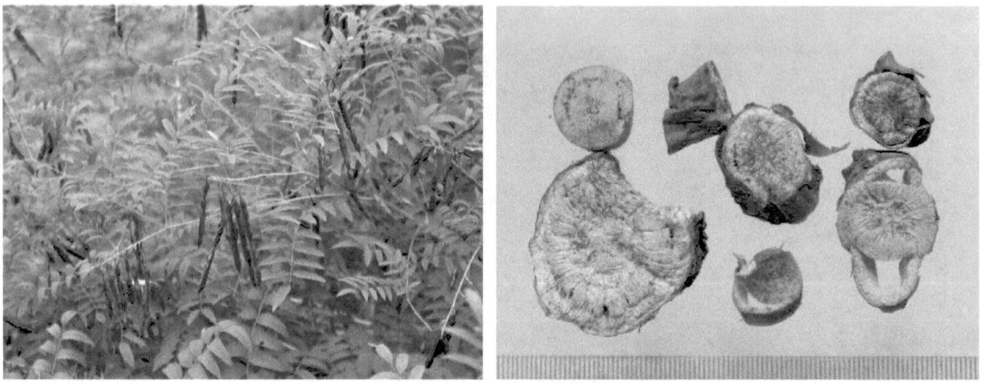

图 9-11　苦参的原植物和饮片

性味与归经　苦，寒。归心、肝、胃、大肠、膀胱经。

功能　清热燥湿，杀虫，利尿。

主治

(1)湿热泻痢，黄疸　本品苦寒，清热燥湿。治疗湿热蕴结肠胃，腹痛泄泻，以及下痢脓血，可单用，也可与木香等同用。治疗湿热蕴蒸，黄疸，常与栀子、龙胆等同用，有良好的除湿热、退黄疸作用。

(2)尿闭，疥癣　本品清下焦湿热，兼能通利小便，使湿热从小便排出。又能杀虫止痒。治疗湿热下注，湿疹，皮肤瘙痒，常与黄柏、蛇床子同用，内服外洗均可。治疗疥癣，可与枯矾、硫黄配伍，制成软膏，涂敷患处。治疗湿热蕴结膀胱，小便不利，灼热涩痛，可与蒲公英、石苇或当归、车前子、木通等同用。

用法用量　煎灌，马、牛 15～60 g，猪、羊 6～15 g，兔、禽 0.3～1.5 g。

禁忌　本品苦寒伤胃、伤阴，脾胃虚寒及阴虚津伤者忌用或慎用。反藜芦。

按语　苦参清热治痢的功能，与黄连相近；除下焦湿热，与黄柏、龙胆等相似。但它又能祛风、杀虫而止痒，治疗皮肤湿疹、瘙痒等症，为苦参的特长。

现代研究

(1)化学成分　本品含苦参碱、羟基苦参碱、甲基野靛碱、臭豆碱等多种生物碱，还含黄酮类化合物。

(2)药理作用　本品醇提取物对阴道滴虫、阿米巴原虫有杀灭作用，煎剂对结核杆菌、痢疾杆菌、金黄色葡萄球菌、大肠杆菌均有抑制作用，对多种皮肤真菌也有抑制作用；有利尿、抗炎、抗过敏、镇痛及平喘、祛痰作用；苦参、苦参碱、苦参黄酮等均有抗心律失常作用；有增加冠状动脉流量、缓解心肌缺血及降血脂作用；总碱还有防止白细胞减少及抗辐射作用。

六、秦皮

本品为木犀科植物苦枥白蜡树 *Fraxinus rhynchophylla* Hance、白蜡树 *Fraxinus chinensis* Roxb.、尖叶白蜡树 *Fraxinus szaboana* Lingelsh. 或宿柱白蜡树 *Fraxinus stylosa* Lingelsh. 干燥枝皮或干皮（图 9-12，彩图 9-12）。春、秋二季剥取，晒干。主产于我国吉林、辽宁及河南等地。

图 9-12 秦皮的原植物和饮片

性味与归经 苦、涩，寒。归大肠、肝、胆经。

功能 清热燥湿，收敛止痢，明目。

主治

（1）湿热下痢 本品苦寒，其性收涩，既能清热燥湿解毒，又能收涩止痢、止带。治疗热毒泻痢，里急后重，常与黄连、黄柏、白头翁同用，如白头翁汤（组成：白头翁、黄柏、黄连、秦皮，《伤寒论》）；治疗湿热下注，赤白带下，常与丹皮、当归同用。

（2）目赤肿痛，云翳 本品能清肝泻火，明目退翳，治疗肝经郁火，目赤肿痛，睛生翳膜，可单用本品煎水洗眼，亦可与菊花、黄连、龙胆等同用。

用法用量 煎灌，马、牛 15～60 g，猪、羊 5～10 g，兔、禽 1～1.5 g。

禁忌 脾胃虚寒者忌用。

按语 秦皮与黄连皆有治疗热痢、消目赤肿痛的功能，但黄连苦寒清热之力较大，且能泻心火，止呕除烦，临床主治范围较为广泛；秦皮则性涩收敛，可治疗湿热带下。

现代研究

（1）化学成分 苦枥白蜡树皮含马栗树皮苷、马栗树皮素及鞣质；小叶白蜡树皮含秦皮素、秦皮苷、马栗树皮素、马栗树皮苷等多种香豆精类及鞣质、皂苷等。

（2）药理作用 本品煎剂对金黄色葡萄球菌、痢疾杆菌、伤寒杆菌、肺炎双球菌、大肠杆菌等有抑制作用；所含马栗树皮苷、马栗树皮素有抗炎作用，对关节炎有抑制作用；有镇静、镇痛、抗惊厥作用；马栗树皮苷有镇痛、利尿及促进尿酸排泄的作用；有止咳平喘、祛痰的作用；秦皮乙素还有明显的平喘活性，有松弛气管平滑肌及对抗组胺作用。

第三节 清热凉血药

清热凉血药多为甘苦咸寒之品，咸能入血，寒能清热。多归心、肝经。心主血，肝藏血，故本类药物具有清解营分、血分热邪的作用，主要用于营分、血分等实热证。如温热病热入营分，热灼营阴，心神被扰，证见舌绛、身热夜甚、脉细数，甚则神昏、斑疹隐隐；邪陷心包，神昏、舌质红绛；热入血分，热盛迫血，心神扰乱，证见舌色深绛、吐血衄血、尿血、便血、紫暗斑疹、躁扰不安、甚或昏狂。也可用于其他疾病引起的血热出血证。本类药物中的生地、玄参等，既能清热凉血，又能滋养阴液，标本兼顾。清热凉血药一般适用于热在营血的病证。气血两燔，可与清热泻火药同用，使气血两清。

一、水牛角

本品为牛科动物水牛 *Bubalus bubalis* Linnaeus 的角（图 9-13，彩图 9-13）。取角后，水煮，除去角塞，干燥。主产于我国华南、华东地区。

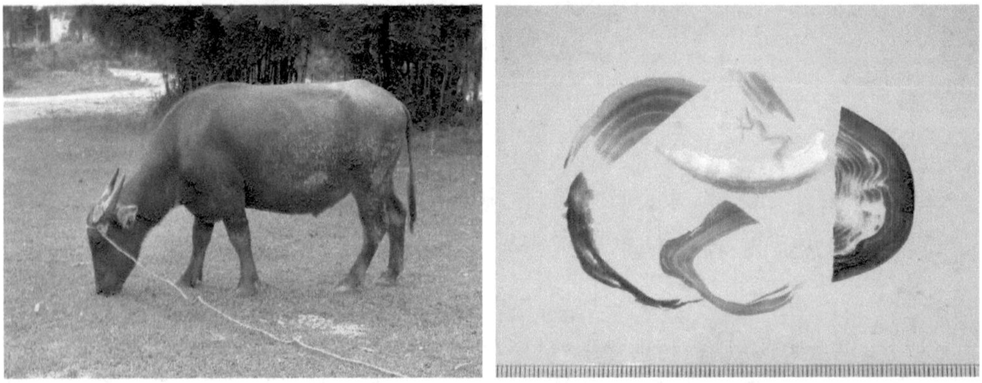

图 9-13 水牛和水牛角饮片

性味与归经 苦，寒。归心、肝经。

功能 清热定惊，凉血止血，解毒。

主治

(1)高热神昏，惊狂不安 本品能入血分，清心、肝、胃三经之火，而有凉血解毒之功。治疗温病热入营血，身热烦躁、神昏、舌绛，常与生地黄、玄参、丹皮、金银花、连翘等同用。若高热烦躁，惊厥抽搐者，又常与羚羊角、石膏等同用。

(2)便血、衄血 本品具凉血之功，常与生地黄、丹皮、赤芍等同用。

(3)斑疹出血 本品有较强的泻火解毒，凉血消斑之功，常与丹皮、紫草等同用。

用法用量 煎灌，马、牛 90～450 g，猪、羊 20～50 g，犬 3～10 g。

禁忌 孕畜慎用，脾胃虚寒者不宜用。畏川乌、草乌。

按语 犀角是一味清营血、解热毒的药物，配牛黄或羚羊角，则清心定惊；配鲜生地黄、赤芍、丹皮，则凉血止血；配大青叶、玄参、升麻等，则凉血化斑；配连翘、竹叶卷心等，则清心解毒；配生石膏、知母、玄参等，则凉血清热。

犀角、鲜生地黄均能清热凉血，鲜生地黄长于养阴生津，犀角偏于解毒定惊。犀角主要用于清血分实热，与生石膏的清气分实热也有所不同。但犀角与石膏同用，以治气血两燔，则功能甚好。

犀牛已成稀有动物，犀角一药，货源日少。目前临床上采用水牛角(即水牛的双角)作为犀角的代用品。按《名医别录》记载，水牛角能“治时气寒热头痛”，又《大明本草》说：“煎汁，治热毒风及壮热”。据上所述，则水牛角的功能与犀牛角相似。

现代研究

(1)化学成分 本品含胆甾醇、丙氨酸、精氨酸、天门冬氨酸、胱氨酸等氨基酸及肽类、胍基衍生物、蛋白质等。

(2)药理作用 本品有加强离体蛙心收缩力的作用；对大鼠有明显的镇静作用；有镇静、抗炎、抗感染、缩短出血、降低毛细血管通透性、兴奋垂体肾上腺系统等作用。

二、地黄

本品为玄参科植物地黄 *Rehmannia glutinosa* Libosch. 的新鲜或干燥块根(图 9-14，彩图 9-14)。秋季采挖，鲜用或干燥切片生用。前者习称“鲜地黄”，后者习称“生地黄”。主产于我国河南、河北、内蒙古及东北，大部分地区有栽培。

图 9-14 地黄的原植物和饮片

性味与归经 鲜地黄甘、苦，寒。归心、肝、肾经。生地黄甘、寒。归心、肝、肾经。

功能 鲜地黄清热生津，凉血，止血。生地黄滋阴生津，清热凉血

主治

(1)热入营血 本品甘寒质润，苦寒清热，入营、血分，为清热凉血养阴生津之要药。治疗温热病热入营血，壮热神昏，口干舌绛，常与玄参、水牛角等同用，如清营汤(组成：犀角、生地黄、玄参、竹叶心、麦冬、金银花、连翘、黄连、丹参，《温病条辨》)。治疗温病后期，余热未尽，阴液已伤，夜热早凉，舌红脉数者，常与鳖甲、青蒿、知母等同用，如青蒿鳖甲汤(组成：青蒿、鳖甲、

生地黄、知母、丹皮,《温病条辨》)。

(2)血热妄行,斑疹吐衄　本品清热泻火,凉血止血。治疗血热吐衄、便血,常与鲜荷叶、生艾叶、生侧柏叶同用。治疗温热病热入营血,血热毒盛,吐血衄血,斑疹紫黑,常与赤芍、丹皮同用。

(3)津伤口渴,内热消渴　本品甘寒,清热养阴,生津止渴。治疗内热消渴,常与麦冬、沙参、玉竹等同用。治疗温病伤阴,肠燥便秘,可与玄参、麦冬同用,如增液汤(组成:元参、麦冬、生地黄,《温病条辨》)。

鲜地黄用于热病伤阴,高热口渴,血热出血,咽喉肿痛;生地黄用于阴虚发热,津伤便秘,鼻衄,尿血,咽喉肿痛。

用法用量　煎灌,马、牛 30～60 g,猪、羊 5～15 g,犬 3～6 g,禽 1～2 g。

禁忌　本品性寒而滞,脾虚湿滞腹满便溏者,不宜使用。

按语　地黄,包括鲜地黄、生地黄两种,其气味同是甘苦而寒;功能同是清热凉血,滋阴养血。故凡温热病邪入于营血,或热伤阴液、血热妄行、斑疹吐衄者,均可主治。但二者也有区别:生地黄,甘重于苦,故偏于滋阴养血,多用于阴虚阳亢、血虚化燥及血热发斑证等;鲜地黄,苦重于甘,其气大寒,故偏于清热凉血,多用于血热妄行之吐衄、咳血等失血证。

现代研究

(1)化学成分　本品含 β-谷甾醇、地黄素、甘露醇、葡萄糖、生物碱、铁质、维生素 A 等。

(2)药理作用　本品有一定的强心、利尿、升血压、降血糖等作用;有止血作用,生地黄提取物能促进血液的凝固,小白鼠灌服生地黄后,出血时间缩短;煎剂保护肝脏,防止肝糖原减少,并有一定的抗辐射损伤作用;对多种皮肤真菌的生长有抑制作用。

三、玄参

本品为玄参科植物玄参 *Scrophularia ningpoensis* Hemsl. 的干燥根(图 9-15,彩图 9-15)。冬季茎叶枯萎时采挖,除去根茎、幼芽、须根和泥沙,晒或烘至半干,堆放 3～6 天,反复数次至干燥。主产于我国长江流域及陕西、福建等地。野生、家种均有。

图 9-15　玄参的原植物和饮片

性味与归经　苦、甘、咸,微寒。归肺、胃、肾经。

功能　滋阴降火,凉血解毒。

主治

(1)热病伤阴,阴虚便秘　本品苦甘咸寒而质润,功能清热凉血,养阴润燥,泻火解毒。治疗温病热入营分,身热夜甚、烦躁口渴、舌绛、脉数,常与生地黄、麦冬同用,如清营汤(组成:犀角、生地黄、玄参、竹叶心、麦冬、金银花、连翘、黄连、丹参,《温病条辨》)。治疗温热病邪内陷心包,神昏抽搐,常与生地黄、芍药、丹皮等同用,如犀角地黄汤(组成:犀角、生地黄、芍药、牡丹皮,《外台秘要》)。若温热病气血两燔,发斑发疹,常与石膏、知母同用,如化斑汤(组成:人参、知母、石膏、玄参、大青叶、甘草,《广嗣纪要》)。

(2)咽喉肿痛,疮黄疔毒　本品咸寒,有清热凉血,解毒散结,利咽消肿之功。治疗外感瘟毒,热毒壅盛之咽喉肿痛,与薄荷、连翘、板蓝根等同用,如普济消毒饮(组成:黄芩、黄连、陈皮、甘草、玄参、柴胡、桔梗、连翘、板蓝根、马勃、牛蒡子、薄荷、僵蚕、升麻,《东垣试效方》)。治疗阴虚火旺的咽喉肿痛,可与麦冬、桔梗、甘草同用。治疗痰火郁结的瘰疬痰核,常与贝母、生牡蛎同用。治疗疮疡肿毒,多与金银花、连翘、紫花地丁等同用。

此外,本品与地骨皮、银柴胡、丹皮等同用,治疗骨蒸劳热;与麦冬、五味子、枸杞子等同用,还可治疗内热消渴。

用法用量　煎灌,马、牛 15～45 g,猪、羊 5～15 g,犬、猫 2～5 g,兔、禽 1～3 g。

禁忌　本品性寒而滞,脾胃虚寒、食少便溏者不宜服用。反藜芦。

按语　本品为咸寒之品,质润多液,功能滋阴降火、解毒、利咽。配鲜地黄、丹皮、赤芍等,则清热凉血;配生地黄、麦冬等,则滋阴增液;配牛蒡子、板蓝根等,则解毒利咽;配生地黄、石决明、密蒙花、蝉蜕等,则明目退翳;配牡蛎、贝母、夏枯草等,则散结消瘰;配金银花、当归、甘草,则解毒消肿。

玄参滋养肾阴的功效,与地黄相近,故两药常配合同用。但玄参苦泄滑肠而通便,泻火解毒而利咽,临床应用范围较为广泛,一般不作为长服的滋补之剂;地黄则功专补肾养阴,可作为久用的滋阴药品。

现代研究

(1)化学成分　本品含生物碱、糖类、甾醇、氨基酸、胡萝卜素等。

(2)药理作用　本品水浸剂、醇浸剂和煎剂均有降血压作用,对肾性高血压犬的降压效果更明显,还有轻微降血糖的作用;小剂量浸剂有轻微强心作用,剂量加大则导致中毒;扩张血管,有促进局部血液循环而消除炎症的作用,可用于血栓闭塞性脉管炎;对多种皮肤真菌有抑制作用,对绿脓杆菌也有抑制作用,在体外有中和白喉毒素的作用。

四、牡丹皮

本品为毛茛科植物牡丹 *Paeonia suffruticosa* Andr. 的干燥根皮(图 9-16,彩图 9-16)。秋季采挖根部,除去细根和泥沙,剥取根皮,晒干或刮去粗皮,除去木心,晒干。前者习称“连丹皮”,后者习称“刮丹皮”。主产于我国安徽、山东等地。

性味与归经　苦、辛,微寒。归心、肝、肾经。

功能　清热凉血,活血化瘀。

主治

(1)温毒发斑,衄血,便血,尿血　本品微寒,能清营、血分实热,有凉血止血之功。治疗温

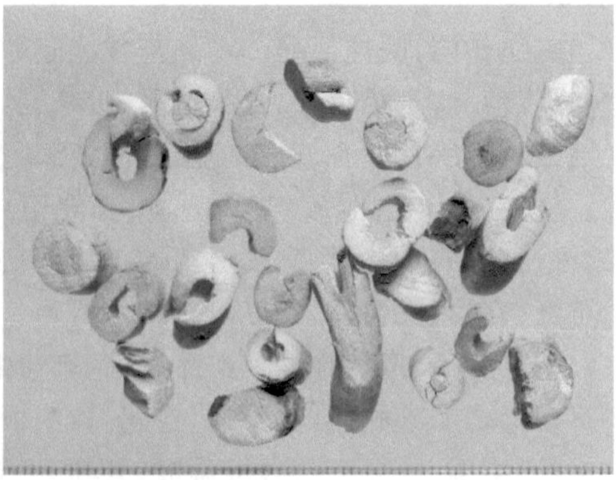

图 9-16　牡丹皮的原植物和饮片

病热入营血，迫血妄行，发斑发疹，吐血衄血便血等证，常与生地黄、玄参、赤芍等同用。

(2)瘀血阻滞，跌打损伤　本品又能活血行瘀。治疗瘀血阻滞，常与桃仁、赤芍、桂枝同用；治疗跌打损伤，瘀肿疼痛，常与当归，桃仁、乳香等同用。

(3)痈疡肿毒，肠痈腹痛　本品苦寒，清热凉血，散瘀消痈。治疗火毒炽盛，痈肿疮毒，可与金银花、连翘、蒲公英等同用；治疗肠痈初起，多与大黄、桃仁、芒硝等配伍。

用法用量　马、牛 20～45 g，猪、羊 6～12 g，犬 3～6 g，兔、禽 1～2 g。

禁忌　血虚有寒，孕畜不宜用。

按语　牡丹皮善清血，又活血，有凉血散瘀的功能，使血流畅而不留瘀，血热清而不妄行。故对血热炽盛、肝肾火旺及瘀血阻滞等证，皆恃为要药。

本品配鲜地黄，能清热凉血；配生地黄，则滋肾泻火；配山栀，则清肝泄热；配赤芍、桃仁，则活血散瘀；配侧柏叶、鲜茅根，则凉血止血。

现代研究

(1)化学成分　本品含丹皮酚、牡丹酸、牡丹酸苷、牡丹酚原苷、芍药苷、挥发油及植物甾醇等。

(2)药理作用　丹皮酚及糖苷成分能降低毛细血管的通透性，均有抗炎作用；水煎液、丹皮酚及除去丹皮酚的水煎液均有明显降血压作用；煎剂对痢疾杆菌、伤寒杆菌等多种致病菌及皮肤真菌均有抑制作用；丹皮酚有镇静、降温、解热、镇痛、解痉、抗过敏等中枢抑制作用，可使动物子宫内膜充血，还有抗溃疡及抑制胃液分泌的作用。

五、赤芍

本品为毛茛科植物芍药 *Paeonia lactiflora* Pall. 或川赤芍 *Paeonia veitchii* Lynch 的干燥根(图 9-17，彩图 9-17)。春、秋二季采挖，晒干、切片。生用或炒用。我国大部分地区均产。

性味与归经　苦，微寒。归肝经。

功能　清热凉血，散瘀止痛。

主治

(1)温毒发斑，肠热下血　本品苦寒，主入肝经，善走血分，能清肝火，除血分郁热而有凉

图 9-17　芍药的原植物和饮片

血、止血、散瘀消斑之功。治疗温病热入营血，斑疹紫暗，以及血热吐衄，常与生地黄、丹皮同用。

（2）跌扑损伤，痈肿疮疡　本品苦降，有通经，散瘀消痞，行滞止痛的功能。治疗跌打损伤、瘀肿疼痛，常与乳香、没药、血竭同用，以疗伤止痛。治疗热毒壅盛、痈肿疮毒，常与金银花、连翘、栀子等同用。

（3）目赤肿痛　本品能清泻肝火，散瘀止痛，常与菊花、木贼、夏枯草等同用。

用法用量　煎灌，马、牛 20～45 g，猪、羊 9～15 g。

禁忌　血寒者不宜用。反藜芦。

按语　赤芍能清血分实热，散瘀血留滞。本品功能与牡丹皮相近，故常与牡丹皮相须为用。但牡丹皮清热凉血的作用较佳，既能清血分实热，又能治阴虚发热；而赤芍只能用于血分实热，以活血散瘀见长。

现代研究

（1）化学成分　本品含芍药苷、牡丹酚、芍药花苷、苯甲酸、鞣质、树脂、挥发油、β-谷甾醇、三萜类等。

（2）药理作用　本品能扩张冠状动脉，提高耐缺氧能力，有抗血小板聚集、抗血栓形成、抗实验性心肌缺血、改善微循环及降低门脉高压的作用；能松弛胃肠平滑肌，有解痉作用；芍药苷有镇静、抗炎、镇痛、解热及抗惊厥、抗溃疡和降压作用；对痢疾杆菌、霍乱弧菌、葡萄球菌等多种致病菌有不同程度的抑制作用。

六、白头翁

本品为毛茛科植物白头翁 *Pulsatilla chinensis* (Bge.) Regel 的干燥根（图 9-18，彩图 9-18）。春、秋二季采挖。除去泥沙，干燥。主产于我国东北、内蒙古及华北等地。

性味与归经　苦，寒。归胃、大肠经。

功能　清热解毒，凉血止痢。

主治

热毒血痢，湿热肠黄　本品苦寒降泄，清热解毒，凉血止痢。尤善于清胃肠湿热及血分热

图 9-18　白头翁的原植物和饮片

毒，为治疗热毒血痢的良药。可单用，或与黄连、黄柏、秦皮同用，如白头翁汤（组成：白头翁、黄柏、黄连、秦皮，《伤寒论》）。

此外，本品与柴胡、黄芩、槟榔配伍，可治疗疟疾。

用法用量　煎灌，马、牛 15～60 g，猪、羊 6～15 g，犬、猫 1～5 g，兔、禽 1.5～3 g。

禁忌　虚寒泻痢忌用。

按语　白头翁为治疗阿米巴痢疾的要药，单用较大剂量即有效果。常用成方白头翁汤即以本品为主药，与黄连、黄柏、秦皮配伍而成，既可治疗阿米巴痢疾，也可治疗菌痢。

与毛茛科白头翁的根作用不同，茎叶具有强心作用，有一定毒性，使用时必须注意。全国各地作为“白头翁”使用的有多种植物，如蔷薇科植物委陵菜、翻白草等，也能治疗痢疾。

现代研究

(1)化学成分　本品含原白头翁素、白头翁酸、皂苷等。

(2)药理作用　本品对肠黏膜有收敛作用，故能止血、止泻；对金黄色葡萄球菌、绿脓杆菌、痢疾杆菌、枯草杆菌、伤寒杆菌、沙门氏杆菌等均有明显的抑制作用，煎剂及所含皂苷有明显的抗阿米巴原虫作用，本品对阴道滴虫有明显的杀灭作用，对流感病毒也有轻度抑制作用。

七、紫草

本品为紫草科植物新疆紫草 *Arnebia euchroma* (Royle) Johnst. 和内蒙紫草 *Arnebia guttata* Bunge 的干燥根（图 9-19，彩图 9-19）。春、秋二季采挖，除去茎叶，晒干，润透切片用。主产于我国辽宁、湖南、湖北、新疆等地。

性味与归经　甘、咸，寒。归心、肝经。

功能　凉血活血，解毒消斑。

主治

(1)血热毒盛，热毒血斑　本品主入肝经血分，有凉血活血，解毒透疹的功效。治疗温毒发斑，血热毒盛，斑疹紫黑，常与赤芍、蝉蜕等同用；若麻疹紫暗，疹出不畅，兼有咽喉肿痛者，可与牛蒡子、山豆根、连翘等同用。

图 9-19　紫草的原植物和饮片

(2)疮疡,湿疹,烫伤,烧伤　可单用,以植物油浸泡,滤取油液,制成紫草油浸剂,外涂患处;或与当归、白芷、血竭等配伍,熬膏外敷,如生肌玉红膏(组成:白芷、甘草、归身、瓜儿血竭、轻粉、白占、紫草、麻油,《外科正宗》)。

用法用量　煎灌,马、牛 15～45 g,猪、羊 5～10 g,兔、禽 0.5～1.5 g。外用适量。

禁忌　本品性寒而滑,有轻泻作用,脾虚便溏者忌用。

按语　紫草甘寒,入心、肝经。心主血、肝藏血,故紫草专入血分而凉血解毒,甘寒则益阴润燥,故又能润便滑肠,所以热毒内盛,波及营血,灼伤真阴,斑疹紫黑,身热烦躁,大便秘结,是为必用之品。紫草又治麻疹色黯、欲出不畅,是在于凉血解毒。因热毒内盛,必灼伤真阴,阴虚血燥,肌肤失润而锢闭,因而疹毒不得外泄,欲出不畅,紫草能凉血解毒,养阴润燥,故能透疹。与凉血解毒药同用则消斑,与养阴辛散药同用则透疹。同时,紫草不但能治,而且能防,近年来临床应用证明,在麻疹流行时,紫草与白糖煎灌有预防作用。

现代研究

(1)化学成分　本品含乙酸紫草醌、紫草醌等。

(2)药理作用　本品煎剂对心脏呈小剂量兴奋作用和大剂量抑制作用;有缓和的解热作用;对金黄色葡萄球菌、大肠杆菌、流感病毒等有抑制作用;有抗炎作用;对绒毛膜上皮癌及恶性葡萄胎有一定治疗作用。

第四节　清热解毒药

凡能清解热毒或火毒的药物称为清热解毒药。这里所称的毒,为火热壅盛所致,有热毒或火毒之分。本类药物于清热泻火之中更长于解毒的作用,主治痈肿疔疮、丹毒、瘟毒发斑、咽喉肿痛、热毒下痢、虫蛇咬伤、癌肿、水火烫伤以及其他急性热病等。在临床用药时,应根据各种证候的不同表现及兼证,结合具体药物的特点,有针对性地选择应用。应根据病情的需要给以相应的配伍,如热毒在血分者,应与清热凉血药配伍;火热炽盛者,应与清热泻火药配伍;挟有湿邪者,应与利湿、燥湿、化湿药配伍;疮痈、咽喉肿痛,应与外用药配合应用。此外,热毒血痢,里急后重者,可与活血行气药配伍;疮疡属虚者,又应与补气养血托疮药同用。本类药物药性寒凉,中病即止,不可连服,以免伤及脾胃。

一、金银花

本品为忍冬科多年生半常绿缠绕性木质藤本植物忍冬 *Lonicera japonica* Thunbb. 的干燥花蕾或带初开的花(图 9-20,彩图 9-20)。夏初花开放前采收,干燥。我国各地均产。

图 9-20　金银花的原植物和饮片

性味与归经　甘,寒。归肺、心、胃经。

功能　清热解毒,疏散风热。

主治

(1)温病发热,风热感冒,肺热咳嗽,咽喉肿痛　本品甘寒,芳香疏散,善散肺经热邪,清心胃热毒。常与连翘、薄荷、牛蒡子等同用,如银翘散(组成:连翘、金银花、苦桔梗、薄荷、竹叶、生甘草、芥穗、淡豆豉、牛蒡子,《温病条辨》);若热入营血,舌绛神昏,常与生地黄、黄连等配伍,如清营汤(组成:犀角、生地黄、玄参、竹叶心、麦冬、金银花、连翘、黄连、丹参,《温病条辨》),本品有透热转气之功。

(2)痈肿疮毒　本品甘寒,清热解毒,散痈消肿,为治疗一切痈肿疔疮阳证之要药。治疗疮痈初起,红热肿痛者,可单用本品煎灌,或用渣敷患处,亦可与皂角刺、白芷配伍,如仙方活命饮(组成:白芷、贝母、防风、赤芍药、当归尾、甘草节、皂角刺、穿山甲、天花粉、乳香、没药、金银花、陈皮,《校注妇人良方》);如用于疔疮肿毒,红肿热痛,坚硬根深者,常与紫花地丁、蒲公英、野菊花同用,如五味消毒饮(组成:金银花、野菊花、蒲公英、紫花地丁、紫背天葵子,《医宗金鉴》);如用于肠痈腹痛者,常与当归、地榆、黄芩配伍;若用于肺痈,咳吐脓血者,常与鱼腥草、芦根、桃仁等同用,以清肺排脓。

(3)热毒血痢　本品甘寒,有清热解毒,凉血,止痢之效。故常用于热毒血痢便脓血者。单用浓煎即可奏效。也可与黄芩、黄连、白头翁等同用,以增强止痢效果。

用法用量　煎灌,马、牛 15～60 g,猪、羊 5～10 g,犬 3～5 g,兔、禽 1～3 g。

禁忌　脾胃虚寒及气虚疮疡脓清者忌用。

按语　金银花,味甘性寒,气味芳香,既能清透疏表,又能解血分热毒,尤为治疗阳性疮疡的要药。配连翘、牛蒡子、薄荷、荆芥,则疏表解热;配鲜地黄、玄参、连翘、竹叶卷心等,则清营泄热;配紫花地丁、野菊花、蒲公英,则解毒疗疮;配黄芪、当归、甘草,则托毒消痈;配黄芩、白芍、甘草等，则清热治痢。

现代研究

（1）化学成分　本品含环己六醇、黄酮类、肌醇、皂苷、鞣质；叶含黄醇素、鞣质；茎含皂苷等。

（2）药理作用　本品有广谱抗菌作用，对金黄色葡萄球菌、痢疾杆菌等致病菌有较强的抑制作用，对钩端螺旋体、流感病毒及致病霉菌等多种病原微生物也有抑制作用；有明显的抗炎及解热作用；水及酒浸液对肉瘤及艾氏腹水瘤有明显的细胞毒作用；有一定的降低胆固醇作用。

二、连翘

本品为木犀科植物连翘 *Forsythia suspense*（Thunb.）Vahl 的干燥果实（图 9-21，彩图 9-21）。秋季果实初熟尚带绿色时采收，除去杂质，蒸熟，晒干，习称“青翘”；果实熟透时采收，晒干，除去杂质，习称“老翘”。主产于我国东北、华北、长江流域至云南。野生、家种均有。

图 9-21　连翘的原植物和饮片

性味与归经　苦，微寒。归肺、心、小肠经。

功能　清热解毒，消肿散结，疏散风热。

主治

（1）疮黄肿毒　本品苦寒，主入心经，“诸痛痒疮、皆属于心”，本品既能清心火，解疮毒，又能散气血凝聚，兼有消痈散结之功，故有“疮家圣药”之称。治疗痈肿疮毒，常与金银花、蒲公英、野菊花等解毒消肿之品同用；治疗瘰疬痰核，常与夏枯草、贝母、玄参、牡蛎等清肝散结、化痰消肿之品同用。

（2）风热感冒，温病发热　本品苦能泻火，寒能清热，入心、肺二经，长于清心火，散上焦风热。常与金银花、薄荷、牛蒡子等同用，如银翘散（组成：连翘、金银花、苦桔梗、薄荷、竹叶、生甘草、芥穗、淡豆豉、牛蒡子，《温病条辨》）；治疗热入营血，舌绛神昏，常与玄参、丹皮、金银花等同用，以清热解毒，透热转气，如清营汤（组成：犀角、生地黄、玄参、竹叶心、麦冬、金银花、连翘、黄连、丹参，《温病条辨》）；治疗热入心包，高热神昏，常与麦冬、莲子心等同用。

本品还可治疗热淋涩痛，常与竹叶、木通、白茅根等利尿通淋药同用，兼有清心利尿的功效。

用法用量　煎灌，马、牛 20～30 g；猪、羊 10～15 g；禽 1～2 g。

禁忌　脾胃虚寒及气虚脓清者不宜用。

按语　连翘性凉味苦，轻清上浮，可治疗上焦诸热，尤能解毒消痈而散结，故为疮家之要药。本品配金银花、薄荷、荆芥、甘草，则散风清热；配玄参、麦冬、青莲心、竹叶卷心等，则清心泄热；配金银花、蒲公英、紫花地丁、赤芍等，则解毒消痈；配玄参、夏枯草、贝母等，则散结消瘰。金银花与连翘均有良好的清热解毒作用，既能透热达表，又能清里热、解疮毒，故在临床上两药经常同用。金银花尚能凉血止痢；连翘又能清心热，散结消瘰。

现代研究

（1）化学成分　本品含三萜皂苷，果皮含甾醇、酚性成分（连翘酚）、生物碱、皂苷、齐墩果酸、香豆精类，还含丰富的维生素 P 及少量挥发油。

（2）药理作用　本品有广谱抗菌作用，对金黄色葡萄球菌、贺氏痢疾杆菌有很强的抑制作用，对其他致病菌、流感病毒、真菌都有一定的抑制作用；有抗炎作用；所含齐墩果酸有强心、利尿及降血压作用，维生素 P 可降低血管通透性及脆性，防止溶血。

三、蒲公英

本品为菊科多年生草本植物蒲公英 *Taraxacum mongolicum* Hand.-Mazz. 及其多种同属植物的干燥全草（图 9-22，彩图 9-22）。春至秋季花初开时采挖，洗净，晒干。我国各地均产。

图 9-22　蒲公英的原植物和饮片

性味与归经　苦、甘，寒。归肝、胃经。

功能　清热解毒，消肿散结，利尿通淋。

主治

（1）痈肿疔毒，乳痈内痈　本品苦以泄降，甘以解毒，寒能清热兼散滞气，为清热解毒、消痈散结之佳品，主治内外热毒疮痈诸证，兼能通经下乳，又为治疗乳痈的良药。治疗痈肿疔毒，常与野菊花、紫花地丁、金银花等同用，如五味消毒饮（组成：金银花、野菊花、蒲公英、紫花地丁、紫背天葵子，《医宗金鉴》）；治疗乳痈肿痛，单用本品浓煎灌服，或以鲜品捣汁灌服，渣敷患处，也可与全瓜蒌、金银花、牛蒡子等同用；治疗肠痈腹痛，常与大黄、牡丹皮、桃仁等同用；治疗肺痈吐脓，常与鱼腥草、冬瓜仁、芦根等同用；治疗咽喉肿痛，常与板蓝根、玄参等同用；鲜品外敷还可治疗毒蛇咬伤。

(2)热淋涩痛,湿热黄疸　本品苦寒,清热利湿,利尿通淋,故对湿热引起的淋证、黄疸等有较好的效果。治疗热淋涩痛,常与白茅根、金钱草、车前子等同用,以加强利尿通淋的效果;治疗湿热黄疸,常与茵陈、栀子、大黄等同用。

此外,本品还有清肝明目的功能,以治疗肝火上炎引起的目赤肿痛,可单用取汁点眼,或浓煎灌服,也可与菊花、夏枯草、黄芩等同用。

用法用量　煎灌,马、牛 30～90 g,猪、羊 15～30 g,犬 3～6 g,兔、禽 1～2 g。

禁忌　非热毒实证不宜用。

按语　蒲公英有清热解毒、消肿散结的作用。一般仅用于乳痈、疮肿。近年来,本品在临床上广泛使用,发现它除了有良好的清热解毒作用之外,还有利尿、缓泻的功能。不仅可治疗外科疮痈,还可治疗内科疾患。配金银花、鱼腥草,治痰热郁肺;配板蓝根,治咽喉肿痛;配忍冬藤、车前草,治小便热淋;配决明子、黄菊花,治目赤肿痛;配栀子、茵陈,治湿热黄疸;配瓜蒌、贝母,治乳痈红肿;配金银花、紫花地丁、野菊花,治疗疮肿毒;配夏枯草、牡蛎,治瘰疬痰核。

现代研究

(1)化学成分　本品含蒲公英甾醇、蒲公英素、蒲公英苦素、菊糖、果胶、胆碱等。

(2)药理作用　本品对金黄色葡萄球菌、溶血性链球菌有较强的抑制作用,对肺炎双球菌、脑膜炎球菌、白喉杆菌、绿脓杆菌、变形杆菌、痢疾杆菌、伤寒杆菌及卡他球菌等有一定的抑制作用;有利胆、保肝、利尿、健胃及轻泻作用;煎剂还有激发机体免疫功能的作用。

四、紫花地丁

本品为堇菜科植物瞿麦的干燥全草(图 9-23,彩图 9-23)。春、秋二季采收,洗净晒干,切段生用。主产于我国长江下游至南部各地。

图 9-23　紫花地丁的原植物和饮片

性味与归经　苦、辛,寒。归心、肝经。

功能　清热解毒,凉血消肿。

主治

(1)疮黄疔毒,目赤肿痛　本品苦泄辛散,寒能清热,入心肝经血分,故能清热解毒,消痈散结,为治疗热血壅滞、红肿热痛、痈肿疮毒的常用药物,尤以治疗疔毒为其特长。治疗痈肿、疔疮、丹毒等，与金银花、蒲公英、野菊花等配伍，可清热解毒，如五味消毒饮(组成：金银花、野菊花、蒲公英、紫花地丁、紫背天葵子，《医宗金鉴》)；治疗乳痈，常与蒲公英同用，煎汤内服，或以渣外敷，均有良效；治疗肠痈，常与大黄、红藤、白花蛇舌草等同用。

(2)毒蛇咬伤　本品兼可解蛇毒，治疗毒蛇咬伤，可用鲜品捣汁灌服，也可配雄黄少许，捣烂外敷。

此外，还可治疗肝热目赤肿痛，常与菊花、蝉蜕等同用。

用法用量　煎灌，马、牛 60～80 g，猪、羊 15～30 g，犬 3～6 g。

禁忌　体质虚寒者忌用。

按语　紫花地丁功用清热凉血解毒，对血热壅滞、红肿焮痛的疮痈、丹毒等证，是一味常用的药品。本品除治疗疮痈热毒之外，又可治疗毒蛇咬伤。地丁有紫、黄两种，紫花地丁简称地丁草，黄花地丁即蒲公英。两种地丁草均能清热解毒而疗疮肿，故在治疗疮痈肿毒时，两药经常同用。紫花地丁清解疮毒之力较强，宜治疔肿，且解蛇毒；蒲公英消肿散结之力较大，宜治乳痈，且主治范围也较为广泛。

现代研究

(1)化学成分　本品含苷类、黄酮类、蜡等。

(2)药理作用　本品对结核杆菌、痢疾杆菌、金黄色葡萄球菌、肺炎球菌、皮肤真菌及钩端螺旋体有抑制作用；有一定的解热、消肿、消炎等作用。

五、大青叶

本品为十字花科植物菘蓝 *Isatis indigotica* Fort. 的干燥叶片(图 9-24，彩图 9-24)。冬季栽培，夏、秋二季采收。鲜用或晒干生用。主产于我国江苏、安徽、河北、河南、浙江等地。

图 9-24　大青叶的原植物和饮片

性味与归经　苦、咸，大寒。归心、胃经。

功能　清热解毒，凉血消斑。

主治

(1)热病发斑，热痢黄疸　本品苦寒，善解心胃二经实火热毒，咸寒入血分，又能凉血消斑，故可治疗热入营血，气血两燔，温毒发斑等证，常与栀子等同用。本品还可治疗风热表证，温病初起，发热头痛，口渴咽痛等证，常与金银花、连翘、牛蒡子等同用。

（2）咽喉肿痛，丹毒痈肿　本品苦寒，既清心胃二经实火，又善解瘟疫时毒，有解毒利咽之效。治疗心胃火盛，瘟毒上攻，咽喉肿痛，口舌生疮，常以鲜品捣汁内服，或与玄参、山豆根、黄连等同用；治疗丹毒痈肿等，可用鲜品捣烂外敷，或与蒲公英、紫花地丁、蚤休等同煎，灌服。

用法用量　煎灌，马、牛 30～100 g，猪、羊 15～30 g，犬 3～5 g，禽 1～2 g。

禁忌　脾胃虚寒者忌用。

按语　大青叶清热凉血，为解毒要药，主治热毒发斑、丹毒、咽喉肿痛、口舌生疮、疮痈肿毒等证。近年来临床上本品广泛主治，除可治疗上述诸证外，又可治疗痰热郁肺、咯痰黄稠。还常治疗流行性乙型脑炎，既可单味主治与预防，又可与柴胡、金银花、连翘、板蓝根、玄参、生地黄等同用，清解气、营分热毒。

中国各地市售的大青叶品种甚多，植物来源各异，有爵床科植物马蓝、十字花科植物菘蓝及大青、蓼科植物蓼蓝、豆科植物木蓝，这些植物的叶均可作为大青叶使用，还能作为制青黛的原料。除木蓝外，其余的根均可作为板蓝根使用。

上海地区近年来种植的大青叶是十字花科草本植物菘蓝，临床应用显示确有良好的清热解毒功能。此叶味虽不甚苦，却是气浊性寒，如用量过多，易致恶心呕吐。

现代研究

（1）化学成分　菘蓝叶含色氨酸、靛红烷 B、葡萄糖芸苔素、新葡萄糖芸苔素、葡萄糖芸苔素-1-磺酸盐及靛蓝。马蓝叶含靛苷（（靛苷水解生成羟基吲哚，再经氧化生成靛蓝）。蓼蓝全草含靛苷、黄色素及鞣质。路边青（大青）含靛苷、山大青苷。

（2）药理作用　路边青对痢疾杆菌、脑膜炎双球菌及钩端螺旋体有抑制作用。蓼蓝对金黄色葡萄球菌有抑制作用；能增强白细胞的吞噬能力，并有降低皮肤毛细血管通透性、抗关节炎、解热等作用。菘蓝和马蓝叶对金黄色葡萄球菌、溶血性链球菌均有一定的抑制作用，大青叶对乙肝表面抗原有抑制作用，对亚甲型流感病毒有抑制作用。总之，本品有抗菌、抗病毒、解热、抗炎等作用。

六、板蓝根

本品为十字花科植物菘蓝 *Isatis indigotica* Fort. 或爵床科植物马蓝 *Baphicacanthus cusia* (Nees) Bremek. 的干燥根（茎）（图 9-25，彩图 9-25）。秋季采挖，除去泥沙，晒干。

图 9-25　板蓝根的原植物和饮片

性味与归经　苦，寒。归心、胃经。

功能　清热解毒，凉血利咽。

主治

（1）风热感冒　发热、喉痛，或温毒发斑等多种热毒炽盛证。

（2）温毒发斑，丹毒，血痢肠黄　常与黄连、栀子、赤芍、升麻等同用。

（3）咽喉肿痛，疮黄肿痛　常与金银花、桔梗、甘草等配伍。治疗各种热毒证、瘟疫、疮黄肿毒、大头黄等，常与黄芩、连翘、牛蒡子等同用，如普济消毒饮（组成：黄芩、黄连、陈皮、甘草、玄参、柴胡、桔梗、连翘、板蓝根、马勃、牛蒡子、薄荷、僵蚕、升麻，《东垣试效方》）。

用法用量　煎灌，马、牛 30～100 g，猪、羊 15～30 g，犬 3～5 g，禽 1～2 g。

禁忌　脾胃虚寒者忌用。

按语　板蓝根有清热解毒，凉血消肿利水的作用。板蓝根能刺激空腔脏器，如使大肠、输尿管、膀胱的平滑肌及肾盂、肾盏组织扩张和收缩，增强其活力，使产生结石的部位松弛。大剂量板蓝根使空腔组织强烈蠕动，形成对结石的推动力，从而迫使结石向前运动，逐渐把结石排出体外。

现代研究

（1）化学成分　本品含靛蓝、β-谷甾醇、三萜类等。

（2）药理作用　本品对多种革兰氏阳性菌、革兰氏阴性菌及病毒均有抑制作用；可增强免疫功能；对由腺苷二磷酸（ADP）诱导的血小板聚集有一定的抑制作用。

七、青黛

本品为爵床科植物马蓝 *Baphicacanthus cusia* (Nees) Bremek.、蓼科植物蓼蓝 *Polygonum tinctorium* Ait. 或十字花科植物菘蓝 *Isatis indigotica* Fort. 的叶或茎叶经加工制得的干燥粉末、团块或颗粒（图 9-26，彩图 9-26）。主产于我国江苏、河北、安徽、河南等地。

图 9-26　青黛的原植物和饮片

性味与归经　咸，寒。归肝、肺、胃经。

功能　清热解毒，凉血消斑。

主治

(1)温毒发斑,吐血衄血　本品寒能清热,咸能入血,故有清热解毒,凉血消斑之效,用于温毒发斑,常与生地黄、丹皮等同用;治疗血热妄行的吐血、衄血,常与生地黄、丹皮、白茅根等同用。

(2)火毒疮疡　本品有清热解毒,凉血消肿之效。可与蒲公英、紫花地丁、金银花等解毒消疮药同用。

用法用量　煎灌,马、牛 15～30 g,猪、羊 6～15 g。

禁忌　胃寒者慎用。

按语　临床主治以咽喉肿痛、乳蛾赤肿、口舌疳疮,以及皮炎、湿疹、焮肿痒痛等为其辨证要点。

现代研究

(1)化学成分　本品主要含靛蓝、靛玉红和色胺酮等。

(2)药理作用　本品煎剂对金黄色葡萄球菌、炭疽杆菌、痢疾志贺菌、霍乱弧菌等有抑制作用;靛玉红有抗癌作用,对动物移植性肿瘤有中等强度的抑制效果;靛蓝有一定的保肝作用。

八、穿心莲

本品为爵床科植物穿心莲 *Andrographis paniculata*(Burm. f.)Nees 的干燥地上部分(图 9-27,彩图 9-27)。秋初茎叶茂盛时采割,切段晒干生用,或鲜用。主产于我国华南、华东、西南等。

图 9-27　穿心莲的原植物和饮片

性味与归经　苦,寒。归心、肺、大肠、膀胱经。

功能　清热解毒,燥湿消肿,止痛。

主治

(1)外感风热,温病初起,肺热咳喘,肺痈,咽喉肿痛　本品苦寒降泄,清热解毒,善清肺火,故凡肺火引起的病证皆可主治。治疗外感风热或温病初起,发热,常与金银花、连翘、薄荷等同用;治疗肺热咳嗽气喘,常与黄芩、桑白皮、地骨皮同用;治疗肺痈,常与鱼腥草、桔梗、冬瓜仁等同用;治疗咽喉肿痛,常与玄参、牛蒡子、板蓝根等同用。

(2)湿热泻痢,热淋涩痛,湿疹瘙痒　本品苦燥性寒,有清热解毒燥湿的功能,故凡湿热诸证均可主治。治疗胃肠湿热、泄泻、下痢脓血者,可单用,或与白头翁、秦皮等同用;治疗膀胱湿热，淋沥涩痛，常与车前子、白茅根、黄柏等合用，治疗湿疹瘙痒，可以本品为末，甘油调敷。

(3)痈肿疮毒，蛇虫咬伤　本品清热解毒，燥湿消肿，故可治疗湿热火毒诸证。治疗痈肿疮毒，蛇虫咬伤，可单用，或配金银花、野菊花、蚤休等灌煎，并用鲜品捣烂外敷，均有解毒消肿的作用。

用法用量　马、牛 60～120 g，猪、羊 30～60 g，犬 3～10 g，禽 1～3 g。

禁忌　脾胃虚寒者不宜用。

按语　穿心莲为苦寒之品，清热解毒凉血止痢，消痈散结尤著，一切热毒痈肿瘟疫恶痢，均为常用之品，民间俗称"事事备"。

现代研究

(1)化学成分　本品叶含穿心莲内酯、去氧穿心莲内酯、新穿心莲内酯等，根含多种黄酮类成分。

(2)药理作用　本品煎剂对金黄色葡萄球菌、绿脓杆菌、变形杆菌、肺炎双球菌、溶血性链球菌、痢疾杆菌、伤寒杆菌均有不同程度的抑制作用；有抗病毒作用；有增强白细胞细菌吞噬能力的作用；有解热、抗炎、利胆、抗蛇毒及毒蕈碱样作用。

九、鱼腥草

本品为三白草科多年生草本植物蕺菜 *Houttuynia cordata* Thunb. 的新鲜全草或干燥地上部分(图 9-28，彩图 9-28)。鲜品全年均可采割；干品夏季茎叶茂盛花穗多时采割，除去杂质，晒干。主产于我国长江流域以南。

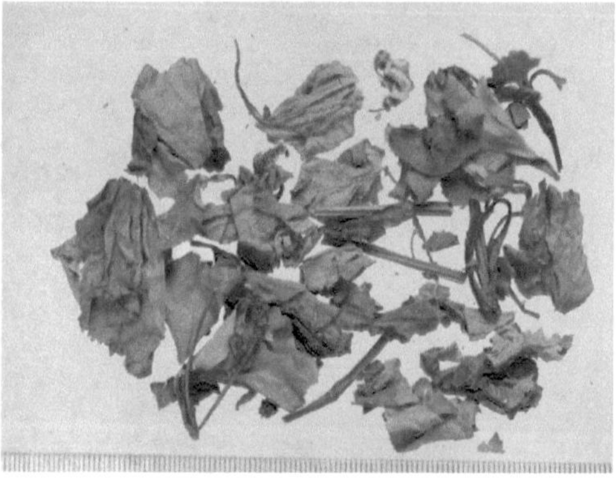

图 9-28　鱼腥草的原植物和饮片

性味与归经　辛，微寒。归肺经。

功能　清热解毒，消痈排脓，利尿通淋。

主治

(1)肺痈吐脓，肺热咳嗽　本品寒能泄降，辛以散结，主入肺经，以清肺见长，有清热解毒，消痈排脓之效。为治疗痰热壅肺，发为肺痈，咳吐脓血之要药，常与桔梗、芦根、瓜蒌等同用；也可治疗肺热咳嗽，常与黄芩、贝母、知母等同用。

(2)热毒疮疡　本品辛寒，既能清热解毒，又能消痈排脓，常与野菊花、蒲公英、金银花等同用；也可单用鲜品捣烂外敷。

(3)湿热淋证　本品有清热除湿，利水通淋之效，常与车前草、白茅根、海金沙等同用。此外，本品又能清热止痢，还可治疗湿热泻痢。

用法用量 马、牛 60～160 g，猪、羊 15～60 g，犬 2～15 g，禽 1～3 g。

禁忌 本品含挥发油，不宜久煎。

按语 鱼腥草，原名蕺菜，其新鲜茎叶中有一股浓烈的鱼腥气味，不耐久闻，故以气味而得名。一般人在未使用它时，往往顾名思义，以为此药气腥味劣，难以下咽，这是未经实践体验的缘故。其实，此药阴干后，不但没有腥气，而且微有芳香，在加水煎汁时，则挥发出一种类似肉桂的香气；其煎汁如淡红茶汁，仔细品尝，也有类似红茶的味道，芳香而稍有涩味，毫无苦味，且无腥臭味，对胃也无刺激性。

鱼腥草具有良好的清热解毒作用，是治疗肺痈(肺脓疡)之要药。近年来，本品的临床主治范围有所扩大，可用于大叶性肺炎、急性支气管炎及肠炎、腹泻等，颇有疗效；本品兼有利尿作用，故又可用于尿路感染、尿频涩痛。

现代研究

(1)化学成分 本品主要含鱼腥草素、挥发油、蕺菜碱、槲皮苷、氯化钾等。

(2)药理作用 鱼腥草素对金黄色葡萄球菌、肺炎双球菌、甲型链球菌、流感杆菌、卡他球菌、伤寒杆菌以及结核杆菌等多种革兰氏阳性及阴性菌均有不同程度的抑制作用；能增强白细胞吞噬能力，提高机体免疫力；有抗炎作用；所含槲皮素及钾盐能扩张肾动脉，增加肾动脉血流量，因而有较强的利尿作用；还有一定的镇痛、止血、镇咳作用。

十、金荞麦

本品为蓼科植物野荞麦(天荞麦)*Fagopyrum dibotrys* (D. Don) Hara 的干燥根茎(图 9-29，彩图 9-29)。冬季采挖除去茎和须根，洗净，晒干，切成段或小块。主产于我国陕西、江西、江苏、浙江等地。

图 9-29 金荞麦的原植物和饮片

性味与归经 微辛、涩，凉。归肺经。

功能 清热解毒，清肺排脓，活血祛瘀。

主治

(1)肺痈，咯痰浓稠腥臭，瘰疬疮疖 本品能清热解毒以消痈肿。对于肺痈，本品还能清肺化痰。可单用,也可与鱼腥草、金银花、苇茎等配伍。用于瘰疬,可与何首乌等配伍。如治疗疮疖或毒蛇咬伤,可与相应的清热解毒药配伍。

(2)肺热咳嗽,咽喉肿痛　本品有清肺化痰,利咽喉之效。可与鱼腥草、射干等配伍。

有报道称单用金荞麦可治疗鸡霉形体病或鸡葡萄球菌感染。

用法用量　马、牛 60～120 g,猪、羊 15～60 g,犬 5～15 g,禽 1～3 g。

禁忌　孕畜禁用;服用后应避免日晒,慎防光敏反应。

按语　金荞麦为蓼科多年生草本植物天荞麦的根茎,《本草拾遗》原名“五毒草”,性味酸、苦、寒,有清肺解毒、祛风湿之功。

现代研究

(1)化学成分　本品全草含槲皮苷、槲皮素、芸香苷等,根茎含香豆酸、阿魏酸等。

(2)药理作用　本品有祛痰、解热、抗炎、抗肿瘤等作用;体外实验虽无明显的抗菌作用,但可抗金黄色葡萄球菌的凝固酶、溶血素及绿脓杆菌内毒素。

十一、射干

本品为鸢尾科植物射干 *Belamcanda chinensis*(L.)DC. 的干燥根茎(图 9-30,彩图 9-30)。全年均可采挖,春初刚发芽或秋末茎叶枯萎时采挖,秋季采收为佳。除去须根和泥沙,洗净,切片,干燥。主产于我国湖北、河南、江苏、安徽等地。

图 9-30　射干的原植物和饮片

性味与归经　苦,寒。归肺经。

功能　清热解毒,祛痰利咽。

主治

(1)咽喉肿痛　本品苦寒泄降,清热解毒,入肺经,清肺泻火,降气消痰,消肿。常与黄芩、桔梗、牛蒡子、山豆根、甘草等同用。

(2)痰盛咳喘　本品善清肺火,降气消痰,以平喘止咳,常与桑白皮、马兜铃、桔梗等同用。治疗寒痰气喘、咳嗽痰多等证,常与细辛、生姜、半夏等同用。

用法用量　马、牛 15～45 g,猪、羊 5～10 g。

禁忌　孕畜忌用或慎用;脾胃虚寒者慎用。

按语 射干能降逆祛痰、破结泄热。本品目前临床上除用作消痰、利咽药物之外，在鳖甲煎丸[组成：鳖甲、射干、黄芩、柴胡、鼠妇、干姜、大黄、芍药、桂枝、葶苈、石苇、厚朴、牡丹、瞿麦、紫葳、半夏、人参、(庶虫)虫、阿胶、蜂窠、赤硝、蜣螂、桃仁，《金匮要略》]中还用于消癥瘕、除疟母、通经闭。别名乌扇。本品配牛蒡子或黄芩，则清热利咽；配麻黄，则消痰平喘。

现代研究

(1)化学成分 本品主要含鸢尾苷、鸢尾黄酮苷、鸢尾黄酮、射干苷、射干素等。

(2)药理作用 本品对常见致病真菌有较强的抑制作用，对外感及咽喉疾患中的某些病毒(腺病毒、埃可病毒Ⅱ型)也有抑制作用；有抗炎、解热及止痛作用。

十二、山豆根

本品为豆科植物越南槐(广豆根)*Sophora tonkinensis* Gagnep. 的干燥根和根茎(图 9-31，彩图 9-31)。全年可采，以秋季采者为佳。洗净泥土，晒干，切片生用。本品又称广豆根。主产于我国广西、广东、江西、贵州等地。

图 9-31 山豆根的原植物和饮片

性味与归经 苦，寒；有毒。归肺、胃经。

功能 清热解毒，利咽消肿，祛痰止咳。

主治

(1)热毒蕴结，咽喉肿痛 本品大苦大寒，功能清热解毒，利咽消肿，为治疗咽喉肿痛之要药。轻者可单用本品，水煎灌服；重者须与玄参、板蓝根、射干、桔梗等配伍，以增强疗效。

(2)牙龈肿痛 本品大苦大寒，入胃经，清胃火，故对胃火上炎引起的牙龈肿痛、口舌生疮等证均可主治，常与石膏、黄连、升麻、牡丹皮等同用。

此外，本品还可用于湿热黄疸、肺热咳嗽、痈肿疮毒等证。近期研究显示其对钩端螺旋体病及早期肺癌、喉癌、膀胱癌等均有一定的疗效。治疗钩端螺旋体病时，常与大青叶、甘草同用；治疗癌症时，常与白花蛇舌草、鱼腥草配伍。本品对慢性迁延性肝炎也有一定疗效。

用法用量 马、牛 15～45 g，猪、羊 6～12 g，犬 3～5 g，禽 1～2 g。

禁忌 本品大苦大寒，故用量不宜过大。脾胃虚寒者慎用。

按语 山豆根，为清热解毒、治疗咽喉肿痛之要药。“咽喉为肺之门户”，肺热内盛，上炎灼蒸，故咽喉肿痛、吞咽困难。山豆根是味苦气寒、清降肺火，均为喉证之要药。正如《本草便读》所说："心火降则肺金清，故一切喉证之属于火者，得苦降之性，自然热除病退，清肃之令下行矣，脾胃虚而大便不实者禁之。"

据临床资料报道，山豆根有抗癌作用，如肺癌、食管癌、胃癌。治疗肝癌，单味效果较差，与全栝楼、金银花、夏枯草、穿山甲等配伍，效果较好。

现代研究

(1)化学成分　本品主要含苦参碱、氧化苦参碱、臭豆碱和甲基金雀花碱等多种生物碱及β-谷甾醇、酚类成分。另外，还含多种黄酮类化合物，如异黄酮、紫檀素、红车轴草苷等。

(2)药理作用　本品有抗癌作用，所含的苦参碱、氧化苦参碱对肉瘤、吉田肉瘤、肝癌等实验性肿瘤均呈抑制作用，美蓝试管法证明其对白血病细胞有抑制作用；能抑制胃酸分泌，对实验性溃疡有明显的修复作用；对金黄色葡萄球菌、絮状表皮癣菌及白色念珠菌有抑制作用；有升高白细胞水平、抗心律失常的作用。

附药：北豆根

防己科多年生藤本植物蝙蝠葛(北豆根)*Menispermum dayricum* DC. 的干燥根茎。春、秋二季采挖，除去须根和泥沙，干燥。本品为北方习用。本品与广豆根功能相近，除解毒利咽、治疗咽喉肿痛外，近年来发现还兼有降压、镇咳、祛痰及抗癌作用。本品主要含蝙蝠葛碱和蝙蝠葛苏林碱。

第五节　清虚热药

凡以清虚热、退骨蒸为主要功效的药物，称为清虚热药。本类药物主要适用于肝肾阴虚、虚火内扰所致的骨蒸潮热、午后发热、舌红少苔、脉细而数等证，也可用于温热病后期，邪热未尽、伤阴劫液，而致夜热早凉、热退无汗、舌质红绛、脉象细数等证。使用本类药常与清热凉血及清热养阴之品配伍，如生地黄、玄参、鳖甲、龟板之类，以标本兼顾。

一、青蒿

本品为菊科植物黄花蒿 *Artemisia annua* L. 的干燥全草(图 9-32，彩图 9-32)。夏、秋二季采收，除去老茎。鲜用或阴干，切段入药。我国各地均产。

图 9-32　青蒿的原植物和饮片

性味与归经 苦、辛，寒。归肝、胆经。

功能 清热解暑，退虚热，杀原虫。

主治

（1）温邪伤阴，夜热早凉 本品苦寒清热，辛香透散，长于清透营分伏热，故可治疗温病后期，余热未清、夜热早凉、热退无汗，或热病后低热不退等，常与鳖甲、知母、丹皮等同用，如青蒿鳖甲汤（组成：青蒿、鳖甲、细生地黄、知母、丹皮，《温病条辨》）。

（2）阴虚发热，劳热骨蒸 本品有退虚热、除骨蒸的作用，常与银柴胡、胡黄连、知母、鳖甲等同用，如清骨散（组成：银柴胡、胡黄连、秦艽、鳖甲、地骨皮、青蒿、知母、甘草，《证治准绳》）。

（3）疟疾寒热 本品有截疟与解除疟疾寒热之功。可单用较大剂量鲜品捣汁服，或随证与桂心、滑石、青黛等同用。

用法用量 马、牛 20～45 g，猪、羊 6～12 g，犬 3～5 g。

禁忌 脾胃虚弱、肠滑泄泻者忌用。

按语 青蒿一药，主要功用为清暑、退虚热。其与柴胡均能治疗疟疾、往来寒热等证。二者各有特点，柴胡擅长疏肝解郁，其性升散，多用有伤阴之虑；青蒿则清暑、泄热，化湿而不伤阴，故常用于阴虚发热等证，然无升提清阳之功能。

现代研究

（1）化学成分 本品主要含挥发油等。青蒿、黄花蒿两种都含有抗疟成分——黄酮类、香豆素类、萜类（青蒿素）、苯丙酸类等。

（2）药理作用 生药和青蒿素均可抑制疟原虫发育，直接杀灭疟原虫，青蒿素对小鼠血吸虫成虫有明显的杀灭作用；有一定的降血压、解热作用；有抑制皮肤真菌的作用；挥发油有镇咳、祛痰、平喘作用；黄花蒿水煎剂及氯仿提取物均对大白鼠有明显的利胆作用；对鸡艾美耳属球虫病有一定的治疗作用；对牛双芽巴贝斯焦虫病和牛环形泰勒焦虫病有较好疗效。

二、地骨皮

本品为茄科植物枸杞 *Lycium chinensischinensischinense* Mill. 或宁夏枸杞 *Lycium barbarum* L. 的干燥根皮（图 9-33，彩图 9-33）。春初或秋后采挖，剥取根皮，洗净，晒干，切段入药。我国各地均产。

图 9-33 地骨皮的原植物和饮片

性味与归经 甘,寒。归肺、肝、肾经。

功能 凉血退蒸,清肺降火。

主治

(1)阴虚发热,盗汗骨蒸 本品甘寒清润,能清肝肾之虚热,除有汗之骨蒸,为退虚热、疗骨蒸之佳品,常与知母、银柴胡等配伍,如清骨散(组成:银柴胡、胡黄连、秦艽、鳖甲、地骨皮、青蒿、知母、甘草,《证治准绳》)。

(2)肺热咳嗽 本品甘寒,善清泄肺热,除肺中伏火,则清肃之令自行,故多治疗肺火郁结、气逆不降、咳嗽气喘、皮肤蒸热等证,常与桑白皮、甘草等同用,如泻白散(组成:桑白皮、地骨皮、粳米、甘草,《小儿药证直决》)。

(3)血热出血证 本品甘寒清热,凉血止血,多用于血热妄行之吐血、衄血、尿血等证,可单用,酒煎灌;也可与白茅根、侧柏叶等凉血止血药同用。

用法用量 马、牛 15～60 g,猪、羊 5～15 g,兔、禽 1～2 g。

禁忌 外感风寒发热、脾虚便溏者不宜用。

按语 地骨皮,味甘微苦而气寒,清降之中又有补性,故以清热滋阴见长。入肺、肾经,能上清肺热以滋水之上源,下滋肾水以壮水之下源,凡邪火犯肺之咳嗽气喘、咯血声哑,肾水不足之骨蒸劳热、盗汗不止等,为必用之品。

地骨皮、牡丹皮均有退骨蒸的作用,然地骨皮味甘,偏于滋阴抑阳,清气分之热,故退有汗之骨蒸;牡丹皮味辛,偏于凉血祛瘀,能清血分之伏火,故退无汗之骨蒸,这是二者在退骨蒸方面的主要区别。

现代研究

(1)化学成分 本品主要含甜菜碱、β-谷甾醇及亚油酸,还含桂皮酸、多种酚类物质等。

(2)药理作用 本品水、醇提取物对发热家兔有解热作用;乙醇提取物有降血压、降血糖等作用,并有降低血清胆固醇及兴奋子宫作用;对金黄色葡萄球菌、伤寒杆菌、甲型副伤寒杆菌、福氏痢疾杆菌有较强的抑制作用。

三、银柴胡

本品为石竹科植物银柴胡 *Stellaria dichotoma* L. var. lanceolata Bge. 的干燥根(图 9-34,彩图 9-34)。春、夏间植株萌发或秋后茎叶枯萎时采挖;栽培品于种植后第三年 9 月中旬或第四年 4 月中旬采挖,除去残茎、须根及泥沙,晒干,切片,生用。主产于我国西北部及内蒙古等地。

性味与归经 甘,微寒。归肝、胃经。

功能 清虚热。

主治

阴虚发热,盗汗,骨蒸潮热等证 本品甘寒益阴、清热凉血,退热而不苦泻,理阴而不升腾,为退虚热除骨蒸之佳品。常与地骨皮、青蒿、鳖甲等同用。

禁忌 外感风寒、血虚无热者忌用。

用量 马、牛 24～60 g,猪、羊 3～9 g,犬 1～3 g,禽 0.5～1 g。

按语 银柴胡和柴胡不是同一科属的植物,功能也不同。柴胡清轻上升,善于达表泄

图 9-34　银柴胡的原植物和饮片

热，且能疏肝解郁主治；银柴胡只用于凉血，专清阴分不足之虚热，既无升散透发的力量，亦无疏肝的功能。

现代研究

（1）化学成分　本品主要含皂苷类物质。

（2）药理作用　本品有降低胆固醇的作用。

本章小结

本类药物性属寒凉，具有清热泻火、解毒、凉血、燥湿等功能，主要用于高热、热痢、湿热黄疸、热毒疮肿、热性出血及暑热等里热证。

石膏生用清热泻火、除烦止渴，煅用敛疮生肌、收湿，止血。芦根清热泻火，生津止渴，除烦，止呕，利尿；黄芩清热燥湿，泻火解毒，止血，安胎。黄连清热燥湿，泻火解毒。黄柏清热燥湿，泻火解毒，除骨蒸。秦皮清热燥湿，收涩止痢，止带，明目。水牛角清热凉血，解毒，定惊。玄参清热凉血，泻火解毒，滋阴。紫草清热凉血，活血，解毒透疹。金银花清热解毒，疏散风热。连翘清热解毒，消肿散结，疏散风热。大青叶清热解毒，凉血消斑。板蓝根清热解毒，凉血，利咽。青黛清热解毒，凉血消斑，清肝泻火，定惊。青蒿清透虚热，凉血除蒸，解暑，截疟。地骨皮凉血除蒸，清肺降火。银柴胡清虚热，除疳热。

复习思考题

1. 简述清热药的含义、功能、适用范围和临床主治注意事项。
2. 清热药中各自具有清心、肝、肺、胃、肾各脏腑热证的药物有哪些？
3. 比较石膏与知母，天花粉与芦根，黄芩、黄连与黄柏，大青叶与板蓝根，金银花与连翘，生地黄与玄参，牡丹皮与赤芍，柴胡与银柴胡，黄连与胡黄连的功能与主治的异同点。
4. 穿心莲与山豆根在应用时有哪些禁忌事项？
5. 知母与黄柏均可清热泻火及清虚热，其特点和功能有何不同？

第十章　泻下药

凡能泻下攻积、逐水，引起腹泻，或润肠通便的药物，称为泻下药。泻下药多沉降，主要体现“下法”。

泻下药用于里实证，其主要功能有以下五个方面：①清除胃肠道内的宿食、燥粪、积便及其他有毒、有害物质，使其从粪便排出；②清热泻火，使实热壅滞通过泻下而得到缓解或消除，有上火下治、釜底抽薪之功能；③逐水退肿，使水邪从粪尿排出，以达到祛除停饮、消退水肿的目的；④止痛，常用于食积、虫积、粪积等腑气不通引起的疼痛，同时对于肝胃气滞及脾胃气滞的疼痛具有一定的疗效；⑤破瘀通经，有的泻下药可以去除癥瘕积聚而起到破瘀通经的作用。

根据泻下药的作用强度和主治范围不同，分为攻下药、润下药、峻下逐水药三类。

(1)攻下药　本类药物具有较强的泻下作用，适用于宿食停积、粪便燥结所引起的里实证。又有清热泻火作用，故尤以治疗实热壅滞、燥粪坚积者为宜。常辅以行气药，以加强泻下的力量，并消除腹满证候。

(2)润下药　本类药物多为植物的种子或果仁，富含油脂，具有润燥滑肠的作用，故能缓下通便。适用于津枯、产后血亏、病后津液未复或亡血的肠燥津枯便秘等证。

(3)峻下逐水药　本类药物作用猛烈，能引起剧烈腹泻而使大量水分从粪便排出，其中有的药物还兼有利尿作用。适用于水肿，胸、腹腔积水，痰饮结聚，喘满壅实等证。

使用泻下药应注意以下几点。

(1)泻下药的使用，以表邪已解、里实已成为原则，如表邪未解，当先解表，然后攻里；若表邪未解而里实已成，则应表里双解，以防表邪陷里。

(2)攻下药、峻下逐水药攻逐力较猛，易伤正气，凡虚证及孕畜不宜使用，如必要时可适当与补益药配伍，攻补兼施。此外，这类药物多具有毒性，应注意剂量，防止中毒。

(3)泻下药的作用与剂量有关，量小则力缓，量大则力峻。与配伍也有关，如大黄配厚朴、枳实则力峻，大黄配甘草则力缓。又如大黄是寒下药，如配附子、干姜，又可用于寒实内结之证。因此，应根据病情掌握用药的剂量与配伍。

第一节　攻下药

攻下药又称为苦寒攻下药。一般都能引起明显的腹泻，但比峻下逐水药的性味与归经缓和一些。苦寒除了能够通泻以外，苦也可以表示清泻，寒更是能清热，清泄里热效果较好，故攻下药既是泻下药，又是清热药，功能有三：一是泻下通便，引起腹泻，治疗便秘证，包括热病当中形成的热结便秘，老龄动物的功能性便秘，或幼畜先天性肠道发育不全引起的便秘均可使用攻下药治疗。二是通便导滞，又称攻积导滞，主要用于胃肠寒积、热积。另外对胃肠湿热积滞，痢疾、里急后重等证有治疗效果，故其可以用于寒邪积滞、热邪积滞、湿热积滞、饮食积滞、虫积、痰瘀、瘀血痰浊、痰饮、里实积滞等证，发挥攻积导滞的作用。三是清导实热，攻下药既保留了清泻里热的清热药特征，又以泻下方式导出体内热邪，所以称清导实热。在治法上又称釜底抽薪，上病下治。

一、大黄

本品为蓼科植物药用大黄 *Rheum officinale* Baill.、掌叶大黄 *Rheum palmatum* L. 或唐古特大黄 *Rheum tanguticum* Maxim. ex Balf. 的干燥根及根茎（图 10-1，彩图 10-1）。秋末茎叶枯萎或次春发芽前采挖，除去细根，刮去外皮，切瓣或段，绳穿成串干燥或直接干燥，生用，或酒制、蒸熟、炒黑用。药材以外面棕黄、体重、质地坚实、有油性、锦纹及星点明显，气味清香者为佳。药用大黄主产于我国四川，可称“南大黄”；唐古特大黄和掌叶大黄主产于青海和甘肃等地，习称“北大黄”。

图 10-1　掌叶大黄的原植物和饮片

性味与归经　苦，寒。归脾、胃、大肠、肝、心包经。

功能　攻积导滞，泻热通肠，解毒凉血，活血祛瘀，清泻湿热，烧伤烫伤，跌打损伤。

主治

(1)实热便秘，结症　本品治疗热结便秘、腹痛起卧、实热壅滞等证，常与芒硝、枳实、厚朴同用，如大承气汤（组成：大黄、枳实、厚朴、芒硝，《伤寒论》）。

(2)疮黄疔毒，目赤肿痛　本品治疗血热妄行之出血，及目赤肿痛、热毒疮肿等属血分实热壅滞之证，常与黄芩、黄连、丹皮等同用。

(3)活血祛瘀　本品适用于瘀血阻滞诸证，治疗跌打损伤、瘀阻作痛，可与桃仁、红花等配伍。

此外，大黄又可清化湿热而治疗黄疸，常与茵陈、栀子同用，如茵陈蒿汤（组成：茵陈、栀子、大黄，《伤寒论》）；还可用作烫伤、热毒疮疡的外敷药，以清热解毒；如与陈石灰炒至桃红色，去大黄后研末即为桃花散（组成：桃花、葵子、滑石、槟榔，《本草纲目》），撒布伤口，能治疗创伤出血等。

用法用量　马、牛 20～90 g，猪、羊 6～12 g，犬、猫 3～5 g，兔、禽 1.3～5 g。

禁忌　凡血分无热郁结、肠胃无积滞者以及孕畜应慎用或忌用。

按语 大黄荡涤积与瘀，火毒湿热一并驱，力猛善走，入阳明善荡涤肠胃，以清降燥热积滞及湿热。归厥阴能凉血，泻血分之热邪及瘀滞。用大黄苦寒既泻有形之积，又泻无形之热，为攻积泻火、逐瘀利胆之要药，如大承气汤（组成：大黄、芒硝、枳实、厚朴，《伤寒论》）、小承气汤（组成：大黄、薄荷、杏仁、蝉蜕、甘草、羌活、天麻、当归、赤芍药、防风，《伤寒论》）及调味承气汤（组成：大黄、芒硝、甘草，《伤寒论》），水煎灌。若内有实热，又兼气血虚者，可与养气血之品同用，如黄龙汤（组成：大黄、芒硝、枳实、厚朴、人参、当归、桔梗、甘草、生姜、大枣，《伤寒六书》）。若热伤津液，可与养阴药同用，如增液承气汤（组成：玄参、麦冬、细生地黄、大黄、芒硝，《温病条辨》）。若脾阳不振，冷积便秘，可与温热之品同用，如温脾汤（组成：大黄、人参、附子、干姜、甘草、芒硝、当归，《千金备急方》）。若有火热亢盛证，咽肿口疮、目赤龈肿、吐血衄血，用大黄苦寒以清热降下，治疗吐衄，如大黄泻心汤（组成：大黄、黄芩、黄连，《奇效良方》），亦可用大黄、蒲公英、车前子草治疗目赤咽肿龈肿，或用大黄烧焦研细加枯矾粉外撒治疗口疮。跌打损伤疼痛瘀滞经闭，用大黄清热以绝其源，导瘀以尽其果，标本兼治，如大黄庶虫丸（组成：大黄、庶虫、水蛭、虻虫、桃仁、赤芍、干漆、生地黄、黄芩、杏仁、甘草、蛴螬，《金匮略要》）或桃仁承气汤（组成：大黄、芒硝、桃仁、桂枝、甘草，《伤寒论》）水煎灌，或复元活血汤（组成：大黄、桃仁、红花、穿山甲、柴胡、瓜蒌根、甘草、当归，《医学发明》）治疗跌打损伤疼痛。湿热黄疸，用于湿热证，用大黄以清泻利湿、热淋痢疾，如茵陈蒿汤（组成：茵陈、栀子、大黄，《伤寒论》）。治疗湿热黄疸，或大黄与竹叶、通草等同用治疗热淋，或与黄芩、白头翁等同用治疗痢疾。疮痈肿毒，用于热毒证，水火烫伤，用大黄以清解热毒，如大黄与金银花、连翘、蒲公英、紫花地丁同用。治疗疮痈，大黄、地榆为末，香油调敷，治疗烧伤。治疗跌打损伤，用大黄，开水浸泡外敷。治疗肠痈，如大黄牡丹汤（组成：大黄、牡丹皮、桃仁、冬瓜子、芒硝，《金匮略要》），还可治疗急腹症等。

现代研究

（1）化学成分 本品含蒽醌衍生物，如大黄酚、芦荟大黄素、大黄酸、大黄素甲醚、大黄素及鞣质、葡萄糖没食子鞣苷、儿茶鞣质、游离没食子酸等。

（2）药理作用 本品对葡萄球菌、链球菌、肺炎双球菌、伤寒杆菌、痢疾杆菌、绿脓杆菌、大肠杆菌及多数皮肤真菌有抑制作用，尤以金黄色葡萄球菌最为敏感；蒽醌是致泻的主要成分，口服后能刺激结肠，使其蠕动增加而致泻；因其含鞣质，可导致继发性便秘；有利胆、止血、利尿、解痉、降血压和胆固醇等作用；对小鼠黑色素瘤、淋巴肉瘤有明显的抑制作用；小剂量大黄粉剂可以促进胃液分泌而有健胃和促消化作用；有类似雌激素的作用。

二、芒硝

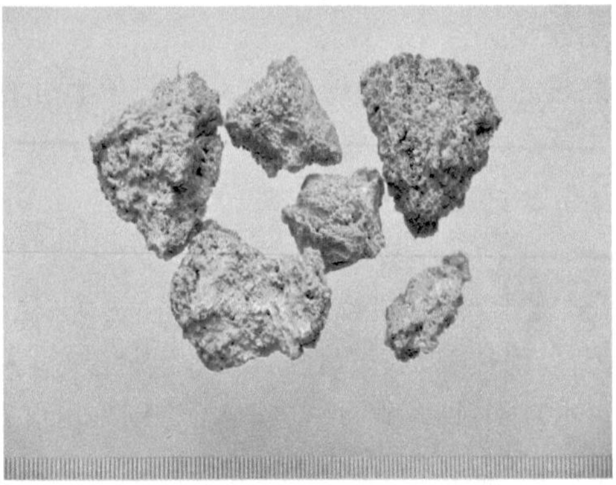

图 10-2 芒硝

本品为硫酸盐类矿物芒硝族芒硝，经精制而成的结晶体（图 10-2，彩图 10-2）。主要含十水硫酸钠（$Na_2SO_4 \cdot 10H_2O$）。煎炼后结于盆底凝结成块者，称为朴硝；结于上面的细芒如针者，称为芒硝。芒硝与萝卜同煮，待硝溶解后，去萝卜，倾于盆中，冷后所形成的结晶称为玄明粉。主产于我国河北、河南、山东、江西、江苏及安徽等地。

性味与归经 苦、咸,大寒。归胃、大肠经。

功能 泻下通便,软坚散结,泻火消肿。

主治

(1)实热便秘,粪便燥结 本品为治疗里热燥结实证之要药。适用于实热积滞、粪便燥结、肚腹胀满等,常与大黄相须为用,与木香、槟榔、青皮、牵牛子等配伍,治疗马属动物结症。

(2)乳痈肿痛(外用) 治疗热毒引起的目赤肿痛、口腔溃烂及皮肤疮肿。如玄明粉配硼砂、冰片,共研细末,为冰硼散(组成:冰片、硼砂、朱砂、玄明粉《外科正宗》),治疗口腔溃烂。

用法用量 马 200～500 g,牛 300～800 g,羊 40～100 g,猪 25～50 g,犬、猫 5～15 g,兔、禽 2～4 g。

禁忌 孕畜禁用。

按语 芒硝软化粪便燥结,咽痛、口疮及痈疖。

现代研究

(1)化学成分 本品主要成分为硫酸钠及少量的氯化钠、硫酸镁等。

(2)药理作用 本品口服后,在肠中不易吸收,形成高渗盐溶液,使肠道保持大量水分,肠内容积增大,刺激肠黏膜,反射性引起肠蠕动亢进而致泻。

三、番泻叶

本品为豆科植物狭叶番泻 *Cassia angustifolia* Vahl 或尖叶番泻 *Cassia acutifolia* Delile 的干燥小叶(图 10-3,彩图 10-3)。通常于 9 月间采收,除去杂质,晒干,生用。狭叶番泻叶主产于印度、埃及、苏丹,尖叶番泻叶主产于埃及。

图 10-3 狭叶番泻的原植物和饮片

性味与归经 甘、苦,寒。归大肠经。

功能 泻热导滞,通便,利水。

主治

(1)热解积滞,便秘腹痛 本品有较强的泻热通便作用,用于热结便秘、腹痛起卧等,常与大黄、枳实、厚朴等同用。治疗消化不良、食物积滞,常与槟榔、大黄、山楂等同用。

(2)水肿 本品有利水作用,与牵牛子、大腹皮等同用,可治疗腹水。

用法用量 马、牛 30～60 g,猪、羊 5～10 g,犬 3～5 g,兔、禽 1～2 g。

禁忌 孕畜慎用。

按语 泻下力缓和,又能消积、利尿,主食积、水肿,攻下积滞膨胀(开水泡服)。

现代研究

(1)化学成分 本品含番泻苷甲、番泻苷乙,少量游离蒽醌衍生物(芦荟大黄素、大黄酸、大黄酚等),以及黄酮衍生物(山柰酚、山柰苷、异鼠李糖等)。

(2)药理作用 番泻苷能刺激肠管使其蠕动加快而致泻,用量过大,刺激性强,导致腹痛,引发盆腔充血和呕吐等反应,若与香附、藿香配伍可减轻以上副作用;1∶4 的水浸剂对皮肤真菌有一定的抑制作用。

第二节 润 下 药

润下药,以润肠通便为其主要功能,多数不会引起腹泻,而是润滑肠道、促进排便,功能临证主治肠燥便秘。其本质与虚有关,多出现在老龄或久病体虚动物中。故此类药物主治老龄津亏、热病伤阴,或其他原因及久病体虚所引起的肠燥便秘,时常需主治时与补虚药配伍。此类药物大多数是植物类种子,富含油脂,能润滑肠道,缓解排便困难。

一、火麻仁

本品为桑科植物大麻 *Cannabis sativa* L. 的干燥成熟果实(图 10-4,彩图 10-4)。秋季果实成熟时采收,去壳,除去杂质,晒干。生用。主产于我国东北、华北、西南等地。

图 10-4 火麻仁的原植物和饮片

性味与归经 甘,平。归脾、胃、大肠经。

功能 润肠通便,滋养益津。

主治

(1)肠燥便结 本品多脂,润燥滑肠,性质平和,兼有益津作用,是常用的润下药。用于邪热伤阴,津枯肠燥所致的粪便燥结,常与大黄、杏仁、白芍等同用,如麻子仁丸(组成:麻子仁、枳实、厚朴、大黄、杏仁、芍药,《伤寒论》)。

(2)血虚便秘 若治疗病后津亏及产后血虚所致的肠燥便秘，常与当归、生地黄等配伍。

用法用量 煎灌，马、牛 120～180 g，猪、羊 10～30 g，犬、猫 2～6 g。

禁忌 火麻仁中含有毒蕈碱及胆碱等，用量过大可导致中毒。

按语 火麻仁滋燥养阴而滑肠，如麻子仁丸（组成：麻子仁、桃仁、杏仁、大黄、枳实，《伤寒论》）炼蜜为丸，或脾约丸（组成：麻仁、厚朴、枳实、大黄、白芍、杏仁，《伤寒论》）水煎灌或制丸内服。肺燥便秘，与玄参、生地黄、蜂蜜等配伍。用于一切便秘证、气滞便秘，与苏子、陈皮煮粥。血虚便秘，与当归、熟地黄、蜂蜜配伍，用麻仁润肠通便之功而治之。

现代研究

(1)化学成分 本品含脂肪油、毒蕈碱、胡芦巴碱、胆碱、蛋白质、挥发油、植物甾醇、亚麻酸、葡萄糖醛酸、卵磷脂、维生素 E_2 和维生素 B_1 等。

(2)药理作用 本品所含的脂肪油有润滑作用，同时在肠中遇碱性肠液后产生脂肪酸，刺激肠壁使肠分泌和蠕动增强，故有缓泻作用。

二、郁李仁

本品为蔷薇科植物欧李 *Prunus humilis* Bge. 或郁李 *Prunus japonica* Thunb. 或长柄扁桃 *Prunus pedunculata* Maxim. 的干燥成熟种子（图 10-5，彩图 10-5）。前二者习称小李仁，后一种习称大李仁。夏、秋二季采收成熟果实，除去果肉和核壳，取出种子，干燥，去皮捣碎用。我国南北各地均有分布，多系野生，主产于河北、辽宁、内蒙古等地。

图 10-5 郁李仁的原植物和饮片

性味与归经 辛、苦、甘，平。归脾、大肠、小肠经。

功能 润肠通便，利水消肿。

主治

(1)肠燥便秘 本品富含油脂，体润滑降，具有润肠通便之功能。适用于老弱动物之肠燥便秘，常与火麻仁、瓜蒌仁等同用。

(2)水肿，腹水 本品有利水消肿作用，用于四肢浮肿、尿不利等，常与薏苡仁、茯苓等配伍。

用法用量 煎灌，马、牛 20～60 g，猪、羊 5～10 g，犬 3～6 g，兔、禽 1～2 g。

禁忌　孕畜慎用。

按语　本品辛、平，有润肠通便，利水消肿之功效，主大便秘结诸证，如五仁丸（汤）（组成：麻仁、郁李仁、杏仁、桃仁、松子仁、陈皮，《世医得效方》），为丸或水煎灌。

现代研究

（1）化学成分　本品主要含郁李仁苷、苦杏仁苷、脂肪油、蛋白质等。

（2）药理作用　本品所含的郁李仁酊剂有明显降血压作用；本品有利尿作用，郁李仁苷对实验动物有明显的泻下作用；提取物有抗炎和镇痛作用。

第三节　峻下逐水药

峻下逐水药泻下作用最强，性味与归经最峻猛的一类药。润下药富含植物油脂，一般不会引起腹泻。攻下药能够导致明显的腹泻，但起效慢，作用时间长。大黄泻下的粪便形态比较稀溏，并非水样；而峻下逐水药起效快，引起剧烈甚至频繁腹泻，水样粪便，泻下如注，含水量很高。此类药物大多有毒性，使用不当会引起中毒。该类药物主要通过其引起的频繁峻烈水泻，使潴留在体内过多的异常水湿经由粪便排出体外，以此治疗与水湿有关的一些特殊病证。只有水泻，排出的水湿量多，才能达到消除体内水湿邪气、治疗有关水湿病证的目的，故称其为峻下逐水药。通过粪便来排出体内的水邪是其基本功能，临床上多治疗水肿、胸腔积液、腹腔积液、痰饮积聚等病证。

一、巴豆

本品为大戟科植物巴豆 *Croton tiglium* L. 的干燥成熟果实（图 10-6，彩图 10-6）。秋季果实成熟时采收，堆置 2 ～3 天，摊开，干燥。生用、炒焦用或制霜用。主产于我国四川、广东、福建、广西、云南等地。

图 10-6　巴豆的原植物和饮片

性味与归经　辛，热；有大毒。归胃、大肠经。

功能　泻下寒积，逐水退肿，祛痰，蚀疮。

主治

（1）寒积便秘　本品性味与归经猛烈，温通峻下，适用于里寒冷积所致的便秘、腹痛等证，常与干姜、大黄等同用。

(2)实性水肿下　本品可消除水肿，适用于体质壮实者的水肿腹水，可与杏仁等配伍。

(3)痰壅咽喉　治疗痰壅咽喉，气急喘促、窒息者，可与胆南星等同用。

(4)疮痈　外用有腐蚀作用，可治疗疮疡脓熟而未溃破者，能促使疮疡溃破，常与乳香、没药等配伍。

用法用量　马、牛 10～15 g，猪、羊 1.3～5 g，犬 0.2～0.5 g。

禁忌　孕畜及哺乳期母畜忌用。畏牵牛。

按语　巴豆主攻寒邪食积，腹满胀痛，粪便不通，水肿胀满，喉痹痰阻，痈肿脓成未溃，疥癣恶疮。

现代研究

(1)化学成分　本品主要含巴豆油、毒性蛋白、巴豆树脂、生物碱、巴豆苷等。

(2)药理作用　本品在肠内遇碱性肠液析出巴豆酸，刺激肠道使其分泌和蠕动加强而致泻；巴豆油对皮肤黏膜有强烈的刺激作用；可使局部发泡；巴豆油对小鼠耳有明显致炎作用。

二、甘遂

本品为大戟科植物甘遂 *Euphorbia kansui* T. N. Liou ex S. B. Ho. 的干燥块根(图 10-7，彩图 10-7)。春季开花前或秋末茎叶枯萎后采挖，撞去外皮，晒干。切片，生醋炙用，甘草汤炒用或煨用。主产于我国陕西、山西、河南等地。

图 10-7　甘遂的原植物和饮片

性味与归经　苦，寒；有毒。归肺、肾、大肠经。

功能　泻水逐饮，消肿散结，通利二便。

主治

(1)水肿，胸腹积水　本品为泻水逐饮之峻下药，尤长于泻胸腹之积水，适用于水湿壅盛所致的宿水停脐、水肿胀满、二便不利等，常与大戟、芫花等同用。

(2)疮痈肿毒　外用消肿散结，用于湿热肿毒等。

用法用量　马、牛 15～25 g，猪、羊 0.2～1.5 g，犬 0.1～0.5 g。

禁忌　体虚者及孕畜忌用。反甘草。

按语 走泄下行力强，偏行经遂，主周身水肿，胸腹积水，风痰癫痫。以泻经遂之水见长。

现代研究

(1)化学成分 本品主要含三萜(α-大戟醇、γ-大戟醇、大戟二烯醇等)、甘遂萜酯 A、甘遂大戟萜酯 A、13-十一酰基-3-(2,4-甲基丁酚基)-巨大戟萜酯、3-(癸-2,4-烯酚基)-巨大戟萜酯等，以及棕榈酸、柠檬酸、草酸、鞣酸、树脂、糖类、淀粉等。

(2)药理作用 本品生用泻下作用较强，毒性也大，经醋炙后其毒性及泻下作用均相应减弱；有利尿及镇痛作用。

三、芫花

本品为瑞香科植物芫花 *Daphne genkwa* Sieb. et Zucc. 的干燥花蕾(图 10-8，彩图 10-8)。春季花未开放时采收，除去杂质，干燥。生用或醋炒、醋煮用。主产于我国陕西、安徽、江苏、浙江、四川、山东等地。

图 10-8 芫花的原植物和饮片

性味与归经 苦、辛，温；有毒。归肺、脾、肾经。

功能 泻水逐饮，通利二便，解毒杀虫。

主治

(1)胸腹积水 本品具有泻水逐饮之功能，与大戟、甘遂类似，而作用稍缓，以泻胸胁之水饮积聚见长，适用于胸胁积水、水草肚胀等，常与大戟、甘遂、大枣等同用，治疗胸腔积液。外用还能杀虫治癣。

(2)疥癣 单味药适量外用，能杀虫治癣。

用法用量 马、牛 15～25 g，猪、羊 2～6 g，犬 1～3 g。

禁忌 孕畜及体虚者忌用，反甘草。

按语 泻下逐饮，祛痰止咳，杀虫疗疮。质轻上行，偏行胸肺，主治痰饮喘嗽、胸腹积水、顽癣斑秃。

现代研究

(1)化学成分 本品主要含芫花苷、芹菜素、芫根苷等黄酮类，以及 β-甾固醇、苯甲酸等。

(2)药理作用　本品能刺激肠黏膜，使肠蠕动增加而致泻，同时有利尿作用；与甘草同用，其利尿、泻下作用均受制，并且毒性增强；醋炙芫花有止咳、祛痰作用；对金黄色葡萄球菌、痢疾杆菌、伤寒杆菌、绿脓杆菌、大肠杆菌、皮肤真菌等有抑制作用。

四、商陆

本品为商陆科植物商陆 *Phytolacca acinosa* Roxb. 或垂序商陆 *Phytolacca americana* L. 的干燥根(图 10-9，彩图 10-9)。深秋至次春采挖，除去须根及泥沙，切成块或片，晒干或阴干。生用或醋炙用。主产于我国河南、安徽、湖北等地。

图 10-9　商陆的原植物和饮片

性味与归经　苦，寒；有毒。归肺、大肠、肾经。

功能　逐水消肿，通利二便；外用解毒散结。

主治

(1)水肿、宿水停脐　商陆又称"见肿消"，为治疗肿证之峻药。本品苦寒沉降，通利二便，长于行水，用于水肿胀满、粪便秘结、尿不利等实证，常与甘遂、大戟等同用。

(2)疮痈肿毒　治疗疮痈肿毒，常以新鲜商陆捣烂外敷。

用法用量　马、牛 15～30 g，猪、羊 2～5 g。

禁忌　孕畜及脾胃虚弱者忌用。

按语　泻下逐饮，消肿散结，祛痰止咳。

现代研究

(1)化学成分　本品主要含商陆酸、商陆苷、商陆多糖、微量元素、氨基酸、三萜皂苷、甾族化合物、生物碱及大量硝酸钾等。

(2)药理作用　本品有利尿作用，但用量过大会引起心脏抑制；所含皂苷无祛痰作用，部分生物碱有镇咳作用；1∶4 水浸剂对某些皮肤真菌有抑制作用；所含皂苷及皂苷元的胃肠外给药对大、小鼠的急性炎症性水肿有明显的治疗作用。

五、大戟

本品为大戟科植物大戟 *Euphorbia pekinensis* Rupr. 或茜草科植物红芽大戟 *Knoxia*

valerianoides Thorel. 的干燥根(图 10-10,彩图 10-10)。前者习称京大戟,后者习称红大戟。秋、冬二季采挖,洗净,晒干。切片生用、醋炒或与豆腐同煮后用。主产于我国广西、云南、广东等地。

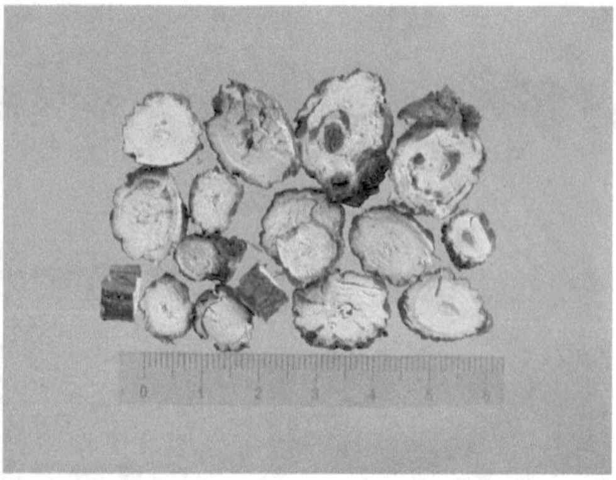

图 10-10　大戟的原植物和饮片

性味与归经　苦,寒;有毒。归肺、脾、肾经。

功能　泻水通便,消肿散结。

主治

(1)水肿胀满　京大戟泻水逐饮的功能较好,适用于水饮泛溢所致的水肿、胸腹积水等证。多用红大戟与甘遂、牵牛子等配伍,如大戟散(组成:红芽大戟、甜葶苈、黑牵牛、续随子、甘遂,《经验良方》)。

(2)牛水草肚胀或宿草不转　治疗牛水草肚胀,多用京大戟,常与甘遂、牵牛子、滑石、大黄等配伍。

(3)疮黄肿毒　以红大戟较好,适用于热毒壅滞所致的疮黄肿毒等证,常与雄黄配伍。

用法用量　马、牛 10～15 g,猪、羊 2～6 g,犬 1～3 g。

禁忌　孕畜及体虚者忌用。反甘草。大戟有毒,用量过大可致中毒,引起腹痛、腹泻、虚脱,甚至呼吸麻痹而死。

按语　攻毒散结力强,偏行脏腑,主腹大如鼓,瘰疬痰核,需醋炙。

现代研究

(1)化学成分　本品成分大戟苷由大戟苷元与 *D*-葡萄糖、*L*-阿拉伯糖缩合而成。此外,还含大戟素 A、大戟素 B、大戟素 C 和生物碱等,红芽大戟含游离及结合性蒽醌类、红大戟素、大戟素、3-羟基巴戟醌、丁香酸、虎刺醛和甲基异茜草素等,京大戟含大戟苷、羊毛甾醇、谷甾醇、伞形花内酯、槲皮素等。

(2)药理作用　大戟根的乙醚提取物有致泻作用,热水抽提物对猫有剧泻作用,其原理是刺激肠管,引起蠕动增加;对大鼠实验性腹水,大戟的煎剂或醇浸液均能产生明显的利尿作用,但对健康动物则不明显,所以大戟的利尿作用可能与动物机体的状态有关;提取液对末梢血管有扩张作用,能抑制肾上腺素的升血压作用;酊剂及植物细粉油膏对皮肤有刺激作用。京大戟的泻下作用和毒性作用均比红大戟强,对痢疾杆菌、肺炎双球菌、溶血性链球菌有抑制作用。

六、牵牛子

本品为旋花科植物裂叶牵牛 *Pharbitis nil*（L.）Choisy 或圆叶牵牛 *Pharbitis purpurea*（L.）Voigt 的干燥成熟种子（图 10-11，彩图 10-11），又称二丑或黑白丑。秋末果实成熟、果壳未开裂时采割植株，晒干，打下种子，除去杂质。生用。我国各地均产。

图 10-11 裂叶牵牛的原植物和饮片

性味与归经 苦，寒；有毒。归肺、肾、大肠经。

功能 泻下去积，逐水杀虫。

主治

（1）粪便秘结 本品泻下力强，又能利尿，可使水湿从粪尿排出而消肿，适用于肠胃实热壅滞，粪便不通及水肿腹胀等证，常与芒硝、大黄、槟榔、枳壳、枳实等配伍。

（2）实性水肿 治疗水肿胀满等实证，常与甘遂、大戟、大黄等配伍。

（3）虫积腹痛 治疗肠道蛔虫、绦虫病，常与槟榔、使君子等配伍。

用法用量 马、牛 15～35 g，猪、羊 3～10 g，犬 2～4 g，兔、禽 0.5～1.5 g。

禁忌 孕畜忌用。不宜与巴豆、巴豆霜同用。

按语 本品通便、消痰、杀虫，主治食积实热证、痰饮喘咳、蛔虫腹痛，长于杀虫。畏巴豆。主水饮停聚诸证。

现代研究

（1）化学成分 本品主要含牵牛子苷（树脂苷类）、大黄素甲醚、大黄素、咖啡酸乙酯、咖啡酸、β-胡萝卜苷、β-谷甾醇、脂肪油、有机酸等。

（2）药理作用 牵牛子苷在肠内遇到胆汁及肠液分解出牵牛子素，能刺激肠黏膜，使肠道分泌增多、蠕动增加而产生泻下作用；能加速菊糖在肾脏中的排出，提示可能有利尿作用；牵牛子苷对离体兔肠及离体大鼠子宫有兴奋作用。

七、续随子

本品为大戟科植物续随子 *Euphorbia lathyris* L. 的干燥成熟种子（图 10-12，彩图 10-12），又称千金子。夏、秋二季果实成熟时采收，干燥。打碎生用或制霜用。主产于我国浙江、河北、河南等地。

图 10-12 续随子的原植物和饮片

性味与归经 辛，温。有毒。归肝、肾、大肠经。

功能 泻下逐水，破血散瘀。

主治

(1)粪便秘结 本品大肠燥热便秘实证，常与木通、牵牛子、滑石等配伍。

(2)水肿 泻下逐水的作用较强，且能利尿，可用于二便不利的水肿实证，常与大黄、大戟、牵牛子、木通等同用。

(3)血瘀证 治疗血瘀之证，常与桃仁、红花等配伍。

用法用量 马、牛 15～30 g，猪、羊 3～6 g，犬 1～3 g。

禁忌 孕畜及体弱便溏者忌用。

按语 逐水消肿，破瘀消癥。

现代研究

(1)化学成分 本品主要含黄酮苷、大戟双香豆素、白瑞香素、瑞香素、脂肪油、大戟醇、大戟甲烯醇等。

(2)药理作用 本品对胃肠有刺激作用，可致腹泻；所含白瑞香素和瑞香素有镇静、镇痛和抗炎作用。

本章小结

本类药物主沉降，入大肠经，能通利大便，排出宿便、湿浊水饮、瘀血、虫积等胃肠积滞及有毒物质，具有泻下通便、消积导滞之效；另外部分药物可使实热下泄，具有导热下泄、清热泻火功能。主要用于大便秘结、胃肠积滞、实热内结及水肿内停等里实证，以及瘀血证、热毒疮疡、虫积、喉痹等证。

大黄荡涤积与瘀，火毒湿热一并驱，力猛善走，入阳明善荡涤肠胃，以清降燥热积滞及湿热。芒硝软化粪便燥结，咽痛口疮及痈疖。番泻叶泻下力和缓，又能消积，利尿，主食积、水肿，攻下积滞膨胀。火麻仁滋燥养阴而滑肠。郁李仁润肠通便，利水消肿，主大便秘结诸证。巴豆主攻寒邪食积，腹满胀痛，粪便不通，水肿胀满，喉痹痰阻，痈肿脓成未溃、疥癣恶疮。甘遂为泻下行水之要药，治浮肿者，二便不利。芫花质轻上行，偏行胸肺，主痰饮喘嗽、胸胁积水、顽癣斑秃。商陆多用于水湿停聚之证，并利水迅速，多用于皮肤水肿。大戟攻毒散结力强，偏行脏腑主腹大如鼓，瘰疬痰核，须醋炙。牵牛子主治食积实热证，痰饮喘咳，蛔虫腹痛，长于杀虫。续随子逐水消肿，破瘀消癥。

复习思考题

1. 何谓泻下药？分为哪几类？
2. 各类泻下药的主要适应证有哪些？
3. 大黄与芒硝的功能与适应证有何异同？
4. 简述润下药的特点。
5. 病程长，动物虚弱，应选用什么泻下药？
6. 简述巴豆、甘遂、大黄的功能与适应证。

第十一章　消导理气药

第一节　消导药

以促进消化、消积导滞为主要功效的药物称为消导药，也称消食药或助消化药。

常用消导药有山楂、麦芽、莱菔子、鸡内金、谷芽、鸡矢藤、阿魏、隔山消等，大多味甘、辛，性平，归脾、胃二经，甘平和中、辛散行滞，共有功能为消化饮食、消积导滞、增进食欲，部分兼有健运脾胃、活血化瘀、回乳消胀、涩精止遗、通淋化石、降气化痰等功能。主要适用于伤食、宿食停滞、饮食不消所致之脘腹胀痛、嗳气吞酸、呕吐、食欲不振、粪便失调等证，也可辅助用于脾胃虚弱、食少纳呆、消化不良等证，部分还可治疗痰多气滞、咳嗽喘息，乳汁郁积、乳房胀痛、回乳断奶，以及产后气血瘀滞腹痛、恶露不尽、遗精、遗尿、石淋、砂淋等。

消导药临床主治注意事项：①食积停滞有上、中、下之分，食积上脘频频欲吐者，可先用涌吐药以吐之；停积在下致粪便秘结者，可用泻下药以导之；惟宿食停滞中焦，脘腹胀痛，嗳气吞酸，食欲不振者，则以消导药治之。②消导药均能消食化积，然性能又有所差异，应根据不同病因和症状，选择合适药物。一般食积停滞，常用山楂、六曲，病情较重者宜用鸡内金，轻者多用麦芽、谷芽等。油腻肉积，宜用山楂；草料食积，宜用麦芽。至于食积腹泻，又当用焦山楂；兼见气滞，当用莱菔子等。③本类药物在临床主治时，常根据不同病因病机而与其他药物配伍使用。如食滞兼气滞，常与理气药同用；兼脾胃虚弱，纳呆泄泻，常与健脾益胃药和收涩药同用；兼便秘，则常与泻下通便药同用；兼脾胃有寒，常与温中散寒药同用；兼湿浊内阻，常与芳香化湿药或利尿药同用；兼积滞化热，常与苦寒清热药同用。④哺乳期母畜使用消导药时，须忌用生麦芽、六曲；用人参或党参时，忌用莱菔子。⑤本类药物虽起效较缓，但仍不乏耗气之弊，故气虚而无积滞者慎用。

现代药理学研究证明，消导药一般具有不同程度的助消化作用，部分消导药还具有降血脂、强心、增加冠状动脉流量及抗心肌缺血、降血压、抗菌等作用。

一、山楂

本品为蔷薇科植物山里红 *Crataegus pinnatifida* Bge. Var. *major* N. E. Br. 或山楂 *Crataegus pinnatifida* Bge. 的干燥成熟果实（图 11-1，彩图 11-1）。秋季果实成熟时采收，切片，干燥。生用或炒用（炒黄或炒焦）。主产于我国河北、山东、河南、辽宁、山西、陕西等地。

性味与归经　酸、甘、辛，微温。归脾、胃、肝经。

功能　消食化积，健脾益胃，行气活血，散瘀止痛，化浊降脂。

图 11-1 山楂的原植物和饮片

主治

(1)食积停滞 本品味酸而甘,微温不热,消食力佳,为消化食积停滞的要药,尤以消化肉食积滞见长。在临床上,主要用于食积停滞所致的脘腹胀痛、嗳腐吞酸、厌食呕吐,或粪便稀溏、苔黄厚腻、脉滑,与神曲、莱菔子、半夏、陈皮、茯苓、连翘配伍制成保和丸(组成:山楂、神曲、半夏、茯苓、陈皮、连翘、莱菔子,《丹溪心法》)。

(2)食欲不振,消化不良 对于其他疾病过程中出现的食欲不振、消化不良症状,常在治疗主证的方剂中加入本品,并与神曲、麦芽配伍主治,俗称“三仙”。

(3)产后气血瘀滞腹痛、恶露不尽 本品兼有行气活血、散瘀止痛功能,治疗产后气血瘀滞腹痛、恶露不尽,常与当归、川芎、益母草等同用。

(4)泻痢腹痛,疝气痛 本品入肝经,能行气散结止痛,炒用兼能止泻止痢。治疗泻痢腹痛,可单用焦山楂,水煎灌或研末服;亦可与木香、槟榔等同用;治疗疝气痛,常与橘核、荔枝核等同用。

单用本品制剂治疗冠心病、高血压、高脂血症、细菌性痢疾等,均有较好疗效。

用法用量 马、牛 20～60 g,羊、猪 10～15 g,犬、猫 3～6 g,兔、禽 1～2 g。

禁忌 脾胃虚弱而无积滞者或胃酸分泌过多者慎用。《本草经疏》:“脾胃虚,兼有积滞者,当与补药同施,亦不宜过用。”

按语 本品具有健脾开胃,增强消化之功效,尤擅消化油腻肉积;又能破气散瘀,炒焦兼可止泻。适用于宿食停滞、油腻肉积或伤食所致腹痛泻痢,还可用于产后气血瘀阻腹痛、恶露不尽,以及疝气坠胀疼痛等。

生山楂、炒山楂多用于消食化积、健脾益胃、活血散瘀;焦山楂多用于止泻止痢。生山楂长于活血化瘀;炒山楂酸味减弱,对胃的刺激性变小,善于消食化积,常用于积食停滞、脾虚食滞;焦山楂不仅酸味减弱,而且产生苦味,其消胀止泻痢的功能增强。

现代研究

(1)化学成分 本品主要含有机酸类和黄酮类化合物,有机酸类化合物有山楂酸、熊果酸、苹果酸、齐墩果酸等,黄酮类化合物有牡荆素、槲皮素、芦丁等,另含多种微量元素、氨基酸及磷脂、维生素等。

(2)药理作用 本品所含维生素及多种有机酸能促进胃液和消化酶的分泌以起助消化的

作用，所含的解酯酶亦能促进脂肪类食物的消化；动物试验证明，山楂可使血管扩张，使冠状动脉血流量增加，血压下降，能降低高脂血症动物血清总胆固醇（TC）、甘油三酯（TG），升高高密度脂蛋白（HDL），降低低密度脂蛋白（LDL），起到降脂和抗动脉粥样硬化作用；还有降血糖、增强免疫、抗应激、抗肿瘤、止泻、促进子宫收缩等作用；在体外对痢疾杆菌有较强的抑制作用，焦山楂对痢疾杆菌及绿脓杆菌均有抑制作用。

二、麦芽

本品为禾本科植物大麦 *Hordeum vulgare* L. 的成熟果实经发芽干燥的炮制加工品（图 11-2，彩图 11-2）。将麦粒用水浸泡后，保持适宜温、湿度，待幼芽长至约 0.5 cm 时，晒干或低温干燥。生用或炒用（炒黄或炒焦）。我国各地均产。

图 11-2　麦芽的原植物和饮片

性味与归经　甘，平。归脾、胃经。

功能　消食化积，健脾益胃，疏肝行气，炒用回乳消胀。

主治

（1）消化不良　本品具有消食化积、健脾益胃的功能，治疗草料停滞、肚腹胀满疼痛、脾胃虚弱、食欲不振等。尤以消草食见长，治疗消化不良，常与山楂、陈皮等同用；治疗脾胃虚弱，常与白术、砂仁、甘草等配伍。

（2）乳房胀痛和母畜断乳　本品具有疏肝行气、回乳消胀之功能，可治疗乳汁郁积引起的乳房胀痛和母畜断乳。生用疏肝行气，炒用回乳消胀。

用法用量　马、牛 20～60 g，羊、猪 10～15 g，兔、禽 1.5～5 g。

禁忌　哺乳期母畜不宜使用。

按语　本品甘平，消食健胃。能益脾养胃，脾胃健运则气行食消，适用于宿食不消、脘腹胀痛、脾胃虚弱、食欲不振等。用其回乳之功时，用量宜大。

生麦芽健脾和胃，疏肝行气，治疗脾虚食少，乳汁郁积。炒麦芽行气消食、回乳，治疗食积不消，母畜断乳。焦麦芽消食化滞，治疗食积不消，脘腹胀痛。

现代研究

(1)化学成分　本品含有多种消化酶,如 α-淀粉酶、β-淀粉酶等,还含 α-生育醌、大麦芽碱、大麦芽胍碱 A、大麦芽胍碱 B、麦芽糖、异聚麦芽糖(异麦芽糖、异聚麦芽四糖)、麦黄酮、谷甾醇、腺嘌呤、胆碱、蛋白质、氨基酸和维生素等。

(2)药理作用　本品含有富含谷氨酰胺的蛋白质和富含半纤维素的纤维,对溃疡性结肠炎有治疗作用;降低血清胆固醇及甘油三酯含量,抗动脉粥样硬化;麦芽醇能抗衰老,减轻由活性氧及 H_2O_2 诱发的溶血,抑制红细胞膜脂质过氧化,使丙二醛(MDA)、脂褐质及亚油酸胆固醇的过氧化物形成减少;异聚麦芽糖能调节动物肠道微生物区系,维持肠道正常菌群平衡,提高动物体内抗体浓度,增加 T 淋巴细胞和 B 淋巴细胞的数量从而增强动物体的免疫功能,提高抗病能力;异聚麦芽糖能抑制腐败细菌,减少粪便中氨、胺、硫化氢、吲哚等腐臭物质的含量;还有调节肠道菌群、降血糖、回乳的作用。

三、鸡内金

本品为雉科动物家鸡 *Gallus gallus domesticus* Brisson 的干燥砂囊内壁(图 11-3,彩图 11-3)。杀鸡后,取出鸡肫,立即剥下内壁,洗净,干燥。生用,或炒或烫用(至鼓起)。我国各地均产。

图 11-3　家鸡和鸡内金饮片

性味与归经　甘,平。归脾、胃、小肠、膀胱经。

功能　消食化积,健脾益胃,涩精止遗,通淋化石。

主治

(1)饮食积滞　本品消积作用较强,且又具健胃之功,多用于草料停滞、脾虚食少便溏或形瘦、腹大、发热等证。治疗食积不化、肚腹胀满、泄泻等,常与山楂、麦芽等同用。

(2)肾虚遗精遗尿　本品炒焦研末,温酒送服治遗精;若与菟丝子、桑螵蛸等配伍,可治疗遗尿,如《太平圣惠方》"治消肾小便白浊渚方"中,鸡肶胵与菟丝子、鹿茸、桑螵蛸同用。

(3)石淋、砂淋　常与金钱草配伍,治疗胆结石、尿路结石等。

用法用量　马、牛 15～30 g;羊、猪 3～9 g;兔、禽 1～2 g。研末喂服效果比煎剂好。

禁忌　脾虚无积滞者慎用。

按语 本品甘以运脾胃，消化水谷，微寒可除热止烦，善治食积不消、脘腹胀满、呕吐泻痢，又可摄约膀胱而止遗。对于尿路结石，胆结石症，亦有化石消坚之功。

现代研究

(1)化学成分 本品主要含蛋白质、多种氨基酸、淀粉酶、维生素 B_1、维生素 B_2、维生素 C 等，还含胃激素、胆汁三烯、胆绿素。

(2)药理作用 本品健脾胃与其含有较高含量的锌、铁、钙相关，能促进胃液分泌，提高胃游离酸度，增加胃蛋白酶分泌量，还能增强胃和小肠运动，改善便秘；还能改善高脂血症动物的血液流变学异常，降低血液黏度，促进锶的排泄，减少大鼠乳腺小叶和腺泡的数量和直径以起抗乳腺增生作用，还能明显降低 TC、TG、低密度脂蛋白(LDL)，升高高密度脂蛋白(HDL)水平，降血脂、降血糖；另有较强的抗氧化自由基作用，可抑制脂质过氧化。

四、莱菔子

本品为十字花科植物萝卜 *Raphanus sativus* L. 的干燥成熟种子(图 11-4，彩图 11-4)。夏季果实成熟时采割植株，晒干，搓出种子，除去杂质，再晒干。捣碎生用，或炒用(炒至微鼓起)。我国各地均产。

图 11-4 莱菔子的原植物和饮片

性味与归经 辛、甘，平。归肺、脾、胃经。

功能 消食除胀，降气化痰。

主治

(1)食积气滞，腹胀 本品生用具有消食除胀的作用，治疗食积气滞的肚腹胀满、嗳气酸臭、腹痛腹泻等，常与六神曲、山楂、陈皮等同用。

(2)痰饮咳喘 熟用降气化痰，多用于痰壅咳喘，如气喘咳嗽等证，常与紫苏子等配伍。

用法用量 马、牛 20～60 g，驼 45～100 g，羊、猪 5～15 g，兔、禽 1.5～2 g。

禁忌 本品辛散耗气，故气虚及无食积、痰滞者慎用。不宜与人参同用。

按语 本品味辛行散，治疗食积气滞、脘腹胀满、嗳腐吞酸、泻痢不爽等证；兼能降气化痰，治疗痰涎壅盛之证。本品炒用消食下气化痰，生用吐风痰。

现代研究

(1)化学成分　本品主要含芥子碱、硫氰酸盐和脂肪油,还含维生素类、植物甾醇等。

(2)药理作用　本品能促进大鼠离体结肠和回肠平滑肌收缩,提高豚鼠离体胃幽门部环形肌紧张性,降低胃底部纵行肌紧张性,明显增加大鼠血中胃动素(MTL)含量,有利于食物的机械性消化,缓解肠运动减弱所致的腹胀;还能对抗磷酸组胺引起的豚鼠离体气管收缩,延长乙酰胆碱对豚鼠的引喘潜伏期,减少氨水引起的小鼠咳嗽次数,起镇咳、祛痰、平喘的作用,尤以生用为宜;所含水溶性生物碱能明显提高大鼠血清超氧化物歧化酶(SOD)活性,降低丙二醛(MDA)含量,抑制脂质过氧化;还能通过降低血清胆固醇(TC)、甘油三酯(TG)、低密度脂蛋白(LDL),升高高密度脂蛋白(HDL)含量降血脂,降血压作用明显,芥子碱硫氰酸盐是其降压有效成分之一;对葡萄球菌和大肠杆菌抑制作用明显,抗菌时宜生用。

五、谷芽

本品为禾本科植物粟 *Setaria italica*(L.) Beauv. 的成熟果实经发芽干燥的炮制加工品(图 11-5,彩图 11-5)。将粟谷用水浸泡后,保持适宜的温、湿度,待须根长至约 6 mm 时,晒干或低温干燥。生用或炒用。我国各地均产。

图 11-5　谷芽的原植物和饮片

性味与归经　甘,温。归脾、胃经。

功能　消食化积,健脾益胃。

主治　食积不消,腹胀口臭,食少纳呆。治疗脾胃虚弱、消化不良、食欲不振等。

用法用量　马、牛 20～60 g,羊、猪 10～15 g,兔、禽 1.5～5 g。

按语　本品甘温和中,健脾开胃而促进饮食消化,善消谷食积滞,但比麦芽力缓。常用于食积不消及脾胃虚弱,不饥食少等证。

本品生用长于和中开胃;炒谷芽偏于消食,用于不饥食少;焦谷芽善化积滞,用于积滞不消。

现代研究

(1)化学成分　本品主要含淀粉分解酶、蛋白质、脂肪等。

(2)药理作用　本品含有的淀粉分解酶能将淀粉分解为单糖,起健胃、助消化作用,可以开胃、消滞。

第二节 理 气 药

凡能疏理气机、消除气滞的药物，称为理气药。此类药大多具有辛温芳香的特性，能疏畅气机，疏肝解郁，行气止痛，降逆止呕，破气散结。临床上常用于治疗：①脾胃气滞，升降失司引起的食欲不振，脘腹胀满或疼痛，嗳腐吐食，粪便秘结或泄泻；②肝气郁滞、疏泄失常引起的乳核硬肿，胸胁胀痛，疝气痞块，发情紊乱等；③肺气壅滞，肃降失职引起的呼吸不畅，咳嗽气喘等。在实际主治时，可根据临床具体病证特点选用或与消导药、补益药、祛痰药、化湿药、活血药等配伍以提高药效。例如，理气药常与消导药和泻下药配伍，治疗动物宿食停积；常与健脾益气药配伍，治疗脾胃虚弱、运化无力引起的脾胃气滞；常与祛痰化饮药配伍，治疗动物痰饮阻肺；常与温中化湿药配伍，治疗动物湿邪困脾；常与疏肝活血药配伍，治疗动物肝气郁滞。

使用理气药时应注意以下几点：①本类药物多辛温香燥，易耗伤阴津，不宜过量或长期使用；②本类药物多含挥发油，煎煮过久则气味丧失，影响疗效，常为末内服；③气虚、阴虚以及老龄动物、孕畜慎用。

现代药理学研究表明，理气药具有双向调节胃肠平滑肌的作用，可增强胃肠蠕动，亦可缓解胃肠平滑肌紧张、痉挛，行消胀气。此外，有的理气药具有促进消化液分泌的作用，有的能利胆排石，有的具有增加冠状动脉血流量的作用，这些都有利于消除或缓解气滞病证。

一、陈皮

本品为芸香科植物橘 *Citrus reticulata* Blanco 及其栽培变种的干燥成熟果皮（图 11-6，彩图 11-6）。药材分为“陈皮”和“广陈皮”。采摘成熟果实，剥取果皮，晒干或低温干燥。生用或炒用。药用以陈久者为佳。主产于我国长江以南各地。

图 11-6 陈皮的原植物和饮片

性味与归经 辛、苦，温。归脾、肺经。

功能 理气健脾，燥湿化痰。

主治

(1)脾胃气滞 用于脾胃气滞所致之脘腹胀满，食欲不振或消化不良、呕吐、腹泻等，常与木香、枳实、白术、生姜等同用；食积气滞可与神曲、山楂同用，如保和丸（组成：山楂、神曲、半夏、茯苓、陈皮、连翘、萝卜子，《丹溪心法》）。冷气壅遏所致的胃寒，肚腹疼痛，胃冷吐涎，常与白芷、桂心、白术等配伍，如橘皮散（组成：桂心、厚朴、青皮、陈皮、白芷、当归、茴香、细辛、槟榔，《元亨疗马集》）。

（2）燥湿化痰 用于湿痰咳嗽，常与半夏、茯苓、甘草同用，如二陈汤（组成：半夏、橘红、白茯苓、甘草，《太平惠民和剂局方》）。寒湿腹泻，常与苍术、青皮等同用，如二橘散（组成：陈皮、青皮、牵牛子、莨菪、粟米，《司牧安骥集》）治疗冷肠泄泻，肠鸣如雷。

用法用量 马、牛 30～60 g，猪、羊 10～25 g，犬、猫 2～5 g，禽、兔 1～3 g。

按语 陈皮，又称橘皮，辛散苦降，温和不峻，偏于理肺脾之气。辛能行滞气，气芳香能健脾胃；苦能燥湿，湿去则痰消。脾乃元气之母，肺乃摄气之钥，故橘皮为二经气分之药，但随所配而补泻升降。故本品既有理气燥湿之功，又有和百药之效，同补药则补，同泻药则泻，同升药则升，同降药则降。

现代研究

（1）化学成分 本品主要含 *D*-柠檬烯、*β*-松油烯、*β*-月桂烯、间-伞花烯、*β*-派烯、辛醛、辛醇等挥发油以及橙皮苷、川皮酮、肌醇、陈皮素等黄酮类，还含维生素 B_1、维生素 C。

（2）药理作用 本品水煎剂有促进胃排空和抑制胃肠推进运动的作用；陈皮挥发油对胃肠道有温和的刺激作用，促进大鼠正常胃液的分泌，有助于消化；甲基橙皮苷可增加麻醉大鼠胆汁及胆汁内固体物排出量；陈皮挥发油能松弛气管平滑肌，水提物或挥发油均能阻滞或解除氯化乙酰胆碱所致的气管平滑肌收缩，且挥发油对豚鼠药物性哮喘有保护作用。

二、青皮

本品为芸香科常绿小乔木植物橘 *Citrus reticulata* Blanco 及其栽培变种的干燥幼果或未成熟果实的果皮（图 11-7，彩图 11-7）。5—6 月收集自落的幼果，晒干，习称“个青皮”；7—8 月采收未成熟的果实，在果皮上纵剖成四瓣至基部，除尽瓤瓣，晒干，习称“四花青皮”。生用或醋炙用。主产于我国长江以南各地区。

图 11-7 青皮的原植物和饮片

性味与归经 苦、辛，温。归肝、胆、胃经。

功能 疏肝破气，消积化滞。

主治

（1）胸腹胀痛、乳痈气　本品辛行温通，入肝，行气之中着重疏肝胆之气，醋炙后更佳。治疗各种肝郁气滞的证候。用于胸胁胀痛，可与柴胡、香附、木香、郁金等同用；治疗乳房肿痛，可与瓜蒌、天花粉、蒲公英等同用；用于疝气疼痛，可与乌药、小茴香、木香同用，如八平散（组成：青皮、陈皮、茴香、厚朴、牵牛子、细辛、苍术、当归，《司牧安骥集》），治疗马抽肾把胯、伤冷气痛、草慢、伤湿即泻等。

（2）食积气滞、腹腔积水　本品辛散苦降，行气力强，能消滞破积。治疗食积气滞、肚腹胀痛、消化不良等，常与山楂、神曲、麦芽等同用；治疗肝脾肿大或腹腔积水，常与枳实、三棱、莪术、茵陈、连翘、川芎等同用。

用法用量　马、牛 15～30 g，猪、羊 6～12 g，犬、猫 3～5 g，禽、兔 1.5～5 g。

禁忌　体弱、自汗者忌用。

按语　青皮与陈皮皆可理气除胀，治疗脾胃气滞之食积不化，脘腹胀痛。但青皮入肝、胆气分，陈皮入肺、脾气分。青皮性猛，偏于疏肝破气，陈皮性缓，偏于健脾理气。临床上，理中、下二焦之气多用青皮，理上、中二焦之气多用陈皮。若肝脾同病或胃、肝不和者，二皮同用。青皮与白芍均能疏理肝气，但青皮破肝气之力强，不宜多用；白芍柔肝力大，可多用。

现代研究

（1）化学成分　本品主要含柠檬烯、枸橼醛、癸醛等挥发油以及橙皮苷、枸橼苷、柚苷、苦味质、维生素 C 等。

（2）药理作用　本品药理作用与陈皮相似，青皮挥发油主要表现为调整胃肠功能，可促进消化液分泌和肠内气体排出；青皮水煎液有抑制胃肠平滑肌和子宫平滑肌收缩的作用，对支气管痉挛性收缩有明显的抑制作用。

三、枳实

本品为芸香科植物酸橙 *Citrus aurantium* L. 及其栽培变种或甜橙 *Citrus sinensis* Osbeck 的干燥幼果（图 11-8，彩图 11-8）。5—6 月收集自落的果实，除去杂质，自中部横切为两半，晒干或低温干燥，较小者直接晒干或低温干燥。主产于我国四川、湖北、江苏、江西。

图 11-8　枳实的原植物和饮片

性味与归经　苦、辛、酸，微寒。归脾、胃经。

功能　破气行痰，散结消痞，固脱。

主治

(1)食积不消，宿草不转，痰滞气阻　本品辛行苦泄，破气力大。用于脾虚湿阻气滞、宿草不转、水湿痰饮停蓄等证，常与白术、茯苓、薏苡仁等配伍。

(2)粪便秘结，肚胀　本品苦寒泄降，能破气散结消痞积。用于热结便秘，肚腹胀痛，常与大黄、芒硝、厚朴等配伍，如大承气汤(组成：大黄、枳实、厚朴、芒硝，《伤寒论》)；湿热积滞之泻痢，证见排粪不畅或里急后重，可与黄芩、黄连、大黄等配伍，如枳实导滞丸(组成：大黄、枳实、神曲、茯苓、黄芩、黄连、白术、泽泻，《内外伤辨惑论》)；脾胃虚弱，证见食物不化、肚腹胀满，可与白术、谷芽、神曲、陈皮、山药等配伍。

(3)垂脱证　用于气虚下陷的子宫脱垂、脱肛等，常与黄芪、党参、白术、升麻、当归等配伍。

用法用量　马、牛 30～60 g，猪、羊 6～15 g，犬、猫 3～6 g，禽、兔 1～3 g。

禁忌　孕畜慎用。

按语　枳实味苦，破泄胃肠结气，对食滞腹胀腹痛、胃肠结气、排便不畅等效果很好，破气作用甚强。对因气结而成的坚积，用枳实破气结，使气行则积消；若因气结而成的痰阻，用枳实破其气结，使气行则痰行。

现代研究

(1)化学成分　本品主要含 α-水茴香萜、柠檬烯、芳樟醇等挥发油，以及柚皮苷、橙皮素、柚皮素等黄酮类成分。酸橙果皮中含 *N*-甲基酪胺、对羟福林、挥发油、黄酮苷。挥发油主要为右旋柠檬烯，次为枸橼醛、右旋芳樟醇等，黄酮苷类有橙皮苷、新橙皮苷、柚苷、枳黄苷、苦橙素、苦橙丁、5-羟基苦橙丁及 5-*O*-脱甲基川皮酮以及辛弗林等生物碱。

(2)药理作用　本品挥发油中的主要成分 β-月桂烯有抗溃疡活性，能够明显降低胃和十二指肠损伤，并增加胃黏液分泌；黄酮类，包括橙皮苷、新橙皮苷、柚皮苷，均可改善功能性消化不良大鼠的胃排空和小肠推进；能增强胃、肠节律性蠕动，有利于粪便和气体的排出；对子宫有明显的兴奋作用，使子宫收缩有力、肌张力增强，所以可治疗子宫脱垂；水煎剂有缩血管、升血压的作用。

四、枳壳

本品为芸香科植物酸橙 *Citrus aurantium* L. 及其栽培变种的干燥未成熟果实(图 11-9，彩图 11-9)。7 月果皮尚绿时采收，自中部横切为两部分，晒干或低温干燥。主产于我国四川、湖南、江西。

性味与归经　苦、辛、酸，微寒。归脾、胃经。

功能　行气宽中，消食化痰，固脱。

主治

(1)宿食不消　本品性缓，长于理气宽中，行滞消胀，用于急慢性胃肠臌气，常与厚朴、槟榔、木香、青皮等同用。

(2)宿食气胀，痰热结胸　本品苦寒泄降，善行痰利膈，消积除胀。食滞性肚腹胀大，常与

图 11-9　枳壳的原植物和饮片

神曲、山楂、槟榔、麦芽等配伍，如消食疏气散(组成：枳壳、槟榔、广香、香附、山楂、麦芽、谷芽、神曲、草果、莱菔子、木通，《活兽慈舟》)治疗水牛宿食气胀。痰热结胸，可与半夏、黄连、知母、大力子、瓜蒌、百部等配伍。

(3)垂脱证　用于脏器下垂，单用，或与黄芪、升麻、枳实、柴胡等同用。

用法用量　牛 25～45 g，猪、羊 6～15 g，犬、猫 3～6 g，禽、兔 1～3 g。

禁忌　孕畜慎用。

按语　枳壳、枳实来自同一植物，其性味、归经相同，“宽中下气枳壳缓而枳实速也”。枳实是未成熟的幼果，长于破肠中浊气积滞，用于体壮邪实之证；枳壳是将成熟的果实，偏于破胸膈之浊气，理气宽中作用较强，长于胸胁气滞，腹胀疼痛。

现代研究

(1)化学成分　本品含挥发油、橙皮苷、柚皮苷、川陈皮素、红橘素、葡萄内酯、黄酮、生物碱等。

(2)药理作用　本品对胃肠平滑肌呈双向调节作用，既能兴奋胃肠，使其蠕动增强，又能降低胃肠平滑肌张力而解痉；枳壳煎剂能增强胃肠节律性蠕动，一方面有助于排出肠内气体及粪便，另一方面能治疗肠疝气和脱肛等；枳壳水煎液能明显提高大鼠胆汁流量，有一定利胆作用；所含川陈皮素、红橘素、葡萄内酯等有促进正常小鼠胃肠运动的作用；煎剂对兔离体子宫和在体子宫有明显兴奋作用，增加子宫收缩频率。

五、木香

本品为菊科植物木香 *Aucklandia lappa* Decne. 的干燥根(图 11-10，彩图 11-10)。秋、冬二季采挖，除去泥沙和须根，切段，大的再纵剖成瓣，干燥后撞去粗皮。生用或煨用，主产于我国云南、四川、浙江。

性味与归经　辛、苦，温。归脾、胃、大肠、三焦、胆经。

功能　行气止痛，健脾消食，温胃止泻。

主治

(1)胃肠气滞，泻痢后重　本品辛散行气而温通，苦泄以消胀止痛。用于脾胃气滞、脘腹胀痛，常与槟榔、神曲、大黄、厚朴、枳实等配伍；用于湿热泻痢而有里急后重者，常与黄连、黄芩、白芍配伍，如香连散(组成：黄连、木香、白术、白芍、滑石、甘草，《明医指掌》)。

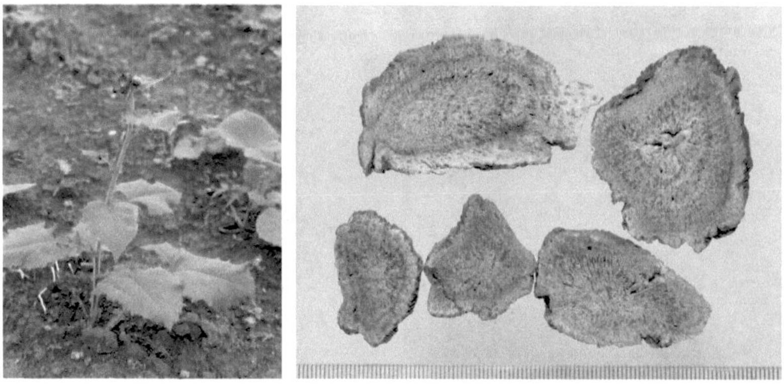

图 11-10 木香的原植物和饮片

(2)寒湿泄泻,食滞腹胀 本品气香能健脾胃,温能散寒邪。用于脾胃寒湿泄泻,可与干姜、厚朴、泽泻、吴茱萸、苍术等配伍;食滞腹胀,消化不良,可与槟榔、山楂、神曲等配伍,如和胃消食汤((组成:厚朴、木香、枳壳、槟榔、青皮、山楂、神曲、刘寄奴、木通、甘草、茯苓,《牛经备要医方》),治疗牛脾虚不磨,宿草不转。

用法用量 马、牛 25～60 g,猪、羊 9～15 g,犬、猫 2～5 g,禽、兔 0.3～1 g。

禁忌 血虚、阴虚火旺、气虚有热者忌用。

按语 木香味辛、苦,气芳香,微温,可治疗寒凝气滞、胃肠胀痛,又能疏肝解郁,和胃健脾,是行气止痛之要药。《本草纲目》记载"木香乃三焦气分之药,能升降诸气",故本品能治一切寒凝气滞之疼痛证。本品辛散芳香,又可化湿,用于胃肠气滞,食积不化所致的呕吐、腹痛、泄泻和痢疾等。本品配砂仁,治胃寒呕吐;配槟榔,治里急后重;配莱菔子,治腹胀;配小茴香,治腹痛;配黄连,治湿热泻痢。本品辛散,行气时宜生用;用于寒泻或虚泻时,宜煨用。在补药汤剂中佐以少许木香可消除滋腻和气滞。

现代研究

(1)化学成分 本品主要含挥发油(α-榍烃和 β-木香烃、木香内醇、樟烯、水芹烯等)、树脂、菊糖、木香碱、甾醇、萜类、生物碱、蒽醌以及黄酮类化合物。

(2)药理作用 本品醇提物能抑制角叉菜胶引起的大鼠足趾肿胀和炎性细胞增多,也能降低脂多糖诱导的炎性细胞因子分泌;提取物中的生物碱对组胺引起的豚鼠肠平滑肌和气管平滑肌痉挛有缓解作用;提取物中的总内酯和木香内酯有扩血管和降血压的作用;对大肠杆菌、志贺菌、伤寒沙门菌等有不同程度的抑制作用;水煎剂可使兔离体小肠紧张性降低,可拮抗乙酰胆碱的收缩效应,并有降血压作用。

六、厚朴

本品为木兰科植物厚朴 *Magnolia officinalis* Rehd. et Wils. 或凹叶厚朴 *Magnolia officinalis* Rehd. et Wils. var. *biloba* Rehd. et Wils. 的干燥干皮、根皮及枝皮(图 11-11,彩图 11-11)。4—6 月剥取,根皮和枝皮直接阴干;干皮置沸水中微煮后,堆置阴湿处,"发汗"至内表面变紫褐色或棕褐色时,蒸软,取出,卷成筒状,干燥。生用或姜汁炙用。主产于我国四川、福建、云南等地。

图 11-11　厚朴的原植物和饮片

性味与归经　苦、辛，温。归脾、胃、肺、大肠经。

功能　行气化湿，降逆平喘，燥湿消痰。

主治

(1)气化湿宿食不消，食积气滞，肚胀便秘　本品味辛，能行气消胀，运脾化湿，苦能燥湿下气以导滞，治疗湿阻中焦，气机不利所致宿食不消、腹胀或腹泻等，常与陈皮、砂仁等配伍，如桂心散（组成：厚朴、陈皮、青皮、五味子、砂仁、白术、干姜、当归、肉豆蔻、甘草、肉桂、益智仁，《元亨疗马集》）治疗马冷肠泄泻、胃寒草少、伤水腹痛；治疗便秘实证兼腹胀、腹痛，与大黄、芒硝、枳实等配伍，如大承气汤（组成：大黄、枳实、厚朴、芒硝，《伤寒论》）；治疗食积胃腑，证见肚胀，苔黄厚腻，可与大黄、枳实、炒麦芽、炒山楂、槟榔等配伍。

(2)痰饮咳喘　本品苦能降泄、下气以平喘咳，用于外感风寒所致痰饮、咳喘，常与苏子、半夏、杏仁、陈皮、茯苓等配伍。

用法用量　马、牛 15～45 g，猪、羊 6～15 g，犬、猫 3～5 g，禽、兔 1.5～3 g。

按语　枳实与厚朴均能行气导滞。但枳实以消积通滞为用，厚朴以散满除胀为治。枳实多用于实证，偏于破气散结；厚朴对于虚证或虚中夹实证均可主治，对于湿浊阻滞效果更佳。苍术与厚朴苦温燥湿，同用可增强燥湿之功。但苍术长于健脾燥湿，兼能祛风解表；厚朴则长于消胀行滞，兼下气降逆。

现代研究

(1)化学成分　本品含木脂素类、挥发油（厚朴酚、四氢厚朴酚、β-桉叶酚等）、生物碱（木兰箭毒碱等）。

(2)药理作用　本品醇提取物有明显对抗番泻叶性小鼠腹泻的作用；厚朴酚能抑制大黄致泻小鼠小肠炭末推进，进而达到抗腹泻效果；厚朴和姜厚朴的乙酸乙酯提取物均能增强盐酸促进小鼠胃肠动力功能，提高小肠推进率，抑制盐酸性溃疡，促进血清胃泌素分泌；厚朴酚可通过抑制 NF-κB、MMP-9 等信号通路，抑制脂多糖（LPS）诱导的小鼠急性肺损伤；厚朴酚还有广谱的抗菌活性，对白色念珠菌、革兰氏阳性菌和阴性菌均有抑制作用，且多与影响细菌细胞膜的通透性有关。

七、川楝子

本品为楝科植物川楝 *Melia toosendan* Sieb. et Zuccc. 的干燥成熟果实（图 11-12，彩图

11-12)，又称苦楝子、金铃子、楝实。冬季果实成熟时采收，除去杂质，干燥。主产于我国四川、湖北、甘肃、云南、贵州、河南、湖南等地，以四川产的最为上乘，故名川楝子。

图 11-12　川楝子的原植物和饮片

性味与归经　苦，寒；有小毒。归肝、小肠、膀胱经。

功能　疏肝解郁，止痛，驱虫。

主治

(1)气滞腹胀，腰胯疼痛　本品苦寒降泄，长于疏肝泻火，解郁止痛。用于肝郁化火之疼痛，常与柴胡、郁金、延胡索、香附、青皮等配伍，如金铃子散(组成：川楝子、延胡索，《太平圣惠方》)治疗胸胁、脘腹疼痛；寒凝肝脉所致的疝气疼痛或睾丸疼痛，常与吴茱萸、小茴香、青皮等配伍，治疗马小肠气痛。

(2)虫积　用于虫积腹痛，单用或与使君子、槟榔等配伍。

用法用量　马、牛 15～45 g，猪、羊 6～10 g，犬 3～5 g。

禁忌　脾胃虚弱者禁用，猪慎用。

按语　川楝子苦泄能行，长于疏肝化郁，理气化滞。本品苦而不燥，寒不损阳，善于治各种原因引起的腹痛，是“治疝气要药”。治疗小肠疝痛，常与小茴香、吴茱萸、乌药等配伍；治疗热性胃痛，可与延胡索配伍。

现代研究

(1)化学成分　本品含三萜、木脂素、川楝素、异川楝素、黄酮、桂皮酸、东莨菪内酯、2-甲氧基-5-羟基苯甲醛、咖啡酸、甾体、β-谷甾醇、胡萝卜苷和有机酸等化合物，主要成分为柠檬苦素型三萜。

(2)药理作用　本品醇提物对扭体和热板模型小鼠有明显的抗炎、镇痛作用，还能提高小鼠热痛阈值及尾痛阈值；醇提物对结核分枝杆菌有明显的抑制作用，水提物对堇色毛菌、奥杜盎氏小孢子菌、白色念珠菌、金黄色葡萄球菌有明显的抑制作用；苦楝皮乙醇提取物(苦楝素)对猪蛔虫头部有麻痹作用，使虫体失去吸附能力而被排出，可用于驱猪蛔虫、钩虫、蛲虫。

八、乌药

本品为樟科植物乌药 *Lindera aggregata*（Sims.）Kosterm. 的干燥块根生用或麸炒用（图 11-13，彩图 11-13）。全年均可采挖，除去细根，洗净，趁鲜切片，或直接晒干。主产于我国浙江、安徽。

图 11-13　乌药的原植物和饮片

性味与归经　辛、微苦，温。归脾、肺、肾、膀胱经。

功能　行气止痛，温肾散寒。

主治

（1）寒凝气滞之胸腹诸痛证　本品辛温，能疏理气机，善治寒气凝滞之疼痛。用于寒郁气滞之腹痛，脾胃冷痛，常与陈皮、木香、枳壳、厚朴配伍；寒疝腹痛、睾丸冷痛或肿胀，可与小茴香、川楝子、青皮、高良姜等配伍。

（2）尿频、遗尿　本品辛散温通，下行入肾与膀胱，温肾阳散膀胱寒气。用于下焦虚寒之滑精，常与五味子、金樱子、菟丝子、高良姜等配伍；肾阳不足、膀胱虚冷之尿频或尿失禁，常与益智仁、山药、黄芪、党参、升麻、菟丝子等配伍。

用法用量　马、牛 30～60 g，猪、羊 10～25 g，犬、猫 3～5 g，禽、兔 1～5 g。

禁忌　血虚内热、体虚、气虚者慎用。

按语　乌药味辛，性温，能理气消胀，降逆止痛，又能温散肝肾寒气，温肾缩尿，为常用的理气药。《本草纲目》记载："下通少阴肾经，上理脾胃元气。"本品善治脾胃寒冷、气行不畅所致的消化不良、肚胀腹痛、呕吐，治下焦肾经膀胱经虚冷之疝气疼痛、尿频、遗尿等效果更佳。木香、香附、乌药均为治诸气疼痛要药，但木香长于理气宽胸，用于胃肠气滞之痉挛痛；香附长于开郁散结，用于血郁气滞疼痛；乌药长于散寒止痛，用于肝、肾、膀胱冷气痛。

现代研究

（1）化学成分　本品含乌药烃、乌药烷、乌药酸、乌药醇酯、龙脑、柠檬烯、乌药内酯、挥发油、异喹啉类生物碱、呋喃倍半萜以及乌药醚内酯等。

（2）药理作用　乌药总生物碱有缓解 *p*-二甲苯所致小鼠耳廓肿胀及角叉菜胶所致后足跖肿胀，减少小鼠在热板上舔舐后足和乙酸所致小鼠扭体的次数，有明显的止痛效果；所含挥发油能明显降低胃实寒模型大鼠的胃排空率，所含挥发油以及水提液、醇提液能明显抑制豚鼠离体回肠自发活动，且对乙酰胆碱、氯化钡所致回肠痉挛有明显拮抗作用，还对金黄色葡萄球菌、甲型溶血性链球菌、伤寒杆菌、绿脓杆菌、大肠杆菌等有抑制作用；所含挥发油内服时，有兴奋大脑皮质的作用，还有兴奋心肌、加速血液循环、升血压及发汗作用。

九、香附

本品为莎草科植物莎草 *Cyperus rotundos* L. 的干燥根茎(图 11-14，彩图 11-14)。秋季采挖，燎去毛须，置沸水中略煮或蒸透后晒干，或燎后直接晒干。生用或醋制、炒炭用。主产于我国山东、浙江、湖南、福建。

图 11-14　香附的原植物和饮片

性味与归经　辛、微苦、微甘，平。归肝、脾、三焦经。

功能　理气宽中，疏解肝郁，调经止痛。

主治

(1)脾胃气滞腹痛　本品味辛能行，善理气宽中，治疗脾胃气滞所致之胸膈痞满、脘腹胀痛，常与苍术、川芎、六曲、栀子配伍，如越鞠丸(组成：香附、川芎、苍术、神曲、栀子，《丹溪心法》)。

(2)肝郁气滞胁痛、腹痛　本品辛散苦泄，入肝经，长于理肝气、疏郁结。治疗肝郁气滞所致之胸胁胀痛，常与柴胡、陈皮、川芎配伍，如柴胡疏肝散(组成：陈皮、柴胡、川芎、香附、枳壳、芍药、甘草，《景岳全书》)；治疗寒凝气滞之腹痛，与高良姜、干姜、小茴香、乌药等配伍；治疗乳痈初起疼痛，与橘叶、蒲公英、赤芍等配伍。

(3)胎产疾病疼痛　本品入肝，善调经而止痛，是治疗产科病之要药。治疗母畜发情周期紊乱，与当归、川芎、益母草配伍；治疗宫寒不孕，与艾叶、淫羊藿、阳起石、菟丝子等配伍；治疗产后瘀血腹痛，恶露不尽，与桃仁、炮姜、川芎、当归、甘草等配伍。

用法用量　马、牛 30～60 g，猪、羊 10～30 g，犬、猫 3～8 g，禽、兔 1～3 g。

禁忌　本品苦燥能耗血散气，故血虚气弱者不宜单用。体温过高者和孕畜慎用。

按语　香附，味辛、微苦，性平，是最常用的理气开郁药。其性宣畅，能通行十二经的气分，“主一身之气”，解六郁，又入血分，为“血中之气药”，是治产前产后疾病之要药。《本经逢原》记载：“香附之气平而不寒，香而能窜，其味多辛能散，微苦能降，微甘能和。生则上行胸膈，外达皮肤；熟则下走肝肾，外彻腰足。炒黑则止血，得童溲浸炒则入血分而补虚，盐水浸炒则入血分而润燥，青盐炒则补肾气，酒浸炒则行经络，醋浸炒则消积聚，姜汁炒则化痰饮。得参、术则补气，得归、芪（地黄）则补血，得木香则疏滞和中，得檀香则理气醒脾，得沉香则升降诸气，得芎、苍术则总解诸郁，得山栀、黄连则降火清热，得茯苓则交心肾，得茴香、补骨脂则引气归元，得浓朴、半夏则决壅消胀，得紫苏、葱白则解邪气，得三棱、莪术则消磨积块，得艾叶则治血气暖子宫，乃气病之总司，女科之主帅也。”

现代研究

（1）化学成分　本品主要含挥发油（香附子烯、香附子醇等）、黄酮类、糖类、三萜类、酚性成分、脂肪酸化合物。

（2）药理作用　本品提取液对兔离体肠平滑肌有抑制作用，能降低正常兔离体肠运动频率及张力；挥发油中的α-香附酮可抑制未孕大鼠离体子宫肌的自发性收缩以及缩宫素引起的离体子宫肌收缩，还能降低醋酸所致小鼠扭体反应的次数，有明显的止痛效果；水煎剂有降低肠紧张性和拮抗乙酰胆碱的作用。

十、佛手

本品为芸香科植物佛手 *Citrus medica* L. var. *sarcodactylis* Swingle. 的干燥果实（图11-15，彩图11-15）。秋季果实尚未变黄或变黄时采收，纵切成薄片，晒干或低温干燥。切片，生用。主产于我国四川、广东。

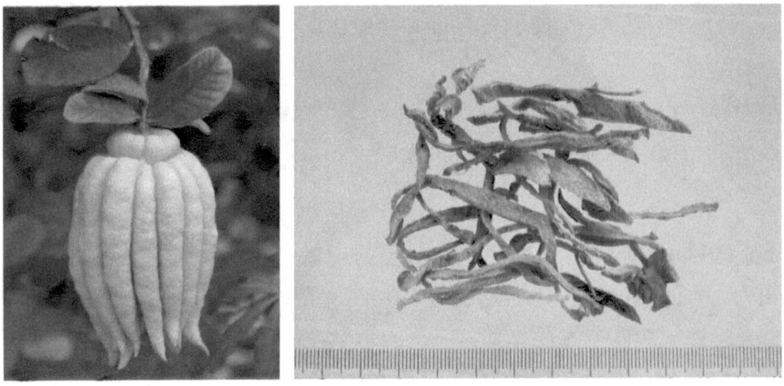

图 11-15　佛手的原植物和饮片

性味与归经　辛、酸、苦，温。归肝、脾、胃、肺经。

功能　疏肝理气，和胃止痛，健脾化痰。

主治

（1）肝郁胸胁胀痛　本品辛、苦，能行散疏泄，善于疏理肝气，治疗肝脾不和所致之肚腹胀痛，食欲不振，消化不良等，常与木香、柴胡、厚朴等配伍。

（2）久咳痰多、胸闷作痛　本品辛香行气，苦温燥湿，能舒膈化滞，宽胸化痰，又能止呕。长于治疗湿困痰聚之呕吐、湿痰咳喘等证，常与半夏、茯苓、陈皮、瓜蒌皮等配伍。

用法用量　马、牛 25～60 g，猪、羊 10～25 g，犬、猫 3～5 g，禽、兔 1～5 g。

按语 佛手辛行苦降温散。能行气止痛，疏肝健脾，用于肝脾气滞之腹胀腹痛最为相宜。陈皮与佛手均为理气止痛之要药，陈皮化痰燥湿作用大于佛手，佛手疏肝解郁作用胜于陈皮。

现代研究

（1）化学成分 本品主要含柠檬油素等香豆素类，尚含挥发油、黄酮类、橙皮苷、有机酸、萜类，还含柠檬烯、γ-松油烯、邻苯丙基苯甲烷、烯、桂烯、香叶木苷、橙皮苷、3，5，8-三羟基-7，4′-二甲氧基黄酮、6，7-二甲氧基香豆素、5，7-二甲氧基香豆素、7-羟基-6-甲氧基香豆素、7-羟基豆素、7-羟基-5-甲氧基香豆素、5-异戊烯氧基-7-甲氧基香豆素、香豆酸、柠檬苦素等。

（2）药理作用 本品挥发油能延长组胺诱导的小鼠支气管哮喘模型的潜伏期，有止咳、平喘、祛痰等作用；金佛手醇提液能明显增强家兔离体回肠平滑肌的收缩，对乙酰胆碱引起的家兔离体十二指肠痉挛有明显的解痉作用；佛手果实挥发油对酵母菌、大肠杆菌、枯草杆菌和金黄色葡萄球菌均有较明显的抑制作用。

十一、香橼

本品为芸香科植物枸橼 *Citrus medica* L. 或香橼 *Citrus wilsonii* Tanaka. 的干燥成熟果实（图 11-16，彩图 11-16）。秋季果实成熟时采收，趁鲜切片，晒干或低温干燥。香圆亦可整个或对剖两半后，晒干或低温干燥。生用。主产于我国四川、云南等地。

图 11-16 香橼的原植物和饮片

性味与归经 辛、苦、酸，温。归肝、胃、肺经。

功能 理气宽中，健脾化痰。

主治

（1）肝郁胸胁胀痛、气滞脘腹胀痛 本品辛散苦泄，长于理气和胃。用于肝气不舒所致之胸胁胀痛，食欲不振等，常与柴胡、郁金、香附、厚朴等同用；用于脾胃气滞之脘腹痞满，食欲不振，呕吐嗳气，常与枳壳、陈皮、砂仁等同用。

（2）痰饮咳嗽、胸膈不利 本品辛行而理气宽胸，苦燥降泄而化痰止咳，用于湿痰喘咳或胸闷，常与半夏、生姜、茯苓等同用。

用法用量 马、牛 15～30 g，猪、羊 6～15 g，犬、猫 3～5 g，禽、兔 1～5 g。

禁忌 阴虚血燥及孕畜气虚者慎用。

按语 香橼辛酸而苦，其气清香，能行气降逆以治咳嗽，又能燥湿而化痰。清代吴仪洛认为"理上焦之气而止呕，进中州之食而健脾"(《本草从新》)。陈皮、香橼均能理气化痰，常配伍以增强燥湿化痰之功。佛手、香橼均能疏肝理气、燥湿化痰，善治肝气郁滞、湿痰喘咳。佛手疏肝止痛胜于香橼，燥湿化痰之用则不及。

现代研究

(1)化学成分 本品主要含挥发油、黄酮类、二萜内酯以及橙皮乙酸牛儿醉酯、乙酸芳樟醇酯、黄柏酮、黄柏内酯、枸橼酸、苹果酸、果胶、鞣质、维生素 C 等。

(2)药理作用 本品挥发油对胃肠道有温和刺激作用，能促进胃肠蠕动和消化液分泌，排除肠内积气，还有祛痰、抗炎和抗病毒(水疱性口炎病毒、流感病毒)的作用；所含橙皮苷可以改善豚鼠缺乏维生素 C 所致眼睛球结膜血管内细胞凝聚及毛细血管抵抗力降低；还有补充维生素 C、抑制血栓形成、抗动脉粥样硬化、预防冻伤、抑制大鼠晶状体醛还原酶的作用。

十二、娑罗子

本品为七叶树科植物七叶树 *Aesculus chinensis* Bge.、浙江七叶树 *Aesculus chinensis* Bge. var. *chekiangensis* (Hu et Fang) Fang 或天师 *Aesculus wilsonii* Rehd. 的干燥成熟种子(图 11-17，彩图 11-17)。秋季果实成熟时采收，除去果皮，晒干或低温干燥。生用。主产于我国浙江、江苏等地。

图 11-17 娑罗子的原植物和饮片

性味与归经 甘，温。归肝、胃经。

功能 疏肝理气，和胃止痛。

主治

(1)肝胃气滞 本品辛散能理气，用于肝郁气滞之胁肋胀痛，常与青皮、佛手、枳壳配伍；用于肝气不疏之乳痈肿痛，常与香附、郁金配伍。

(2)肚腹胀痛 本品辛行而理气宽中以和胃，用于肝胃气滞所致之胸胁、脘腹疼痛。

用法用量 马、牛 35～45 g，猪、羊 3～10 g，猫 3～5 g，禽、兔 1～5 g。

禁忌 气虚阴虚者禁用。

按语　娑罗子甘温，归肝、胃经，能理气和中止痛，善治中焦疼痛。《本草纲目拾遗》记载："宽中下气，治胃脘肝膈臌胀，疳积疟痢，吐血劳伤，平胃通络，用阴阳瓦炙灰，或酒煨食俱效。单用不入他药，或称天师栗，非也"。李时珍曰："按宋祁《益州方物志》云：天师栗，惟西蜀青城山中有之，他处无有也。气味甘、温、无毒。主治：久食，已风挛。"

现代研究

（1）化学成分　本品主要含皂苷类、黄酮类、有机酸类等成分，皂苷类中的七叶皂苷为其主要有效成分，含油酸和硬脂酸的甘油酯、玉蕊醇 C、七叶树苷元、原七叶树苷元、七叶皂苷、16-脱氧玉蕊醇 C 淀粉、粗纤维、蛋白质等。

（2）药理作用　本品水煎剂能促进胃肠蠕动，抑制胃酸分泌，保护胃黏膜；所含七叶皂苷可以通过刺激迷走神经合成和释放多巴胺来改变迷走神经的兴奋性，抑制小鼠胃排空；所含七叶皂苷对正常大鼠有促排钠作用，且对毛细血管通透性增大有明显的抑制作用，在提高静脉紧张性的同时减小淋巴管的通透性，从而降低组织的胶体渗透压而达到抗水肿、抗渗出的效果；其他成分如黄酮类化合物有抗病毒活性，香豆素类化合物如七叶内酯和七叶苷是治疗细菌性痢疾的有效成分；本品还有抗缺氧、抗炎、杀精子、升高血浆中的皮质甾酮和血糖的作用。

十三、薤白

本品为百合科植物小根蒜 *Allium macrostemon* Bge. 或薤 *Allium chinensis*. G. Don 的干燥鳞茎（图 11-18，彩图 11-18）。夏、秋二季采挖，洗净，除去须根，蒸透或置沸水中烫透，晒干。生用。主产于我国东北、河北、江苏等地。

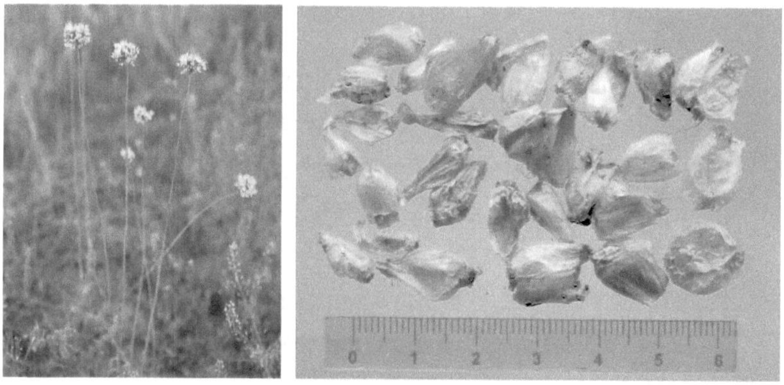

图 11-18　薤白的原植物和饮片

性味与归经　辛、苦，温。入肺、胃、大肠经。

功能　通阳散结，行气导滞。

主治

（1）胸痹　本品辛散温通，善于温散胸腹寒邪，通胸阳闭结，可与莱菔子、枳壳、瓜蒌等配伍，如枳实薤白桂枝汤（组成：枳实、薤白、桂枝、厚朴、瓜蒌，《金匮要略》）。

（2）食积腹胀，泻痢　本品与高良姜、砂仁、木香配伍，治疗胃寒气滞之脘腹痞满胀痛；与木香、枳实、苦参配伍，治疗胃肠气滞、泻痢里急后重。

用法用量 煎灌，马、牛 30～90 g，羊、猪 10～15 g，兔、禽 2～5 g。

禁忌 气虚者忌用。

按语 薤白辛温，温胸通阳，能化湿浊之气，以散阴寒之结，故上能开胸痹，下能泻滞气，为理气宽胸，通阳止痛要药。《本草求真》有："薤，味辛则散，散则能使在上寒滞立消；味苦则降，降则能使在下寒滞立下；气温则散，散则能使在中寒滞立除；体滑则通，通则能使久痼寒滞立解。是以下痢可除，瘀血可散，喘急可止，水肿可敷，胸痹刺痛可愈，胎产可治，汤火及中恶卒死可救，实通气、滑窍、助阳佳品也。"

现代研究

(1)化学成分 本品主要含挥发油、甾体皂苷、氨基酸、糖类等。

(2)药理作用 本品乙醇提取物能舒张氯化钙、高钾和去甲肾上腺素所致兔主动脉收缩，松弛血管平滑肌；水煎剂对痢疾杆菌溶血性链球菌、金黄色葡萄球菌有抑制作用，长梗薤白中的含硫化合物有潜在的杀线虫活性；提取物还有抗氧化、抗肿瘤的作用。

十四、大腹皮

本品为棕榈科植物槟榔 *Areca catechu* L. 的干燥果皮(图 11-19，彩图 11-19)。冬季至次春采收未成熟的果实，煮后干燥，纵剖两瓣，剥取果皮，习称"大腹皮"；春末至秋初采收成熟果实，煮后干燥，剥取果皮，打松，晒干，习称"大腹毛"。主产于我国广东、海南、台湾等地。

图 11-19 大腹皮的原植物和饮片

性味与归经 辛，微温。归脾、胃、大肠、小肠经。

功能 行气宽中，利水消肿。湿阻气滞，水肿胀满，宿水停脐，小便不利。

主治

(1)湿阻气滞 本品辛散温通，行气除湿，用于湿阻气机之胸腹胀满、粪便秘结等，与藿香、厚朴、山楂、枳实等配伍。

(2)水肿胀满，宿水停脐，小便不利 本品辛温，能疏利水道而消肿。与茯苓皮、五加皮配伍，治疗水湿外溢，皮肤水肿，小便不利，如五皮饮(组成：大腹皮、生姜皮、陈橘皮、桑白皮、茯苓皮，《三因极一病证方论》)，治疗仔猪水肿或牛妊娠浮肿；与木通、桑白皮、牵牛子配伍，治疗脚气肿痛、二便不通。

用法用量　马、牛 20～45 g，羊、猪 6～12 g，兔、禽 1～3 g。

禁忌　气虚者慎用。

按语　大腹皮，即槟榔皮，其辛散而能利水除湿，善治湿气阻痞。但槟榔性猛烈，长于破气、泻实积，而大腹皮性和缓，长于散无形之积。《本经逢原》记载："槟榔性沉重，泄有形之积滞，腹皮性轻浮，散无形之滞气。故痞满膨胀，水气浮肿，脚气壅逆者宜之。惟虚胀禁用，以其能泄真气也。"本品调理气滞之功与陈皮、木香、厚朴、香附类似，但陈皮偏于理脾气，木香偏于调胃气，厚朴偏于宽中气，香附偏于疏肝气。

现代研究

（1）化学成分　本品主要含挥发油、少量槟榔碱和副槟榔碱。

（2）药理作用　本品能刺激副交感神经，使胃肠的紧张性增高、蠕动增强，并有利尿作用；大腹皮煎剂可作用于肠平滑肌，使离体兔肠紧张性增高、收缩幅度减小，其作用可被阿托品所拮抗，还有促进纤维蛋白溶解的作用。

十五、砂仁

本品为姜科多年生草本植物阳春砂 *Amomum villosum* Lour.、绿壳砂 *Amomum villosum* Lour. var. *xanthioides* T. L. Wu et Senjen 或海南砂 *Amomum longiligulare* T. L. Wu 的干燥成熟果实（图 11-20，彩图 11-20）。夏、秋二季果实成熟时采收，晒干或低温干燥。主产于我国广东、云南、广西等地。

图 11-20　砂仁的原植物和饮片

性味与归经　辛，温。归脾、胃、肾经。

功能　化湿开胃，温脾止泻，理气安胎。

主治

（1）化湿行气　本品辛而芳香，能行气除湿，与茯苓、半夏、厚朴、枳实配伍，用于湿阻中焦，证见脘腹痞胀，恶心欲吐，口不渴，便溏尿浊，苔白腻；与木香、枳实配伍，用于脾胃气滞、气机阻塞，证见胃痛，脘腹胀满，嗳气酸腐，吐出不消化之食物。

（2）温胃止呕　与木香、半夏、陈皮、茯苓、甘草、生姜配伍，用于脾胃虚寒、胸痞呕吐；单用本品研末冲服，或与茯苓、半夏、苏梗等配伍，用于妊娠呕吐。

(3)温脾止泻　本品味辛性温,能温脾止泻,用于脾虚寒湿积滞之泻痢,常与白术、党参、半夏、干姜配伍,如砂半理中汤(组成:清半夏、制香附、砂仁、高良姜、炒枳壳,《效验秘方》)。

(4)温中安胎　本品芳香,能理气安胎,用于气滞之胎动不安,常与桑寄生、菟丝子、杜仲、白术等配伍。

用法用量　马、牛 15～30 g,羊、猪 3～10 g,禽、兔 1～2 g。

禁忌　阴虚有热者忌用。

按语　砂仁芳香辛温,善于醒脾开胃,行气化湿,主治脾胃虚寒、湿阻中焦所致食少纳差、肠鸣腹痛、吐食嗳气等。砂仁能引药入肾经,故又为治肾虚之使药,其效胜于肉桂、附子。

现代研究

(1)化学成分　本品含挥发油,其中主要成分为右旋樟脑、龙脑、乙酸龙脑酯、芳樟醇及橙花叔醇等。

(2)药理作用　本品所含挥发油有芳香健胃作用,可增强胃的机能,促进消化液的分泌,并可促进肠道积气排出;所含挥发油对胃黏膜有保护作用,还能减缓免疫球蛋白(IgE)介导的皮肤过敏反应,减少组胺释放,可抑制肥大细胞介导的过敏性反应;本品及所含挥发油还有解痉、镇痛、抗菌、抗溃疡、抗血小板聚集等多种活性。

本章小结

消导药味多甘、辛,主入脾、胃二经,主要功能是消食化积、健脾和胃,常用于草料停滞、消化不良。神曲健脾和中,可治脾虚泄泻。山楂行气散瘀,化浊降脂,可治瘀血肿痛,下痢脓血。麦芽生用健脾开胃,疏肝行气,炒用有回乳消胀之功效,可治乳房肿痛。鸡内金化石通淋,可治砂淋、石淋。莱菔子理气化痰,治气喘、咳嗽。谷芽健脾开胃,消食化积。临床应用时需结合病证特点和药物性味、归经与功能特性进行灵活选用。

理气药性味多辛温,芳香而温燥。辛能行散,芳香能窜,苦温能疏泄燥湿,故有疏理气机的功能。陈皮辛散苦降,温和不峻,偏于理肺脾之气;青皮性猛,入肝、胆气分,偏于疏肝破气,多用于理中、下二焦之气。枳实味苦,长于破泄胃肠结气,治食滞腹胀腹痛、胃肠结气、粪便不畅等。木香味辛、苦,气芳香,微温,可治寒凝气滞,胃肠胀痛,又能疏肝解郁,和胃健脾,是行气止痛之要药。厚朴味辛、苦,能行气导滞、散满除胀,尤善治湿浊阻滞。川楝子苦泄能行,长于疏肝解郁,理气化滞,是治疝气之要药。乌药能温散肝肾寒气,温肾缩尿,善治下焦肾经、膀胱经虚冷之疝气疼痛、尿频、遗尿等。香附味辛,其性宣畅,能通行十二经气分,主一身之气,解六郁,又入血分,为“血中之气药”,是治产前产后疾病之要药。佛手味辛、苦,能散能降,善治肝脾气滞之腹胀腹痛。香橼辛酸而苦,能行气降逆以治咳嗽,又能燥湿而化痰。娑罗子甘温,归肝、胃经,能理气和中止痛,善治中焦疼痛。薤白味辛苦,能化湿浊之气,能温胸通阳,以散阴寒之结,上能开胸痹,下能泻滞气,为理气宽胸,通阳止痛之要药。砂仁芳香辛温,善于醒脾开胃,行气化湿,主治脾胃虚寒、湿阻中焦所致之食少纳差、肠鸣腹痛、吐食嗳气等。

复习思考题

1. 消导药临床主治注意事项有哪些？
2. 兽医临床常用的消导药有哪些？
3. 何谓理气药？主要包含哪些药物？各自的性味与归经是什么？
4. 气机不畅的常见证候和临床表现有哪些？
5. 如何理解《本草逢原》中“香附，乃气病之总司，女科之主帅也”？

第十二章　温 里 药

凡性味与归经温热，治疗里寒证的药物，称为温里药，又称温中药、祛寒药。

本类药物多为辛温或辛热之品，以其辛散温通、偏走脏腑而具有温中散寒、温经止痛、回阳救逆等效用，可治疗里寒证。里寒证常见证型有：脾胃受寒，或脾胃虚寒证，证见脘腹冷痛、呕吐泄泻、食少纳差、舌淡苔白等；肺寒痰饮证，证见痰鸣咳喘、痰白清稀、舌淡苔白滑等；肝经受寒证，证见少腹冷痛、寒疝作痛、或厥阴头痛、或寒痹疼痛等；肾经受寒，或肾阳不足证，证见阳痿、宫寒、腰膝冷痛、夜尿频繁、滑精遗尿等；心肾阳虚证，证见畏寒肢冷、心悸怔忡、小便不利、肢体水肿等；亡阳厥逆证，证见畏寒蜷卧、汗出神疲、四肢厥逆、脉微欲绝等。

使用本类药物尚需依据不同证候进行适当配伍。如外寒入侵，兼有表寒未解者，须与解表药同用；寒凝经脉、气滞血瘀者，须与行气活血药同用；寒湿阻滞者，须与芳香化湿或苦温燥湿药同用；心脾肾阳虚者，宜与温补药同用；亡阳气脱者，应与大补元气药同用。

温里药多辛温燥烈，易耗伤阴液、动火助热，故实热、阴虚火旺、津血亏虚者禁用；易助胎热，故孕畜慎用；炎热气候或素体火旺者当减少用量。

现代药理学研究表明，温里药一般具有不同程度的镇静、镇痛、解痉、扩张血管、促进血液循环、健胃、强心抗休克等作用。

根据寒邪所入脏腑经络以及病情轻重缓急的差异，可将温里药分为温中散寒药、温经止痛药、回阳救逆药。

第一节　温中散寒药

温中散寒药味辛性温热，因辛行气，温热祛寒，具有行气祛寒的作用。药物归经多为脾胃经。临床上适用于中焦脾阳虚弱的里寒证，脾阳虚弱，运化无力，肚腹胀痛或见下痢，四肢不温，舌苔白滑。本类药物燥热作用较强，易劫阴动血，故阴虚阳亢者慎用。

一、干姜

本品为姜科植物姜 *Zingiber officinale* Rosc. 的干燥根茎（图 12-1，彩图 12-1）。冬季采挖，除去须根和泥沙，晒干或低温干燥。趁鲜切片晒干或低温干燥者称为“干姜片”。我国大部分地区均有栽培。

性味与归经　辛，热。归脾、胃、肾、心、肺经。

功能　温中逐寒，回阳通脉，燥湿消痰。

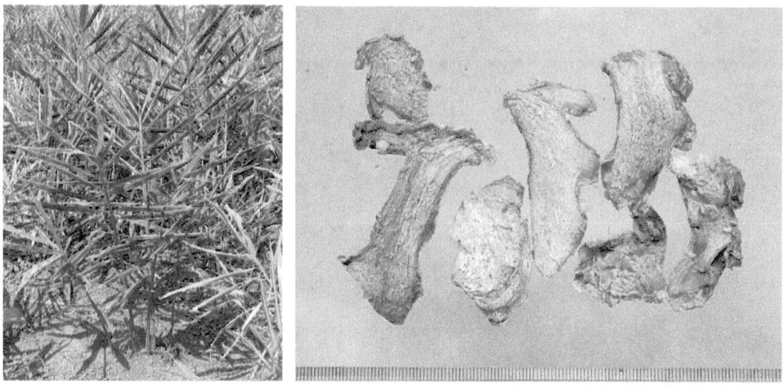

图 12-1　干姜的原植物和饮片

主治

（1）脾胃寒证　本品辛热燥烈，温脾暖胃之效甚强，为温暖中焦之主药。单用本品研末服，治疗寒邪直中脏腑所致腹痛；单用或与党参、白术、甘草配伍，治疗中寒水泻；与党参、白术配伍，治疗胃虚寒、脘腹冷痛；与高良姜配伍，治疗胃寒呕吐；与黄芩、黄连、人参配伍，治疗上热下寒、寒热格拒、食入即吐。

（2）亡阳证　本品辛热，善祛里寒，有温阳守中，回阳通脉的功能。常与附子配伍，共奏回阳救逆之效，如四逆汤（组成：炙甘草、干姜、附子，《宋·太平惠民和剂局方》）。

（3）肺寒咳嗽、痰稀而多、形如白沫　本品辛热，入脾、胃、肺经，能温散肺中寒邪，以利肺之宣降，而痰饮可化，亦能温运脾胃，以祛湿浊，可绝生痰之源。治疗肺寒咳嗽或肺寒吐沫，与半夏、细辛、五味子、茯苓、陈皮等配伍；治疗寒饮停胃，胃内水声漉漉，与吴茱萸、半夏、白术、厚朴、茯苓等配伍。

（4）温经止血　本品经炒炮焦名炮姜，苦温而涩，辛散之力大减，温守之力增强故有温经止血作用。用于虚寒性出血证，单用或与侧柏炭、棕炭、乌梅炭、荆芥炭等配伍。

用法用量　马、牛 15～30 g，羊、猪 3～10 g，犬、猫 1～3 g，兔、禽 0.3～1 g。

禁忌　阴虚有热者及孕畜忌用。

按语　干姜辛热，能温太阴之阳，功兼收敛，为温中散寒之专药。若与附子同用，相互协调而起回阳救逆之效，故有“附子无姜不热，姜无附子不行”之说。因干姜偏于温脾胃之阳，能守亦能走，作用缓慢而持久，而附子偏于温全身之阳，其性善走而不守，作用迅速而不持久。干姜、生姜、炮姜（干姜急火炒焦而成）源自同物，因炮制不同而功能有别。干姜偏于温中散寒及回阳益火，生姜长于发散风寒及温胃止呕，炮姜偏于温经止血及温脾止泻。

现代研究

（1）化学成分　本品含挥发油，主要有姜烯、没药烯、水芹烯、姜烯酮、姜辣素、姜酮、龙脑、柠檬醛等。

（2）药理作用　本品所含姜辣素兴奋胃肠道机能，能促进消化液分泌，抑制胃肠道内异常发酵，促进气体排出；有镇静、镇痛、强心、抗炎、抗缺氧、抗血栓形成及止吐作用，对血压有双向调节作用，还能扩张血管，促进血液循环；对伤寒杆菌、霍乱弧菌、堇色癣菌有抑制作用。

二、吴茱萸

本品为芸香科植物吴茱萸 *Euodia rutaecarpa*(Juss.)Benth.、石虎 *Euodia rutaecarpa*(Juss.)Benth var. *officinalis*(Dode)Huang 或疏毛吴茱萸 *Euodia rutaecarpa*(Juss.)Benth var. *bodinieri*(Dode)Huang 的干燥近成熟果实(图 12-2,彩图 12-2)。8—11 月果实尚未开裂时,剪下果枝,晒干或低温干燥,除去枝、叶、果梗等杂质。主产于我国贵州、广西、湖南、云南、陕西、浙江、四川等地。

图 12-2　吴茱萸的原植物和饮片

性味与归经　辛、苦,热;有小毒。归肝、脾、胃、肾经。

功能　温中止痛,理气止呕。

主治　脾胃虚寒,冷肠泄泻,胃冷吐涎。

(1)脾胃虚寒　本品辛散苦泄、性热祛寒,主入肝经,善温散肝脾之寒邪,善解厥阴之郁滞,且有良好的止痛作用,为治疗肝寒气滞诸痛之主药。治疗中焦虚寒、肝气上逆的厥阴头痛,与生姜配伍;治疗肝郁胃寒或中焦虚寒、脘腹冷痛,与砂仁、高良姜、丁香配伍;治疗寒凝肝经、疝气疼痛,与川楝子、小茴香、木香配伍;治疗寒凝肝经、肝气不舒、冲任不利、血行不畅、经产腹痛,与炮姜、艾叶、益母草配伍;治疗寒湿外侵、脚气肿痛,与木瓜、槟榔、紫苏配伍。

(2)胃冷吐涎　本品辛散苦泄、性热祛寒,善能散寒止痛,还能疏肝解郁,降逆止呕,兼能制酸止痛。与半夏、生姜配伍,用于胃寒呕吐、呃逆之证;与半夏、生姜配伍,治疗外寒内侵、胃失和降之呕吐;与黄连配伍,治疗肝郁化火、肝胃不和所致胁痛口苦、呕吐吞酸等。

(3)阳虚久泻　本品苦热、性热散寒、味苦燥湿,能散寒燥湿以止泻。与补骨脂、肉豆蔻、五味子配伍,治疗脾肾阳虚、五更泄泻。

用法用量　马、牛 15～30 g,羊、猪 3～10 g,犬、猫 2～5 g。

禁忌　阴虚有热者忌用。

按语　吴茱萸味辛苦性热,能温胃散寒,疏肝燥脾,暖肾止疝,理气止呕。用于虚寒腹痛,呕吐泄泻,属于浊阴不降,厥气上逆者。属热证呕吐者,可与黄连同用,如左金丸(组成:黄连 6 份,用姜汁浸炒;吴茱萸 1 份,用盐水泡,《丹溪心法》),治疗肝气郁而化热,肝热犯胃而吐酸者效佳。《素问·至真要大论》谓："诸逆冲上，皆属于火；诸胀腹大，皆属于热。"该方重用黄连以泻火，有实则泻其子之意；少佐吴茱萸之辛温开泻以反佐。半夏与吴茱萸均可止呕，然半夏善止胃气不和，中焦有湿之呕吐；吴茱萸善止脾胃虚寒，厥气上逆之呕吐。

现代研究

（1）化学成分　本品含吴茱萸烯、罗勒烯、月桂烯、吴茱萸内酯、吴茱萸内酯醇、吴茱萸碱、吴茱萸次碱、羟基吴茱萸胺、花色苷、异戊烯黄酮、吴茱萸酸、月桂酸、棕榈酸等。

（2）药理作用　本品有镇痛、利尿、抗血栓、抗溃疡、抗胃肠道痉挛、抗心肌缺血、兴奋子宫等作用；对大肠杆菌、金黄色葡萄球菌、人型结核杆菌、绿脓杆菌及多种皮肤真菌有抑制作用，对感染哥伦比亚 SK 株病毒、乙肝表面抗原（HBsAg）有抑制作用。

三、小茴香

本品为伞形科植物茴香 *Foeniculum vulgare* Mill. 的干燥成熟果实（图 12-3，彩图 12-3）。秋季果实初熟时采割植株，晒干，打下果实，除去杂质。我国各地均有栽培。

图 12-3　小茴香的原植物和饮片

性味与归经　辛，温。归肝、肾、脾、胃经。

功能　散寒止痛，理气和胃。

主治　寒伤腰胯，冷痛，冷肠泄泻，胃寒草少，腹胀，宫寒不孕。

（1）脾胃虚寒　草少、冷痛、吐涎、寒泻等，常与干姜、木香等配伍。

（2）胃寒草少　常与益智仁、白术、干姜等配伍。

（3）寒伤腰胯　本品香散辛开，能行气止痛，温肝散寒，为治疗寒疝腹痛之要药，与吴茱萸、川楝子等配伍，以增强散寒止痛之功，如茴香散（组成：茴香、川楝子、当归、巴戟天、胡芦巴、补骨脂、没药、白酒，《司牧安骥集》），治疗马小肠气痛。

用法用量　马、牛 15～60 g，羊、猪 5～10 g，犬、猫 1～3 g，兔、禽 0.5～2 g。

禁忌　热盛及阴虚有火者慎用。

按语　小茴香辛温，能温中开胃、疏肝温肾，长于行气止痛，为治疗寒疝疼痛之要药。生用偏于行气，盐炒偏于温肾。与附子同用，更能助阳益火，阳虚阴寒宜多用。吴茱萸与小茴香均能治疗寒疝，然吴茱萸偏于温肝，小茴香偏于温肾。

现代研究

(1)化学成分　本品含挥发性小茴香油，其中主要为茴香醚及右旋小茴香酮。

(2)药理作用　本品对胃肠有温和刺激作用，增强胃肠蠕动和分泌，排除肠中积气；本品也有镇痛、解痉、祛痰、利胆、镇痛、松弛平滑肌等作用；对真菌孢子、鸟型结核菌、金黄色葡萄球菌等有抑制作用。

四、丁香

本品为桃金娘科常绿乔木植物丁香 *Eugenia caryophyllata* Thunb. 的干燥花蕾(图 12-4，彩图 12-4)。当花蕾由绿色转为红色时采摘，晒干。主产于坦桑尼亚、马来西亚、印度尼西亚，在我国主产于广东、海南等地。

图 12-4　丁香的原植物和饮片

性味与归经　辛，温。归脾、胃、肺、肾经。

功能　温中降逆，补肾助阳。

主治

(1)胃寒呕吐　本品辛温芳香，暖脾胃而行气滞，善于降逆止呕，故有温中散寒、降逆止呕、止呃之功，为治疗胃寒呃逆呕吐之要药。治疗胃寒呕吐、呃逆，与柿蒂、吴茱萸、党参、白术、干姜、甘草配伍；腹痛肠胀，与木香、陈皮、枳壳、槟榔等配伍，如丁香散(组成：丁香、木香、小茴香、青皮、陈皮、槟榔、牵牛子、麻油、童便，《牛马病例汇编》)，治疗马肠胀。

(2)肚胀，冷肠泄泻　本品辛散温通力强，既能温散寒邪，消除凝滞，亦能止痛。治疗胃寒脘腹冷痛，与吴茱萸、肉桂、延胡索配伍。

(3)肾虚阳痿，宫寒　本品辛温，入肾经，有温肾助阳起痿之功能。治疗宫寒阴冷、肾虚阳痿，与淫羊藿、巴戟天、附子、肉桂配伍。

用法用量　马、牛 10～30 g，羊、猪 3～6 g，犬、猫 1～2 g，兔、禽 0.3～0.6 g。

禁忌　热盛及阴虚内热者忌用。

按语　丁香为暖胃降逆止呕之要药，可理气以止痛，辟浊以止呕，与柿蒂同用，治疗胃寒呃逆可获奇效。若肾虚有寒，阳气不足者亦可用之，常与补肾壮阳药同用以取效。前人谓公丁香粒小味浓，香力大，入药最佳；母丁香粒大味淡，香力小。因母丁香含油分不足，香气弱，故入药多用公丁香。

现代研究

(1)化学成分　本品含挥发性丁香油，其中主要有丁香酚、乙酰丁香酚、β-石竹烯、甲基正戊基酮、水杨酸甲酯、没食子酸和鞣酸等。

(2)药理作用　本品既能使胃黏膜充血、促进胃肠分泌、增加胃肠蠕动、增进食欲，又能缓解腹部气胀、减轻恶心呕吐；有促进胆汁分泌、抗溃疡、降血压、麻醉、抗惊厥、镇痛、抗血栓、平喘等作用；对痢疾杆菌、炭疽杆菌、金黄色葡萄球菌、结核杆菌、皮肤真菌等有抑制作用，对流感病毒亦有明显的抑制作用。

五、高良姜

本品为姜科植物高良姜 *Alpinia officinarum* Hance 的干燥根茎(图 12-5，彩图 12-5)。夏末秋初采挖，除去须根和残留的鳞片，洗净，切段，晒干。其种子名红豆蔻。主产于我国广东、广西、台湾等地。

图 12-5　高良姜的原植物和饮片

性味与归经　辛，热。归脾、胃经。

功能　温中散寒，止痛，消食。

主治　冷痛，反胃吐食，冷肠泄泻，胃寒少食。

(1)胃寒草少，伤水冷痛，气滞腹痛　本品辛热，善温散脾胃两经的寒邪而起温中止痛作用，为治疗胃寒脘腹冷痛之常用药。用于胃寒腹痛，常与香附、小茴香、延胡索、肉桂、木香等配伍，如灵应散(组成：附子、肉桂、高良姜、豆蔻、苍术、槟榔、黄芪、甘草、生姜，《牛经大全》)，治疗牛脾寒胃冷、口流清涎、耳鼻俱寒、头伏于地。

(2)胃冷吐涎　本品有和胃降逆之功，用于胃寒呕吐，胃冷吐涎等。治疗胃寒呕吐，与半夏、生姜配伍；治疗虚寒呕吐，与党参、茯苓、白术配伍。

用法用量　马、牛 15～30 g，羊、猪 3～10 g，兔、禽 0.3～1 g。

禁忌　阴虚内热、胃火作呕者忌用。

按语　高良姜与干姜均能温中止痛。然高良姜偏温散胃寒而止痛，镇痛力强；干姜偏温散脾寒而止泻，祛寒力较大。

现代研究

(1)化学成分　本品含挥发油、黄酮类化合物、淀粉、鞣质及脂肪，包括1,8-桉叶醇、β-蒎烯、α-松油醇、莰烯、高良姜素、大黄素和槲皮素等。

(2)药理作用　本品既可抑制胃肠运动，又可促进胃排空和分泌，亦有抗溃疡、抗腹泻、利胆、抗凝血、抗炎、镇痛等作用；对炭疽杆菌、α-溶血性链球菌、β-溶血性链球菌、白喉及类白喉杆菌、枯草杆菌、肺炎双球菌、金黄色葡萄球菌、人型结核杆菌、白色葡萄球菌、柠檬色葡萄球菌等革兰氏阳性嗜气菌都有抑制作用。

六、荜茇

本品为胡椒科多年生草质藤本植物荜茇 *Piper longum* L. 的干燥近成熟或成熟果穗(图12-6,彩图12-6)。果穗由绿变黑时采收，除去杂质，晒干。主产于我国云南、广东。

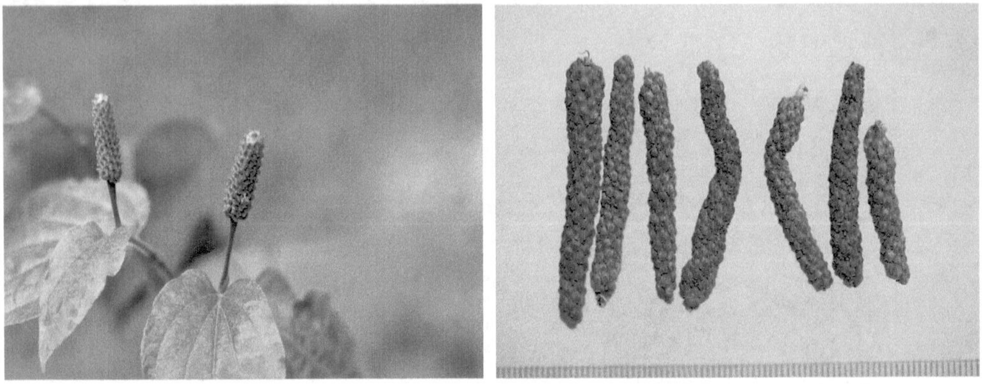

图12-6　荜茇的原植物和饮片

性味与归经　辛，热。归胃、大肠经。

功能　温中散寒，下气止痛。

主治　胃冷吐食，肠鸣腹泻，冷痛，风湿痹痛。

(1)温中散寒　本品辛温主入胃肠，能温胃中沉寒，解大肠之寒结，故为除胃肠冷积之要药。治疗凡胃寒引起的腹痛、呕吐、肠鸣腹泻，与高良姜、小茴香、木香、吴茱萸等配伍；治疗虚寒久泻，可与诃子、干姜、白术、党参等配伍。

(2)行气止痛　本品辛温芳香，可散寒、行气止痛。治疗阴寒凝滞经络所致头疼、牙疼，与细辛、升麻、白芷、胡椒配伍，效果良好。

用法用量　马、牛15～30 g,羊、猪3～6 g,兔、禽0.3～0.6 g。

禁忌　实热郁火、阴虚火旺者忌用。

按语　荜茇辛温芳香，温中散寒，行气止痛，为阳明经之要药。主用于寒气凝滞的胸腹诸痛、肠鸣腹泻、久痢不止等。现代医学谓其能调整内脏器官的血流量，可减轻缺血性腹痛。

现代研究

(1)化学成分　本品含挥发油、胡椒碱、N-异丁基癸二烯-反 2-反 4-酰胺、哌啶及少量荜茇酰胺、荜茇宁酰胺,还含棕榈酸、四氢胡椒酸、挥发油,另外还含芝麻脂素等。

(2)药理作用　本品能扩张皮肤血管,有调节体温的作用;还有抗惊厥、抗心肌缺血、抗缺氧、镇静、解热、镇痛和抗溃疡等作用;对大肠杆菌、痢疾杆菌、金黄色葡萄球菌、枯草杆菌、结核杆菌等有抑制作用。

七、荜澄茄

本品为樟科植物山鸡椒 *Litsea cubeba*(Lour.)Pers. 的干燥成熟果实(图 12-7,彩图 12-7)。秋季果实成熟时采收,除去杂质,晒干。主产于我国广西、广东、湖南、湖北、四川等地。

图 12-7　荜澄茄的原植物和饮片

性味与归经
辛,温。归脾、胃、肾、膀胱经。

功能
温中散寒,行气止痛。

主治

(1)胃寒呕逆　本品辛散温通,能温中散寒、降逆止呕。治疗胃寒脘腹冷痛,单用或与高良姜、肉桂、木香配伍;治疗胃寒呕吐、呃逆,与白豆蔻、半夏、丁香配伍。

(2)寒疝腹痛,腰胯寒痛　本品味辛性温,能散寒行气止痛。治疗寒疝腹痛(慢性睾丸肿痛),与小茴香、吴茱萸、青木香等配伍;治疗腰胯寒痛、四肢浮肿,与巴戟天、川楝子、狗脊、杜仲、木通、泽泻等配伍,如荜澄茄散(组成:小茴香、荜澄茄、补骨脂、胡芦巴、川楝子、青皮、陈皮、牵牛子、桂心、细辛、木通、酒,《司牧安骥集》),治疗寒伤腰胯、肾虚腿肿。

用法用量
马、牛 15～30 g,羊、猪 3～6 g,兔、禽 0.3～0.9 g。

禁忌
阴虚血分有热,发热咳嗽者禁用。

按语
荜澄茄为温中散寒之品,能暖脾胃,行滞气,为治疗呕吐呃逆之要药。

现代研究

(1)化学成分　本品含柠檬醛、甲基庚烯酮等挥发油,还含荜澄茄素、荜澄茄酸、荜澄茄内酯、脂肪油、淀粉等。

(2)药理作用　本品有抗胃溃疡、抑制肠蠕动、止泻、利胆、抗心律失常、抗心肌缺血、降血压、平喘、镇静、镇痛、抗过敏和刺激黏膜等作用；提取物能抑制水浸应激性小鼠胃溃疡和盐酸性大鼠胃溃疡形成；对金黄色葡萄球菌、伤寒杆菌、大肠杆菌、痢疾杆菌和绿脓杆菌有抑制作用。

八、胡椒

本品为胡椒科本品为胡椒科植物胡椒 *Piper nigrum* L. 的干燥近成熟或成熟果实（图12-8，彩图 12-8）。秋末至次春果实呈暗绿色时采收，晒干，为黑胡椒；果实变红时采收，用水浸渍数日，擦去果肉，晒干，为白胡椒。主产于我国广东、广西、云南及海南等地。

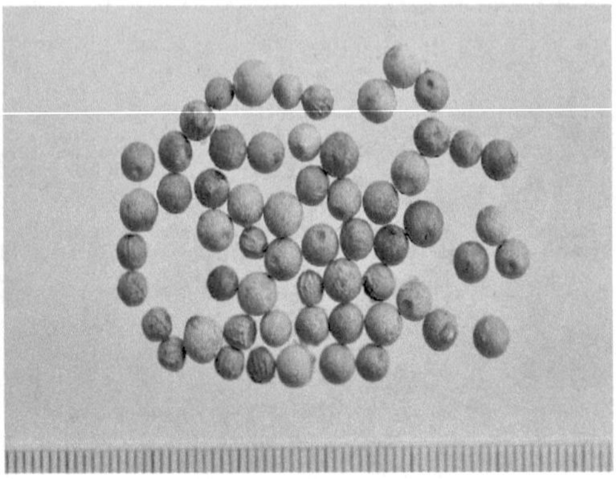

图 12-8　胡椒的原植物和饮片

性味与归经　辛，热。归胃、大肠经。

功能　温中散寒，下气，消痰。

主治　胃寒，呕吐，冷痛，冷肠泄泻，寒咳。

（1）胃寒，呕吐，腹痛泄泻　本品辛热，长于温中散寒止痛。适用于寒邪凝滞所致的胃寒脘腹冷痛、呕吐，单用研末酒送服或与高良姜、荜茇配伍；治疗胃寒呕吐，与生姜、半夏配伍；治疗脾胃虚寒之泄泻，与白术、吴茱萸等配伍。

（2）寒咳　本品辛散温通，能下气行滞、消痰宽胸。治疗痰气郁滞、蒙蔽清窍所致癫痫痰多，与荜茇配伍。

用法用量　马、牛 25～60 g，羊、猪 10～15 g。

禁忌　阴虚有火者忌用。

按语　胡椒味辛性热、芳香，为温中散寒、行气通瘀、理气宽胸、醒脾开胃之品。

现代研究

（1）化学成分　本品含胡椒碱、胡椒脂碱、胡椒新碱、胡椒林碱、辣椒碱、胡椒酰胺、次胡椒酰胺、胡椒亭碱等生物碱，还含少量挥发油等。

（2）药理作用　本品有镇静、祛风、健胃、皮肤刺激作用；提取的精油对金黄色葡萄球菌、枯草杆菌、蜡样芽孢杆菌、结核杆菌、痢疾杆菌、伤寒沙门菌 T、伤寒沙门菌 B、卵黄色八叠菌等均有抑制作用；提取的胡椒碱对青蛙、小鼠、大鼠和犬有中枢神经兴奋作用。

九、花椒

本品为芸香科植物青椒 *Zanthoxylum schinifolium* Sieb. et Zucc. 或花椒 *Zanthoxylum bungeanum* Maxim. 的干燥成熟果皮(图 12-9,彩图 12-9)。秋季采收成熟果实,晒干,除去种子和杂质。我国大部分地区均产,以四川产者为佳。

图 12-9　花椒的原植物和饮片

性味与归经　辛,温。归脾、胃、肾经。

功能　温中止痛,杀虫止痒。

主治　冷痛,冷肠泄泻,虫积;外治湿疮,疥癣。

(1)温中止痛　本品辛散温燥,入脾胃经,长于温中燥湿、散寒止痛、止呕止泻。治疗外寒内侵、胃寒腹痛、呕吐,与生姜、白豆蔻配伍;治疗脾胃虚寒、脘腹冷痛、呕吐、不思草料,与干姜、党参配伍。

(2)杀虫止痒　本品灌服有驱蛔杀虫之功,外用有燥湿杀虫止痒之效。治疗蛔虫腹痛,与使君子、乌梅配伍;治疗湿疹瘙痒,单用或与苦参、蛇床子、地肤子、黄柏配伍,煎汤外洗,效果尤佳。

(3)皮肤湿疹、疥癣　常与黄柏、苦参等配伍。

用法用量　马、牛 10～20 g,羊、猪 3～9 g。

禁忌　孕畜慎用,阴虚火旺者忌用。

按语　花椒味辛性温,长于温中燥湿、散寒止痛、止呕止泻,亦善于祛寒除湿,外用可燥湿杀虫。

现代研究

(1)化学成分　本品含挥发油,主要为柠檬烯、枯醇、牻牛儿醇、植物甾醇、月桂烯、不饱和有机酸等。

(2)药理作用　本品有抗溃疡、抗炎、镇痛、降血压、保肝、镇静、利尿和驱猪蛔虫的作用;对局部有麻醉、止痛作用;对动物小肠有双向调节作用;对炭疽杆菌、溶血性链球菌、白喉杆菌、金黄色葡萄球菌、枯草杆菌、大肠杆菌、变形杆菌、伤寒杆菌、副伤寒杆菌、绿脓杆菌、霍乱弧菌等有抑制作用。

第二节 温经散寒药

温经散寒药味辛性温，因辛能运行气血，温能散寒，具有行气血散寒止痛的作用，临床上适用于阳气不足，外寒伤于经络，阴血运行不畅，四肢疼痛之证。本类药物宜与养血通脉的药物配合使用。

艾叶

本品为菊科多年生灌木植物艾 *Artemisia argyi* Levl. et Vant. 的干燥叶(图 12-10，彩图 12-10)。夏季花未开时采摘，除去杂质，晒干。古时以蕲州产者为佳，特称蕲艾。又以陈久者入药为佳，故又称陈艾。主产于我国湖北、安徽、山东、河北等地。

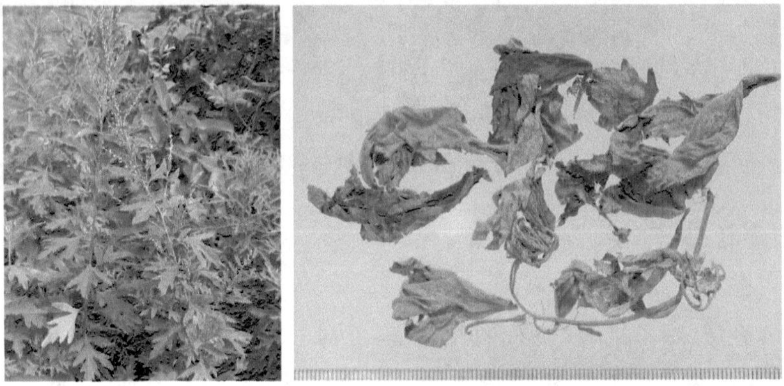

图 12-10 艾叶的原植物和饮片

性味与归经 辛、苦、辛，温；有小毒。归肝、脾、肾经。

功能 散寒止痛，温经止血。

主治

(1)肚腹冷痛 本品辛散温行，有较好的除寒止痛之功。用于虚寒性腹痛，与当归、香附、白术、党参、白芍等配伍。

(2)子宫出血 本品苦温，能暖宫散寒，温经止血，常炒炭以增强止血作用。治疗虚寒性子宫出血，与香附、熟地黄、仙鹤草、益母草、炮黑姜配伍；治疗血热出血证，可生用，与生地、侧柏叶、鲜荷叶、茜草、白茅根等配伍。

(3)宫寒不孕，胎动不安 用于宫寒不孕，与香附、吴茱萸、当归、白术、巴戟天、补骨脂等配伍；若用于气虚胎动，可与白术、党参、黄芪等配伍，如艾叶散(组成：艾叶、白石脂、白术、龙骨、当归、干姜、附子、吴茱萸、阿胶、厚朴，《圣惠》)，治疗胎动不安。

用法用量 马、牛 15～45 g，驼 30～60 g，羊、猪 5～15 g，犬、猫 1～3 g，兔、禽 1～1.5 g。

禁忌 阴虚有热者忌用。

按语 艾叶辛、苦，温煦而香，暖气血，温经脉，逐寒湿而止冷痛。因辛散苦燥，生温熟热，主治下焦虚寒证。仲景用以治漏下之疾，时珍用以治经带之疾。近代医家常将其作宫寒不孕或胎动漏血的主要药物，故列为产科专药。此外，本品做成艾绒、艾卷着火烧灸，能使热气内注筋骨，具有温经透络之功，用治百病，故又为温灸之要药。然艾叶属纯阳燥烈之品，对阴虚血热者，不能单独主治。

现代研究

(1)化学成分　本品含挥发油，其中含桉树脑、斯巴醇、薄荷醇、石竹烯、十六酸、水芹烯、莰烯、荜澄茄烯、侧柏醇等，还含倍半萜类、环木菠烷醇型三萜及黄酮醇类化合物等。

(2)药理作用　本品能促进胃液分泌，增进食欲，但大量使用反致恶心、呕吐；有止血、消炎、平喘、镇咳、祛痰等作用；对金黄色葡萄球菌、乙型溶血性链球菌、大肠杆菌、白喉杆菌、绿脓杆菌、伤寒杆菌、痢疾杆菌及皮肤真菌等有抑制作用；醋艾炭有明显的止血和镇痛作用。

第三节　回阳救逆药

回阳救逆药味辛性热，因辛，热能祛寒，具有扶阳祛寒的作用，临床上适用于阳气衰微，表里俱寒，四肢厥逆，下痢清谷，甚至阴胜格阳之证。若阳气衰微至阴盛格阳于外，出现邪胜拒药，需与少量寒凉之品配伍或冷服以反佐。

一、附子

本品为毛茛科多年生草本植物乌头 *Aconitum carmichaeli* Debx. 根的加工品(图 12-11，彩图 12-11)。6 月下旬至 8 月上旬采挖，除去母根、须根及泥沙，习称“泥附子”，加工制成盐附子、黑附片(黑顺片)、白附片。主产于我国四川、陕西、贵州、湖南、湖北、甘肃、云南、广西、江西、安徽等地。

图 12-11　附子的原植物和饮片

性味与归经　辛、甘、大热。有毒。归心、肾、脾经。

功能　回阳救逆，补火助阳。

主治

(1)寒伤脾胃　寒伤脾胃所致草料减少，或腹痛起卧、泄泻、呕吐等证，常与干姜、党参、白术、甘草配伍，如附子理中汤(组成：附子、人参、干姜、甘草、白术，《三因极一病证方论》)。

(2)阳虚　本品能上助心阳通血脉，中温脾阳以散寒，下补肾阳益命火。用于骨阳不足，命门火衰，可与肉桂、山茱萸、干地黄等配伍。用于寒伤脾胃，与党参、白术、干姜等配伍。用于心阳虚衰，与党参、桂枝、甘草配伍，以温通心阳。

(3)风寒湿痹　本品药性温热，能祛除寒湿，因此对风湿痹痛属于寒气偏胜者有良好的散寒止痛作用。凡腰胯冷痛，束步难行，卧地难起，口色淡，脉象迟细等证，常与桂枝及祛风湿药配伍。

用法用量　马、牛 15～30 g，羊、猪 3～9 g，犬、猫 1～3 g，兔、禽 0.5～1 g。

禁忌　阴虚内热者及孕畜忌用。

按语　附子味辛甘，性大热有毒，有回阳救逆，逐寒燥湿，温肾助阳之功能。其性善走而不守，既能内达，又能外彻，能升亦能降。凡凝寒痼冷，痹结于脏腑、经络、血脉者，皆能开通温散；凡阳气欲脱，肢厥脉微者，可回阳救逆，立挽危亡。证见肢冷厥逆，脉微欲绝，口鼻气冷，或大汗淋漓，吐痢不止，非用附子不可，即所谓“益火之源，以消阴翳”是也。

现代研究

(1)化学成分　本品含生物碱(乌头碱、新乌头碱及次乌头碱、川乌碱甲、川乌碱乙等)和非生物碱(油酸、亚油酸、附子脂酸、花生酸、棉籽油、蓖麻油等)。

(2)药理作用　本品有强心、改善血液循环、镇痛、消炎、抗休克、抗缺氧、抑制凝血、抗血栓、降压、平喘、兴奋平滑肌和增强免疫的作用；少量能兴奋迷走神经中枢，有强心、镇静和消炎作用，同时增大心肌收缩幅度；对垂体肾上腺皮质系统有兴奋作用。由于毒性大，临床多需炮制，分解乌头碱，减轻毒性后应用，若生用或大量用要慎用以防中毒。

二、肉桂

本品为樟科植物肉桂 *Cinnamomum cassia* Presl 的干燥树皮(图 12-12，彩图 12-12)。多于秋季剥取，阴干。多生长于亚热带丛林中，主产于我国广东、广西、海南、云南等地，国外越南也产。野生与栽培均有。

图 12-12　肉桂的原植物和饮片

性味与归经　辛、甘，大热。归肾、脾、心、肝经。

功能　补火助阳，温中除寒。

主治

(1)脾胃虚寒，冷痛，肾阳不足，阳痿，宫冷　本品辛甘大热，补火助阳，适用于心肾脾等多种阳虚证，为补火助阳之要药。常与附子相须为用，以增强补火助阳之效。治疗肾阳不足，命门火衰的畏寒肢冷、腰膝软弱、夜尿频数清长、宫寒、阳痿、滑精、早泄，与附子、鹿角胶、菟丝子、肉苁蓉、杜仲、淫羊藿等配伍；治疗脾肾阳虚的四肢逆冷、食少神疲、粪便稀溏，与附子、人参、白术配伍；治疗心阳不足、心悸气短、胸闷不舒，与黄芪、薤白、附子、人参配伍。

(2)寒湿痹痛　本品辛甘大热，善入血分以温通经脉，运行气血，消除血滞，亦可散寒止痛，为治疗寒凝诸痛之良药。单用或与附子、干姜、高良姜、川芎、郁金、丹参配伍，对寒邪内侵，或脾胃虚寒的脘腹冷痛及胸阳不振、寒邪内侵的胸痹心痛效好。治疗风寒湿痹，或寒邪偏盛的痛痹，与独活、桑寄生、杜仲；治疗寒疝腹痛，与小茴香、吴茱萸、乌药配伍；治疗冲任虚寒，寒凝血滞的痛经、产后瘀滞腹痛或其他寒凝血瘀等，与川芎、当归配伍。

(3)寒凝血滞各种痛证　本品能温中散寒而止痛，故遇虚寒性的脘腹疼痛，单用一味，亦有相当功效。治疗寒邪内侵，脾胃寒伤，证见耳鼻寒冷、草少、口流清涎、腹痛或泄泻、口色淡白、脉沉迟，常与青皮、白术、厚朴、益智仁、干姜、当归、陈皮等配伍；若寒疝腹痛，与小茴香、吴茱萸等配伍，散寒止痛。

用法用量　马、牛 15～30 g，羊、猪 5～10 g，兔、禽 1～2 g。

禁忌　阴虚发热者及孕畜禁用。不宜与赤石脂同用。

按语　肉桂辛甘大热，有温肾助阳，温中散寒，宣导血脉之效。其性雄厚凝降，守而不走，偏暖下焦，能助肾中阳气，亦能纳气归肾，引火归元，为回阳通脉之要药。附子与肉桂均补命门相火，疗下焦元阳不足之证。但附子入气分，能引火归十二经以壮全身之阳，为走而不守之药，可立挽危亡，故能回阴寒证中几欲散失的阳气(回阳救逆)，前人谓“救阴中之阳”。肉桂主入血分，引火归脾肾二经，温下焦沉寒以壮局部之阳，为守而不走之药，即作用和缓，故能补下焦肾中不足之真火(温肾助阳)，引火归元，前人谓“救阳中之阳”。故急救方多用附子，补益方多用肉桂。肉桂、干姜、附子三药合用，可增强温阳之功，然肉桂善温肾阳，干姜偏温脾阳，附子偏温心阳。

现代研究

(1)化学成分　本品含挥发油，主要为桂皮醛、肉桂油、肉桂酸、甲酯，还含乙酸桂皮酯、乙酸、乙酸苯丙酯及鞣质等。

(2)药理作用　本品有促进血液循环、解痉、镇痛、解热、镇咳祛痰、降血压、镇静、抗惊厥等作用；对金黄色葡萄糖球菌、大肠杆菌、枯草芽孢杆菌、荧光假单胞菌、扩展青霉、互隔交链孢霉、硫色镰刀菌及粉红单端孢等有抑制作用；试验表明本品可促进胃肠分泌，增进食欲；可扩张血管，促进血液循环，抗心肌缺血，防止血小板聚集；肉桂油能缓解胃肠痉挛，并能抑制肠内异常发酵，有止痛作用。

本章小结

本类药物多味辛而性温热，以其辛散温通、偏走脏腑而能温里散寒、温经止痛，个别药物还能助阳、回阳，故可以用于里寒证，又因其主要的归经不同而有多种效用。

附子、干姜、肉桂均能温中散寒止痛，附子回阳救逆功胜，干姜回阳力较弱，肉桂还能温经通脉，姜、附相须为用。干姜还能温肺化饮，治肺寒痰饮咳喘。吴茱萸散寒止痛温中，以温肝散寒止痛为主，并善温中止呕，还能助阳止泻。丁香功能温中降逆、散寒止痛，还能温肾助阳。小茴香能理气和中，治中焦虚寒气滞之腹痛腹胀。高良姜温中散寒止痛之力专而功胜。荜茇治脾胃虚寒之泄泻，还能行气止痛，可用于下焦虚寒。荜澄茄能散寒止痛，还能暖脾胃，行滞气，为治呕吐呃逆之要药。胡椒能下气消痰，并能开胃。花椒能温中燥湿、散寒止痛、止呕止泻，善于祛寒除湿，外用还可燥湿杀虫。艾叶能散寒止痛，还能暖宫散寒，温经止血，治宫寒不孕。

复习思考题

1. 何谓温里祛寒药？临床主要用于什么病证？
2. 温里药主要有哪些？分别有什么特点？
3. 比较附子、干姜、肉桂三者的功能。
4. 大汗亡阳虚脱时，多用附子而不用肉桂，为何？
5. 温里药依据不同证候，如何配伍？
6. 温里药临床主治有哪些注意事项？

第十三章　化痰止咳平喘药

凡能消除痰涎，制止或减轻咳嗽和气喘的药物，称为化痰止咳平喘药。

本类药物味多辛、苦，入肺经。辛能散能通，故具有宣通肺气之功，肺气宣通，则咳止而痰化。许多医家认为痰是津液停聚而成的，指出治痰之要在于调气。故有“治咳嗽者，治痰为先，治痰者，下气为上”和“善治痰者，不治痰而治气，气顺则一身之津液亦随气而顺矣”（《丹溪心法》）的说法，指出了理气化痰的重要意义。苦能泄能降，故具有降泄肺气之效，肺气肃降，则喘息自平，所以调气又为治喘的一个重要方法。

临床上，咳嗽每多挟痰，而痰多亦可导致咳嗽。因此，在治疗上，止咳和化痰往往配合使用。如化痰药常与止咳药同用，而止咳药也常与化痰药同用。

咳嗽的原因很多，临证时，必须辨明发病原因，根据病情适当地选用其他药物配合治疗。如外感风寒引起的咳嗽，就应与辛温解表药同用；如外感风热引起的咳嗽，就应与辛凉解表药同用；如虚劳引起的咳嗽，就应与补养药同用，才可收到较好的效果。

由于咳、喘症状不同，如有喘急宜平，气逆宜降，燥咳宜润，热咳宜清等，治疗原则也不同。因此，根据化痰止咳平喘药的不同性味和功能，可将其分为如下三类。

（1）清化热痰药　凡性味与归经偏于寒凉，以清化热痰为主要作用的药物，称为清化热痰药。适用于热痰郁肺所致呛咳气喘，鼻液黏稠等。临床主治时，应根据病情作适当的配伍。

（2）温化寒痰药　凡性味与归经温燥，具有温肺祛寒、燥湿化痰作用的药物，称为温化寒痰药。适用于寒痰、湿痰所致呛咳气喘，鼻液稀薄等。临床主治时，常与燥湿健脾药物配伍。因其性燥烈，故阴虚燥咳、热痰壅肺等情况慎用。

（3）止咳平喘药　凡以止咳、平喘为主要作用的药物，称为止咳平喘药。由于咳喘有寒热虚实等的不同，临床主治时，须选用适宜药物配伍。

第一节　清化热痰药

本类药物味甘质润，或咸软坚，性多寒凉，以清化热痰，润燥化痰为主要功效，主治热痰证，如咳嗽气喘，痰黄质稠者；或燥痰犯肺所致痰稠难咯，唇舌干燥之证；部分药物软坚散结，可用于痰热癫痫、中风惊厥、瘿瘤、痰火瘰疬等证。本类药物性味与归经寒凉，故寒痰与湿痰证不宜使用。

一、贝母

川贝母为百合科植物川贝母 *Fritillaria cirrhosa* D. Don、暗紫贝母 *Fritillaria unibracteata* Hsiao et K. C. Hsia（图 13-1，彩图 13-1）、甘肃贝母 *Fritillaria przewalskii*

Maxim.、梭砂贝母 *Fritillaria delavayi* Franch.、太白贝母 *Fritillaria taipaiensis* P. Y. Li 或瓦布贝母 *Fritillaria unibracteata* Hsiao et K. C. Hsia var. *wabuensis* (S. Tang et S. C. Yue) Z. D. Liu, S. Wang et S. C. Chen 的干燥鳞茎。按性状不同分别习称"松贝""青贝""炉贝"和"栽培品"。夏、秋二季或积雪融化后采挖，除去须根、粗皮及泥沙，晒干或低温干燥。主产于我国四川、云南、甘肃等。

浙贝母为百合科植物浙贝母 *Fritillaria thunbergii* Miq. 的干燥鳞茎(图 13-2，彩图 13-2)。初夏植株枯萎时采挖，洗净。大小分开，大者除去芯芽，习称"大贝"；小者不去芯芽，习称"珠贝"。分别撞擦，除去外皮，拌以煅过的贝壳粉，吸去擦出的浆汁，干燥；或取鳞茎，大小分开，洗净，除去芯芽，趁鲜切成厚片，洗净，干燥，习称"浙贝片"。原产于我国浙江象山，现主产于浙江鄞州。此外，江苏、安徽、湖南、江西等地亦产。

图 13-1　暗紫贝母的原植物和饮片

图 13-2　浙贝母的原植物和饮片

性味与归经　川贝母：苦、甘，微寒。浙贝母：苦，寒。均入心、肺经。

功能　川贝母清热润肺，止咳化痰，散结消痈。浙贝母清热散结，化痰止咳。

主治　川贝母偏治痰少咳嗽，阴虚或肺燥咳嗽多用；浙贝母偏治痰多咳嗽和痈肿疮毒、瘰疬未溃者，外感风热、痰火郁结咳嗽宜用。

(1)止咳化痰　用于痰热咳嗽，常与知母配伍；用于久咳，与杏仁、紫菀、款冬花、麦冬等配伍；用于肺痈鼻脓，与百合、大黄、天花粉等配伍，如百合散(组成：百合、紫菀茸、贝母、白芍药、前胡、赤茯苓、桔梗(炒)、甘草(炙),《重订严氏济生方》)。

(2)虚劳咳嗽,肺热燥咳　本品性寒味微苦,能清肺泄热化痰,又味甘质润能润肺止咳,尤宜于内伤久咳、燥痰、热痰之证。用于肺虚劳咳,阴虚久咳有痰者,常与百合、麦冬、熟地黄等配伍以养阴润肺化痰止咳,如百合固金汤(组成:熟地黄、生地黄、归身、白芍、甘草、桔梗、玄参、贝母、麦冬、百合,《医方论》)。用于肺热肺燥咳嗽,常与知母配伍以清肺润燥化痰止咳,如二母丸(组成:知母、贝母、百药煎,《寿世保元》)。

(3)瘰病疮肿及乳痈、肺痈　本品能清热解郁化痰散结。用于痰火郁结之瘰疬,常与玄参、牡蛎等配伍以化痰软坚消瘰疬;用于热毒壅结之疮痈、肺痈,常与蒲公英、鱼腥草等配伍以清热解毒、消肿散结。

(4)风热、痰热咳嗽　浙贝母功似川贝母而偏苦泄。用于风热咳嗽,常与桑叶、前胡等配伍;用于痰热郁肺之咳嗽,常与瓜蒌、知母等配伍。

用法用量　川贝母:马、牛 15～30 g,羊、猪 3～1 0g,犬、猫 1～2 g,兔、禽 0.5～1 g。浙贝母:马、牛 15～30 g,驼 35～75 g,羊、猪 3～10 g,兔、禽 0.5～1.5 g。

禁忌　脾胃虚寒及有湿痰者忌用,不宜与川乌、制川乌、草乌、制草乌、附子同用。

按语　川贝母、浙贝母均具苦寒之性,有清热化痰之功。治疗肺热咳嗽之证,常与知母相须为用,如二母散(组成:知母、贝母,《急救仙方》)。然川贝母兼有甘味微寒,尚能清润肺燥,长于润肺化痰止咳,多治疗阴虚燥咳,常与杏仁、麦冬、紫菀等配伍,如贝母丸(组成:贝母、皂角子,《普济方》);还可治疗劳嗽咳血,常与天冬、沙参、百部等配伍,如月华丸(组成:天门冬、麦门冬、熟地黄、生地黄、山药、百部、沙参、川贝母、阿胶、茯苓、獭肝、三七,《医学心悟》)。浙贝母苦寒之性较强,开郁散结,故善治痰火郁结所致的痰热咳嗽、吐痰黄稠、胶结难咯之证,常与黄芩、瓜蒌、枳实等配伍,如二母宁嗽丸[组成:川贝母、知母、石膏、炒栀子、黄芩、蜜桑白皮、茯苓、炒瓜蒌子、陈皮、麸炒枳实、炙甘草、五味子(蒸),《古今医鉴》];还可治疗风热咳嗽或外感燥热咳嗽,可与前胡、桑白皮、天花粉或桑叶、杏仁、沙参等配伍。

现代研究

(1)化学成分　川贝母含多种生物碱,如川贝母碱、西贝母碱、青贝碱、炉贝碱、松贝碱等。浙贝母含浙贝碱、去氢浙贝母碱、贝母醇。

(2)药理作用　川贝母总生物碱及非生物碱均有镇咳作用,川贝流浸膏、川贝母碱均有不同程度的祛痰作用;西贝母碱还有解痉作用;给猫静脉注射川贝碱有降血压作用,并有短暂的呼吸抑制作用,西贝母碱对麻醉犬也有降血压作用;贝母碱可使豚鼠离体子宫张力增加;贝母总碱有抗溃疡作用;浙贝母碱及去氢浙贝母碱有明显镇咳作用,在低浓度下对支气管平滑肌有明显扩张作用;此外,还有中枢抑制作用,可镇静、镇痛。

二、瓜蒌

本品为葫芦科植物栝楼 *Trichosanthes kirilowii* Maxim. 或双边栝楼 *Trichosanthes rosthornii* Harms 的干燥成熟果实(图 13-3,彩图 13-3)。秋季果实成熟时,连果梗剪下,置通风处阴干。主产于我国山东、安徽、河南、四川、浙江、江西等地。

性味与归经　甘、微苦,寒。归肺、胃、大肠经。

功能　清热化痰,利气散结,润燥通便。

图 13-3　瓜蒌的原植物和饮片

主治

(1)痰热咳喘　本品有清肺化痰之功。常以本品治疗幼畜膈热,咳嗽痰稠,久延不愈者,临床常与知母、浙贝母等同用。若痰热内结,咳痰黄稠,胸闷而大便不畅者,又可与黄芩、胆南星、枳实等同用。

(2)肺痈、肠痈、乳痈　本品能消肿散结。治疗肺痈咳吐脓血,则与鱼腥草、芦根等同用;治疗肠痈,则与败酱草、红藻等同用;治疗乳痈初起,红肿热痛,与当归、乳香、没药同用,亦可与蒲公英、金银花、牛蒡子等同用。

(3)肠燥便秘　瓜蒌仁有润肠通便之功,常与火麻仁、郁李仁等同用。

用法用量　马、牛 30～60 g,羊、猪 10～20 g,兔、禽 0.5～1.5 g。

禁忌　脾胃虚寒,无实热者忌用。反乌头。

按语　瓜蒌,甘苦而寒,清热化痰,长于祛除肺窍之痰浊。又可清肺,用于热痰咳喘,燥热痰咳之证。治疗肺热阻肺,肺气上逆之咳喘痰稠,常与清热化痰药配伍,如清气化痰丸(组成:酒黄芩、瓜蒌仁霜、制半夏、胆南星、陈皮、苦杏仁、枳实、茯苓,《医方考》)。治疗燥热痰咳,可与清肺润燥、祛痰止咳药配伍,如贝母瓜蒌散(组成:贝母、瓜蒌、花粉、茯苓、橘红、桔梗,《医学心悟》)。瓜蒌,清热化痰,宽胸利膈,常用于胸痹,痰热结胸之胸脘胀满;治疗痰浊阻痹之胸痹痛,常以瓜蒌壳与薤白同用,以增强行气消痰、宽利胸膈之效,如瓜蒌薤白白酒汤(组成:瓜蒌实、薤白、白酒,《金匮要略》)、瓜蒌薤白半夏汤(组成:栝蒌实、薤白、半夏、白酒,《金匮要略》)。治疗痰热互结于胸脘,按之痛者,可与清热泻火、行气化痰药配伍,如小陷胸汤(组成:黄连、半夏、瓜蒌,《伤寒论》)。

现代研究

(1)化学成分　本品含三萜皂苷、有机酸及盐类、树脂、糖类和色素,种子含脂肪油、皂苷等,皮含多种氨基酸及生物碱等。

(2)药理作用　本品有广谱的抗菌作用,如对大肠杆菌、伤寒杆菌等有抑制作用,对某些皮肤真菌也有抑制作用;从瓜蒌中分离得到的氨基酸有良好的祛痰效果,所含天冬氨酸能增强细胞免疫,有利于减轻炎症,减少分泌物,并使痰液黏度下降而易于咳出;醇提物能明显降低胃酸分泌和胃酸浓度,抑制溃疡形成;能扩张冠状动脉,增加冠状动脉血流量,较大剂量时,能抑制心脏,降低心肌收缩力,减慢心率,能延长缺氧动物生存时间,提高动物耐缺氧能力;所含栝楼酸能抑制血小板聚集；全瓜蒌有较强的抗癌作用；水提物可使血糖先上升后下降，最后复原，对肝糖原、肌糖原无影响；瓜蒌仁有致泻作用。

三、天花粉

本品为葫芦科植物栝楼 *Trichosanthes kirilowii* Maxim. 或双边栝楼 *Trichosanthes rosthornii* Harms 的干燥根(图 13-4，彩图 13-4)。秋、冬二季采挖，洗净，除去外皮，切段或纵剖成瓣，干燥。切片生用。主产于我国山东、安徽、河南、四川、浙江、江西等地。

图 13-4　天花粉的原植物和饮片

性味与归经　甘、微苦，微寒。归肺、胃经。

功能　清热泻火，生津止渴，排脓消肿。

主治　高热贪饮，肺热燥咳，咽喉肿痛，热毒痈肿，乳痈。

(1)肺热咳喘　本品能清肺、润燥、化痰。用于清肺热、肺虚咳嗽等，常与麦冬、生地黄、沙参等配伍。

(2)热病伤津　本品清胃热养阴而生津止咳。用于热证伤津口渴者，常与芦根、麦冬等配伍。

(3)疮痈肿毒　本品对疮痈肿毒，有清热解毒、排脓消肿等作用。常与金银花、白芷等配伍，如仙方活命饮[组成：白芷、贝母、防风、赤芍药、当归尾、甘草节、皂角刺(炒)、穿山甲(炙)、天花粉、乳香、没药、金银花、陈皮，《校注妇人良方》]。

用法用量　马、牛 15～45 g，羊、猪 5～15 g，犬、猫 3～5 g，兔、禽 1～2 g。

禁忌　孕畜慎用。不宜与川乌、制川乌、草乌、制草乌、附子同用。

按语　天花粉，甘苦微寒，清热泻火，生津止渴，用于温热病气分热证或表热证烦渴。本品清泻气分实热之力稍弱，而较长于生津止渴，故温热病气分热盛伤津口渴者，常与石膏、知母等同用，如栝楼根汤(组成：天花粉、麦冬、知母、石膏、甘草，《症因脉治》)。表热证而见口渴者，可于银翘散(组成：连翘、金银花、苦桔梗、薄荷、竹叶、生甘草、芥穗、淡豆豉、牛蒡子，《温病条辨》)等方中加入本品，以清热生津。

现代研究

(1)化学成分　本品含天花粉蛋白、皂苷、淀粉、植物凝集素、α-羟甲基丝氨酸、天冬氨酸、核糖、木糖、阿拉伯糖、7-豆甾烯-3-β-醇，还含α-苦瓜素和β-苦瓜素、葫芦苦素等。

(2)药理作用　皮下或肌内注射天花粉蛋白有引产和终止妊娠的作用，天花粉蛋白为中期引产及治疗恶性葡萄胎和绒毛膜上皮癌的有效成分，直接作用于胎盘滋养层细胞使之变性坏死，使绒毛膜促性腺激素下降到先兆流产的临界水平以下，导致胎儿死亡而娩出；天花粉蛋白有抗病毒、抗肿瘤作用；煎剂对溶血性链球菌、肺炎双球菌、白喉杆菌等有较强的抑制作用；从天花粉分离出的5种聚糖均有降血糖作用。

四、桔梗

本品为桔梗科植物桔梗 *Platycodon grandiflorus* (Jacq.) A. DC. 的干燥根(图13-5，彩图13-5)。春、秋二季采挖，洗净，除去须根，趁鲜剥去外皮或不去外皮，干燥。主产于我国安徽、江苏、浙江、湖北、河南等地。

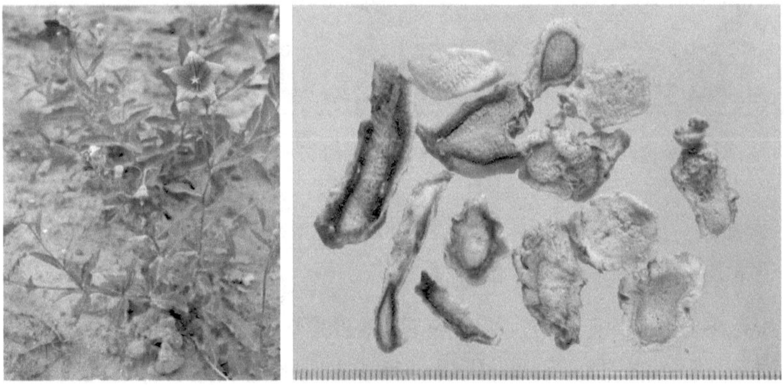

图13-5　桔梗的原植物和饮片

性味与归经　苦、辛，平。归肺经。

功能　宣肺，祛痰，利咽，排脓。

主治　咳嗽痰多，咽喉肿痛，肺痈。

(1)肺气不宣，咳嗽痰多，胸闷不畅　本品辛散苦泄，宣开肺气，化痰利气，无论属寒属热皆可应用。风寒者，与紫苏、杏仁配伍，如杏苏散(组成：苏叶、半夏、茯苓、前胡、杏仁、苦桔梗、枳壳、橘皮、甘草、生姜、大枣，《温病条辨》)；风热者，与桑叶、菊花、杏仁配伍，如桑菊饮(组成：桑叶、菊花、杏仁、连翘、薄荷、苦桔梗、甘草、苇根，《温病条辨》)。治疗肺热咳喘，常与贝母、板蓝根、甘草、蜂蜜等配伍，如清肺散(组成：连翘、川芎、白芷、黄连、苦参、荆芥、桑白皮、黄芩、山栀、贝母、甘草，《回春》)。

(2)咽喉肿痛　本品能宣肺利咽。凡外邪犯肺，咽喉肿痛者，与射干、马勃、板蓝根等配伍以清热解毒利咽。

(3)肺痈咳吐脓痰　本品性散上行，能利肺气以排壅肺之脓痰。常与鱼腥草、冬瓜仁等配伍以加强清肺排脓之效。

用法用量　马、牛 15～45 g，羊、猪 3～10 g，兔、禽 1～1.5 g。

禁忌　阴虚久咳者忌用。

按语　桔梗苦辛，归肺经，有良好的祛痰和止咳功能，用于咳嗽痰多之症。又能宣肺利气，故无论属寒属热，新感久病，皆可配伍主治。若治疗外感风寒之咳嗽痰多、鼻塞流涕等，常与发散风寒类药物同用，如杏苏散（组成：苏叶、半夏、茯苓、前胡、杏仁、苦桔梗、枳壳、橘皮、甘草、生姜、大枣，《温病条辨》）。治疗风热咳嗽，痰稠黄，口渴，身热者，常与疏散风热类药物配伍，如桑菊饮（组成：桑叶、菊花、杏仁、连翘、薄荷、苦桔梗、甘草、苇根，《温病条辨》）。治疗咳嗽日久，咯痰不爽，口干咽痛者，可与止咳祛痰类药物配伍，如止嗽散（组成：桔梗、荆芥、紫菀、百部、白前、甘草、陈皮，《博济方》），以之与百部、紫菀等同用。

现代研究

（1）化学成分　本品含多种皂苷，主要为桔梗皂苷（水解后产生桔梗皂苷元）、菊糖、植物甾醇等。

（2）药理作用　本品及所含皂苷能促进呼吸道黏蛋白的释放，表现为较强的祛痰作用，煎剂、水提物均有良好的止咳效果，能反射性增加气管、支气管分泌，稀释痰液，有较强的祛痰作用；抑制胃液分泌和抗溃疡；有促进类固醇、胆酸分泌的作用；水提物有明显的保肝作用；石油醚提取物有抗癌、抗氧化作用；有解痉、镇痛、镇静、降血糖、降血脂等作用；桔梗皂苷有很强的溶血作用，但口服能使其在消化道中被分解破坏而失去溶血作用。

五、前胡

本品为伞形科植物白花前胡 *Peucedanum praeruptorum* Dum 的干燥根（图 13-6，彩图 13-6）。冬季至次春茎叶枯萎或未抽花茎时采挖，除去须根，洗净，晒干或低温干燥。主产于我国江苏、浙江、江西、广西、安徽等地。

图 13-6　前胡的原植物和饮片

性味与归经　苦、辛，微寒。归肺经。

功能　降气化痰，疏风清热。

主治

（1）咳喘痰多色黄者　本品苦能泄降，寒能清热，用于痰热阻肺，肺气失降者，常与杏仁、桑皮、贝母等配伍；用于寒痰湿痰证，常与白前相须为用。

(2)外感风热咳嗽有痰者　本品味辛性寒，能发散风热，宣肺气，化痰止咳，常与桑叶、牛蒡子、桔梗等配伍；若属风寒咳嗽，则与伍荆芥、紫菀等配伍。

用法用量　马、牛 15～45 g，羊、猪 5～10 g，兔、禽 1～3 g。

禁忌　阴虚火嗽、寒饮咳嗽均不宜用。

按语　前胡，辛苦微寒，既能祛痰而止咳，用于咳喘多之症，又能清热，尤宜于热痰所致之痰咳。治疗热痰阻肺、肺气上逆，咳喘痰多色黄，宜与清热化痰、止咳平喘药配伍，如《证治准绳》之前胡散(组成：前胡、人参、赤茯苓、紫苏、陈皮、半夏曲、枳壳、甘草、木香，《普济方》)，以之与桑白皮、杏仁、贝母等同用。若湿痰、寒痰所致之咳喘痰多，亦可与温肺、燥湿、化痰之品，如半夏、紫菀等配伍。

现代研究

(1)化学成分　本品主要含白花前胡甲素、白花前胡乙素、白花前胡丙素、白花前胡丁素等香豆素类，还含皂苷类与挥发油前胡苷、前胡素、伞形花内酯、甘露醇等。

(2)药理作用　本品煎剂可明显促进呼吸道黏液分泌，且持续时间较长，有祛痰作用；能扩张血管，抗血小板聚集，增加冠状动脉血流量，减少心肌耗氧量，降低心肌收缩力，抗心衰，降血压；有抗菌、抗炎、镇静、解痉、抗过敏、抗溃疡等作用；煎剂对流感病毒有抑制作用。

第二节　温化寒痰药

本类药物味多辛苦，性多温燥，主归肺、脾、肝经，有温肺祛寒，燥湿化痰之功，部分药物外用有消肿止痛作用。主治寒痰、湿痰证，如咳嗽气喘、痰多色白、苔腻之证，以及寒痰、湿痰所致眩晕、肢体麻木、阴疽流注及疮痈肿毒。临床应用时，常与温散寒邪、燥湿健脾药配伍。温化寒痰性味与归经温燥，不宜用于热痰、燥痰之证。

一、半夏

本品为天南星科植物半夏 *Pinellia ternata* (Thunb.) Breit. 的干燥块茎(图 13-7，彩图 13-7)。夏、秋二季采挖，洗净，除去外皮和须根，晒干。原药为生半夏，如用凉水浸泡至口尝无

图 13-7　半夏的原植物和饮片

麻辣感，晒干加白矾共煮透，取出切片晾干者为清半夏；如与姜、矾共煮透，晾干切片入药者为姜半夏；以浸泡至口尝无麻辣感的半夏，与甘草煎汤泡石灰块的水混合液同浸泡至内无白心者，称法半夏。主产于我国四川、湖北、安徽、江苏、山东、福建等地。

性味与归经 辛，温；有毒。归脾、胃、肺经。

功能 消肿散结。

主治

(1)湿痰，寒痰证 本品辛温而燥，为燥湿化痰，温化寒痰之要药。尤善治脏腑之湿痰。治疗湿痰阻肺之咳嗽气逆，痰多质稠者，常与橘皮同用，如二陈汤(组成：半夏、橘红、白茯苓、甘草，《太平惠民和剂局方》)；治疗寒痰咳嗽，则与干姜、细辛等配伍，如小青龙汤(组成：麻黄、芍药、细辛、炙甘草、干姜、桂枝、五味子、半夏，《伤寒论》)。

(2)胃气上逆呕吐 半夏为止呕要药。各种原因引起的呕吐，皆可随证配伍用之，对痰饮或胃寒呕吐尤宜。常与生姜配伍，如小半夏汤(组成：半夏、生姜，《金匮要略》)；若胃热呕吐，则与黄连、竹茹等配伍；胃阴虚呕吐，则与石斛、麦冬配伍；胃气虚呕吐，则与人参、白蜜等配伍。

(3)肚腹胀满 半夏辛开散结，化痰消痞。治疗肚腹胀满，与干姜、黄连、黄芩配伍，以苦辛通降，开痞散结，如半夏泻心汤(组成：半夏、黄连、黄芩、干姜、甘草、大枣、人参，《伤寒论》)。

(4)瘿瘤痰核，痈疽肿毒及毒蛇咬伤等 本品内服能消痰散结，外用能消肿止痛。治疗瘿瘤痰核，与昆布、海藻、贝母等配伍；无名肿毒、毒蛇咬伤，以生品研末调敷或鲜品捣敷。

用法用量 马、牛 15～45 g，驼 30～60 g，猪、羊 3～10 g，犬、猫 1～5 g。

禁忌 阴虚燥咳、伤津口渴、血证、热痰稠黏及孕畜禁用。反乌头。

按语 半夏，辛温而火燥，长于燥湿化痰浊，用于湿痰、寒痰，为燥湿化痰之要药，并通过化痰以收消痞散结之效，故适宜于脏腑湿痰诸证。半夏滑降，有良好的降逆止呕作用，为止呕要药，可用于各种原因所致的呕吐，常与生姜配伍，止呕之力更增，且毒性减弱，尤宜于痰饮或胃寒所致之呕吐，如《金匮要略》之小半夏汤(组成：半夏、生姜，《金匮要略》)，亦可随证配伍主治。半夏内服可消痰散结，用于痰核、瘿瘤之证，常与消痰散结之品配伍，如与昆布、海藻等品同用。外用亦能攻毒消肿止痛，治疗痈疽、毒蛇咬伤等，可生用研末调敷，或用鲜品捣敷患处。

现代研究

(1)化学成分 本品主要含β-谷甾醇、葡萄糖苷、游离β-谷甾醇、微量挥发油、植物甾醇、皂苷、辛辣性醇类、胆碱、左旋麻黄碱等生物碱及少量脂肪、淀粉等。

(2)药理作用 生半夏、姜半夏、姜浸半夏和明矾半夏的煎剂对猫碘液注入胸腔或电刺激喉上神经所致咳嗽有明显的镇咳作用；半夏制剂对毛果芸香碱所致唾液分泌有明显的抑制作用；半夏加热炮制或加明矾、姜汁炮制的各种制剂，对去水吗啡、洋地黄、硫酸铜所致呕吐都有一定的镇吐作用；半夏胰蛋白酶抑制剂只抑制胰蛋白酶对酰胺、酯、血红蛋白和酪蛋白的水解，不能抑制胰凝乳蛋白酶、舒缓激肽释放酶、枯草杆菌蛋白酶和木瓜蛋白酶对各自底物的水解；清半夏水煎液 200%浓度 26.5 mL/kg 预防给药时，对氯化钡诱发的大鼠室性心律失常有显著的对抗作用($P<0.05$)；半夏浸膏对离体蛙心和兔心呈抑制作用，静脉注射对犬、猫和兔有短暂降血压作用，有快速耐受性；半夏蛋白 1.25 mg/mL(在 0.9% NaCl 中)皮下注射 0.2 mL，对早孕小鼠的抑孕率为 50%；半夏蛋白也是一种植物凝集素，尤其是对兔红细胞，浓

度低至 2 μg/mL 时仍有凝集作用，除兔红细胞外，对羊、犬、猫、豚鼠、大鼠、小鼠和鸽的红细胞亦有凝集作用；半夏蛋白的促细胞分裂作用亦有动物种属专一性，可以促使兔外周血淋巴细胞转化，但不促使人外周血淋巴细胞分裂。

二、天南星

本品为天南星科植物天南星 *Arisaema erubescens*（Wall.）Schott、异叶天南星 *Arisaema heterophyllum* Bl. 或东北天南星 *Arisaema amurense* Maxim. 的干燥块茎（图 13-8，彩图 13-8）。秋、冬二季茎叶枯萎时采挖，除去须根及外皮，干燥。生用或炙用。主产于我国四川、河南、河北、云南、辽宁、江西、浙江、江苏、山东等地。

图 13-8　天南星的原植物和饮片

性味与归经　苦、辛，温；有毒。归肺、肝、脾经。

功能　散结消肿。

主治　痈肿，蛇虫咬伤。

（1）湿痰，寒痰证　本品燥湿化痰功似半夏而温燥之性更甚，祛痰较强。适用于风痰咳嗽、顽痰咳嗽及痰湿壅滞等，治疗顽痰阻肺，咳喘胸闷，常与半夏、枳实等配伍，如导痰汤（组成：半夏、橘红、茯苓、枳实、天南星、甘草，《校注妇人良方》）；若属痰热咳嗽，则需与黄芩、瓜蒌等清热化痰药配伍。

（2）风痰证　如眩晕、中风、口眼歪斜及破伤风等。本品专走经络，善祛风痰而止痉。治疗风痰眩晕，与半夏、天麻等配伍；治疗风痰留滞经络，瘫痪，四肢麻木、口眼歪斜等，则与半夏、川乌、白附子等配伍；治疗破伤风角弓反张，痰涎壅盛，则与白附子、天麻、防风等配伍。

（3）痈疽肿痛，毒蛇咬伤等　本品外用有消肿散结止痛之功。治疗痈疽肿痛、痰核，可研末醋调敷；治疗毒蛇咬伤，可与雄黄为末外敷。

用法用量　外用适量。

禁忌　生品内服宜慎；孕畜忌用。

按语　天南星，多黏涎，辛麻有毒，消痰之药。苦辛性温，然不甚燥。性猛峻烈，开泄走窜，横行经络，有斩关夺门之能；颇急善行，走而不守，通散滞塞，有涤痰开闭之用。大凡化痰药之性能，升浮上行，走表祛风，能散风痰；沉降上行，入里化浊，可消痰浊。天南星沉降亦升，且降胜于升，故又能化痰浊，平喘咳，开胸闷，止带下，散瘰疬，消痰核，散痈疽肿痛，抗肿瘤也。天南星生用有大毒，仅供外用，以姜、矾可制其毒烈之性。

现代研究

(1)化学成分　本品主要含 β-谷甾醇、三萜皂苷、安息香酸、氨基酸、淀粉及 D-甘露醇。近年分离得二酮哌嗪类生物碱等。

(2)药理作用　动物试验证明，本品所含皂苷能刺激胃黏膜，口服时反射性引起支气管分泌增加，起祛痰作用；水煎剂能提高电痉挛阈值，且有明显的镇静及抗惊厥作用，故可用于癫痫、破伤风、抽搐等；水提取液对小鼠实验性肿瘤有明显抑制作用；所含二酮哌嗪类生物碱能对抗乌头碱所致实验性心律失常。

三、旋覆花

本品为菊科植物旋覆花 *Inula japonica* Thunb. 或欧亚旋覆花 *Inula britannica* L. 的干燥头状花序(图 13-9，彩图 13-9)。夏、秋二季花开放时采收，除去杂质，阴干或晒干。原药生用。主产于我国广西、广东、江苏、浙江等地。

图 13-9　旋覆花的原植物和饮片

性味与归经　苦、辛、咸，微温。归肺、脾、胃、大肠经。

功能　降气，消痰，行水，止呕。

主治　风寒咳喘，痰饮蓄积，呕吐。

(1)咳喘痰多及痰饮阻肺　本品苦降辛开。降气化痰而平喘咳，化痰利水而除痞满。治疗寒痰咳喘，与苏子、半夏配伍；若属热痰者，则与桑白皮、瓜蒌配伍以清热化痰。

(2)暖气，呕吐　本品不仅降肺气，又善降胃气而止呕。治疗痰浊中阻，胃气上逆而嗳气呕吐者，与代赭石、半夏、生姜等配伍，如旋覆代赭汤(组成：覆花、半夏、甘草、人参、代赭石、生姜、大枣，《伤寒论》)。此外，还可用于胸胁痛，本品有活血通络之功，常与香附等同用。

用法用量　马、牛 15～45 g，羊、猪 5～10 g，犬、猫 1～3 g，兔、禽 1～2 g。

禁忌　阴虚燥咳，粪便泄泻者忌用。

按语　旋覆花，辛散温通，味咸苦降，既能祛痰，又可止咳平喘。寒痰、热痰及外感所致的咳喘实证，皆可配伍主治，治疗喘咳痰多之症。治疗寒痰咳喘，痰多清稀者，宜与温肺平喘、化痰之品，如半夏、苏子等配伍；治疗热痰咳喘，痰稠色黄，胸闷不舒者，可与清热化痰、降气平喘之品配伍，如旋覆花汤（组成：旋覆花、桑根白皮、紫苏、犀角、赤茯苓、陈橘皮，《圣济总录》）；治疗外感风寒表证之喘咳咯痰者，可与发表散寒之品配伍，如金沸草散（组成：前胡、荆芥、半夏、赤芍药、细辛、甘草、旋复花、麻黄，《活人书》）。

旋覆花，又有降胃气而止吐之功能，用于嗳气呕吐等症，常配伍使用。治疗痰浊中阻，胃气上逆之嗳气、呕吐，胃脘胀满不适者，可与燥湿化痰、降逆止呕之药物配伍，如旋覆代赭石汤（组成：旋覆花、半夏、甘草、人参、代赭石、生姜、大枣，《伤寒论》），亦可以之治疗眩晕呕吐、妊娠呕吐等症。

现代研究

（1）化学成分　本品主要含旋覆花素、大花旋覆花素、旋覆花内酯、乙酸蒲公英甾醇酯等倍半萜内酯类，槲皮素、异槲皮素、木犀草素等黄酮类，咖啡酸、绿原酸等有机酸类。

（2）药理作用　本品所含黄酮类成分能抑制组胺所致支气管痉挛，并对抗离体支气管痉挛，但比氨茶碱的作用慢且弱；水煎剂有明显镇咳作用，口服祛痰作用不明显，但实验动物腹腔给药却显示较强的祛痰作用；煎剂家兔灌胃能明显增加呼吸道黏液分泌；所含绿原酸及咖啡酸有较广谱的抑菌作用，对金黄色葡萄球菌、肺炎双球菌、乙型溶血性链球菌、绿脓杆菌等均有抑制作用；绿原酸能增加胃酸分泌，增强胃肠平滑肌张力，增加胆汁分泌；所含槲皮素静脉注射能增加动物的冠状动脉血流量，对血压、心率及心肌耗氧量均无明显影响；还有抑真菌、抗炎作用；冷水浸出物对士的宁所致小鼠惊厥有明显抑制作用，且可明显降低惊厥的死亡率。

四、白前

本品为萝藦科植物柳叶白前 *Cynanchum stauntonii*（Decne.）Schltr. ex Levl. 或芫花叶白前 *Cynanchum glaucescens*（Decne.）Hand.-Mazz. 的干燥根茎和根（图 13-10，彩图 13-10）。秋季采挖，洗净，晒干。切段生用。主产于我国浙江、山东、安徽、河南、广东、江苏等地。

图 13-10　白前的原植物和饮片

性味与归经　辛、苦，微温。归肺经。

功能　降气，消痰，止咳。肺气壅滞，痰多咳喘。

主治　本品既可祛痰以除肺气之壅实，又能止咳嗽以制肺气之上逆，颇有标本兼顾之长，凡肺气壅塞、痰多诸证，均可主治。偏寒者，常与紫菀、半夏同用；偏热者，常与桑白皮、地骨皮配伍；外感咳嗽，可与荆芥、桔梗、陈皮等同用，如止嗽散（组成：桔梗、荆芥、紫菀、百部、白前、甘草、陈皮，《医学心悟》）。

用法用量　马、牛 15～45 g，羊、猪 5～10 g，兔、禽 1～2 g。

禁忌　气虚者禁用。

按语　白前，性微温而不燥，长于祛痰而止咳，用于咳嗽痰多之症。故无论外感内伤，还是属寒属热之痰咳，皆可配伍主治。尤以治疗寒痰咳嗽痰多者为宜，常与温肺化痰止咳之品，如半夏、紫菀等同用。若外感风寒之咳嗽有痰者，宜与宣肺发表散寒药物，如荆芥、紫苏等同用。肺热咳喘痰壅盛者，宜与清肺热、化痰平喘之品配伍，如白前丸，（组成：白前、贝母、人参、紫菀、款冬花、桑根白皮、葶苈、杏仁，《圣济总录》）。

现代研究

（1）化学成分　本品主要含白前皂苷 A～K、白前新皂苷 A、白前新皂苷 B 等皂苷类成分。

（2）药理作用　本品所含皂苷有镇咳、祛痰、平喘、消炎作用；醇提物、醚提物均有明显的镇咳作用，醇提物、水提物及醚提物均有祛痰作用，水提物有明显的平喘作用；柳叶白前醇提物和醚提物有明显的抗炎、镇痛作用，能明显抑制应激性、盐酸性及吲哚美辛-乙醇性胃溃疡的形成，并有一定的止泻作用；醇提物能明显延长血栓形成及凝血时间。

第三节　止咳平喘药

一、苦杏仁

本品为蔷薇科植物山杏 *Prunus armeniaca* L. var. *ansu* Maxim.、西伯利亚杏 *Prunus sibirica* L.、东北杏 *Prunus mandshurica*（Maxim.）Koehne 或杏 *Prunus armeniaca* L. 的干燥成熟种子（图 13-11，彩图 13-11）。夏季采收成熟果实，除去果肉和核壳，取出种子，晒干。生用或炒用。主产于我国北方各地。

性味与归经　苦，微温；有小毒，归肺、大肠经。

功能　止咳平喘，润肠通便。

图 13-11　苦杏仁的原植物和饮片

主治

(1)咳嗽气喘　本品主入肺经。味苦能降,且兼疏利开通之性,降肺气之中兼有宣肺之功而达止咳平喘,为治疗咳喘之要药。随证配伍可用于多种咳喘病证。如风寒咳喘,与麻黄、甘草配伍,以散风寒宣肺平喘,即三拗汤(组成:麻黄、杏仁、甘草,《太平惠民和剂局方》);风热咳嗽,与桑叶、菊花配伍,以散风热宣肺止咳,如桑菊饮(组成:桑叶、菊花、杏仁、连翘、薄荷、苦桔梗、甘草、苇根,《温病条辨》);燥热咳嗽,与桑叶、贝母、沙参配伍,以清肺润燥止咳,如桑杏汤(组成:桑叶、象贝、香豉、栀皮、梨皮、杏仁、沙参,《温病条辨》);肺热咳喘,与石膏等配伍以清肺泄热、宣肺平喘,如麻杏石甘汤(组成:麻黄、杏仁、甘草、石膏,《伤寒论》)。

(2)肠燥便秘　本品含油脂而质润,味苦而下气,故能润肠通便。常与柏子仁、郁李仁等同用。

用法用量　马、牛 15～30 g,羊、猪 3～10 g。

禁忌　阴虚咳嗽者忌用。

按语　本品具有苦降之性,长于降泄上逆之肺气,又兼宣发壅闭之肺气,以降为主,降中兼宣,为治疗咳喘之要药,不论风寒、风热,都可配用。苦杏仁与甜杏仁,二药功用不同,在临床主治上的区别是:苦杏仁性属苦泄,长于治喘咳实证;甜杏仁偏于滋润,多用于肺虚久咳。

现代研究

(1)化学成分　本品主要含氰苷类(苦杏仁苷等)、苦杏仁酶(苦杏仁苷酶、樱叶酶、醇腈酶等)、脂肪酸类(油酸、亚油酸、棕榈酸等),还含雌酮、α-雌二醇及蛋白质和各种游离氨基酸等。

(2)药理作用　苦杏仁苷水解后产生氢氰酸等,有镇咳和镇静作用,但过量中毒有可能致死,因苦杏仁口服后易在胃肠道分解出氢氰酸,故口服毒性比静脉注射大;苦杏仁分解产生的苯甲醛可抑制胃蛋白酶活性而影响消化功能;苦杏仁油对蛔虫、钩虫及伤寒杆菌、副伤寒杆菌有抑制作用,且有润滑性通便作用;还有抗炎、镇痛、增强细胞免疫、抗消化性溃疡、抗肿瘤、抗脑缺血、降血糖等作用。

二、紫菀

本品为菊科植物紫菀 *Aster tataricus* L. f. 的干燥根和根茎(图 13-12,彩图 13-12)。春、秋二季采挖,除去有节的根茎(习称“母根”)和泥沙,编成辫状晒干,或直接晒干。生用或蜜炙用。主产于我国河北、安徽、河南、东北等地。

性味与归经　辛、苦,温。归肺经。

功能　润肺下气,消痰止咳。

主治　咳嗽,痰多喘急。

治疗劳伤咳喘、鼻流脓血等。治疗咳嗽,无论外感内伤,寒热虚实,皆可主治,以肺气壅塞、咳嗽有痰者用之最宜。本品甘润苦泄,辛温而不燥,主入肺经,长于润肺下气,开肺郁,化痰浊而止咳。凡咳嗽无论新久,寒热虚实,皆可用之。如风寒犯肺,咳嗽咽痒,与荆芥、桔梗等配伍;若阴虚劳咳,痰中带血,则与阿胶、贝母等配伍以养阴润肺化痰止嗽。此外,本品还可用于肺痈、肺痹及小便不通等证,盖取其开宣肺气之功。

用法用量　马、牛 15～45 g,驼 25～60 g,羊、猪 3～6 g。

图 13-12 紫菀的原植物和饮片

禁忌 肺阴不够、阴虚上炎者忌用。

按语 本品辛散苦泄，祛痰作用较强，而止咳的力量较弱。它性温而不燥烈，不论肺寒、肺热，只要是咳嗽有痰、咯吐不畅者，不论新病、久病，皆可配用。

现代研究

(1)化学成分 本品主要含萜类(紫菀酮、表紫菀酮、表木栓醇等)、黄酮类(槲皮素、山柰酚等)、香豆素类(东莨菪碱等)、蒽醌类(大黄素等)，还含甾醇、肽类、挥发油类等。

(2)药理作用 本品煎剂及提取物有明显的祛痰镇咳作用；所含紫菀苷能增加呼吸道腺体的分泌，使痰液稀释，易于咳出；在体外对多种革兰氏阴性杆菌如大肠杆菌、痢疾杆菌、伤寒杆菌、副伤寒杆菌、绿脓杆菌及结核杆菌有抑制作用；紫菀皂苷有很强的利尿作用，还有溶血作用。

三、款冬花

本品为菊科植物款冬 *Tussilago farfara* L. 的干燥花蕾(图 13-13，彩图 13-13)。12 月或地冻前花尚未出土时采挖，除去花梗及泥沙，阴干。生用或蜜炙用。主产于我国河南、陕西、甘肃、浙江等地。

性味与归经 辛、微苦，温。归肺经。

图 13-13 款冬花的原植物和饮片

功能　润肺下气，止咳化痰。

主治　咳嗽，气喘。

用于多种咳嗽，本品为治疗咳常用药，药性功效与紫菀相似，紫菀长于化痰，款冬花长于止咳，二者常相须而用。本品辛温而润，尤宜于寒嗽，常与麻黄等配伍。若肺热咳喘，则与桑白皮、瓜蒌配伍；若肺气虚而咳者，可与人参、黄芪配伍；若阴虚燥咳，则与沙参、麦冬配伍；喘咳日久，痰中带血，常与百合配伍等；若肺痈咳吐脓痰，则与桔梗、薏苡仁等配伍。

用法用量　马、牛 15～45 g，驼 20～60 g，羊、猪 3～10 g，犬、猫 3～5 g，兔、禽 0.5～1.5 g。

禁忌　失眠，癫痫者忌用。

按语　本品辛散而润，温而不燥，长于润肺下气止咳，略具化痰作用，为治疗咳嗽之要药。无论外感内伤，寒热虚实，皆可应用，对肺寒咳喘尤宜，常与紫菀相须为用，但款冬花的止咳作用较强，而祛痰作用较弱，紫菀正好相反。治疗肺燥咳嗽，常与黄药子、僵蚕、郁金、白芍、玄参同用，如款冬花散（组成：款冬花、知母、桑叶、半夏、甘草、麻黄、阿胶、杏仁、贝母，《太平惠民和剂局方》）。蜜炙用，可增强润肺功效。

现代研究

（1）化学成分　本品主要含款冬醇、款冬二醇及其异体结构阿里二醇、云香苷、金丝桃苷、植物甾醇、蒲公英黄色素（$C_{40}H_{56}O_4$）、鞣质、挥发油等。

（2）药理作用　本品水煎液、款冬花醇提物和水提物均有镇咳、祛痰作用，其中水煎液还有平喘作用；醇提物和水提物及款冬素还有抗炎作用；醇提物及其所含款冬酮、款冬花素有升血压和兴奋呼吸的作用；还有抗溃疡、抗腹泻、利胆、抗血小板聚集、抗肿瘤等作用；对结核杆菌、金黄色葡萄球菌等有抑制作用。

四、百部

本品为百部科植物直立百部 *Stemona sessilifolia*（Miq.）Miq.、蔓生百部 *Stemona japonica*（Bl.）Miq. 或对叶百部 *Stemona tuberosa* Lour. 的干燥块根（图 13-14，彩图 13-14）。春季新芽出土前及秋季苗将枯萎时挖取，除去须根，洗净，置沸水中略烫或蒸至无白心，取

图 13-14　百部的原植物和饮片

出，晒干切段。生用或蜜炙用。主产于我国江苏、安徽、山东、河南、浙江、福建、湖北、江西等地。

性味与归经　甘、苦，微温。归肺经。

功能　润肺止咳，杀虫。

主治

(1)新久咳嗽，肺虚咳嗽　本品甘润苦降，微温不燥，功专润肺止咳，无论外感内伤、暴咳、久嗽，皆可用之。治疗风寒咳嗽，与荆芥、桔梗、紫菀等配伍，如止嗽散(组成：桔梗、荆芥、紫菀、百部、白前、甘草、陈皮，《医学心悟》)；若久咳不已，气阴两虚者，则与黄芪、沙参、麦冬等配伍，如百部汤(组成：百部、生姜、细辛、贝母、甘草、杏仁、紫菀、桂心、白术、麻黄、五倍子，《外台秘要》)；治疗肺阴虚咳嗽，与沙参、麦冬、川贝母等配伍。在现代临床应用中，本品为主，与黄芩、丹参配伍，对肺结核有一定疗效。

(2)蛲虫、阴道滴虫、头虱及疥癣　本品有杀虫之功，可制成杀虫剂。治疗蛲虫病，以本品浓煎，内服；治疗体虱及疥癣，可制成20%乙醇液或50%水煎剂外搽。

用法用量　马、牛15～30 g，羊、猪6～12 g，犬、猫3～5 g。

禁忌　脾胃有热者慎用；热嗽，水亏火炎者禁用。

按语　百部，别名药虱药。性味甘苦、平。能润肺止咳。暴咳、久咳均可用之。《性味与归经论》："治肺家热、上气、咳嗽，主润益肺。"此外，百部尚可用于荨麻疹、皮炎、体癣、蚊虫叮咬。以鲜品切断，用断面涂搽患部。

现代研究

(1)化学成分　本品含多种生物碱，如百部碱、原百部碱、对叶百部碱、百部定碱、异百部定碱、直立百部碱、蔓生百部碱等，还含糖、脂类、蛋白质、琥珀酸等。

(2)药理作用　本品乙醇提取液对肺炎杆菌、金黄色葡萄球菌、乙型溶血性链球菌、绿脓杆菌、大肠杆菌、枯草杆菌、白色念珠菌等有不同程度的抑制作用；所含生物碱能降低呼吸中枢的兴奋性，有助于抑制咳嗽，起镇咳作用，对组胺所致离体豚鼠支气管平滑肌痉挛有松弛作用；对猪蛔虫、蛲虫、虱有杀灭作用，5%～50%百部醇浸液及水浸液对头虱、体虱、阴虱均有一定的杀灭作用，醇浸液比水浸液效强；对多种皮肤真菌也有抑制作用；百部碱还有抗结核、镇静、镇痛作用，过量可引起中毒，重者呼吸中枢麻痹；能降低亚洲甲型流感病毒对小鼠的致病力，对已感染的小鼠有治疗作用。

五、马兜铃

本品为马兜铃科植物北马兜铃 *Aristolochia contorta* Bge. 或马兜铃 *Aristolochia debilis* Sieb. 的干燥成熟果实(图13-15，彩图13-15)。秋季果实由绿变黄时采收，干燥。生用或蜜炙用。主产于我国河北、山东、陕西、辽宁、江西、湖南、湖北等地。

性味与归经　苦，微寒。归肺、大肠经。

功能　清肺降气，止咳平喘。

主治

(1)肺热咳喘，痰中带血　本品味苦降泄，性寒清热，兼可化痰，故善降肺气、清痰火而止咳

图 13-15 马兜铃的原植物和饮片

平喘，凡一切咳嗽痰喘属于肺热、燥热者皆可用之。治疗痰热壅肺，咳喘胸满，痰黄质稠，常与桑白皮、葶苈子、半夏同用，以泻肺平喘、化痰降逆；若肺热阴虚咳喘，痰少咽干口渴，常与麦冬、天冬、知母等同用，以清热养阴、润肺止咳；若虚火内炽，痰中带血，常与阿胶、牛蒡子、苦杏仁等同用，如补肺阿胶汤(组成：阿胶麸炒、牛蒡子、甘草、马兜铃、杏、糯米炒，《小儿药证直诀》)。

(2)肠热痔血，痔疮肿痛　本品又能清泄大肠实热，治疗大肠壅热所致痔疮肿痛、出血，可单用本品煎汤内服，或熏洗患处，也可与槐角、地榆等同用，熏洗局部，以消肿止痛，凉血止血。

用法用量　马、牛 15～30 g，羊、猪 3～6 g。

禁忌　虚寒喘咳忌用。

按语　马兜铃味甚苦，生用量宜小，如平素胃弱者，用至三钱，易致恶心呕吐；故临床上常用蜜炙马兜铃，不仅有润肺之功，且可矫味，缓和苦泄之性。

现代研究

(1)化学成分　本品主要含马兜铃酸类，如马兜铃酸 A～E、7-甲氧基-8-羟基马兜铃酸、次马兜铃酸等；生物碱，如木兰花碱、轮环藤酚碱等；挥发油，如马兜铃烯、马兜铃酮等。

(2)药理作用　本品醇提物有镇咳、平喘和镇痛作用，煎剂有一定的祛痰和抗炎作用；马兜铃酸在体外对金黄色葡萄球菌、肺炎球菌、痢疾杆菌、皮肤真菌等有抑制作用；马兜铃碱对动物肠道和子宫末梢血管有收缩作用；马兜铃素(主要成分为马兜铃酸 A)对环磷酰胺和 60-钴(Co)照射的动物低白细胞模型有明显的升白细胞作用；所含木兰碱有明显降血压作用；马兜铃酸皮下注射可引起严重的肾炎，大剂量可引起血尿、尿闭、呼吸困难、脉搏不整，甚至呼吸停止而死亡。

六、葶苈子

本品为十字花科植物播娘蒿 *Descurainia sophia* (L.) Webb. ex Prantl. 或独行菜 *Lepidium apetalum* Willd. 的干燥成熟种子(图 13-16，彩图 13-16)，前者习称“南葶苈子”，后者习称“北葶苈子”。夏季果实成熟时采割植株，晒干，搓出种子，除去杂质。微炒，蜜炙或隔纸焙用。主产于我国陕西、河北、河南、山东、安徽、江苏等地。

性味与归经　辛、苦，大寒。归肺，膀胱经。

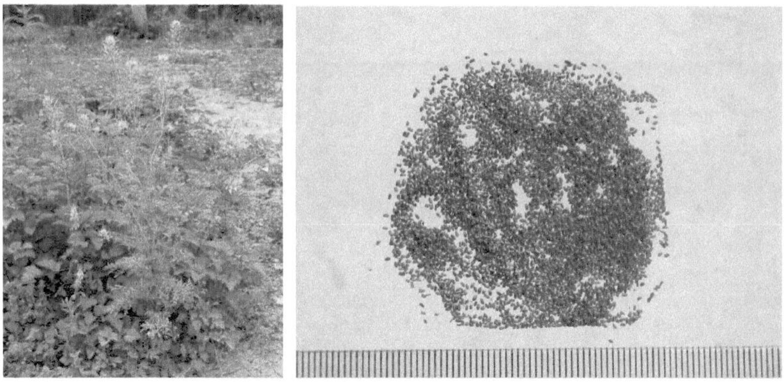

图 13-16　葶苈子的原植物和饮片

功能　泻肺平喘，行水消肿。

主治

（1）痰涎壅盛、肺气喘促、咳逆之实　本品苦降辛散，性寒清热，专泻肺中水饮及绕火而平咳喘。治疗肺热咳喘，与板蓝根、浙贝母、桔梗等配伍，如清肺散（组成：连翘、川芎、白芷、黄连、苦参、荆芥、桑白皮、黄芩、山栀、贝母、甘草，《回春》）。

（2）水肿、胸腹积水、小便不利　本品泄肺气之闭塞而通调水道，利水消肿。治疗腹水肿满属湿热蕴阻者，与防己、大黄等配伍；治疗结胸证之胸胁积水，与杏仁、大黄、芒硝配伍，即大陷胸丸（组成：大黄、葶苈子、芒硝、杏仁，《伤寒论》）；近代，本品与其他药物配伍，治疗渗出性胸膜炎等有效。

用法用量　马、牛 15～30 g，驼 20～45 g，羊、猪 5～10 g，犬、猫 3～5 g，兔、禽 1～2 g。

禁忌　肺虚喘促、脾虚肿满、膀胱气虚忌用。

按语　葶苈子苦泄下降，能泄肺平喘、利水消肿，功似桑白皮而力较强。葶苈子泻肺行水之力较为峻烈，只宜用于实证，对肺虚喘促、脾虚肿满等症则非所宜。但近来有与黄芪、附子等同用治疗肺源性心脏病喘促浮肿等症的报道。

现代研究

（1）化学成分　本品主要含黄酮类（槲皮素-3-*O*-*β*-*D*-葡萄糖-7-*O*-*β*-*D*-龙胆双糖苷、槲皮素等）、挥发油（芥子油、异硫氰酸苄酯等）、脂肪酸类（亚油酸、亚麻酸等），还含生物碱、脂肪油、强心苷等。

（2）药理作用　本品所含芥子苷是镇咳的有效成分，炒用可提高芥子苷含量，镇咳效果更好；所含葶苈苷、葶苈子水提液均有不同程度的强心作用，能使心肌收缩力增强，心率减慢，可以增加心衰者的心输出量，降低静脉压；葶苈苷对动物有利尿作用，大剂量可引起心律不齐等强心苷中毒症状；还有降血脂、抗抑郁、抗血小板聚集、抗肿瘤及抗菌等作用。

七、紫苏子

为本品为唇形科植物紫苏 *Perilla frutescens*（L.）Britt. 的干燥成熟果实（图 13-17，彩图 13-17）。秋季果实成熟时采收，除去杂质，晒干。生用或炒用。主产于我国湖北、江苏、河南等地。

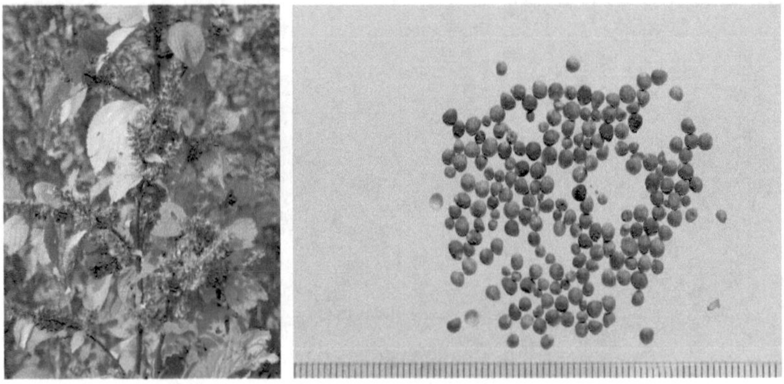

图 13-17　紫苏子的原植物和饮片

性味与归经　辛，温。归肺经。

功能　降气化痰，止咳平喘，润肠通便。

主治

（1）痰壅气逆，咳嗽气喘　善于止咳平喘，降气祛痰，以缓和气壅痰滞之喘咳，常用于咳逆痰喘。与前胡、半夏、厚朴、陈皮、甘草、当归、生姜、肉桂配伍，治疗上实下虚的咳喘证，如苏子降气汤（组成：紫苏子、半夏、当归、甘草、前胡、厚朴、肉桂，《太平惠民和剂局方》）。

（2）肠燥便秘　本品含油脂，能润燥滑肠，又能降泄肺气以助大肠传导。常与杏仁、火麻仁、瓜蒌仁等配伍。

用法用量　马、牛 15～60 g，驼 20～80 g，羊、猪 5～10 g，兔、禽 0.5～1.5 g。

禁忌　本品有滑肠耗气之弊，肠滑气虚者忌用。

按语　紫苏子为紫苏的果实，习称苏子。功能降气消痰，以治疗咳逆痰喘。另有一种白苏子，是白苏的果实。苏子色黄黑，粒较细小，气香力厚；白苏子色呈灰白而粒较大，气较淡薄，功同苏子而力较逊。

现代研究

（1）化学成分　本品主要含油酸、亚油酸、亚麻酸、迷迭香酸等，还含氨基酸、维生素及微量元素等。

（2）药理作用　本品及其炮制品的多种提取物有不同程度的镇咳、祛痰、平喘作用；炒紫苏子醇提物有抗炎、抗过敏、增强免疫的作用；紫苏子的脂肪油提取物能降血脂；紫苏子还有抗氧化、提高记忆力、抗肝损伤及抑制肿瘤等作用。

八、枇杷叶

本品为蔷薇科植物枇杷 *Eriobotrya japonica*（Thunb.）Lindl. 的干燥叶（图 13-18，彩图 13-18）。全年均可采收，晒至七八成干时，扎成小把，再晒干。刷去绒毛后生用或蜜炙用。我国南方各地均产。

性味与归经　苦，微寒。归肺、胃经。

功能　清肺止咳，和中降逆。

图 13-18　枇杷叶的原植物和饮片

主治

(1)肺热咳喘　常用于肺热咳喘，常与黄连、桑白皮等配伍。治疗肺燥咳嗽，多蜜炙用。

(2)胃热呕吐　为治疗胃热口渴、呕逆等的常用药，常与沙参、石斛、玉竹、竹茹等同用。

(3)肺燥咳嗽　蜜炙用之，常与沙参等同用。

用法用量　马、牛 30～60 g，羊、猪 10～20 g，兔、禽 1～2 g。

禁忌　本品清降苦泄，寒嗽及胃寒作呕者不宜用。

按语　枇杷叶泄热苦降，既能清肺气而止咳，又可降胃逆而止呕。凡风热燥火所引起的咳嗽、呕呃都可主治，是一味止咳止呕的常用药物。枇杷叶背面绒毛甚多，入汤不易澄清，可能刺喉作痒，故在使用前须拭去绒毛，并宜布包入煎。如确已将绒毛拭净，就不一定用布包煎。用于止咳化痰可炙用，和胃止呕宜生用。本品与鱼腥草、蒲公英、金银花、前胡配伍，可用于痰热郁肺、喉痒咳嗽；与炙紫菀、款冬花配伍，可用于久咳痰喘；与鲜芦根、淡竹茹配伍，可用于胃热呕呃。

现代研究

(1)化学成分　本品主要含苦杏仁苷、乌索酸、齐墩果酸、熊果酸、草果酸、柠檬酸、鞣质、维生素 B_1 等。

(2)药理作用　本品醇提取物及其多种提取成分有不同程度的镇咳、祛痰和抗炎作用，其中三萜酸还有平喘和增强免疫的作用；提取物对小鼠耳肿胀法所致炎症有较好的抑制作用；所含苦杏仁苷除镇咳平喘外，还有镇痛作用；所含绿原酸能明显促进胃肠蠕动，并有促进胃液分泌和利胆的作用；对金黄色葡萄球菌、肺炎球菌、痢疾杆菌等有抑制作用。

九、白果

本品为银杏科植物银杏 *Ginkgo biloba* L. 的干燥成熟种子(图 13-19，彩图 13-19)。秋季种子成熟时采收，除去肉质外种皮，洗净，稍蒸或略煮后，烘干。去壳，剥去黄色假种皮，捶碎使用。我国各地均产。

性味与归经　甘、苦、涩，平；有毒。归肺经。

功能　敛肺定喘，除湿。

图 13-19　白果的原植物和饮片

主治

(1)肺虚久咳　本品性涩而收,能敛肺定喘,兼化痰之功,为治疗喘咳所常用。如肺肾两虚之虚喘,与五味子、胡桃肉等配伍以补肾纳气,敛肺平喘;若外感风寒而内有蕴热而喘者,则与麻黄、黄芩等同用,如定喘汤(组成:白果、麻黄、苏子、甘草、款冬花、杏仁、桑白皮、黄芩、法制半夏,《摄生众妙方》)。若肺热燥咳,喘咳无痰者,与天冬、麦冬、款冬花配伍以润肺止咳。近代有以本品与地龙、黄芩等配伍,治疗慢性气管炎属肺热型者。

(2)用于小便频数、白浊、遗尿等　本品收涩而固下焦。治疗小便频数、遗尿,常与熟地黄、山萸肉、覆盆子等配伍,以补肾固涩。

用法用量　马、牛 15～45 g,驼 30～60 g,羊、猪 5～10 g,犬、猫 1～5 g。

禁忌　咳嗽痰稠不利者慎用。大量生食易引起中毒,宜加注意。

按语　白果性味涩甘、微苦,归肺经。功能敛肺气、止咳喘,具有除湿以减少痰液化生的作用,《本草便读》述为"上敛肺金除咳逆,下行湿浊化痰涎";与黑米、糯米共煮粥,不但补益肺胃而不腻滞,并可降低白果之毒,矫正其苦涩之味,是治疗虚喘痰咳的理想之品。

现代研究

(1)化学成分　本品主要含山柰黄素、槲皮素、芦丁、白果素、银杏素等黄酮类,银杏内酯A、C 等银杏萜内酯类,银杏毒素、白果酸、氢化白果酸等酚酸类。种子含蛋白质、脂肪、淀粉、氰苷、维生素 B_2 及多种氨基酸等。

(2)药理作用　本品注射液有平喘作用,乙醇提取物有祛痰作用;白果酸在体外可抑制结核杆菌等,也可抑制某些皮肤真菌;提取物有降血压作用,过食白果可致中毒,出现腹痛、吐泻、发热、紫绀以及昏迷、抽搐,严重者呼吸麻痹而死;还有抗过敏、抗衰老、抗寄生虫、抗炎、抗肿瘤等作用。

十、洋金花

本品为茄科植物白花曼陀罗 *Datura metel* L. 的干燥花(图 13-20,彩图 13-20)。4—11 月花初开时采收,晒干或低温干燥。切成丝或研末生用。主产于我国华北、华南各地。

性味与归经　辛,温;有毒。归肺、肝经。

功能　平喘止咳,镇痛解痉。

图 13-20　洋金花的原植物和饮片

主治

(1)哮喘咳嗽　本品辛温有毒,平喘止咳力强,适用于喘咳无痰或痰少,它药乏效者,尤宜于寒性哮喘,可作散剂单用,或切丝制成卷烟燃吸,或配入复方中主治。

(2)脘腹冷痛,风湿痹痛　本品辛散温通,有良好的麻醉止痛作用,可广泛用于各种疼痛。如治疗脘腹疼痛,可单味水煎或作散剂内服。治疗风湿痹痛,跌打伤痛,单用即可,也可与川芎、当归、姜黄等同用,以加强活血止痛之效。

(3)外科麻醉　古代以本品作麻醉剂,常与川乌、草乌、姜黄等同用,如整骨麻药方(组成:麻黄、胡茄子、姜黄、川乌、草乌、闹羊花,《医宗金鉴》)。现代也作为外科麻醉使用。

(4)癫痫,惊风之证　本品有止痉之功,可与全蝎、天麻、天南星等同用。

用法用量　马、牛 15～30 g,羊、猪 1.5～3 g。

禁忌　本品有剧毒,应控制剂量。体弱、孕畜均当慎用。因本品服后妨碍出汗,故表证未解者忌用。又热咳痰稠,咳痰不利者慎用。

按语　本品辛温有毒,药性峻烈,其子、叶功能与花相似,均为麻醉性镇痛、镇咳平喘药,故适用于寒痰喘咳及风湿痹痛、胃腹疼痛,又为中药麻醉的主要成分。将花切丝作烟叶燃吸治疗寒哮,颇收速效。但需注意本品有剧毒,如人的每日用量最多不得超过 1.5 g,以免中毒。

现代研究

(1)化学成分　本品主要含莨菪烷类生物碱成分,其中东莨菪碱含量占总生物碱的 80%,其余为阿托品与莨菪碱等,还含甾体类及黄酮类成分。

(2)药理作用　本品有明显的镇痛和抗癫痫作用;对实验动物的气管黏液腺有抑制作用;能增强机体抗氧化能力,抑制过剩自由基所致脂质过氧化反应,提高机体的非特异性免疫力,调整机体的应激机能;洋金花总碱有增加动物心输出量、降低外周阻力的作用;所含东莨菪碱在特定剂量下对呼吸中枢有抑制作用;有抗心律失常、增加肾血流量等作用;有降低全血黏度和血脂、抑制血栓素合成、对抗 5-羟色胺和组胺等作用。与阿托品相似,中毒后阻滞 M-胆碱能受体,抑制或麻痹迷走神经和副交感神经,对中枢神经起抑制作用。

本章小结

本类药物除根据病证不同选用外，因咳喘每多挟痰，痰多易发咳嗽，故化痰、止咳、平喘三者常配伍同用，再根据不同病因病机配伍，以求标本同治。

半夏善治脏腑之湿痰、降逆止呕、消痞散结。天南星善治经络之风痰，祛风止痉。贝母主热痰、燥痰之证而忌用于寒痰、湿痰。枇杷叶清肺化痰止咳，降逆止呕。竹茹能除烦止呕，善治胃热呕吐。苦杏仁温性弱，各种咳喘均可随证配伍。桔梗升散，载药上行，能宣肺化痰，利咽排脓。前胡能宣散风热，外感、内伤均可。白前以内伤寒痰咳喘为宜。苏子以治寒痰为宜。百部能杀虫，无化痰之功。款冬花同川贝母兼能化痰。桑白皮长于清肺热肺火。旋覆花既降肺气，又降胃气，降气化痰、止呕。

复习思考题

1. 简述止咳化痰平喘药的含义、功能、适用范围和用药禁忌。
2. 止咳化痰平喘药中，温化寒痰药、清化热痰药和止咳平喘药各有哪些？
3. 白果有哪些用药禁忌？

第十四章　祛湿药

凡能祛除湿邪，治疗水湿证的药物，称为祛湿药。

湿是一种阴寒、重浊、黏腻的邪气，有内湿、外湿之分，湿邪又可与风、寒、暑、热等外邪共同致病，并有寒化、热化的转机，所以湿邪致病的临床表现也有所不同，因而可将祛湿药分为祛风湿药、利湿药和化湿药。

(1)祛风湿药　能够祛风胜湿，治疗风湿痹证的药物，称为祛风湿药。这类药物大多数味辛性温，具有祛风除湿、散寒止痛、通气血、补肝肾、壮筋骨之效。适用于风湿在表而皮紧腰硬、肢节疼痛、颈项强直、拘行束步、卧地难起、筋脉拘急、风寒湿痹等。其性多燥，凡阳虚血虚者应慎用。

(2)利湿药　凡能利尿、渗除水湿的药物，称为利湿药。这类药多味淡性平，以利湿为主，作用比较缓和，有利尿通淋、消水肿、除水饮、止水泻的功能，还能引导湿热下行，所以常用于尿赤涩、淋浊、水肿、水泻、黄疸和风湿性关节疼痛等。但忌用于阴虚津少，尿不利之症。

(3)化湿药　气味芳香，能运化水湿、辟秽除浊的药物，称为化湿药。这类药物多属辛温香燥。芳香可助脾运，燥可祛温，用于湿浊内阻、脾为湿困、运化失调等所致肚腹胀满或呕吐草少、粪稀泄泻、精神短少、四肢无力、舌苔白腻等。但阴虚血燥及气虚者应慎用。

第一节　祛风湿药

凡以祛除风寒湿邪，治疗风湿痹证为主的药物，称为祛风湿药。

主要可分为以下三类：祛风湿散寒药、祛风湿清热药、祛风湿强筋骨药。

风湿痹证，一般是多股邪气入侵，合积成痹，入侵动物机体以后，留滞在经络、肌肉、筋骨和关节，阻碍了气血的流畅，从而导致局部关节、筋脉的疼痛、麻木、屈伸不利，所谓多股邪气入侵，都是夹杂风和湿两种邪气，所以称为风湿痹证，既有风寒湿又有风热湿。

一、独活

本品为伞形科植物重齿毛当归 *Angelica pubescens* Maxim. f. *biserrata* Shan et Yuan 的干燥根(图 14-1，彩图 14-1)。春初苗刚发芽或秋末茎叶枯萎时采挖，除去须根和泥沙，烘至半干，堆置 2～3 天，发软后再烘至全干。切片生用。主产于我国四川、陕西、云南、甘肃、内蒙古等地。

性味与归经　辛、苦，微温。归肾、膀胱经。

功能　祛风除湿，通痹止痛。

图 14-1 独活的原植物和饮片

主治

(1)风寒湿痹 本品善祛风湿、散寒而通痹止痛，为治疗风寒湿痹，尤其是腰胯、后肢痹痛的常用药物。治疗风盛之行痹或寒盛之痛痹，常与附子、乌头、防风等散寒祛风药配伍。治疗肾气虚弱，腰膝冷痛，常与桑寄生、杜仲、防风等配伍。

(2)风寒表证 本品除散风祛湿止痛外，又能发汗解表，适用于风寒表证及表证夹湿，常与羌活、防风、荆芥等解表散寒胜湿药配伍。

用法用量 马、牛 15～45 g，羊、猪 3～10 g，兔、禽 0.5～1.5 g。

禁忌 血虚者忌用，阴虚内热者慎用。

按语 独活辛香，能通达周身，祛风胜湿，通经活络，蠲痹止痛，专攻下行，为治疗下部风湿痹痛之要药。临床常与羌活、防风配伍。

羌活与独活皆能祛风湿止痛。但羌活为太阳膀胱经之风药，燥散性强，能发散以解表，主要用于上部风寒湿痹；独活为少阴肾经之风药，发表之力不及羌活，但胜湿之力优于羌活，主要用于下部风寒湿痹。前人谓："羌活治游风，独活治伏风。"可见一则偏表，一则偏里，故羌活多用于表寒证，独活多用于痹痛。

现代研究

(1)化学成分 本品含挥发油、甾醇、有机酸、香豆精、独活醇、独活内酯、当归素、佛手柑内酯、东莨菪碱、当归酸及黄酮类化合物。

(2)药理作用 本品有扩张血管、降血压、兴奋呼吸中枢和抗风湿、镇静、催眠、镇痛、抗炎作用；煎剂或流浸膏给大鼠或小鼠内服或腹腔注射，均可产生镇静、催眠作用，甚至可防止士的宁所致蛙惊厥，但不能防止蛙死亡；对大鼠甲醛性关节炎有抗炎消肿作用；所含佛手柑内酯对兔回肠有明显的解痉作用；所含东莨菪碱对雌激素作用下的在体或离体子宫有解痉作用；煎剂对大肠杆菌、痢疾杆菌、变形杆菌、伤寒杆菌、绿脓杆菌、霍乱弧菌等有抑制作用；还有抗血栓、抗凝血、抗血小板聚集、抗肿瘤等作用。

二、威灵仙

为本品为毛茛科植物威灵仙 *Clematis chinensis* Osbeck、棉团铁线莲 *Clematis hexapetala* Pall. 或东北铁线莲 *Clematis manshurica* Rupr. 的干燥根和根茎(图 14-2，彩图 14-2)。秋

图 14-2 威灵仙的原植物和饮片

季采挖，除去泥沙，晒干。切碎生用，炒用。主产于我国安徽、江苏等地。

性味与归经 辛，咸，温。归膀胱经。

功能 祛风湿，通经络。

主治

（1）风湿痹痛，筋脉拘挛，屈伸不利 威灵仙性急善走，味辛散风，性温除湿。风湿阻络，痹滞作痛，可用本品。因其善通经络，既导又利，多用于风湿所致四肢拘挛、屈伸不利、肢体疼痛、跌打损伤等，常与羌活、独活、秦艽、乳香、没药等配伍。

（2）痰饮积聚 本品能消肺水，为治疗痰饮积聚的要药，常与半夏、姜汁等同用。

（3）跌打损伤、喉骨胀 有赶瘀消肿的作用，可用于跌打损伤、喉骨胀等，常与桃仁、红花、赤芍等配伍。

用法用量 马、牛 15～60 g，羊、猪 3～10 g，犬、猫 3～5 g，兔、禽 0.5～1.5 g。

禁忌 气虚血弱者慎用。

按语 威灵仙辛咸性温，辛散温通，其性善走，无处不到，能宣通五脏和十二经络，既可祛在表之风，又可化在里之湿，通经达络，可导可宣，为止痛良药。主治全身骨节疼痛、屈伸不利，尤对腰膝腿痛效果更好，常与羌活、独活、防风、续断、桂枝、防己等配伍。惟走散性强，能耗散气血，故气血虚者慎用。

现代研究

（1）化学成分 本品含白头翁素、白头翁醇、甾醇以及挥发油、皂苷和糖类等，挥发油主要有正十六酸、9,12-十八二烯酸、亚油酸甲酯和 γ-谷甾醇等。

（2）药理作用 本品有解热、镇痛和增加尿酸盐排泄的作用，还有降血糖的作用；有抗痛风及抗组胺的作用；对金黄色葡萄球菌、痢疾志贺杆菌有抑制作用；总皂苷能显著延长小鼠热板痛阈时间，减少醋酸致小鼠扭体次数，减轻二甲苯致小鼠耳肿胀程度，对大鼠鸡蛋清诱导的足肿胀及棉球诱导的肉芽肿均有明显抑制作用；注射液能松弛豚鼠回肠，对抗组胺和乙酰胆碱引起的回肠收缩反应；注射液能显著减少冰醋酸致小鼠扭体次数，延长潜伏期，能够极明显抑制二甲苯致小鼠耳肿胀。

三、乌梢蛇

本品为游蛇科动物乌梢蛇 *Zaocys dhumnades*（Cantor）的干燥体（图 14-3，彩图 14-3）。多

于夏、秋二季捕捉，剖开腹部或先剥皮留头尾，除去内脏，盘成圆盘状，干燥。主产于我国浙江、安徽、贵州、湖北、四川等地。

图 14-3　乌梢蛇动物和饮片

性味与归经　甘，平。归肝经。

功能　祛风，活络，止痉。

主治　风寒湿痹，惊痫抽搐，破伤风，口眼歪斜，恶疮。

(1)风寒湿痹　本品善行而祛风。治疗风湿麻痹、风寒湿痹等，常与羌活、防风等配伍。

(2)惊痫抽搐　治疗惊痫、抽搐，常与蜈蚣、全蝎等配伍；治疗破伤风，常与天麻、蔓荆子、羌活、独活、细辛等配伍。

(3)破伤风　常与天麻、蔓荆子、羌活、独活、细辛等配伍。

用法用量　马、牛 15～30 g，羊、猪 3～6 g。

禁忌　血虚生风者不宜单用。

按语　乌梢蛇富含蛋白质，为强壮性祛风湿药，对气血肝肾亏虚所致之顽痹证，与益气血、滋养肝肾之药同用有较好效果。其蛇蜕尚有退翳明目之效。

现代研究

(1)化学成分　本品含蛋白质及肽类、脂类等。

(2)药理作用　本品有镇静、镇痛及扩张血管的作用。

四、木瓜

本品为蔷薇科植物贴梗海棠 *Chaenomeles speciosa*（Sweet）Nakai 的干燥近成熟果实（图 14-4，彩图 14-4）。夏、秋二季果实绿黄时采收，置沸水中烫至外皮灰白色，对半纵剖，晒干。蒸煮后切片用或炒用。主产于我国安徽、浙江、四川、湖北等地。

性味与归经　酸，温。归肝、脾、胃经。

功能　舒筋活络，和胃化湿。

主治

(1)风湿顽痹、筋脉拘挛　本品具有较好的舒经活络作用，且能祛湿除痹，为治疗风湿顽痹、筋脉拘挛之要药，为后肢痹痛的引经药物。用于风湿痹痛，腰胯无力，后躯风湿等证，常与

图 14-4　木瓜的原植物和饮片

威灵仙、川芎、蕲蛇等祛风除湿止痹药配伍。

(2)呕吐，泄泻、转筋　本品能除湿和中而止吐，舒经活络而缓挛急，故为治疗湿浊中阻、升降失常之呕吐泄泻、腹痛转筋之要药，常与吴茱萸、半夏、黄连等配伍，共奏化湿和中之功效。此外，本品尚能消食生津，可用于津伤口渴、消化不良。

用法用量　牛、马 15～45 g，羊、猪 5～10 g，犬、猫 2～5 g，兔、禽 1～2 g。

禁忌　湿热积滞者慎用。

按语　木瓜酸温，能温通肌肉之湿滞，兼能平肝舒筋，为治疗霍乱转筋之要药。因其酸温，功在理脾胃，止吐痢，敛耗散之津液，通筋活络，而舒其挛急，尤以足腓部为明显。木瓜与白芍均能治疗筋骨挛缩。但白芍治疗筋病主以柔肝缓急而养筋，木瓜治疗筋病主以利湿温肝而舒筋。

现代研究

(1)化学成分　本品含皂苷、黄酮类物质、维生素 C 和苹果酸、果酸、酒石酸、枸橼酸等有机酸，还含过氧化氢酶、过氧化物酶、氧化酶、鞣质、果胶等。

(2)药理作用　本品对腓肠肌痉挛有一定的解痉作用；水煎剂对小鼠蛋白性关节炎有明显的消肿作用；还有抗利尿、保肝、抗菌、抑制巨噬细胞吞噬的作用。

五、防己

本品为防己科植物粉防己 *Stephania tetrandra* S. Moore 的干燥根(图 14-5，彩图 14-5)。秋季采挖，洗净，除去粗皮，晒至半干，切段，个大者再纵切，干燥。切片生用或炒用。主产于我国浙江、安徽、湖北、广东等地。

性味与归经　苦，寒。归膀胱、肺经。

功能　利水消肿，祛风止痛。

主治　尿不利，风湿痹痛，关节肿痛。

(1)风湿痹痛，关节肿痛　本品能祛风除湿，清热止痛，适用于热痹之骨节疼痛，屈伸不利等证，常与薏苡仁、滑石、蚕沙等同用，以增强清热除痹之功；如用于风寒湿痹之关节冷痛，常与附子、桂心、白术等散寒燥湿药物配伍。

(2)水肿，小便不利　本品善走下行，长于除湿热，利小便，尤善泻下焦血分湿热，用于水湿

图 14-5　防己的原植物和饮片

停留所致的水肿、胀满等证。如为风邪外侵，水湿内阻之小便不利，常与黄芪、白术配伍；如为全身水肿，小便短少，常与茯苓、黄芪、桂枝等配伍；若为湿热壅滞之腹胀水肿，常与葶苈子、大黄配伍，共奏清利湿热，利水消肿之功效。

用法用量　马、牛 15～45 g，羊、猪 5～10 g，兔、禽 1～2 g。

禁忌　阴虚无湿滞者忌用。

按语　防己大苦辛寒，能祛风通络，泻下焦血分湿热，利水消肿，凡经络有湿热壅滞而不通，以及四肢水肿，关节疼痛等证用之。《本草拾遗》云："治风用木防己，治水用汉防己。"一般认为木防己偏于祛风通络以止痛，用于风湿痹痛；汉防己偏于祛湿利水，用于下焦湿热，四肢水肿等。若在处方上只写"防己"，药店通常给汉防己，若须用木防己，须写明"木防己"。

现代研究

(1)化学成分　粉防己含汉防己甲素、汉防己乙素、汉防己丙素以及汉防己素等多种生物碱及酚性生物碱等，还含挥发油、黄酮苷、酚类、有机酸等。木防己含木防己碱、异木防己碱、木兰花碱等多种生物碱及马兜铃酸、马兜铃内酰胺、尿囊素、β-谷甾醇等。

(2)药理作用　汉防己小剂量可刺激肾脏使尿量增加，大剂量则作用相反；汉防己有明显镇痛、消炎、抗过敏、解热和降血压等作用；汉防己甲素对人工致热家兔有解热作用，汉防己丙素对大肠杆菌致热的大鼠也有解热作用，汉防己乙素的作用较弱；汉防己总碱及汉防己甲素、汉防己乙素、汉防己丙素均有镇痛作用，其中以汉防己总碱作用最强；汉防己总生物碱有肌肉松弛作用，用于中药麻醉；汉防己甲素、汉防己乙素对大鼠甲醛性关节炎有一定的抗炎消肿作用，汉防己甲素作用与可的松相似，比水杨酸钠强，比保泰松弱；汉防己可抗蛋清引起的家兔过敏；汉防己甲素对痢疾志贺菌有抑制作用，汉防己和木防己在体内有抗阿米巴原虫作用。

六、秦艽

本品为龙胆科植物秦艽 *Gentiana macrophylla* Pall.、麻花秦艽 *Gentiana straminea* Maxim.、粗茎秦艽 *Gentiana crassicaulis* Duthie ex Burk. 或小秦艽 *Gentiana dahurica* Fisch. 的干燥根(图 14-6，彩图 14-6)。前三种按性状不同分别习称"秦艽"和"麻花艽"，后一种习称"小秦艽"。春、秋二季采挖，除去泥沙；秦艽和麻花艽晒软，堆置"发汗"至表面呈红黄色或灰黄色时，摊开晒干，或不经"发汗"直接晒干；小秦艽趁鲜时搓去黑皮，晒干。切片生用。主产于我

图 14-6 秦艽的原植物和饮片

国四川、陕西、甘肃等地。

性味与归经 辛、苦,平。归胃、肝、胆经。

功能 祛风湿,止痹痛,退虚热。

主治

(1)风湿痹痛、筋脉拘挛,尿血 本品味辛,能祛风湿、舒经络而利关节、止痹痛。为治疗风湿痹痛、筋脉拘挛的通用药物,但因其性微寒而兼清热,故对兼热者更宜。治疗风湿热息之肢节红肿热痛,常与忍冬藤、虎杖、黄柏配伍,共奏祛风除湿而止痛;治疗风寒湿痹之关节疼痛拘挛,常与川乌、羌活、川芎等祛风散寒止痛药物配伍;治疗弩伤尿血,与瞿麦、当归、蒲黄、山栀等配伍。

(2)虚热证 本品能退虚热,除骨蒸。治疗骨蒸潮热,兼风湿者最宜,常与知母、地骨皮、鳖甲等退虚热药同用。

(3)湿热证 本品能清利湿热而退黄疸,治疗湿热蕴结肝胆之黄疸,常与茵陈、虎杖等清热利湿退黄药物配伍。

用法用量 马、牛 15～45 g,羊、猪 3～10 g,兔、禽 1～1.5 g。

禁忌 脾虚便溏者忌用。

按语 秦艽苦泄辛散,其质偏润,故为风药之润剂。本品既能祛风湿,又善活血舒筋,为治疗外感体痒、肌肉拘挛、筋骨不利常用之品。能于营血之中除风寒湿邪,使邪去血活而经脉自利。正因其入血搜风而性不燥,故又善清虚热而治疗阴虚发热证。本品又兼通便利水,退黄疸,中医有治疗"黄疸、酒疸""去遍身黄疸如金"的记载。

独活与秦艽都能治疗四肢风湿疼痛,但独活用于风湿寒痛,秦艽用于风湿热痛。

现代研究

(1)化学成分 本品含生物碱,如龙胆碱、龙胆次碱、秦艽碱甲、秦艽碱乙、秦艽碱丙、胆苦苷、当药苦苷,其中以秦艽碱甲最多,其次含挥发油及糖类等。粗茎秦艽和麻花秦艽均主要含龙胆苦苷、当药苷、当药苦苷、龙胆碱、秦艽碱丙等。

(2)药理作用 本品乙醇浸剂对金黄色葡萄球菌、炭疽杆菌、痢疾杆菌、伤寒杆菌等有抑制作用;能增强肾上腺皮质功能,产生抗炎作用,并能加速关节肿胀的消退;有镇痛、镇静、解热作用,大剂量秦艽对大鼠注射 15%酵母混悬液所致实验性发热有解热作用,小鼠热板法及大鼠光热刺激法镇痛试验证明秦艽碱甲有镇痛作用,但作用时间短,小剂量秦艽碱甲对大鼠也有镇痛作用;秦艽碱甲对中枢神经有抑制作用;有一定的抗组胺样作用,秦艽碱甲能减轻大鼠甲醛性和蛋清性关节炎的症状,降低毛细血管通透性,使其肿胀减轻或消退;秦艽碱还有抗风湿作用,其强度与可的松相似;秦艽碱甲能明显减轻组胺喷雾所致豚鼠哮喘及抽搐,对豚鼠的组胺性休克及大鼠的蛋清性过敏有防护作用;煎剂给家兔口服后有利尿作用,可使尿量明显增加,促进尿酸排泄,减少代谢产物的沉积。

七、桑枝

本品为桑科植物桑 *Morus alba* L. 的干燥嫩枝(图 14-7,彩图 14-7)。春末夏初采收,去叶,晒干,或趁鲜切片,晒干。切片生用。主产于我国广东、浙江等地。

图 14-7　桑枝的原植物和饮片

性味与归经　微苦,平。归肝经。

功能　祛风湿,利关节。用于肩臂、关节酸痛麻木。

主治　风湿痹痛,四肢拘挛。用于风湿痹痛证。对风湿热痹在四肢关节者,尤为适宜。因其性善祛风,通利关节,苦寒又能清热,可单味重用(以老桑枝为好),亦可与防己、海桐皮、丝瓜络等配伍。

用法用量　马、牛 30～60 g,羊、猪 15～30 g。

禁忌　阴虚、血虚、遗尿、昏迷及肝性脑病者不宜服用。

按语　桑枝与桂枝均能通达四肢,但桑枝性凉,风热多用;桂枝辛温,风寒多用。桑枝与松节均能祛风湿,但桑枝祛风湿偏于热者;松节祛风湿偏于寒者。

现代研究

(1)化学成分　本品含丁二酸、鞣质及维生素 B_1 等。

(2)药理作用　本品有明显的降血压作用;浸出液对家兔及绵羊的被毛有明显益处,可提高被毛质量。

八、马钱子

本品为马钱科植物马钱 *Strychnos nux-vomica* L. 的干燥成熟种子(图 14-8,彩图 14-8)。

冬季采收成熟果实，取出种子，晒干。砂炒至膨胀，去毛压粉用；或泡后去毛，油炒制用。主产于我国云南、广东等地。

图 14-8　马钱子的原植物和饮片

性味与归经　苦，温；有大毒。归肝、脾经。

功能　通络止痛，散结消肿。

主治

（1）风湿痹痛　本品有活络散结，消肿定痛之功。可用于风毒窜入经络所致拘挛疼痛，常与羌活、川乌、乳香、没药等配伍。

（2）跌打损伤　用于跌打骨折等瘀滞肿痛，可与自然铜、土鳖虫、骨碎补、乳香、没药同用。

（3）疮黄肿毒　治疗痈肿疮毒，与雄黄、乳香、穿山甲等配伍。

用法用量　煎灌，马、牛 1.5～6 g，羊、猪 0.3～1.2 g。

禁忌　不宜生用，不宜多服久服，孕畜禁用。

按语　马钱子为伤科、骨科的要药，又为强壮药，对于跌打损伤、瘀血肿痛或骨折筋伤有较好的疗效，对外周神经麻痹或重症肌无力均有较好效果。惟本品有大毒，内服应特别小心。

现代研究

（1）化学成分　本品含生物碱，如士的宁、马钱子碱、马钱子苷、番木鳖次碱、熊果酸、豆甾醇糖苷等。

（2）药理作用　本品所含番木鳖碱能兴奋脊髓，小剂量能明显增强脊髓的反射活动，中毒剂量导致脊髓性强直性惊厥；马钱子碱有明显的镇痛作用，作用强度与剂量呈正相关关系，且药效强，维持时间较长；水提液在一定剂量下对小鼠移植性肿瘤 H22 的生长有明显抑制作用，且对小鼠免疫器官无明显损害。

九、五加皮

本品为五加科植物细柱五加 *Acanthopanax gracilistylus* W. W. Smith 的干燥根皮（图 14-9，彩图 14-9）。夏、秋二季采挖根部，洗净，剥取根皮，晒干。切片生用或炒用。主产于我国四川、湖北、河南、安徽等地。

图 14-9　五加皮的原植物和饮片

性味与归经　辛、苦，温。归肝、肾经。

功能　祛风除湿，强筋壮骨，补益肝肾，利水消肿。

主治

(1)风湿痹痛　本品善祛风除湿，兼能温补肝肾，适用于风湿痹痛、筋骨不健等证。治疗风湿痹痛，兼肾虚有寒者最宜，常与木瓜、松节配伍。

(2)腰肢痿软　本品具有良好的补肝肾、强筋骨作用。凡肝肾亏虚所致筋骨痿软均可选用，常与怀牛膝、炒杜仲、淫羊藿等补肾药物同用，以增强其强筋壮骨之功效。

(3)水肿，尿不利　本品还具有利湿作用。治疗水肿、尿不利等证，常与茯苓皮、大腹皮等利湿消肿药物配伍，如五皮饮(组成：五加皮、地骨皮、茯苓皮、大腹皮、生姜皮，《太平惠民和剂局方》)。

用法用量　马、牛 15～45 g，羊、猪 5～10 g，犬、猫 2～5 g，兔、禽 1.5～3 g。

禁忌　阴虚火旺者忌用，孕畜慎用。

按语　五加皮辛苦温，有祛风湿、强筋骨、消水肿之能，为最常用的祛风湿药，尤其对腰膝腿脚之风湿作痛多用。凡风湿疼痛，四肢冷痛，常泡酒服。对脚气痿弱、水肿亦有效。五加皮分南北两种，南五加祛风湿、壮筋骨之力为优，其性和缓，常与黄芪、当归、川芎、牛膝、续断、海桐皮、千年健等泡酒，以治疗四肢痿软证；北五加有强心苷的作用特点，作用较烈而有毒性，消水之功为优，偏于治疗四肢水肿证。

现代研究

(1)化学成分　本品主要含丁香苷、刺五加苷、β-谷甾醇、β-谷甾醇葡萄糖苷、硬脂酸、棕榈酸、亚麻仁油酸、挥发油及维生素 A、维生素 B 等。

(2)药理作用　本品有抗炎、镇痛、抗疲劳、抗应激(抗高温、抗低温、抗缺氧)、抗放射损伤、抗实验性高血糖、增强免疫功能等作用，并可兴奋性腺、肾上腺，增强性功能；有抗关节炎和镇痛作用，能抑制大鼠蛋清或甲醛所致踝关节肿胀；能调整血压和降血糖；对金黄色葡萄球菌、绿脓杆菌、大肠杆菌等有抑制作用。

十、桑寄生

本品为桑寄生科植物桑寄生 *Taxillus chinensis*(DC.)Danser 的干燥带叶茎枝(图 14-10，

彩图 14-10)。冬季至次春采割,除去粗茎,切段,干燥,或蒸后干燥。主产于我国河北、河南、广东、广西、浙江、江西、台湾等地。

图 14-10　桑寄生的原植物和饮片

性味与归经　苦、甘,平。归肝、肾经。

功能　祛风湿,补肝肾,强筋骨,安胎元。

主治　风湿痹痛,腰胯无力,胎动不安。

(1)风湿痹痛,腰膝酸软　本品既能祛风湿,又能养血、益肝肾,故强筋壮骨效优,为治疗风湿痹痛、腰胯酸软之常用药。适用于血虚、筋脉失养、腰脊无力、四肢痿软、背项强直等证,常与杜仲、独活、当归等同用,以祛风湿、补肝肾、强筋骨,常与杜仲、牛膝、独活、当归等同用,如独活寄生汤(组成:独活、桑寄生、杜仲、牛膝、细辛、秦艽、茯苓、肉桂心、防风、川芎、人参、甘草、当归、芍药、干地黄,《备急千金要方》)。

(2)胎动不安　本品既能补肝肾、养血,又能固冲任、安胎。适用于肝肾虚损之漏下血及胎动不安等证,常与阿胶、川续断、菟丝子等配伍。

用法用量　马、牛 30～60 g,羊、猪 5～15 g。

禁忌　本品性平和,无寒热,无毒性,且有补益之用,故可用于阴阳、寒热等多种证候,而无特殊宜忌之例。

按语　桑寄生有补肝肾、强筋骨之功,能于血中祛风,为祛风益血之品。对于痹痛日久,损于肝肾,筋骨痿软以及精血不足,胎动胎漏之证,用之有效。本品与其他祛风湿药不同,其他祛风湿药多温燥,而本品无燥气之弊,确有养血调经之效,因而对血不养筋、养胎之证尤相适宜。

现代研究

(1)化学成分　本品含槲皮素、槲皮苷、萹蓄苷等,还含少量右旋儿茶酚等黄酮类化合物。

(2)药理作用　本品有降血脂、降血压、镇静、利尿作用;能扩张冠状动脉血管,增加冠状动脉血流量;对伤寒杆菌、葡萄球菌有抑制作用,对脊髓灰质炎病毒和其他肠道病毒有明显的抑制作用。

第二节 化湿药

凡气味芳香，性偏燥湿，具有化湿运脾作用的药物，称为化湿药。主要治疗湿阻中焦，这一类药绝大多数都有明显的芳香气味，习惯上又称为芳香化湿药。根据中兽医的理论，如果湿邪进入机体或者机体内生湿邪，直接参与处理的脏腑就是脾。脾主运化水谷的精微，也运化消化吸收以后产生的水液、水湿，升清降浊，输布全身，或者排出体外。《内经》指出“脾主运化”“脾恶湿”，脾易受到水湿、湿浊的伤害，用这类芳香的药物可消除脾受到湿邪伤害而出现的症状。“脾喜温燥而恶湿”，脾不喜欢湿浊，而喜欢温燥的药物，本类药物主要针对水湿停聚在脾，作用于中焦，即为芳香化湿药。

一、藿香

本品为唇形科植物藿香 *Agastache rugosus*（Fisch. et Mey.）O. Ktze 的干燥地上部分（图 14-11，彩图 14-11）。夏、秋二季枝叶茂盛或花初开时采割，阴干或趁鲜切段，阴干。主产于我国广东、吉林、贵州等地。

图 14-11 藿香的原植物和饮片

性味与归经 辛，微温。归肺、脾、胃经。

功能 发表解暑，芳香化湿，和中止呕。

主治 夏伤暑湿，暑湿泄泻，反胃呕吐，肚腹胀满。

（1）夏伤暑湿 本品微温，化湿而不燥热，又善于解暑，为解暑要药。其治疗暑湿之证，不论偏寒、偏热，都可应用，临床经常与佩兰同用。用于暑天外感风寒，内伤暑湿所致发热身痛、肚腹胀满、食少、呕吐或泄泻，常与苏叶、白芷、大腹皮、茯苓、白术、半夏曲、陈皮、厚朴等配伍，如藿香正气散（组成：大腹皮、白芷、紫苏、茯苓、半夏曲、白术、陈皮、厚朴、苦桔梗、藿香、甘草，《太平惠民和剂局方》）。

（2）湿困脾土 本品气味芳香，醒脾化湿，为芳香化湿之要药，故适用于湿阻中焦、脘闷纳呆之证候，凡湿困脾土所致草少、呕吐、腹胀、泄泻等均可应用，常与厚朴、苍术、半夏等配伍。湿温初起，可与薄荷、茵陈、黄芩等同用。

用法用量 马、牛 15～45 g，羊、猪 5～10 g，兔、禽 1～22 g。

禁忌　阴虚无湿及胃虚作呕者忌用。不宜久煎。

按语　藿香辛温芳香，能化湿浊而辟秽恶。因脾爱暖喜燥而恶湿，使湿浊去则脾胃健运而和畅。藿香芳香而不燥烈，温煦而不偏于燥热，能除阴霾湿邪，扶脾胃正气，故为升清降浊、解四时不正之气的要药。本品治疗呕吐为其专长，又为脾胃吐逆之要药。

现代研究

(1)化学成分　本品含挥发油、鞣质、苦味质(主要为甲基胡椒酚)，还含茴香醚、茴香醛、柠檬烯及藿香醇等。

(2)药理作用　本品对胃肠神经有抑制作用，并能扩张微血管，略有发汗作用；其芳香之气能促进胃液分泌以助消化；对金黄色葡萄球菌、大肠杆菌、痢疾杆菌、肺炎双球菌等有抑制作用，广藿香酮对白色念珠菌、新型隐球菌、黑根霉菌等真菌有明显的抑制作用，还有抗病毒、抗螺旋体的作用；挥发油可抑制胃肠过度蠕动，促进胃液分泌而助消化。

二、苍术

本品为菊科植物茅苍术 *Atractylodes lancea*(Thunb.)DC. 或北苍术 *Atractylodes chinensis*(DC.)Koidz. 的干燥根茎(图 14-12，彩图 14-12)。春、秋二季采挖，除去泥沙，晒干，撞去须根。主产于我国江苏、安徽、浙江、河北、内蒙古等地。

图 14-12　苍术的原植物和饮片

性味与归经　辛、苦，温。归脾、胃、肝经。

功能　燥湿健脾，祛风散寒，明目。

主治

(1)湿阻脾胃　本品有较强的燥湿健脾功效。用于湿阻脾胃所致的食少、泄泻、水肿、舌苔白腻等，常与厚朴、陈皮、甘草、生姜、大枣同用，如平胃散(组成：苍术、厚朴、陈皮、甘草，《宋·太平惠民和剂局方》)；又可用于痰饮内停，与陈皮、茯苓、生姜皮等配伍。

(2)风寒湿痹　本品既能温燥除湿，又能辛散祛风，散除经络肢体的风湿之邪，对寒湿偏重的痹痛尤为适宜，用于风寒湿痹，湿盛者为宜，常与羌活、独活、威灵仙等配伍；若湿热痹痛，与黄柏配伍，如二妙散[组成：黄柏(炒)、苍术(米泔水浸，炒)，《丹溪心法》]。

(3)外感风寒　本品辛散，兼能散寒解表，适用于感受风寒湿邪的头痛、身痛、无汗等证，治疗风寒表证夹湿，与防风、羌活、独活等配伍；若风热表证夹湿，常与荆芥、防风、金银花等同用。

（4）夜盲症　单用或与石决明同用。

用法用量　马、牛 15～60 g，羊、猪 3～15 g，兔、禽 1～33 g。

禁忌　阴虚有热或多汗者忌用。

按语　苍术味辛主散，性温而燥，芳香之气尤为雄厚，外可解风寒之邪，内能化湿浊之郁，不仅是解除脾胃湿困的专药，还是治疗感受四时不正之气的要品。本品配动物肝脏可治疗夜盲症，配牡蛎可治疗骨软症。

苍术与白术均能燥湿。但苍术温而性燥烈，长于燥湿运脾，多用于湿滞证，白术甘温而少燥烈之性，善补脾益气，多用于脾虚证。故补脾用白术，运脾用苍术。若补运相兼，二术同用。如补多运少则白术多而苍术少，运多补少则苍术多而白术少。此为二术在临床上应用的区别。

现代研究

（1）化学成分　本品含挥发油（苍术醇、苍术酮、苍术素、β-桉油醇、α-桉叶油醇、β-芹子烯），还含苍术烯内酯丙、谷甾醇、香草酸、胡萝卜苷、维生素 A、维生素 D 和维生素 B_1 等。

（2）药理作用　本品对金黄色葡萄球菌、枯草杆菌黑色变种芽孢均有较强的杀灭作用，对结核杆菌、金黄色葡萄球菌、大肠杆菌、枯叶杆菌和绿脓杆菌有明显的杀灭作用；水煎剂能增加番泻叶灌胃所致脾虚泄泻动物的体重，抑制小肠推进运动，提高血清锌铁含量，降低血清铜含量，并能对抗实验性大鼠胃溃疡的形成；含有大量维生素 A 和维生素 B_1，对夜盲症、骨软症、皮肤角化症都有一定疗效；煎剂给实验性四氧嘧啶糖尿病的家兔灌胃，有降血糖作用，家兔在给药 10 天内血糖不断下降，停药后血糖未见回升；少量挥发油对金线蛙有镇静作用，大量对中枢神经系统起麻痹作用，最后导致呼吸麻痹性死亡。

三、佩兰

本品为菊科植物佩兰 *Eupatorium fortunei* Turcz. 的干燥地上部分（图 14-13，彩图 14-13）。夏、秋二季分两次采割，除去杂质。晒干。主产于我国江苏、浙江、安徽、山东等地。

图 14-13　佩兰的原植物和饮片

性味与归经　辛，平。归脾、胃、肺经。

功能　芳香化湿，醒脾开胃，发表解暑。

主治

(1)食欲不振　本品气味芳香,能调中辟浊。治疗湿热浊邪郁于中焦所致的肚腹胀满、舌苔白腻和暑湿表证等,常与藿香、厚朴、白豆蔻等同用。

(2)伤暑　本品善解暑热而生津,治疗暑热内蕴、肚腹胀满,常与藿香、厚朴、鲜荷叶等配伍。

用法用量　马、牛 15～45 g,猪、羊 5～15 g。

禁忌　阴虚血燥,气虚者不宜用。

按语　佩兰主要功能与藿香相近,都属芳香化浊之品,故在湿热证的湿盛热轻,以及夏令暑湿郁蒸诸证,往往同为要药。鲜佩兰香气尤浓,辟恶除秽,其功更著。但佩兰长于解暑,藿香长于止呕。

现代研究

(1)化学成分　本品全草含挥发油 1.5%～2%,如聚伞花素(对异丙基甲苯)、乙酸橙花醇酯伞花烃、5-甲基麝香草醚,叶含香豆精、邻香豆酸、麝香草氢醌,还含三萜类化合物。

(2)药理作用　本品挥发油及其有效成分对日聚伞花素有明显的祛痰作用;还有抗癌、抗病毒的作用,实验表明挥发油对流感病毒也有直接的抑制作用;有健胃、利尿、解热、防腐作用;口服佩兰能引起小鼠发情周期暂停,抑制其排卵。

四、草豆蔻

本品为姜科植物草豆蔻 *Alpinia katsumadai* Hayata 的干燥近成熟种子(图 14-14,彩图 14-14)。夏、秋二季采收,晒至九成干,或用水略烫,晒至半干,除去果皮,取出种子团,晒干。主产于我国广东、广西等地。

图 14-14　草豆蔻的原植物和饮片

性味与归经　辛,温。归脾、胃经。

功能　燥湿健脾,温胃止呕。

主治

(1)脾胃虚寒,冷痛,寒湿泄泻　气味辛香,性温和中,健脾化湿。与砂仁、陈皮、神曲等配伍,治疗脾胃虚寒所致食欲不振、食滞腹胀、冷肠泄泻、伤水腹痛等。

(2)呕吐　治疗寒湿郁滞中焦、气逆作呕,常与高良姜、生姜、吴茱萸等同用。

用法用量　煎灌,马、牛 15～30 g,猪、羊 3～10 g,犬 2～5 g。

禁忌　阴血不足、无寒湿郁滞者不宜用。

按语　白豆蔻与草豆蔻功用大致相同。但白豆蔻偏入肺,长于行气宽膈,芳香燥湿作用不如草豆蔻,草豆蔻偏入脾,偏于破气开郁,温中燥湿。

现代研究

(1)化学成分　本品含挥发油,主要为豆蔻素。

(2)药理作用　少量本品水煎剂对豚鼠离体肠管呈兴奋作用,大剂量呈抑制作用,其挥发油的饱和溶液也呈抑制作用。

第三节　利湿药

凡能通利水道,渗泄水湿,以治疗水湿内停病证为主要作用的药物,称为利水渗湿药。分为利水消肿药、利尿通淋药、利湿退黄药三类。

本类药物药性平和,利水渗湿。利水消肿,临床应用广泛,几乎可以用于与水湿有关的一切病证;利尿通淋,即清利湿热,缓解和消除湿热淋证(尿频、尿急、尿道灼热、淋漓不尽);利湿退黄,即清利湿热加利胆退黄。

一、茯苓

本品为多孔菌科真菌茯苓 *Poria cocos* (Schw.) Wolf 的干燥菌核(图 14-15,彩图 14-15)。多于 7—9 月采挖,挖出后除去泥沙,堆置"发汗"后,摊开晾至表面干燥,再"发汗",反复数次至现皱纹、内部水分大部散失后,阴干,称为"茯苓个";或将鲜茯苓按不同部位切制,阴干,分别称为"茯苓块"和"茯苓片"。主产于我国云南、安徽、江苏等地。

图 14-15　茯苓和饮片

性味与归经　甘、淡,平。入脾、胃、心、肺、肾经。

功能　渗湿利水,健脾补中,宁心安神。

主治

（1）水肿尿少 本品味甘而淡，甘能和中，淡能渗泄。一般水湿停滞或偏寒者，多用白茯苓；偏于湿热者，多用赤茯苓；若水湿外泛而为水肿、尿涩者，多用茯苓皮。

（2）脾虚食少 茯苓既能健脾又能利湿，能补能泻。脾虚湿困，水饮不化的慢草不食或水湿停滞等，用茯苓有标本兼顾之效。

（3）心神不宁 茯苓、茯神均能宁心安神，茯神功效较好。朱砂拌用，可增强疗效。此外，可治疗泄泻，脾虚湿困、运化失调者，有健脾利湿止泻的功效，如参苓白术散（组成：莲子肉、薏苡仁、砂仁、桔梗、白扁豆、白茯苓、白术、山药、炙甘草、人参，《太平惠民和剂局方》）。

用法用量 煎灌，马、牛 20～60 g，猪、羊 5～10 g，犬 3～6 g，兔、禽 1.3～5 g。

按语 茯苓甘淡渗利，能利尿消水，凡五脏六腑、各部出现水湿留滞的证候，皆可用之。常起运水而健脾之效，为治本之药。临床多用茯苓块。白茯苓利水而不伤正，为通补之药；赤茯苓长于清热利湿；茯苓皮长于利水消肿；茯神长于宁心安神；茯神木长于舒筋止痉。

猪苓与茯苓均为和水渗湿之品。但茯苓偏于气分而兼补益，多用于脾虚有湿之水肿；猪苓利湿作用长于茯苓，无补益之功，多用于水肿实证。

现代研究

（1）化学成分 本品主要含三萜类、多聚糖类及胆碱等。

（2）药理作用 本品以 25%浸剂按 0.5 g/kg 腹腔注射，对正常家兔有缓和且持久的利尿作用，其机制与猪苓相同；煎剂对小鼠有镇静作用，其镇静作用次于茯神；茯苓聚糖无抗肿瘤活性，而茯苓次聚糖对小鼠肉瘤 S_{180} 的抑制率达 96.88%；乙醇提取物在体外能杀死钩端螺旋体，水煎剂则无效；乙醇提取物可使兔血糖先升高后下降。

二、猪苓

本品为多孔菌科真菌猪苓 *Polyporus umbellatus* (Pers) Fries 的干燥菌核（图 14-16，彩图 14 16）。春、秋二季采挖，除去泥沙，干燥。主产于我国山西、陕西、河北等地。

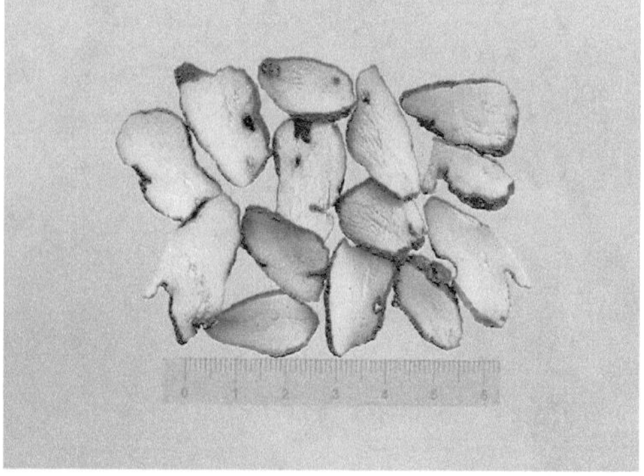

图 14-16 猪苓和饮片

性味与归经 甘、淡，平。归肾、膀胱经。

功能 渗湿利水。

主治

（1）小便不利，泄泻　猪苓以淡渗见长，利水渗湿作用优于茯苓，凡因水湿停滞，尿不利，水肿胀满，肠鸣作泻，湿热淋浊等，常与茯苓、白术、泽泻等同用，如五苓散（组成：猪苓、茯苓、白术、泽泻、桂枝，《伤寒论》）。

（2）水肿　治疗阴虚性尿不利、水肿，常与阿胶、滑石同用。

用法用量　马、牛 25～60 g，猪、羊 10～20 g，犬 3～6 g。

按语　猪苓甘、淡、平，能通利水道，专主渗湿，为利水之要药。其利水之功优于茯苓，但无补益作用。李时珍云："猪苓淡渗，气升而又能降，故能开腠理，利小便，与茯苓同功，但入补药不如茯苓也。"

现代研究

（1）化学成分　本品含粗蛋白质、可溶性糖分（主要为猪苓多糖）、醚溶性物质、麦角甾醇及微量生物碱等。

（2）药理作用　本品煎剂对犬、兔灌胃和静脉注射均有明显的利尿作用，其作用强于咖啡碱，强于茯苓、木通；所含多聚糖有抗癌作用；还有护肝、抗辐射的作用。

三、泽泻

本品为泽泻科植物东方泽泻 *Alisma orientalis* (Sam.) Juzep. 或泽泻 *Alisma plantago-aquatica* Linn. 的干燥块茎（图 14-17，彩图 14-17）。冬季茎叶开始枯萎时采挖，洗净，干燥，除去须根和粗皮。主产于我国福建、广东、江西、四川等地。

图 14-17　东方泽泻的原植物和饮片

性味与归经　甘、淡，寒。归肾、膀胱经。

功能　利小便，清湿热。

主治

小便不利，水肿胀满，湿热泄泻　本品甘淡能利水渗湿，性寒能泻肾火和膀胱热。治疗水湿停滞的尿不利、水肿胀满、湿热淋浊、泻痢不止等，常与茯苓、猪苓等同用；治疗肾阴不足，虚火偏亢，可与丹皮、熟地黄等配伍，如六味地黄汤（组成：熟地黄、山茱萸肉、山药、丹皮、泽泻、茯苓，《景岳全书》）。

用法用量　马、牛 20～45 g，猪、羊 10～15 g，犬 5～8 g，兔、禽 0.5～1 g。

禁忌　无湿及肾虚精滑者禁用。

按语　泽泻寒咸入肾，长于利湿兼泻相火，无补益作用。用于湿停下焦的小便不利、水肿，治疗肾阴虚、虚火妄动之证，往往在补养药中取效。肾虚而无湿热者不用。

现代研究

（1）化学成分　本品主要含三萜类化合物（泽泻醇 A-醋酸酯、泽泻醇 B-醋酸酯及泽泻醇 C-醋酸酯等），还含生物碱、胆碱及天门冬酰胺树脂。

（2）药理作用　本品能增加尿液、尿素、氯化钠的排泄量，对肾炎动物作用更明显；略降低家兔血中胆固醇含量，能减轻动脉粥样硬化，有降血糖和抗肝脂等作用；煎剂对乙酰胆碱所致离体小肠收缩有对抗作用；泽泻醇 A-醋酸酯、泽泻醇 B-醋酸酯和泽泻醇 C-醋酸酯可保护四氯化碳中毒小鼠的肝脏，其中以泽泻醇 C-醋酸酯效果最好；还有轻度降血压作用。

四、车前子

本品为车前科植物车前 *Plantago asiatica* L. 或平车前 *Plantago depressa* Willd. 的干燥成熟种子（图 14-18，彩图 14-18）。夏、秋二季种子成熟时采收果穗，晒干，搓出种子，除去杂质。主产于浙江、安徽、江西等地。

 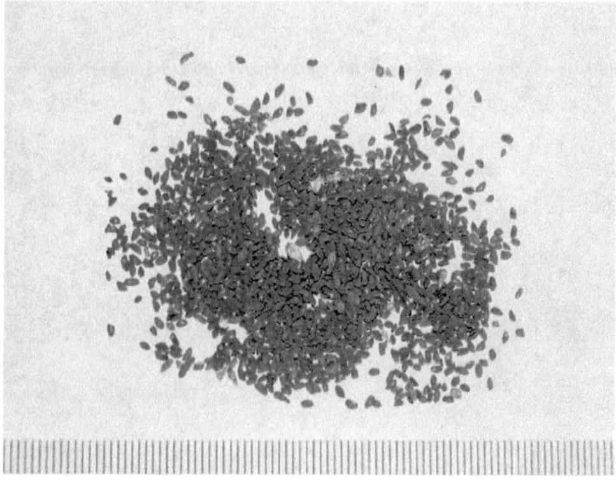

图 14-18　车前子的原植物和饮片

性味与归经　甘，微寒。归肝、肾、肺、小肠经。

功能　清热利尿，渗湿通淋，明目。

主治

（1）热淋尿血，泄泻　本品性寒而滑利，故能利水通淋，以治疗热淋为主。与滑石、木通、瞿麦配伍，治疗湿热淋浊、水湿泄泻、暑湿泻痢、尿不利等。

（2）目赤肿痛　本品能清肝明目。与夏枯草、龙胆、青葙子等配伍，治疗眼目赤肿、睛生翳障、黄疸等。

用法用量　马、牛 20～30 g，猪、羊 10～15 g，犬、猫 3～6 g，兔、禽 1～3 g。

禁忌　内无湿热及肾虚精滑者忌用。

按语　车前子甘寒滑利，性专降泄，为利尿通淋要药。现代用于各种原因引起的水肿、泌尿系统感染、急性结膜炎、角膜炎、巩膜炎及肺炎喘咳等症。

滑石与车前子均能利水。但滑石利水还可祛暑；车前子利水道而不伤正气，兼有益肝明目之效。

现代研究

(1)化学成分　车前子含车前子碱、车前烯醇酸、琥珀酸、脂肪油、黏液质及维生素 B 等，车前草含桃叶珊瑚苷和车前苷。

(2)药理作用　车前草对伤寒杆菌、痢疾杆菌、大肠杆菌、金黄色葡萄球菌、绿脓杆菌以及某些皮肤真菌有抑制作用；车前子和全草均有明显的利尿作用，增加尿素、氯化物、尿酸的排泄；有止咳、祛痰和降血压作用。

五、薏苡仁

本品为禾本科植物薏苡 *Coix lacryma-jobi* L. var. *mayuen* (Roman.) Stapf. 的干燥成熟种仁(图 14-19，彩图 14-19)。秋季果实成熟时采割植株，晒干，打下果实，再晒干，除去外壳、黄褐色种皮和杂质，收集种仁。主产于我国山东、福建、河北、辽宁、江苏等地。

图 14-19　薏苡的原植物和饮片

性味与归经　甘、淡，凉。归脾、胃、肺经。

功能　清热除湿，健脾止泻，除痹。

主治

(1)肺痈　本品上清肺金之热，与桃仁、芦根等配伍。

(2)水肿、浮肿、砂石热淋　本品下利胃肠之湿，常与滑石、木通等配伍。

(3)脾虚泄泻　本品性味甘淡，补益脾胃，炒熟用于脾虚泄泻，常与茯苓、白术同用。

(4)风湿热痹、四肢拘挛　本品除湿清热，通利关节，常与防己等配伍。

用法用量　马、牛 30～60 g，猪、羊 10～25 g，犬 3～12 g，兔、禽 3～6 g。

禁忌　遗尿者忌多食，泄泻重症者忌食用。

按语　薏苡仁甘寒，健脾而不腻，性寒而不伤胃，是一味清补利湿之佳品。渗湿宜生用，健脾宜炒用。扁豆与薏苡仁均能健脾，但扁豆偏于消暑除湿可以健脾，薏苡仁偏于淡渗利湿以健脾。木瓜与薏苡仁均能祛湿、舒筋，但木瓜偏于治疗寒湿所致筋脉拘挛，薏苡仁偏于治疗湿热所致筋急拘挛、肢体难伸。

现代研究

(1)化学成分 本品含氨基酸类物质,如亮氨酸、赖氨酸、酪氨酸,还含脂肪油、薏苡内酯及维生素 B_1 等。

(2)药理作用 对离体心脏、肠管、子宫、骨骼肌及运动神经末梢等,低浓度薏苡仁油呈兴奋作用,高浓度呈麻醉作用,各浓度均对蛙横纹肌有抑制作用;薏苡内酯有解热、镇痛作用,其强度与氨基比林相似;薏苡仁和薏苡根水煎剂能杀死猪蛔虫;有降血糖、降血钙、降血压的作用;抑制胰蛋白酶;有诱发排卵的作用。

六、木通

本品为木通科植物木通 *Akebia quinata* (Thunb.) Decne.、三叶木通 *Akebia trifoliata* (Thunb.) Koidz. 或白木通 *Akebia trifoliata* (Thunb.) Koidz. var. *australis* (Diels) Rehd. 的干燥藤茎(图 14-20,彩图 14-20)。秋季采收,截取茎部,除去细枝,阴干。主产于我国湖南、贵州、四川、吉林、辽宁等地。

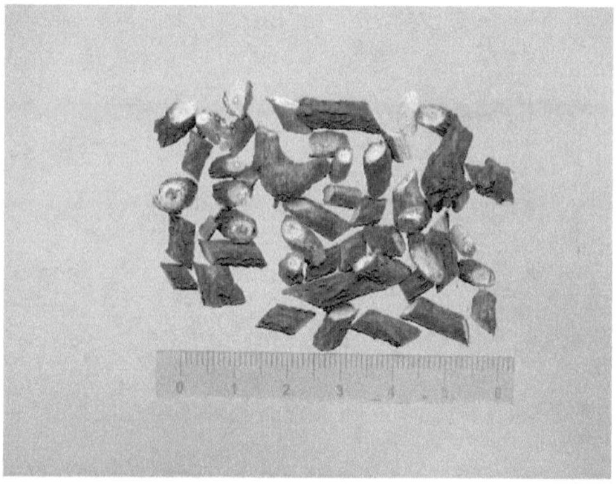

图 14-20 木通的原植物和饮片

性味与归经 苦,微寒。归心、小肠、膀胱经。

功能 清热利水,通乳。清心泻火,利尿,通经下乳。

主治

(1)口舌生疮,尿赤,五淋 本品清心火,利尿。治疗心火上炎、口舌生疮、尿短赤、湿热淋痛、尿血等,常与生地黄、竹叶、甘草等配伍。

(2)乳汁不通 本品通利血脉,下乳通经。治疗乳汁不通,常与王不留行、穿山甲同用。通经可与牛膝、当归、红花等配伍。

用法用量 马、牛 10～30 g,猪、羊 3～6 g,犬 1～2 g。

禁忌 汗出不止、尿频数者忌用。孕畜慎用。

按语 木通苦寒,有利水通淋、导热下行、通经下乳、行血利关节等作用,为淋证常用的利水泄热药物。因有降泻心火,导心经热邪从小便而出的作用,故导赤散用之以治疗心经火盛,口舌生疮,或心热下注,小便淋痛、尿血;洗心散用之引热下出以泻心火;通乳散用之以通脉下乳;木通散用之以利水、消肿。现代医家认为木通与泽泻均为利水祛湿药,泽泻偏于泻肝肾经之湿热,木通偏于泻心与小肠经之湿热。临床用量不宜过大,能大泄心肾之气,使肾功能衰竭。

现代研究

(1)化学成分　本品含木通苷,其苷元为常春藤苷元和齐墩果酸,还含钙和鞣质等;根含皂苷,水解得齐墩果酸及葡萄糖、鼠李糖。

(2)药理作用　动物试验表明本品的利尿作用强于淡竹叶而弱于猪苓;醇提取液对革兰氏阴性菌、痢疾杆菌等有抑制作用。

七、通草

本品为五加科植物通脱木 *Tetrapanax papyrifer*(Hook.)K. Koch. 的干燥茎髓(图 14-21,彩图 14-21)。秋季割取茎,截成段,趁鲜取出髓部,理直,晒干。主产于我国江西、四川等地。

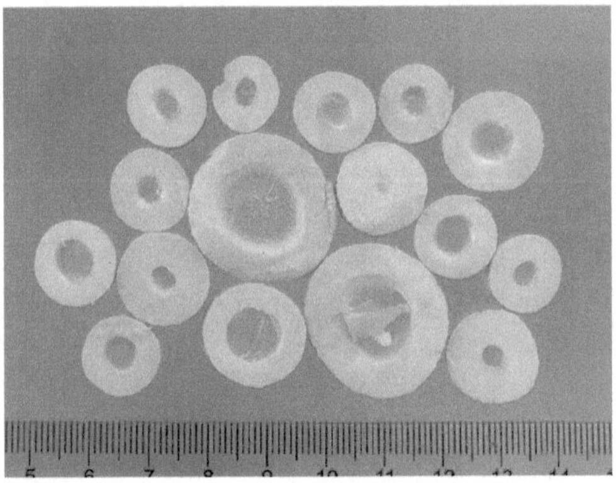

图 14-21　通脱木的原植物和饮片

性味与归经　甘、淡,微寒。归肺、胃经。

功能　清热利水,通气下乳。

主治

湿热尿淋,尿短赤,水肿,乳汁不下　本品淡渗清降,引热下行而利尿。用于尿不利、湿热淋痛等,常与滑石配伍。此外,还有下乳作用,常用于催乳方。

用法用量　马、牛 15～30 g,猪、羊 3～10 g,犬 2～5 g,兔、禽 0.5～2 g。

按语　通草古称通脱木,色白体轻,淡渗清降,入阳明胃经通气下达而下乳汁,入太阴肺经引热下降而利小便。为滑利通道之品,本品通乳之功与木通相似,但利水清热之力不及木通。

现代研究

(1)化学成分　本品含环己六醇、多聚糖、维生素 A、粗纤维、蛋白质及脂肪等,还含天冬氨酸、苏氨酸、组氨酸、苯丙氨酸等 13 种氨基酸以及钙、钡、镁、铁等 18 种微量元素。

(2)药理作用　本品有利尿和促进乳汁分泌的作用。

八、瞿麦

本品为石竹科植物瞿麦 *Dianthus superbus* L. 或石竹 *Dianthus chinensis* L. 的干燥地上部分(图 14-22,彩图 14-22)。夏、秋二季花果期采割,除去杂质,干燥。主产于湖北、吉林、江苏、安徽等地。

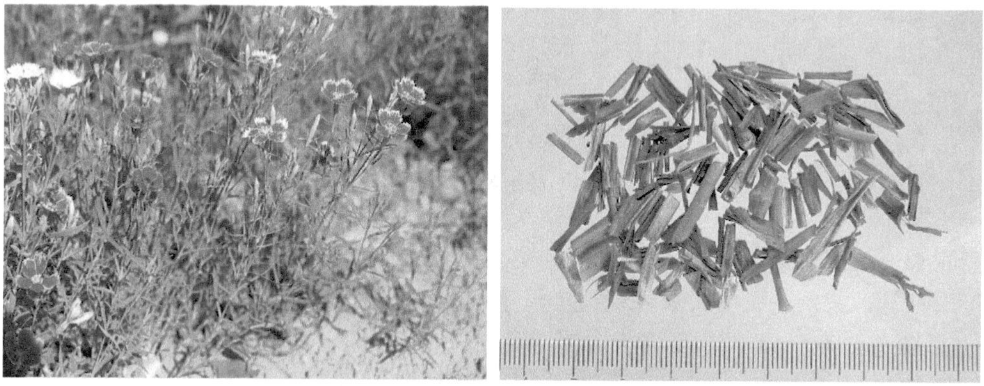

图 14-22 石竹的原植物和饮片

性味与归经 苦,寒。归心、小肠经。

功能 利尿通淋,破血通经。

主治

热淋,血淋,石淋,尿不利 本品苦寒沉降,通心经而行血,利尿液而清热。常治疗尿短赤、血尿、便血、石淋、水肿等,多与木通、车前子、滑石、栀子等配伍,如八正散(组成:车前子、瞿麦、萹蓄、滑石、山栀子仁、甘草、木通、大黄,《太平惠民和剂局方》),治疗热淋、石淋。

用法用量 马、牛 20～45 g,猪、羊 10～15 g,犬 3～6 g,兔、禽 0.5～1.5 g。

禁忌 孕畜忌用。

按语 瞿麦苦寒能清心热,利小肠,除膀胱湿热,为治疗淋证的要药,临床主要用于热淋、血淋、砂淋、尿血,小便不利等证。本品的特点是能入血分清血热,又兼有凉血祛瘀作用。

现代研究

(1)化学成分 本品含皂苷、苯乙醇、苯甲酸苄酯、水杨酸甲酯、糖及维生素 A 等,花含挥发油。

(2)药理作用 瞿麦穗煎剂灌胃可使盐水潴留的家兔尿量及其中的氯化物排泄量增加,使麻醉犬尿量增加 1～2.5 倍,未麻醉犬尿量增加 5～8 倍;能兴奋肠管,抑制心脏跳动,降血压,影响肾容量;对绿脓杆菌、金黄色葡萄球菌、大肠杆菌、伤寒杆菌、痢疾杆菌等均有抑制作用;体外或经动物口服均有杀灭血吸虫的作用。

九、茵陈

本品为菊科植物滨蒿 *Artemisia scoparza* Waldst. et Kit. 或为菊科植物茵陈蒿 *Artemisia capillaris* Thunb. 的干燥地上部分(图 14-23,彩图 14-23)。春季幼苗高 6～10 cm 时采收或

图 14-23 茵陈的原植物和饮片

秋季花蕾长成至花初开时采割，除去杂质和老茎，晒干。春季采收的习称“绵茵陈”，秋季采割的称“花茵陈”。主产于我国安徽、山西、陕西等地。

性味与归经 苦，辛，微寒。归脾、胃、肝、胆经。

功能 清利湿热，利胆退黄。

主治

黄疸，尿少，湿疮痛痒 本品苦泄下降，清利湿热。与栀子、大黄配伍，如茵陈蒿汤（组成：茵陈、栀子、大黄，《伤寒论》），治疗湿热黄疸；与黄柏、车前子等配伍，治疗阳黄，单味大剂量内服即能奏效；治疗阴黄，则须与温里药配伍，化湿而除阴寒，如茵陈四逆汤（组成：甘草、茵陈蒿、干姜、附子，《伤寒微旨论》卷下）。

用法用量 马、牛 20～45 g，猪、羊 5～15 g，犬 3～6 g，兔、禽 1～2 g。

禁忌 忌与红花同用；脾胃虚寒者忌用。

按语 茵陈味淡渗利，入脾胃而清湿热，历代医家均将其作为治疗黄疸的要药。黄疸的形成总不离乎脾胃蕴湿积热，上不得越，下不得泄，蒸熏郁遏，所以黏膜发黄，下流膀胱，所以小便黄赤，若黄而鲜明者为热胜湿盛，属阳黄，黄而暗晦者为寒盛阳虚，属阴黄。古今治疗黄疸皆首推茵陈为主药。本品性质柔和，无论肝胆实热或阴虚有热应用效佳，尚可代柴胡用。

现代研究

(1)化学成分 本品含挥发油(β-蒎烯、茵陈二炔、茵陈酮)，还含叶酸，花果含 6,7-二甲氧基香豆素、绿原酸、咖啡酸等。

(2)药理作用 本品所含 6,7-二甲氧基香豆素、绿原酸、咖啡酸均能促进动物胆汁分泌及胆汁中胆酸、胆红素的排泄；对人工发热的家兔，本品浸剂口服解热力强，煎剂解热力弱；对金黄色葡萄球菌、伤寒杆菌、人型结核杆菌、病原性丝状菌、皮肤真菌有抑制作用，对肝炎病毒、流感病毒有强抑制作用，对蚯蚓、猪蛔虫、人蛔虫有麻痹作用；水浸剂及精制浸液均有降血压作用，6,7-二甲氧基香豆素经静脉注射及十二指肠给药，对大鼠、猫、兔、犬均表现降血压作用。

十、金钱草

本品为报春花科植物过路黄 *Lysimachia christinae* Hance 的干燥全草（图 14-24，彩图 14-24）。夏、秋二季采收，除去杂质，晒干。主产于我国江南各地。

图 14-24　过路黄的原植物和饮片

性味与归经　甘、咸，微寒。归肝、胆、肾、膀胱经。

功能　清热利湿，利水通淋，排石止痛，解毒消肿。

主治

(1)湿热黄疸　本品清湿热，利胆退黄。用于湿热黄疸，常与栀子、茵陈等同用。

(2)热淋，石淋　本品利水通淋。用于尿道结石，常与石韦、鸡内金、海金沙等同用。

(3)水肿，肿毒，毒蛇咬伤　本品清热消肿。可与鲜车前草同用，捣烂加白酒，擦患处治恶疮肿毒。

用法用量　马、牛 60～150 g，猪、羊 15～60 g，犬 2～12 g。

禁忌　忌长期使用，不适于脾胃虚弱者。

按语　金钱草有利胆排石的作用，能清利肝胆、膀胱、肾经的湿热，主要用于湿热尿淋、砂淋和结石(胆结石、肾结石、膀胱结石、输尿管结石)，文献记载和民间应用均显示有效。近代报道，四川大金钱草主治肝胆及尿路结石，四川小金钱草主治痢疾、黄疸病等，广东金钱草主治肝胆结石，江西金钱草主治尿路结石。

现代研究

(1)化学成分　本品含酚性成分、挥发油、黄酮类、氨基酸、鞣质及钾盐等。

(2)药理作用　本品能使尿变为酸性，促进碱性结石碎解，通过利尿将碎石冲出，故能治疗尿路结石；能促进肝脏的胆汁分泌，使胆汁增多，促进排出，故有利胆、退黄的作用；对组胺所致小鼠血管通透性增加有明显的抑制作用；对细胞免疫有抑制作用。

十一、萹蓄

本品为蓼科植物萹蓄 *Polygonum aviculare* L. 的干燥地上部分(图 14-25，彩图 14-25)。夏季叶茂盛时采收，除去根及杂质，晒干。主产于我国山东、安徽、江苏、吉林等地。

性味与归经　苦，微寒。归膀胱经。

功能　利水通淋，杀虫止痒。

主治

热淋，尿短赤，湿热黄疸，湿疹　清湿热，利水通淋。治疗湿热淋证、尿短赤、尿血等，常与

图 14-25 萹蓄的原植物和饮片

瞿麦、滑石、木通、车前、甘草梢、栀子、大黄等配伍。此外，水煎洗可治疗湿疹。

用法用量 马、牛 20～60 g，猪、羊 5～10 g，兔、禽 0.5～1.5 g。

禁忌 无湿热及胎前产后忌用。

按语 瞿麦、萹蓄、石苇均为利水通淋常用药物。瞿麦以清心、小肠和膀胱湿热为主，偏入血分，多用于热淋；萹蓄以清利膀胱湿热为主，兼治黄疸湿疹；石苇以清肺与膀胱湿热为主，偏入气分，多用于湿热淋。

现代研究

（1）化学成分 本品含萹蓄苷、大黄素、咖啡酸、绿原酸、对香豆酸、鞣质及钾盐等。

（2）药理作用 本品煎剂有明显的利尿作用，能增加尿中钠的排出，连续给药亦不会导致耐受性，使用安全；对金黄色葡萄球菌、痢疾杆菌、绿脓杆菌、伤寒杆菌等均有抑制作用，对蛲虫病有一定疗效。

十二、海金沙

本品为海金沙科植物海金沙 *Lygodium japonicum*（Thunb.）Sw. 的干燥成熟孢子（图 14-26，彩图 14-26）。秋季孢子未脱落时采割藤叶，晒干，搓揉或打下孢子，除去藤叶。主产于我国广东、湖南、安徽、江苏等地。

图 14-26 海金沙的原植物和饮片

性味与归经　甘、咸，寒。归膀胱、小肠经。

功能　清利湿热，通淋止痛。

主治

膀胱湿热，尿淋，尿石，尿痛　本品甘淡而寒，其性下降，善泻小肠、膀胱血分湿热，通利水道。常与萹蓄、瞿麦、金钱草、旱莲草等配伍，治疗热淋涩痛，亦可用于尿不利、尿结石、尿血等。

用法用量　马、牛 30～45 g，猪、羊 10～20 g，兔、禽 1～2 g。

按语　海金沙甘寒，擅长清热利湿通淋，李时珍用以"治湿热肿满，小便热淋、膏淋、血淋、石淋，茎中痛，解热毒气"，现代治疗尿路感染、尿路结石、白浊、白带、肾炎、水肿、肠炎、痢疾、皮肤湿疹、带状疱疹等有良效。瞿麦、革薢、海金沙、金钱草皆可用于治疗淋证，瞿麦多用于血淋，革薢多用于膏淋，海金沙多用于石淋，金钱草多用于石淋兼胆结石证。

现代研究

（1）化学成分　本品孢子含脂肪油，全草含黄酮类化合物、酚类、糖类及氨基酸类。

（2）药理作用　本品对金黄色葡萄球菌、绿脓杆菌、痢疾杆菌、伤寒杆菌有抑制作用；对黄疸型肝炎有效；全草炒炭对滑精有效。

十三、地肤子

本品为藜科植物地肤 *Kochia scoparia* (L.) Schrad. 的干燥成熟果实(图 14-27，彩图 14-27)。秋季果实成熟时采收植株，晒干，打下果实，除去杂质。主产于我国河北、江苏、福建等地。

图 14-27　地肤子的原植物和饮片

性味与归经　辛、苦，寒。归肾、膀胱经。

功能　清热利湿，祛风止痒。

主治

湿热淋浊，皮肤痛痒，风疹，湿疹　本品苦寒降泄，能清利下焦湿热，用于尿不利、湿热痛痒、皮肤湿疹等，常与猪苓、通草、知母、黄柏、瞿麦等配伍。

用法用量　马、牛 15～45 g，猪、羊 5～10 g，兔、禽 1～3 g。

禁忌　阴虚无湿热和尿多者忌用。

按语 地肤子苦寒泄滞降，清热化湿，能通利小便，为除湿止痒的要药。《本草求真》指出："地肤子，治淋利水，清热，功颇类于黄柏。但黄柏其味苦烈，此则味苦而甘，黄柏大泻膀胱湿热，此则其力稍逊。凡小便因热而见频数，及或不禁，用此苦以入阴，寒以胜热，而使湿热尽从小便而出也。"本品兼解毒除湿疮，用于皮肤湿疮、周身瘙痒，无论内服外用均可。

现代研究

(1)化学成分 本品含皂苷、维生素 A、生物碱及脂肪油。

(2)药理作用 本品有利尿作用，但对大鼠无用；水煎剂在试管内对许兰氏黄藓菌、奥杜盎氏小芽孢癣菌等皮肤真菌有抑制作用，可用于皮肤湿毒之瘙痒证；水提物对小鼠单核巨噬细胞系统及迟发型超敏反应有抑制作用。

十四、石韦

本品为水龙骨科植物庐山石韦 *Pyrrosia sheareri* (Bak.) Ching、石韦 *Pyrrosia lingua* (Thunb.)Farwell 或有柄石韦 *Pyrrosia petiolosa* (Christ.) Ching 的干燥叶(图 14-28，彩图 14-28)。全年均可采收，除去根茎和根，晒干或阴干。主产于我国湖北、四川、江西等地。

图 14-28 庐山石韦的原植物和饮片

性味与归经 甘，苦，微寒。归入肺、膀胱经。

功能 利尿通淋，凉血止血，清肺止咳。

主治

(1)尿不利，热淋 本品有清热利水通淋作用，用于尿闭、热淋等，常与茅根、车前、滑石同用。

(2)衄血 凉血止血，用于血淋，常与蒲黄、当归、芍药等同用。

用量 马、牛 15～45 g，猪、羊 6～12 g，犬、猫 1～5 g。

禁忌 尿多者不用。

按语 石韦甘能缓急止痛，苦能降泄清热，为利水通淋要药，《本草从新》谓："清肺金以滋化源，通膀胱而利水道。"现代主要用于尿路感染和尿路结石症，无论单用或复方用均有较好疗效。海金沙与石韦均能清利膀胱湿热而治淋，但海金沙多用于砂石淋，石韦多于湿热淋。

现代研究

（1）化学成分　本品含异杧果苷、延胡索酸及咖啡酸，还含皂苷、蒽醌类、黄酮类及鞣质。石韦含绵马三萜及β-谷甾醇。

（2）药理作用　本品对金黄色葡萄球菌、变形杆菌、大肠杆菌均有抑制作用；所含异杧果苷有镇咳、祛痰作用；石韦提取液能促进局部细胞的吞噬能力，从而增强机体抗病力，能缓解化学疗法及放射疗法所致白细胞减少；所含异杧果苷有明显的抗单纯疱疹病毒作用。

十五、萆薢

本品为薯蓣科植物绵萆薢 *Dioscorea septemloba* Thunb. 或粉背薯蓣 *Dioscorea hypoglauca* Palib. 的干燥根茎（图 14-29，彩图 14-29）。切片生用。主产于我国四川、浙江等地。

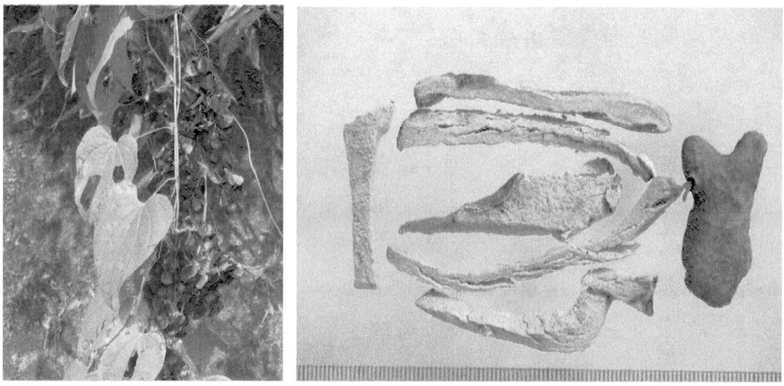

图 14-29　绵萆薢的原植物和饮片

性味与归经　苦，平。入肝、胃经。

功能　祛风湿，利湿热。

主治

（1）风湿痹痛　本品祛风湿，舒筋通络。常与独活、桑寄生等配伍。

（2）尿混浊　本品利湿而分清浊。与益智仁、石菖蒲、乌药等配伍。

用法用量　马、牛 25～45 g，猪、羊 5～15 g，犬 3～8 g。

按语　萆薢分清化浊，利水祛湿，治淋证湿重于热，尿液浑浊。前人谓萆薢治湿最长，治风次之，治寒则尤其次；对于湿热和风湿所致的肌痛，本品确有缓解之功。

现代研究

（1）化学成分　本品含薯蓣皂苷、总皂苷（水解后生成薯蓣苷元）、淀粉、蛋白质。

（2）药理作用　本品所含皂苷有拟胆碱样作用，能扩张血管末梢，降血压，增强胃肠平滑肌的收缩，并能升血糖，对抗小白鼠的化学性惊厥，增大大鼠胃肠等各种组织的通透性；皂苷还有杀昆虫及抗皮肤真菌的作用；萆薢总皂苷可降低血清胆固醇。

本章小结

本类药物健脾祛湿，主入胃、肾、膀胱经，适用于湿浊内阻，脾为湿困，运化失职所致的胸腹痞闷，食少体倦，口淡不渴，或呕吐泛酸，粪便溏泄，舌苔白腻等证。

独活、威灵仙、秦艽均有祛风湿、止痛的作用。但独活祛风湿力强，为治风湿痹痛主药，性善下行，宜治下半身风寒湿痹，兼有解表之功。威灵仙性猛善走，通行十二经，上下皆可，宜行痹，兼有消骨鲠的作用。秦艽质润，为风药润剂，兼有通络止痛，退虚热，清湿热。桑寄生有祛风湿、补肝肾、强筋骨之功，兼能安胎。乌蛇富含蛋白质，为强祛风湿药。木瓜用于风湿痹痛、腰胯无力、后躯风湿、湿困脾胃、呕吐腹泻等。木防己偏于祛风通络以止痛，主治风湿痹痛。汉防己偏于祛湿利水，用于下焦湿热，四肢水肿等。桑枝用于风湿痹痛证，对风湿热痹在四肢关节者，尤为适宜。马钱子通经络，消结肿，止疼痛。五加皮祛风湿，壮筋骨。苍术、藿香、佩兰均为芳香化湿药，具有化湿之力，用于湿阻中焦证。但苍术苦温燥烈，可燥湿健脾；而藿香性微温，以化湿醒脾为主。厚朴有燥湿消痰之功，常与苍术相须为用。因厚朴以苦味为重，兼有苦降下气消积除胀满，又下气消痰平喘。草豆蔻温中燥湿，健脾和胃。茯苓利水消肿、渗湿，兼健脾宁心。猪苓利水通淋，除湿退肿。泽泻主利水渗湿，其利水作用较强，兼能泄热，既能清膀胱之热，又能泄肾经之虚火。茵陈能利湿退黄，其退黄力强，为治黄疸要药，阳黄、阴黄均可，还可解毒疗疮。车前子可利尿通淋，尚能渗湿止泻、清肝明目、清肺化痰。薏苡仁清热除湿，健脾止泻，除痹。木通清热利水，通乳。通草清热利水，通气下乳。瞿麦清热利水，行血祛瘀。金钱草利水通淋，清热消肿。萹蓄利水通淋，杀虫止痒。海金沙清湿热，通淋。地肤子清湿热，利水道。石韦清热通淋，凉血止血。萆薢祛风湿，利湿热。

复习思考题

1. 无湿热者不适合用哪些药物？
2. 常用于治疗风湿痹痛的药物有哪些？
3. 独活、威灵仙、秦艽的功效与适应证有何异同？
4. 针对体质虚弱者或孕畜，适合选用什么类型的祛湿药物？
5. 简述独活与羌活在性能、功用方面的异同。
6. 各类祛湿药的主要适应证有哪些？

第十五章　平肝息风药

凡以清肝热、潜肝阳、息肝风为主要作用，主治肝火上炎、肝阳上亢或肝风内动病证的药物，称为平肝息风药。本类药物皆入肝经，多为介类、矿石类或昆虫类药物，也有部分为植物类来源，具有清肝明目、平肝潜阳、息风止痉及镇静安神等作用。

肝藏血，主筋，开窍于目。当肝受风热外邪侵袭或肝火上炎时，表现为目赤肿痛、羞明流泪、瞳生翳障；当肝阳上亢时，表现为头晕、头痛、耳鸣、目眩；当肝风内动时，表现为肢体麻木、拘挛抽搐、角弓反张，甚则神志不清、猝然倒地。根据本类药物对上述病证的疗效差异，可将其分为平抑肝阳药和息风止痉药两类。但由于肝风内动以肝阳化风为多见，且息风止痉药多兼具平肝阳的作用，此两类药物在临床中常相互配合使用，合称平肝息风药。

应用平肝息风药时，需根据病因、病机及兼证不同，进行相应的配伍。如治疗肝阳上亢证，多与滋养肾阴的药物配伍，益阴以制阳；治疗肝阳化风造成的肝风内动，息风止痉药与平抑肝阳药同用；治疗热极生风造成的肝风内动，应与清热泻火药配伍；阴血亏虚造成的肝风内动，当与补血滋阴药配伍。若兼神昏窍闭者，当与开窍醒神药配伍；兼失眠多梦、心神不宁者，当与安神药配伍；兼痰邪者，与祛痰药配伍；肝火旺者，与清肝泻火药配伍。

使用平肝息风药，应注意药性寒凉和温燥的区别。对脾虚慢惊者，不宜寒凉；阴虚血亏者，当忌温燥。此外，本类药物中的部分药物具有一定的毒副作用，使用时要谨慎。

第一节　平抑肝阳药

平抑肝阳药主要用于肝阳上亢证，多为质地沉重的介类或矿石类药物，具有平肝潜阳或平抑肝阳之功效，兼具清泻肝火、明目退翳和安定心神等作用。用于肝阳上亢造成的头晕目眩、头痛耳鸣以及肝火上炎造成的面红目赤、羞明流泪、云翳遮睛、烦躁易怒等。

一、石决明

本品为鲍科动物杂色鲍 *Haliotis diversicolor* Reeve、皱纹盘鲍 *Haliotis discus hannai* Ino、羊鲍 *Haliotis ovina* Gmelin、澳洲鲍 *Haliotis ruber* (Leach)、耳鲍 *Haliotis asinina* Linnaeus 或白鲍 *Haliotis laevigata* (Donovan) 的贝壳（图 15-1，彩图 15-1）。夏、秋二季捕捞，去肉，洗净，干燥。主产于我国广东、山东、辽宁、福建等地。

性味与归经　咸，寒。归肝经。

功能　平肝潜阳，清肝明目。

图 15-1　杂色鲍和石决明饮片

主治

(1)肝阳上亢、肝经风热　本品为凉肝镇肝之要药,用于肝阳上亢、头晕目眩。治疗肝肾阴虚、肝阳眩晕证,常与生地黄、白芍、牡蛎等同用;治疗肝阳上亢兼肝火亢盛、头晕头痛、烦躁易怒,可与夏枯草、钩藤、菊花等同用。

(2)目赤肿痛,目翳内障　本品为平肝明目之要药,用于目赤、翳障、视物昏花。治疗肝火上炎造成的目赤肿痛、羞明流泪,可与夏枯草、决明子、菊花等配伍;治疗风热目赤、云翳遮睛,可与蝉蜕、菊花、木贼等配伍;治疗阴虚血亏造成的目暗不明、雀盲眼花,可与熟地黄、枸杞、菟丝子等配伍。

用法用量　马、牛 30～60 g,猪、羊 15～25 g,犬、猫 3～5 g,禽、兔 1～2 g。

禁忌　用药当日减少食盐摄入。

按语　石决明专入肝经。性寒味咸,善于清肝明目。质地沉重,长于镇肝潜阳。故能平抑肝阳、明目退翳,为治疗阴虚阳亢目疾之要药。生石决明,平肝潜阳、清热明目功力较强,善治肝火上炎所致目赤肿痛、目眩头晕。煅石决明,减寒凉之性,加强收涩之功,多能平肝敛肝,用于骨蒸劳热,青盲内障,外伤出血。

现代研究

(1)化学成分　本品含碳酸钙 90%以上,有机质约 3.67%,还含少量镁、铁、硅酸盐、硫酸盐、磷酸盐、氯化物和极微量的碘。煅烧后,碳酸盐分解产生氧化钙,有机质则被破坏。

(2)药理作用　本品有清热、镇静、抗凝血和降血压等作用;可使离体小鼠肺的灌流量增加,扩张气管、支气管;对金黄色葡萄球菌、大肠杆菌、绿脓杆菌等有一定的抑制作用;可中和胃中过多的胃酸。

二、珍珠母

本品为蚌科动物三角帆蚌 *Hyriopsis cumingii* (Lea)、褶纹冠蚌 *Cristaria plicata* (Leach Lea)或珍珠贝科动物马氏珍珠贝 *Pteria martensii* (Dunker)的贝壳(图 15-2,彩图 15-2)。全年均可采收,去肉后将贝壳用碱水煮过,漂净,刮去外层黑皮,晒干生用或煅用,用时打碎。主产于我国海南、广东、广西沿海。

性味与归经　咸,寒。归肝、心经。

功能　平肝潜阳,安神定惊,明目退翳。

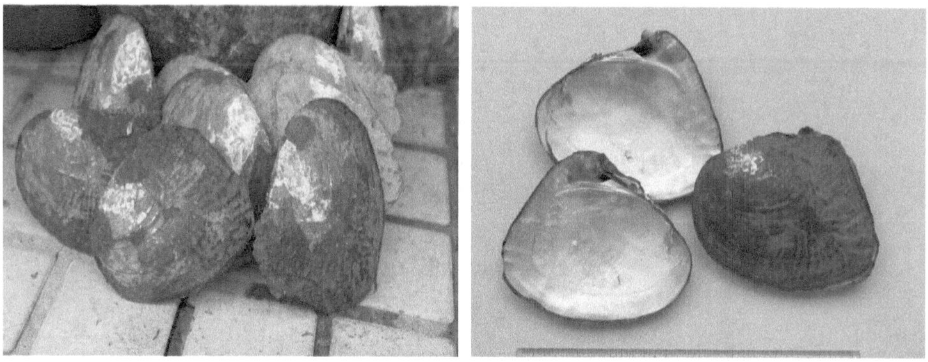

图 15-2 三角帆蚌和珍珠母饮片

主治

(1)惊痫抽搐 本品用于肝阳上亢,头晕目眩。治疗肝阳眩晕、头痛耳鸣,常与牡蛎、白芍、磁石等同用;若并有肝热烦躁易怒者,可与钩藤、菊花、夏枯草等清肝泻火药同用。

(2)目赤翳障 本品用于目赤肿痛,视物昏花。治疗肝热目赤、睛生翳障,常与石决明、菊花、车前子配伍;治疗肝虚目暗、视物昏花,则与枸杞、女贞子、黑芝麻等配伍;治疗夜盲雀目,可与苍术、猪肝或鸡肝等同煮服用。

(3)惊悸不安 本品用于惊悸失眠,心神不宁。治疗心悸失眠、心神不宁,可与朱砂、龙骨、琥珀等安神药配伍;治疗癫痫、惊风抽搐,可与天麻、钩藤、天南星等息风止痉药配伍。

用法用量 煎服,马、牛 15～50 g,猪、羊 15～30 g。

禁忌 脾胃虚寒者慎用。

按语 珍珠母咸寒,能清热益阴、解毒散结,入心、肝经,既善清心经之火热而镇心定惊、解疮毒,又长于清肝经之火,且能退翳明目。此外,本品研细末可以外用治疗湿疮瘙痒,还可用珍珠层粉内服治疗胃和十二指肠球部溃疡,也可制成眼膏,外用治疗白内障、角膜炎及结膜炎。

现代研究

(1)化学成分 本品含碳酸钙 90%以上,有机质约为 0.34%,还含少量镁、铁、硅酸盐、硫酸盐、磷酸盐和氧化物,并含多种氨基酸。

(2)药理作用 本品主要成分碳酸钙可以中和胃酸;硫酸水解产物能增大离体心脏的心跳幅度;乙醚提取液能抑制离体肠管、子宫的收缩,防止组胺所致豚鼠休克及死亡;珍珠母在四氯化碳所致肝损伤中有保肝作用。

三、决明子

本品为豆科植物决明 *Cassia obtusifolia* L. 或小决明 *Cassia tora* L. 的干燥成熟种子(图 15-3,彩图 15-3)。秋季采收成熟果实,晒干,打下种子,除去杂质。主产于我国安徽、广西、四川、浙江、广东等地。

性味与归经 甘、苦、咸,微寒。归肝、大肠经。

功能 清肝明目,润肠通便。

图 15-3　决明子的原植物和饮片

主治

(1)肝经风热，目赤肿痛　清肝明目 用于目赤目暗，为明目之佳品。治疗肝经实火或风热上攻所致目赤肿痛、羞明流泪者，可与龙胆、夏枯草、栀子、黄芩、菊花、桑叶等同用；治疗肝肾阴亏、目暗不明者，可与沙苑子、女贞子、枸杞子等同用。

(2)粪便燥结　润肠通便，用于内热肠燥、粪便秘结，有清热润肠通便之效，常与火麻仁、瓜蒌仁等配伍。

用法用量　马、牛 20～60 g，猪、羊 10～15 g，犬、猫 5～8 g，禽、兔 1.5～3 g。

禁忌　脾虚便溏、中气下陷、脾肾阴虚者，忌用。

按语　决明子苦寒入肝以清肝火，甘咸质润而润肠燥，气禀轻扬，善散风热，能升能降，是其特长。本药有良好的明目作用，为眼科常用之品，凡目疾之证，不论肝火上扰或风热外袭或肝肾阴亏，虚实皆宜，皆可配伍应用；又能润肠通便，以肝经郁热而兼有便秘者，用之最为适宜。

现代研究

(1)化学成分　本品含大黄素、芦荟大黄素、大黄酚、大黄酸、大黄酚蒽酮、决明子内酯、决明子苷、维生素 A 样物质等。

(2)药理作用　本品有泻下、降血压、利尿、收缩子宫和催产作用；动物试验和临床应用证明其能抑制血清胆固醇升高和主动脉粥样硬化斑块的形成；醇浸液对葡萄球菌、伤寒杆菌、副伤寒杆菌、大肠杆菌以及多种皮肤真菌有抑制作用。

四、木贼

本品为木贼科植物木贼 *Equisetum hyemale* L. 的干燥地上部分(图 15-4，彩图 15-4)。夏、秋二季采割，除去杂质，晒干或阴干。主产于我国山西、吉林、内蒙古及长江流域各地。

性味与归经　甘、苦，平。归入肝、肺经。

功能　疏散风热，明目退翳。

主治　目赤肿痛，迎风流泪，翳膜遮睛。

本品有疏风热、退翳膜的作用，用于外感风热所致目赤肿痛、羞明流泪或翳膜遮睛等，常与谷精草、石决明、决明子、白蒺藜、菊花、蝉蜕等同用。

图 15-4　木贼的原植物和饮片

用法用量　马、牛 20～60 g，猪、羊 10～15 g，犬、猫 5～8 g，禽、兔 1.5～3 g。

禁忌　气血亏虚者，慎用。

按语　木贼甘苦性平，升散发汗，入气血，疏风邪，为疏风明目之专药。临床主要用于目疾，对目疾兼有表证者尤宜之。唯其升散之性，易耗气血，故于虚证目疾不宜应用。本品也可列入疏散风热的解表药，但较少用于一般风热感冒。木贼还有较弱的止血作用，很少单独使用。

现代研究

(1)化学成分　本品含琥珀酸、延胡索酸、阿魏酸、香草酸、香草醛、咖啡酸、山柰酚糖苷、山柰酸糖苷、槲皮素、硅酸盐等。

(2)药理作用　本品有降血压、抗炎、收敛及利尿等作用。

五、谷精草

本品为谷精草科植物谷精草 *Eriocaulon buergerianum* Koem. 的干燥带花茎的头状花序(图 15-5，彩图 15-5)。秋季采收，将花序连同花茎拔出，晒干。主产于我国浙江、江苏、安徽、江西、湖南、广东、广西等地。

性味与归经　辛、甘，平。归肝、肺经。

图 15-5　谷精草的原植物和饮片

功能 疏散风热，明目退翳。

主治 风热目赤，翳膜遮睛。

本品用于目赤翳障，头痛齿痛。对于风热上扰造成的目赤肿痛、羞明流泪、目生翳障者，可与荆芥、防风、龙胆、生地黄、赤芍、木贼、决明子等配伍；还可用于风热头痛、牙痛、喉痹咽痛，与薄荷、菊花、牛蒡子等同用。

用法用量 马、牛 30～60 g，猪、羊 10～15 g，犬、猫 5～8 g，禽、兔 1～3 g。

禁忌 阴虚血亏目疾者不宜用。

按语 谷精草轻浮升散，走行上焦，直达巅顶，善于疏散头面风热，药性平而无寒凉遏抑之弊，其明目退翳之功优于菊花，为治疗眼疾专药。长于治疗风热外袭、风重于热、翳膜遮睛、目疾不明之实证。

现代研究

(1)化学成分 本品中主要含挥发油、黄酮类化合物和多酚类化合物等。

(2)药理作用 本品煎剂和水浸剂对金黄色葡萄球菌、伤寒杆菌、大肠杆菌、绿脓杆菌和某些皮肤真菌有抑制作用。

六、密蒙花

本品为马钱科落叶灌木植物密蒙花 *Buddleja officinalis* Maxim. 的干燥花蕾及其花序(图 15-6，彩图 15-6)。春季花未开放时采收，除去杂质，干燥。主产于我国湖北、陕西、河南、四川、广东、广西等地。

图 15-6 密蒙花的原植物和饮片

性味与归经 甘，微寒。入肝经。

功能 清热泻火，明目退翳。

主治 目赤肿痛，多泪羞明，目生翳膜。

治疗肝火上炎所致目赤肿痛、羞明多泪、目生翳障等，常与石决明、青葙子、决明子、木贼等同用；治疗肝虚有热所致青盲内障、视物昏花，常与枸杞、熟地黄、菊花、蒺藜等同用。

用法用量 马、牛 20～45 g，猪、羊 5～15 g，犬、猫 3～6 g，禽、兔 1～2 g。

禁忌 目疾属阳虚内寒者慎用。

按语　密蒙花为眼科专用药。肝开窍于目，目得肝血滋养而能视，肝血虚则目暗干涩，视物昏花。此药味甘性寒，甘能补血，寒可除热，对肝虚有热之目疾最为适宜。

现代研究

（1）化学成分　本品含刺槐苷、密蒙花苷、梓果苷、梓醇、刺槐素等。

（2）药理作用　本品有维生素P样作用，能降低皮肤、小肠血管的通透性及脆性；有一定的解痉、抗炎作用；有轻度利胆、利尿作用。

第二节　息风止痉药

息风止痉药以平息肝风为主要作用，主治肝风内动、痉挛抽搐病证。风证有外风和内风之别，外风以疏散为主，内风则宜平息。本类药物主入肝经，主治内风证，适用于温热病热极生风、肝阳化风及血虚生风等所致头晕目眩、项强肢颤、痉挛抽搐等证；或用于风阳挟痰，痰热上扰造成的癫痫、惊风抽搐。临床应用时，根据症状适当与滋阴养血、镇肝潜阳和化痰药配伍。

部分息风止痉药还兼具平肝潜阳、清泻肝火之功效，也可用于肝阳上亢造成的头晕目眩，以及肝火上炎造成的目赤红肿、睛生翳障等。

一、天麻

本品为兰科植物天麻 *Gastrodia elata* Bl. 的干燥块茎（图 15-7，彩图 15-7）。立冬后至次年清明前采挖，立即洗净，蒸透，敞开低温干燥。我国南北各地均有分布，主产于我国四川、云南、贵州等地。

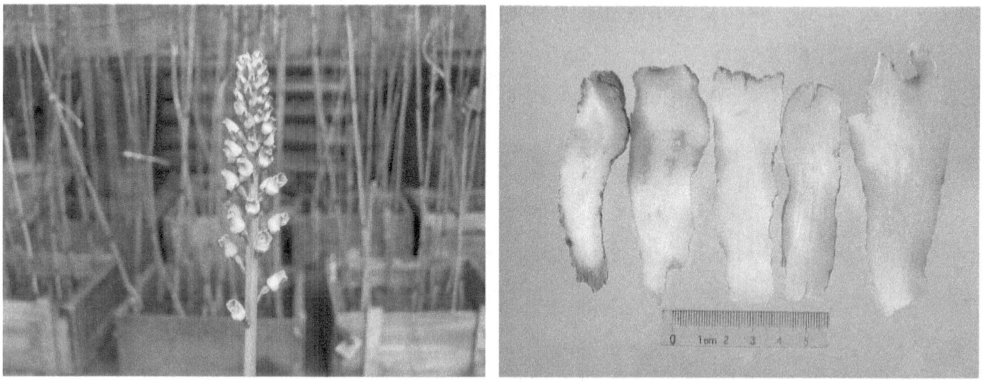

图 15-7　天麻的原植物和饮片

性味与归经　甘，平。归肝经。

功能　平肝熄风，解痉止痛。

主治

（1）惊风抽搐　用于肝风内动，惊痫抽搐。对于肝风内动造成的抽搐痉挛，常与钩藤、全蝎、川芎、白芍等配伍；治疗破伤风造成的痉挛抽搐、角弓反张，可与天南星、僵蚕、白附子、防风等配伍。

(2)眩晕,头痛　治疗肝阳上亢造成的眩晕头痛,常与钩藤、石决明、牛膝等同用;治疗风痰上扰造成的眩晕头痛,常与半夏、白术、茯苓等同用。

(3)肢体强直,风寒湿痹　用于肢体痉挛抽搐,风湿痹痛。治疗经络四肢不遂、肢体麻木、痉挛抽搐,常与川芎同用;治疗风湿痹痛、关节屈伸不利,常与秦艽、羌活、桑枝等同用。

用法用量　马、牛 15～40 g,猪、羊 6～10 g,犬、猫 1～3 g,禽、兔 0.5～1 g。

禁忌　阴虚者忌用。

按语　天麻专入肝经,功能息风止痉,且甘润不烈,作用平和,各种病因所致肝风内动、惊痫抽搐,不论寒热虚实,皆可用之。本品以治风为主要作用,既息肝风内动而止痉,又祛外风除风湿痹痛,还兼具平抑肝阳之功效,为治风病眩晕之良药。

现代研究

(1)化学成分　本品含天麻苷、天麻苷元、β-谷甾醇、胡萝卜苷、枸橼酸、单甲酯、棕榈酸、琥珀酸和蔗糖等,还含天麻多糖、维生素 A、多种氨基酸、微量生物碱,以及多种微量元素如铬、锰、铁、钴、镍、铜、锌等。

(2)药理作用　本品水、醇提取物及不同制剂均能使小鼠自发性活动明显减少,且能延长巴比妥钠、环己烯巴比妥钠麻醉小鼠的时间;天麻水煎剂提高家兔电击痉挛的阈值,抑制实验性癫痫的发作并缩短发作时间;降低外周血管、脑血管和冠状动脉阻力,并有降血压、减慢心率及镇痛、抗炎作用;天麻多糖有免疫活性。

二、钩藤

本品为茜草科常绿木质藤本植物钩藤 *Uncaria rhynchophylla* (Miq) Miq. ex Havil.、大叶钩藤 *Uncaria macrophylla* Wall.、毛钩藤 *Uncaria hirsuta* Havil.、华钩藤 *Uncaria sinensis* (Oliv) Havil. 或无柄果钩藤 *Uncaria sessilifructus* Roxb. 的干燥带钩茎枝(图 15-8,彩图 15-8)。秋、冬二季采收,去叶,切段,晒干。主产于我国广西、广东、福建、湖南、江西、浙江、台湾等地。

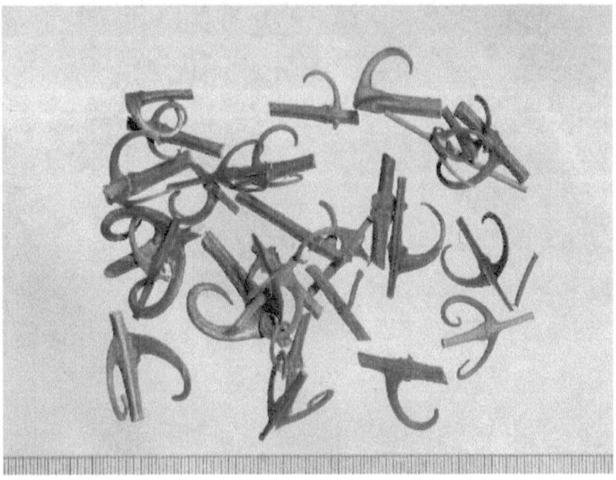

图 15-8　钩藤的原植物和饮片

性味与归经　甘,凉寒。归肝、心包经。

功能　息风止痉,清热平肝,熄风定惊。

主治

(1)肝经风热 息风止痉 用于肝风内动，惊痫抽搐。治疗热极化火生风所致壮热神昏、牙关紧闭、痉挛抽搐，常与天麻、全蝎、蝉蜕、白芍、菊花等同用。

(2)头痛、眩晕 治疗肝经有热、肝火上炎或肝阳上亢所致目赤肿痛、头痛眩晕，属肝火者，与夏枯草、栀子、黄芩配伍；属肝阳者，与天麻、石决明、菊花、白芍配伍。

(3)外感风热 常与防风、蝉蜕、桑叶等配伍。

用法用量 马、牛 15～60 g，猪、羊 10～15 g，犬、猫 5～8 g，禽、兔 1.5～2.5 g。

禁忌 无风热及实火者忌用。

按语 钩藤甘而微寒，入肝，有缓和的息风止痉作用，为治疗肝风内动、惊痫抽搐的常用药。其清热之功不如羚羊角，息风镇痉的作用亦比羚羊角、全蝎、蜈蚣弱，故在高热惊风抽搐时，宜加羚羊角(可用山羊角替代)。如抽搐严重，须与全蝎、蜈蚣配伍。本品有效成分加热后易被破坏，故不耐久煎。

现代研究

(1)化学成分 本品含钩藤碱、异钩藤碱、去氢钩藤碱、硬毛钩藤碱、喜果苷、金丝桃苷、东莨菪素和β-谷甾醇。

(2)药理作用 本品所含钩藤碱和异钩藤碱有降血压、抗心律失常作用，能抑制离体肠管，兴奋大鼠离体子宫；煎剂有明显的镇静作用，可降低大脑皮层的兴奋性；醇提取液对中枢神经系统的突触传递有抑制作用。

三、全蝎

本品为钳蝎科动物东亚钳蝎 *Buthus martensii* Karsch 的干燥体(图 15-9，彩图 15-9)。春末至秋初捕捉，除去泥沙，置沸水或沸盐水中，煮至全身僵硬，捞出，置通风处，阴干。主产于我国河南、山东、湖北、安徽等地。

图 15-9 全蝎饮片

性味与归经 辛，平；有毒。归入肝经。

功能 息风止痉，攻毒散结，通络止痛。

主治

(1)惊痫抽搐、口眼歪斜 治疗惊痫、痉挛抽搐及破伤风等，常与蜈蚣、钩藤、僵蚕等同用；治疗中风造成的口眼歪斜，常与白附子、白僵蚕等配伍。

(2)疮疡肿毒、瘰疬结核 治疗诸疮肿毒，常与蜈蚣同用，或与麻油、栀子合用，加黄蜡为膏，敷于患处。

(3)风湿顽痹 对于风寒湿痹久治不愈，筋脉拘挛，甚则关节变形之顽痹，可与川乌、白花蛇、没药等祛风、活血、舒筋活络药物同用，作用颇佳；或与蜈蚣、白附子、川芎、白僵蚕等同用，搜风通络止痛。

用法用量 马、牛 15～30 g，猪、羊 3～9 g，犬、猫 1～3 g，禽、兔 0.5～1 g。

禁忌 本品有毒，用量不宜过大。孕畜慎用。

按语 全蝎为息风止痉的要药。能平息肝风而解痉挛，祛风通络以止痛，又能散结解毒以疗疮肿。其镇痉、止痛、解毒三种功效当中，以镇痉、止痛为最佳。配蜈蚣、僵蚕，可加强息风止痉之功；配壁虎、白芷，能增强祛风止痛之效。

现代研究

（1）化学成分 本品含蝎毒、三甲胺、甜菜碱、硫磺酸、棕榈酸、软硬脂酸、胆甾醇、卵磷脂和苦味酸等。

（2）药理作用 本品有一定的抗惊厥、抗癫痫、抗肿瘤和镇痛作用；全蝎制剂给犬灌胃、肌注及静注，均有明显、持久的降血压作用，煎剂比其浸剂作用持久；蝎毒能改变血小板内游离钙浓度，抑制血栓形成，作用于蛙、豚鼠、家兔等动物均可导致中毒现象。

四、蜈蚣

本品为蜈蚣科动物少棘巨蜈蚣 *Scolopendra subspinipes mutilans* L. Koch 的干燥体（图 15-10，彩图 15-10）。春、夏二季捕捉，用竹片插入头尾，绷直，干燥。主产于我国江苏、浙江、湖北、湖南、河南、陕西等地。

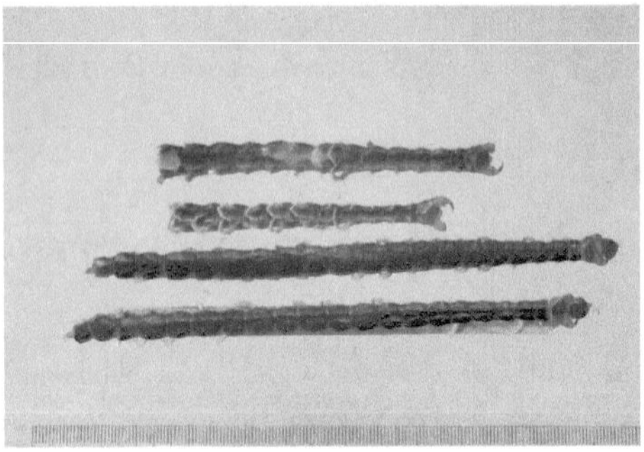

图 15-10 蜈蚣饮片

性味与归经 辛，温；有毒。归入肝经。

功能 息风止痉，通络止痛，攻毒疗疮，解蛇毒。

主治

（1）痉挛抽搐 本品息风止痉作用较强，可单用或与全蝎、钩藤、防风等配伍，治疗癫痫、破伤风等多种原因造成的痉挛抽搐。

（2）疮疡肿毒、瘰疬溃烂 以本品同雄黄、猪胆汁配伍制膏，外敷治疗恶疮肿毒；或与茶叶共为细末，敷治瘰疬溃烂；也可将本品焙黄研末，与黄连、大黄、生甘草同服，可治疗毒蛇咬伤。

（3）风湿顽痹 本品也可与防风、独活、威灵仙等同用，治疗风湿痹痛；或与天麻、川芎、白僵蚕等同用，搜风通络止痛。

用法用量 马、牛 5～10 g，猪、羊 1～1.5 g，犬、猫 0.5～1 g。

禁忌 本品有毒，用量不宜过大。孕畜忌用。

按语 蜈蚣辛温，性善走窜，通达内外，有比全蝎更强的息内风及搜风通络作用，二者常相须为用。全蝎与蜈蚣都能息风止痉、解毒散结，但其作用和功效同中有异。全蝎以定惊、缓抽搦见长，蜈蚣则以解毒、开瘀之功为著。故风动惊厥、眼斜视、上视、昏厥不醒者，用全蝎；热盛生风、躁狂烦乱者，用蜈蚣；而外科解毒消痈，则蜈蚣独擅其长，尤善解蛇毒。

现代研究

（1）化学成分 本品含 2 种类似蜂毒的有毒成分，即组胺样物质及溶血性蛋白质。还含脂肪油、胆甾醇、蚁酸等，以及组氨酸、精氨酸、赖氨酸、甘氨酸、丙氨酸、缬氨酸、亮氨酸、丝氨酸、牛磺酸、谷氨酸等多种氨基酸。

（2）药理作用 本品能增强小鼠对硝酸士的宁等所致惊厥的抵抗，对小鼠电惊厥也有一定的抑制作用，还能明显减轻小鼠实验性缺氧所致心肌细胞损害；水浸液对结核杆菌、多种皮肤真菌有不同程度的抑制作用；本品大量内服，其溶血性蛋白质的毒性作用可导致机体周身出现红色斑块。

五、僵蚕

本品为蚕蛾科昆虫家蚕蛾 *Bombyx mori* Linnaeus 4～5 龄的幼虫感染（或人工接种）白僵菌 *Beauveria bassiana*（Bals.）Vuillant 而死亡的干燥体（图 15-11，彩图 15-11）。多于春、秋季生产，将感染白僵菌病死的蚕干燥。主产于我国浙江、江苏、四川等养蚕地区。

图 15-11　蚕蛾和饮片

性味与归经　咸、辛，平。归入肝、肺、胃经。

功能　息风止痉，祛风止痛，化痰散结。

主治

（1）息风止痉　用于惊痫抽搐。对于肝风内动所致的癫痫、痉挛抽搐，常与天麻、全蝎、蝉蜕、天南星等同用。

（2）祛风止痛　用于风热头痛、目赤肿痛、咽喉肿痛或风疹瘙痒。治疗风热上扰所致的头痛、目赤肿痛，常与菊花、桑叶、薄荷等同用；治疗风热外感所致的咽喉肿痛，可与桔梗、荆芥、甘草等配伍；治疗风疹瘙痒，可与蝉蜕、薄荷等同用。

（3）化痰散结　用于痰核、瘰疬。既能软坚散结，又可化痰，常与浙贝母、夏枯草、连翘等同用。

用法用量　马、牛 30～60 g，猪、羊 10～15 g，犬、猫 5～8 g，禽、兔 1.5～2.5 g。

按语　僵蚕既能平内风以解痉，又能驱除外风以散风热，且可化痰而散结，故其所主治的病证，可概括为风与痰二字。在临床应用时，也常与治风、化痰的药物配伍。如配全蝎、天麻，能平肝息风而止抽搐；配牛蒡子、桔梗、甘草，能散风祛痰而利咽；配桑叶、蔓荆子、木贼，治风热目赤而止头痛；配蝉蜕、荆芥、薄荷，可消风清热而治风疹；配贝母、连翘、夏枯草，可化痰散结而消瘰疬痰核。

现代研究

（1）化学成分　本品主要含蛋白质和脂肪，还含麦角甾醇、棕榈酸、甘露醇、尿嘧啶、谷甾醇和胡萝卜苷等。

(2)药理作用　本品水提液有较强的抗凝血作用；煎剂有镇静、抗惊厥作用；有降血糖、抑制肿瘤细胞生长以及较弱的抑制细菌生长等作用。

六、地龙

本品为巨蚓科动物参环毛蚓 *Pheretima aspergillum* (E Perrier)、通俗环毛蚓 *Pheretima vulgaris* Chen、威廉环毛蚓 *Pheretima guillelmi* (Michaelsen) 或栉盲环毛蚓 *Pheretima pectinifera* Michaelsen 的干燥体(图 15-12,彩图 15-12)。前一种习称“广地龙”,后三种习称“沪地龙”。广地龙春季至秋季捕捉,沪地龙夏季捕捉,及时剖开腹部,除去内脏和泥沙,洗净,晒干或低温干燥。生用、制用或炒用。我国各地均产,以广东、山东、江苏等较多。

图 15-12　威廉环毛蚓和饮片

性味与归经　咸,寒。归入肝、脾、膀胱经。

功能　清热定惊,通络,平喘、利尿。

主治

(1)热病抽搐　用于高热惊痫、癫狂。治疗热病狂躁、痉挛抽搐等,可与钩藤、全蝎、僵蚕等配伍。

(2)拘挛痹痛　用于经络不利、风湿痹痛。治疗气虚血滞、半身不遂,或中风后经络不利、半身不遂,可与黄芪、当归、川芎等配伍。治疗风湿痹痛,热痹,与防己、秦艽、忍冬藤配伍;寒痹,与川乌、草乌、天南星配伍。

(3)气喘　用于肺热气喘。与麻黄、石膏、杏仁、桑白皮等同用。

(4)水肿　用于热结膀胱、小便不利。与车前子、木通、泽泻等同用。

用法用量　外用适量,马、牛 30～60 g,猪、羊 10～15 g,犬、猫 1～3 g,禽、兔 0.5～1 g。

禁忌　无实热,脾胃虚弱者忌用。

按语　地龙咸寒清降,性善下行,走窜通络,引药直达病所,长于清肝热而熄风定惊,降泄肺热而平喘,通经络而除痹,下利水湿而通淋。

现代研究

(1)化学成分　本品含蚯蚓素、蚯蚓解热碱、蚯蚓毒素、6-羟基嘌呤、黄嘌呤、腺嘌呤、胆碱以及丙氨酸、缬氨酸、亮氨酸、赖氨酸等氨基酸，还含脂肪酸、类脂化合物、胆固醇、B族维生素等。

（2）药理作用　本品水煎剂和粉针剂均有良好的解热、镇痛作用；热浸液和醇提液有镇静和抗惊厥作用；多种剂型均有缓慢且持久的降血压作用，也能明显舒张支气管，拮抗组胺及毛果芸香碱造成的哮喘。

七、天竺黄

本品为禾本科植物青皮竹 *Bambusa textilis* McClure 或华思箣竹 *Schizostachyum chinense* Rendle 等秆内的分泌液干燥后的块状物（图15-13，彩图15-13）。秋、冬二季采收。主产于我国云南、广西、广东各地。

图 15-13　青皮竹的原植物和饮片

性味与归经　甘，寒。归入肝、心经。

功能　清化热痰，凉心定惊。

主治　高热神昏，脑黄，心热风邪，癫痫。

用于痰热惊风、中风癫痫、热病神昏等心肝经痰热证，专功于清化热痰，兼有定惊作用。治疗痰热惊风，常与麝香、胆南星、辰砂等配伍；治疗中风痰壅、癫痫，常与黄连、菖蒲、郁金等配伍；治疗热病神昏，常与牛黄、连翘、竹叶心等配伍；治疗肺热咳嗽痰多，常与瓜蒌、贝母等配伍。

用法用量　马、牛20～45 g，猪、羊5～10 g，犬、猫1～3 g，禽、兔0.3～1 g。

禁忌　非实热证者忌用。

按语　天竺黄味甘性寒，归心、肝经，有清热化痰、清心定惊之功。凡高热神昏、中风、惊痫抽搐等证属于痰热者，均可应用。因擅长于定惊熄风，故为痰热惊风之要药。

现代研究

（1）化学成分　本品含甘露醇、硬脂酸、竹红菌甲素、氢氧化钾、硅土、三氧化二铝、三氧化二铁等。

（2）药理作用　本品提取物对常见化脓性球菌和肠道致病菌有较强的抑制作用；所含竹红菌甲素有明显的镇痛和抗炎作用。

八、白附子

本品为天南星科植物独角莲 *Typhonium giganteum* Engl. 的干燥块茎(图 15-14，彩图 15-14)。秋季采挖，除去须根和外皮，晒干。主产于我国河南、湖北、甘肃、山西、陕西、四川等地。

图 15-14　独角莲的原植物和饮片

性味与归经　辛、甘温；有毒。归入胃、肝经。

功能　祛风痰，逐寒湿，定惊止痛，散瘀消肿。

主治

(1)燥化湿痰，祛风止痉　本品既能燥湿痰，又能祛风痰。用于中风痰壅，常与天麻、天南星、川乌等同用；用于中风口眼歪斜，常与僵蚕、全蝎等同用；用于破伤风，常与半夏、天南星、全蝎、僵蚕等同用。

(2)祛风邪，逐寒湿　用于风湿痹痛，常与天麻、白芷、川乌等同用。

(3)解毒散结　用于瘰疬痰核及毒蛇咬伤，可单品内服或外敷。

用法用量　马、牛 15～30 g，猪、羊 5～10 g，犬、猫 0.5～3 g。外用适量。

禁忌　本品有毒，辛温燥烈，生品一般不内服使用，孕畜慎用。

按语　白附子辛温燥烈，其性升散，能引药势上行，功能祛风痰、逐寒湿，治疗头面部之风痰实邪为其主要特点。常用于中风之口眼歪斜、痰厥头痛，也用于中风痰壅、破伤风等证。禹白附祛风痰止痉力强，适用于头面风痰及痉厥之证。关白附毒性较大，性甚燥烈，以逐寒湿止痛为主，适用于风寒湿痹及头痛。

现代研究

(1)化学成分　本品含 β-谷甾醇及其葡萄糖苷、肌醇、黏液质、蔗糖、皂苷，还含胆碱、尿嘧啶、琥珀酸、棕榈酸、亚油酸、白附子凝集素、三亚油酸及二棕榈酸甘油酯等。

(2)药理作用　本品有与链霉素疗效相近的抗结核杆菌作用；有明显抗凝血酶作用；有镇痛、镇静、抗惊厥、抗炎、抑菌、催吐等作用。

本章小结

本类药物多为咸寒之品，主入厥阴肝经，具有平肝潜阳、熄风止痉作用，可主要用于缓和或制止肝阳上亢，以及制止或缓解肝热动风造成的痉挛抽搐，部分药兼有清泄肝火和明目退翳的作用。平抑肝阳药以寒凉的矿石、介类药为多；息风止痉药以寒平的虫类药为多，且多具毒性。

平抑肝阳药中，石决明、珍珠母、牡蛎和代赭石为介类或矿石入药，质地沉重，长于镇肝潜阳。其中，石决明专入肝经，为凉肝、镇肝之要药；珍珠母入肝经平肝潜阳，入心经又能清心火而镇心安神；牡蛎既可平肝潜阳，又能重镇安神，还可收敛固涩；代赭石尚有降逆止呕止喘功效。而决明子、木贼、谷精草、密蒙花、刺蒺藜等则为植物类药材，善于清肝热、解肝郁、疏风邪，退翳膜。其中，决明子善能清肝明目，还可润肠通便；谷精草和木贼偏于疏风热，治风热目疾；密蒙花为眼科专用药，长于养肝明目、除翳膜；刺蒺藜兼能疏肝解郁、祛风明目；夜明砂则为蝙蝠粪便入药，以治夜盲和退翳见长。

息风止痉药中，全蝎、蜈蚣、僵蚕、地龙为虫类药材，均可定惊止痉。其中，全蝎和蜈蚣都有毒性，兼能解毒散结，但全蝎力缓、蜈蚣力峻；僵蚕虽无解毒之功，但能化痰散结；地龙兼通经活络、清热平喘。天麻、钩藤、天竺黄、白附子等则为植物类药材。其中，天麻、钩藤均可平肝息风镇痉，而天麻善治内风，钩藤长于解痉兼疏散风热；白附子和天竺黄则以祛痰定惊、止痉为长，白附子祛风力强，多用于风痰壅塞，天竺黄清心定惊，多用于痰热惊搐。

复习思考题

1. 平抑肝阳药和息风止痉药的功效和适应证有哪些不同？
2. 对比石决明和决明子的性能功效，阐述它们在临床应用时有何差异。
3. 阐述全蝎和蜈蚣的性能功效异同。
4. 结合天麻的性能，说明其息风止痉的功用有什么特点？和钩藤有何异同？
5. 结合现代兽医临床实践，思考本章药材可以用于哪些疾病的治疗。

第十六章　收 敛 药

收敛药是治疗各种滑脱症状的药物，具有收敛固涩的功效，也称为收涩药。

收敛药具有收敛耗散的特性，故临床上多用于下列病证：①子宫脱出，动物表现为子宫脱出到阴户外，脱出初期为鲜红色，随着脱出时间延长，颜色变暗、水肿，动物精神状态无明显变化等。②滑精，动物表现为尿频涩，口干咽燥，舌质红，苔薄黄，脉微弦等。③自汗盗汗，动物表现为白天出汗异常，运动过后出汗增多，夜晚盗汗，醒后停止出汗，口干，睡眠差，舌暗红，苔薄白，脉弦滑等。④久泻久痢，动物表现为长期腹泻，一日排便数次，粪便干稀不定，偶腹痛，四肢末端发凉，舌红，苔厚白，脉沉。⑤久咳虚喘，动物表现为咳嗽阵发，咳时伴有咽痒，痰少或干咳，舌淡红，苔薄白等。

使用收敛药应注意：①本类药物有留邪危害，故外感实证，如咳嗽者慎用。②本类药物治标不治本，症状缓解后不宜用量过多或长期使用。③滑脱之证多由于正气不足，故在使用收敛药时，需与补虚药配伍，以标本同治。

由于脱症表现各异，本类药物又可以分为涩肠止泻药和敛汗涩精药两类。

第一节　涩肠止泻药

涩肠止泻药主入大肠经，具有止泻、止痢的功效，适用于脾肾两虚导致的泻痢、大小便失禁、子宫脱垂等。本类药物分别兼有敛肺止咳、止汗、涩精、止带、止血等不同作用，可用于其他滑脱证。有些药物性偏收敛，腹泻初期，邪气正盛，或伤食泻肚者不宜用。

一、乌梅

本品为蔷薇科植物梅 *Prunus mume* (Sieb.) Sieb. et Zucc. 的干燥近成熟果实(图 16-1，彩图 16-1)。夏季果实近成熟时采收，低温烘干后闷至色变黑。主产于我国浙江、福建、湖南、四川等地。

性味与归经　酸、涩，平。归肝、脾、肺、大肠经。

功能　止咳敛肺，生津解渴，安蛔止痛，涩肠止泻，收敛止血。

主治

(1)止咳敛肺久咳　乌梅可敛肺气，可治疗久咳，如《杂病源流犀烛》中的乌梅膏，单用本品煎膏含服，治疗久经咳嗽。与止咳敛肺之品配伍，如百劳散(组成：罂粟壳、乌梅，《宣明论》)。

(2)生津解渴　乌梅极酸，能刺激唾液分泌以止渴，用于暑热天气口干以及虚热消渴症，单用即有效。治疗暑热口渴，与生津止渴之品配伍，如梅苏丸(组成：乌梅、葛粉、白檀、苏叶，《奇

图 16-1 乌梅的原植物和饮片

方类编》)，以之与葛粉、白糖、炒盐等同用；治疗虚热消渴，与养阴益气、清热生津之品配伍，如玉泉丸(组成：葛根、天花粉、地黄、麦冬、五味子、甘草，《万病回春》)，以之与麦冬、人参、天花粉等同用。

(3)蛔虫病 蛔虫遇酸即伏。乌梅味酸是安蛔的好药材，可用于蛔厥证，证见肚疼呕吐、手脚发冷。其证多为寒热交替，为蛔虫多动所致，与温里、祛寒、清热之品配伍，如《伤寒论》之乌梅丸，常与干姜、黄连、蜀椒等同用。

(4)久泻久痢 治疗久泻时，与补气健脾、温中涩肠之品配伍，泻痢不止且留存湿热邪毒者，与清热祛湿解毒之品配伍，如乌梅丸(组成：乌梅、细辛、干姜、黄连、当归、附子、蜀椒、桂枝、人参、黄柏，《伤寒论》)，以之与黄连、黄柏等同用。

(5)收敛止血 乌梅炒炭，又能收敛止血，用于咳血、尿血、便血等，如《用药心得十讲》止血时炒炭用。

用法用量 马、牛 15～30 g，羊、猪 3～9 g，犬、猫 2～5 g，兔、禽 0.6～1.5 g。

禁忌 本品收敛，表邪未解，内有实热者忌用。感冒发热、咳嗽多痰者忌用，菌痢、肠炎初期者禁用。

现代研究

(1)化学成分 本品主要含枸橼酸、2-羟基丁二酸、丁二酸、2,3-二羟基琥珀酸、糖类、谷甾醇等。

(2)药理作用 本品及其水煎剂能够抑制多种致病菌及皮肤真菌，乌梅提取物对 15 种口腔致病菌都有很好的抑制作用，苦参乌梅汤按照苦参、乌梅 1∶1 的比例组方，能够明显降低乙型肝炎病毒表面抗原的表达；能限制肠管的运动；能够促进胆囊收缩，增加胆汁分泌；对蛔虫的活动有抑制作用；对蛋白质过敏性休克有治疗作用；能提高免疫力。

二、诃子

本品为使君子科植物诃子 *Terminalia chebula* Retz. 或绒毛诃子 *Terminalia chebula* Retz. var. *tomentella* Kurt. 的干燥成熟果实(图 16-2，彩图 16-2)。秋、冬二季果实成熟时采收，除去杂质，晒干。主产于我国广西、西藏等地。

性味与归经 苦、酸、涩、平。归肺、大肠经。

图 16-2　诃子的原植物和饮片

功能　涩肠止泻，敛肺止咳，降火利咽。

主治

（1）久泻久痢　久泻久痢、滑脱不禁，如诃黎勒散（组成：诃黎勒、当归、黄芩、龙骨、地榆、干姜、陈橘皮、白术、甘草，《圣惠方》），以之与干姜、肉豆蔻等同用，治疗牛肠胃久冷、泻痢不止、腹痛后重。

（2）肺虚咳喘　肺虚痰热咳痰，喘胀气急，可与杏仁、青黛、川贝母、浮海石、香附同用，如诃子青黛丸（组成：诃子、青黛、杏仁、海粉、制香附、栝楼仁、半夏曲，《杂病源流犀烛》）。与生地黄、当归配伍，补敛相济，治疗哮喘证之肾元虚弱，咳嗽痰多，肺失清肃，升降失司证，诃子多用 3 g。

用法用量　马、牛 15～60 g，猪、羊 3～10 g，犬、猫 1～3 g，兔、禽 0.5～1.5 g。

禁忌　泻痢初起者忌用。

按语　诃子味酸苦，性温，入气分，苦下敛收也。下者，下气火郁遏，滞塞不行之郁；收者，收无能以固，涣散不收之气也。脏腑伤者，先伤于气，气伤不能行使疏泄升降之职，则滞郁不行，壅塞静脉；滞郁反阻碍气机不能循经，被迫涣散不收，无能以固。《药品化义》曰："盖金空则鸣，肺气为火邪郁遏，以致吼喘咳嗽，或至声哑，用此降火敛肺则肺窍无壅塞，声音清亮矣。"煨熟则温胃固肠，升清降浊，浊阴不降则滞郁，心腹胀满，饮食不消；清阳不升则气陷，大肠不固，泻痢脱肛。

现代研究

（1）化学成分　本品含脂肪族、氨基酸、糖类、维生素、酶等。

（2）药理作用　本品是一种蒙药，有松弛肌肉的作用；有抗菌、抗病毒作用；有抗氧化作用；有强心、抗动脉硬化作用；有抗肿瘤作用；提取物所含生物活性物质可以促进消化腺的分泌和瘤胃消化，促进粗饲料的消化吸收，提高饲料中营养物质的利用率，提高饲料转化率，提高平均日采食量和平均日产奶量，进而提高产奶量。

三、肉豆蔻

本品为肉豆蔻科植物肉豆蔻 *Myristica fragrans* Houtt. 的干燥种仁（图 16-3，彩图 16-3）。主要分布于印度尼西亚及西印度群岛、马来半岛等，我国云南等地亦有栽培，现四川、两广等地

图 16-3 肉豆蔻的原植物和饮片

已有分布。

性味与归经 辛，温。归脾、胃、大肠经。

功能 涩肠止泻，温中行气。

主治

（1）久泻不止 本品主虚泻，治疗腹泻不止，肠鸣腹痛，常用生姜汁和面粉制成饼，外裹肉豆蔻末煨令黄熟，研碎，口服。

（2）脾胃虚寒 本品温和清香，可振动阳气，健运醒脾，可与人参、厚朴同用口服，生姜汁外敷。

（3）肚腹胀痛 行气消食，和平中正之品，运宿食而不伤。

用法用量 煎灌，马、牛 15～30 g，羊、猪 5～10 g。

禁忌 内热、胃火旺、口干渴者忌用；糖尿病动物不宜食用；津液缺乏，无寒湿者忌用。

按语 肉豆蔻，去寒除湿，解结通气，理脾安胃，有辛温之功效，惟涩味较甚，并能固及大肠之滑脱，四神丸中有之。温脾即以温肾，是为中下两焦之药，与草果之专主中焦者微别。

现代研究

（1）化学成分 本品含醚类、酚类、挥发油等。

（2）药理作用 本品及其提取物有明显止泻作用，但传统水煎方式下提取物的止泻作用并不明显，采用特殊工艺萃出的挥发油止泻作用更明显，并且可拮抗乙酰胆碱；有抗炎抑菌作用；抑制大鼠主动脉血管平滑肌收缩；能够保护受损的肝脏；有抗焦虑的作用；可增加 5-羟色胺受体，达到抗过敏的作用，可抑制单胺氧化酶；能够兴奋人体大脑，产生致幻作用，人服用一定量的肉豆蔻粉可致眩晕或昏睡；对角叉菜胶诱导的大鼠足水肿有抑制作用；有明显镇咳作用，能够除痰、镇静、镇痛。

四、石榴皮

本品为石榴科植物石榴 *Punica granatum* L. 的干燥果皮（图 16-4，彩图 16-4）。秋季果实成熟后收集果皮，晒干。主产于我国江苏、河南。

性味与归经 温、酸、涩。归大肠经。

图 16-4　石榴的原植物和饮片

功效　涩肠止泻，止血，驱虫。

主治

（1）涩肠止泻　收敛性较强，常治疗泻痢。煎服单用，亦可研粉口服，可与诃子、干姜黄连等同用。

（2）驱虫定痛　有杀虫作用，治疗蛔虫、蛲虫引起的腹痛。可单用或与使君子、槟榔等配伍。

用法用量　马、牛 15～30 g，驼 25～45 g，猪、羊 3～15 g，犬、猫 1～5 g，兔、禽 1～2 g。

禁忌　有实邪者忌用。

按语　石榴皮与黄连配伍，石榴皮酸涩、润肠，可治疗白痢赤痢，久泻无度之气虚下陷诸症；黄连苦寒、清热，可治疗外感风热邪气之泻痢诸症。二药联用，互为配合，可清热祛湿，涩肠止泻，可治疗赤痢、白痢，久泻不止。此外，石榴皮、槟榔二药均为杀虫常用之品，与槟榔配伍，其效尤著，且二味药又具缓下之能，故用于虫积腹痛则更佳。

现代研究

（1）化学成分　本品富含鞣质、黄酮类、生物碱和有机酸等。鞣质类占比最高，以水解鞣质为主，包括安石榴林、安石榴苷、没食子酸等；黄酮类主要为花青素，包括天竺葵素、飞燕草素、矢车菊素及其衍生物；生物碱主要包括石榴碱、*N*-甲基石榴碱、*N*-乙酰石榴碱等。

（2）药理作用　本品对金黄色葡萄球菌、枯草芽孢杆菌、大肠杆菌、沙门氏菌、铜绿假单胞菌等有抑制作用，安石榴苷的同分异构体、鞣花酸和没食子酸为主要抑菌物质，安石榴苷对真菌孢子萌发和菌丝生长也有抑制作用；有防腐保鲜的作用，制成可食性涂膜保鲜剂用于新鲜草莓，可减缓腐败速度，减缓丙二醛的生成，减少水分损失，延长储藏时间。

五、五倍子

本品为漆树科植物盐肤木 *Rhus chinensis* Mill.、青麸杨 *Rhus potaninii* Maxim. 或红麸杨 *Rhus punjabensis* Stew. var. *sinica* (Diels) Rehd. et Wils. 叶上的虫瘿（图 16-5，彩图 16-5），主要由五倍子蚜 *Melaphis chinensis* (Bell) Baker 寄生而形成。按外形不同，分为“肚倍”和“角倍”。秋季采摘，置沸水中略煮或蒸至表面呈灰色，杀死蚜虫，取出，干燥。五倍子多形成于我国南方较为阴湿的地区，以四川、云南、贵州、湖北和湖南产量最高。

图 16-5　盐肤木和五倍子饮片

性味与归经　酸、涩，寒。归肺、大肠、肾经。

功能　敛肺降火，涩肠止泻，敛汗涩精，收敛止血，收湿敛疮。

主治

（1）虚汗，便血，外伤出血　收敛止汗，自汗、盗汗，可将本品研末，与荞麦面等分作饼，煨熟服用；止血，崩漏下血，可单用内服，常与贯众炭、棕榈炭同用。

（2）疮疡　外用有收湿、敛疮的功效。可用于疮疡肿毒、溃疡不愈、肛脱、子宫下垂等，可研粉敷用或煎成汤药冲洗，亦可与枯矾配伍。

（3）久咳　既能敛肺气，又可降肺火，用于肺弱久咳兼热者尤宜。常与罂粟壳、乌梅等同用。

（4）久泻　久泻久痢可用本品半生半烧，打为末制丸内服；久泻便血者，与枯矾、诃子同用。

用法用量　煎灌，马、牛 30～60 g，猪、羊 10～20 g。

禁忌　外感风寒、肺有实热、咳嗽、积滞未清者禁用，多入丸散用。

按语　五倍子性寒，味酸，带苦、咸。以酸涩为用，收敛为功，内服用于久咳、久泻、止血之证；外用治疗湿热癣疮、溃烂不合。用于汗多、遗精、遗尿、便血等证，亦是取其酸收固涩之性。

现代研究

（1）化学成分　本品主要含单宁酸、五倍子酸、五倍子油、脂肪油等。

（2）药理作用　本品煎剂在体外有较强的广谱抗菌活性，主要对金黄色葡萄球菌、绿脓杆菌抑制作用较明显，除此以外对炭疽杆菌、肺炎球菌、大肠杆菌等也有一定的抑制作用；所含单宁酸能够使蛋白沉淀与凝固，增强收敛的功效，能够缓解自汗、盗汗之证，减轻流血现象，达到止汗、止血的效果；所含五倍子酸又称为没食子酸，能够诱导肿瘤细胞的凋亡并能消除活性氧（ROS），故有抗肿瘤、清除自由基及抗氧化作用。

六、罂粟壳

本品为罂粟科植物罂粟 *Papaver somniferum* L. 的干燥成熟果壳（图 16-6，彩图 16-6）。秋季将已成熟果实或割取浆汁后的成熟果实摘下，剖开，除去种子和枝梗，干燥。原产于欧洲南部及亚洲地区，现我国许多地区的相关药物研究单位有栽培，如青海、陕西、甘肃、四川、贵州、广东等地。

图 16-6　罂粟壳的原植物和饮片

性味与归经　酸、涩，平；有毒。归肺、大肠、肾经。

功能　敛肺，涩肠，止痛。

主治

(1)久泻，脱肛　本品涩肠止泻力较强，用于久泻、肛门脱出。因无驱邪之功，故以用于泻痢滑脱不禁者为宜。兼能止痛，对泻痢伴腹痛者有兼顾之效。可单用，亦可与补中益气之品配伍，如乌梅、大枣等。

(2)久咳　本品性平，长于收敛，有较强的止咳作用，适用于久咳不停、肺虚无火。可单用或与止咳化痰之品配伍，如乌梅、诃子、葶苈子等。

(3)肚腹疼痛　可治疗腹痛及筋骨疼痛。与干姜、木香、陈皮、乳香、没药等配伍，如水煮木香丸(组成：当归、诃子、木香、青皮、甘草、罂粟壳，《太平惠民合剂局方》)。

用法用量　煎灌，马、牛 15～30 g，猪、羊 3～6 g，犬、猫 1～3 g。

禁忌　本品有毒，易成瘾，咳嗽及痢疾初起邪实者忌用，甲状腺机能不足的幼龄动物、孕畜及哺乳期忌用。

按语　罂子粟壳，性酸收敛，病初期禁用，久泻久痢、肠滑肛脱、咳嗽疼痛、气散不收者宜用。粟壳治痢，人皆薄之，固矣，然下痢日久，腹中无积痛，当止涩者，岂容不涩，不有此剂，何以对治乎？但要有辅佐耳。

现代研究

(1)化学成分　本品含吗啡、可待因、那可丁等生物碱。

(2)药理作用　本品能减缓肠蠕动，松弛胃肠平滑肌，有止泻作用，还可抑制消化液的分泌，能兴奋胆管、输尿管、膀胱等；能抑制咳嗽中枢，有很强的止咳作用，能降低呼吸频率，能缓解气管平滑肌痉挛，可缓解支气管喘息；所含吗啡有镇痛效果，对持续性钝痛的镇痛效果优于间断性锐痛。

第二节　敛汗涩精药

敛汗涩精药酸涩收敛，多入肾、膀胱经。具有固精、缩尿、生精、止汗的作用，适用于久病体虚、元气不固引起的自汗、盗汗、滑精等症状。外有表邪，内有实热者不宜使用本类药物。

一、五味子

本品为木兰科植物五味子 *Schisandra chinensis*（Turcz.）Baill. 的干燥成熟果实（图 16-7，彩图 16-7）。秋季果实成熟时采摘，晒干或蒸后晒干，除去果梗和杂质。主产于我国吉林、辽宁、内蒙古等地。

图 16-7　五味子的原植物和饮片

性味与归经　酸、甘，温。归肺、心、肾经。

功能　敛肺涩肠，生津止汗，固肾涩精。

主治

（1）肺虚咳喘　有敛肺止咳功效，可用五味子、熟地黄各 12 g，山茱萸、山药各 10 g，麻黄 5 g，水煎服。

（2）自汗，盗汗　本品性温，收敛固涩，治疗体虚汗出可用五味子 12 g，酸枣仁、黄芪、麻黄根、煅牡蛎各 10 g，水煎服治疗。

（3）滑精　治补肾宁心，常与桑螵蛸、菟丝子、龙骨、金樱子、牡蛎等配伍；治疗肾虚久泻，常与补骨脂、吴茱萸、肉豆蔻等配伍，如四神丸。

用法用量　煎灌，马、牛 15～30 g，猪、羊 3～9 g；犬、猫 1～2 g，兔、禽 0．5～1．5 g。

按语　五味子酸温，补气生津，收敛固涩，益肾养心；肺虚咳喘，虚汗衰神，遗精久泄，病伤气阴。

现代研究

（1）化学成分　本品含柠檬酸、苹果酸、酒石酸、单糖、树脂等多种物质，种子含叶绿素、β-谷固醇、柠檬酸、维生素等。

（2）药理作用　研究发现本品对消化系统、中枢神经系统、心血管系统、内分泌系统以及免疫系统都有作用，有保护心血管、调压降脂、保肝护酶、消炎抗癌、改善记忆力和睡眠以及提高免疫力等多种作用。药理研究显示本品镇咳、祛痰；强心、降血压；抗肝损伤；降低血清氨基酸转移酶，增强机体细胞免疫功能；抑制金黄色葡萄球菌、肺炎杆菌、肠道沙门菌等，可治疗病毒性肝炎、神经衰弱、糖尿病、急性细菌性痢疾和肠炎等；可使血清中氨基丁酸（GABA）含量提高，缓解焦虑；可治疗消化系统疾病，促进胃肠道蠕动，进而改善胃肠道疾病引起的腹泻；能促进免疫器官的发育，增强巨噬细胞吞噬能力，加强免疫系统功能；促进肝脏细胞再生；抑制小鼠肝细胞的脂肪变性；小鼠的体内体外试验发现五味子乙素有降脂降酶、逆转肝脏组织高脂病变的作用，能减少肝脏脂质的堆积。

二、牡蛎

本品为牡蛎科动物长牡蛎 *Ostrea gigas* Thunberg、大连湾牡蛎 *Ostrea talienwhanensis* Crosse 或近江牡蛎 *Ostrea rivularis* Gould 等的贝壳（图 16-8，彩图 16-8）。全年均可捕捞，去肉，洗净，晒干。我国沿海地区均产。

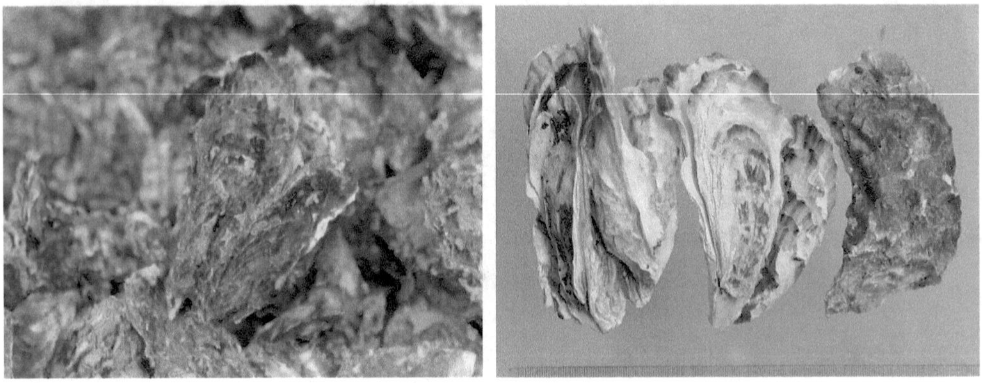

图 16-8　长牡蛎和饮片

性味与归经　咸，微寒。入肝、胆、肾经。

功能　滋阴潜阳，敛汗固涩，软坚散结。

主治

（1）肝阳上亢，头晕目眩　治疗阴虚阳亢、目眩耳鸣之证，常与龙骨、龟板、牛膝等同用；治疗热病灼阴、虚风内动、四肢抽搐之证，可与龟板、鳖甲、生地等同用。

（2）虚汗，滑精　煅用能长于敛汗固精，可用于自汗、盗汗、滑精等。治疗自汗、盗汗，常与浮小麦、麻黄根、黄芪等配伍，如牡蛎散；治疗滑精，常与金樱子、芡实等配伍。

（3）骨软症　软坚散结，用以消散瘰疬，常与玄参、贝母等同用。

用法用量　煎灌，马、牛 30～90 g，猪、羊 10～30 g，猫、犬 5～10 g，禽、兔 1～3 g。

按语　牡蛎咸、涩，生用补阴潜阳、软坚散结、重镇安神、收敛固涩。牡蛎有镇惊安神的功效，可固表止汗，敛肾固本。对于不是过度劳役或暑气引起的动物自汗，可用牡蛎散，中暑热汗者不适用。对于公畜肾关不固、使役乏力，选补肾填精药与敛涩固本药配伍，组成固精散。对于惊悸难眠，可组成桂枝甘草龙骨牡蛎汤。煅牡蛎与生龙骨配伍，治疗胃肠溃疡。需注意长期服用本品可引起便秘。

现代研究

（1）化学成分　本品含碳酸钙、硫酸钙、磷酸钙以及氧化铁、镁、硅、铝等。牡蛎肉中有丰富的维生素、微量元素等营养成分，其中锌的含量较高。

（2）药理作用　本品有明显的收涩、降血糖、解毒、镇静、抗肿瘤作用，可治疗发汗、失眠不安、下痢等；牡蛎粉对于抗生素所致小鼠肠道菌群紊乱、排便功能失调，有良好的恢复有益菌群、增加肠蠕动的作用；细胞试验表明，牡蛎蛋白肽促进骨髓间充质干细胞的成骨分化以及细胞生长，在骨破损需要修复时，可作为促进骨再生、骨功能的生长因子；酶解产物有助睡眠、增强免疫力、促进创伤愈合、抗氧化等作用。

三、浮小麦

本品为禾本科植物小麦 *Triticum aestivum* L. 的干燥轻浮瘪瘦的果实(图 16-9，彩图 16-9)。麦收后，选取轻浮瘪瘦的及未脱净皮的麦粒，晒干。我国各产麦地区均有生产。

图 16-9　小麦的原植物和饮片

性味与归经　甘、咸、凉。归心经。

功能　敛汗，益气，退虚热。

主治

(1)虚汗　治疗自汗、盗汗。可单用炒焦研末，米汤调服。治疗气虚自汗者，可与黄芪、煅牡蛎、麻黄根等配伍。治疗阴虚盗汗者，可与五味子、麦冬、地骨皮等配伍。

(2)阴虚内热　治疗午后湿热、夜间发热、手足两热、烦躁、少寐多梦、口干咽燥、舌质红、苔少甚至无苔，脉细数等，可与玄参、麦冬、生地黄、地骨皮等配伍。

用法用量　煎灌，牛、马 30～120 g，猪羊 10～20 g。

禁忌　表虚多汗者忌用。

按语　浮小麦味甘性凉，虽有益气养阴退热作用，但仍以止虚汗为其所长。盖汗为心之液，本品入心经，养心气、益心阴，故可止虚汗，治疗自汗盗汗证。本品药性平和，一切虚汗皆可应用。然治疗骨蒸劳热，与养阴退热之品同用，效果更佳。

现代研究

(1)化学成分　本品主要含粗纤维、淀粉以及糖类、脂肪、蛋白质等，还含精氨酸、尿囊素及微量 B 族维生素、维生素 E、少量淀粉酶和蛋白水解酶。

(2)药理作用　本品有收敛、镇静、抗炎等作用；能够降血脂，降低血清胆固醇和甘油三酯，有保护肝脏的作用。

四、金樱子

本品为蔷薇科植物金樱子 *Rosa laevigata* Michx. 的干燥成熟果实(图 16-10,彩图 16-10)。金樱子又有刺梨子、金罂子、山石榴、黄刺果、灯笼果等名。10—11 月果实成熟变红时采收,干燥,除去毛刺。主产于我国华南、西南等地。

图 16-10　金樱子的原植物和饮片

性味与归经　酸、甘、涩,平。归肾、膀胱、大肠经。

功能　固精缩尿,涩肠止泻。

主治

(1)滑精,尿频数　金樱子味酸,性平,入肾、大肠二经,有固精涩肠、缩尿止泻的功效。可与芡实、生黄芪、五味子、穿山龙配伍,治疗泌尿系统疾病。

(2)脾虚久泻,久痢　金樱子酸涩收敛,入膀胱、大肠经,专功涩精,止小便遗泄,治疗滑精尿,小便频繁。

用法用量　煎灌,马、牛 15～45 g,羊、猪 5～10 g。

禁忌　有实热者忌用;小便不禁及精气脱因于阴虚火炽而得者不宜用。

按语　金樱子是一种"固精涩肠,缩尿止泻"的药食两用植物,在中医上主要起"固涩"作用。金樱子的根、叶、果实都有药用价值,根有活血祛瘀、解毒、祛风除湿、杀虫等作用,外用可治疗烧伤、烫伤,还可治疗腹泻,有抗病毒作用。

现代研究

(1)化学成分　本品含糖类、酸、蛋白质、维生素等多种营养成分,还含类黄酮、糖苷元,三萜类有机酸、乌索酸、齐墩果酸、儿茶酸、谷甾醇等多种生物活性物质及多种人体必需微量元素。

(2)药理作用　本品能促进胃液分泌,促进消化,又能使肠黏膜分泌减少而止泻;有抑制流行性感冒病毒的作用;能够减少排尿次数,延长排尿间隔时间,增加排尿量;降低实验性动脉粥样硬化;有抗氧化、抑制细菌生长、抗炎、降血糖、降血脂等作用。

五、桑螵蛸

本品为螳螂科昆虫大刀螂 *Tenodera sinensisi* Saussure、小刀螂 *Statilia maculata*

(Thurlberg)或巨斧螳螂 *Hierodula patellifera*(Serville)的干燥卵鞘(图 16-11,彩图 16-11),以上三种分别习称"团螵蛸""长螵蛸"及"黑螵蛸"。深秋到次春采集,去除杂质,蒸至虫卵死后,干燥即成。剪碎生用。主产于我国各桑蚕产区。

图 16-11 桑螵蛸(大刀螂)动物和饮片

性味与归经 性平,味甘、咸。归肝、肾经。

功能 补肾助阳、固精缩尿、止浊。

主治

(1)肾虚阳痿,滑精 遗精滑精,本品常与五味子、龙骨等同用。遗精白浊,本品(炙)与白龙骨同用等分为末,空心服,盐汤送下,每服 2 钱。补肾助阳,治疗肾阳不足之阳痿,常与巴戟天、肉苁蓉、枸杞子等同用。

(2)尿频数 遗尿、滑精,尿频,本品能补肾固精及缩尿功效,甘咸入肾,可单用,亦可与龙骨、远志、石菖蒲等同用。产后遗尿或尿频,本品 15 g,龙骨 30 g,研末,每次 6 g,米汤送服。

(3)小便不通 本品 30 枚、黄芩 2 两,水煎,分二次服下。

用法用量 马、牛 15～30 g,猪、羊 15～35 g,兔、禽 0.65～1 g。

禁忌 阴虚有火,膀胱湿热所致的尿频数者忌用。

按语 桑螵蛸味咸涩,性微温,有广泛的收敛固涩、通经祛寒湿之功效,主助阳固精,补肝肾。主治肾虚阳痿、遗精泻下、遗尿、尿频等证;有良好的制酸止痛作用,同时兼有收敛生肌止血、促进病灶愈合的作用;温涩收敛,也用于体虚头晕及带下清稀,但无补益之能,专功固涩。补肾收涩是主要的效用。治标之药,多用易致便秘,应适当与润下药同用。阴虚火旺之证不宜应用。

现代研究

(1)化学成分 本品含蛋白质、钙、铁、脂肪、粗纤维以及胡萝卜素样色素。

(2)药理作用 本品有抗肿瘤作用,可治疗肾癌、膀胱癌、食管癌、皮肤瘤等,多与抗肿瘤药物配伍;有耐药逆转作用,对庆大霉素耐药铜绿假单胞菌有抗生物膜及抗菌功能;有潜在抗氧化作用,自由基清除试验发现从 70%乙醇提取物中分离得到 3 个新的 *N*-乙酰多巴胺衍生物和 13 个已知化合物均有抗氧化活性,并对细胞内活性氧的生成有抑制作用。

六、芡实

本品为睡莲科植物芡 *Euryale ferox* Salisb. 的干燥成熟种仁(图16-12,彩图16-12)。秋末冬初采收成熟果实,除去果皮和外种皮,取出种子,洗净,再去除硬壳(外种皮),晒干。主产于我国湖南、江苏、广东、福建等地。

图16-12　芡实的原植物和饮片

性味与归经　甘、涩,性平。归脾,肾经。

功能　益肾涩精,补脾祛湿,除湿止带,治疗久痢。

主治

(1)滑精,尿频　治疗肾虚、精关不固所致滑精早泄及尿频等,常与菟丝子、桑螵蛸、金樱子等同用。

(2)脾虚泄泻　健脾止泻,治疗脾虚泄泻,常与党参、白术、茯苓等配伍;久痢不止,常与茯苓、白术、薏苡仁、莲子、淮山药同用。

(3)带下　常与山药、菟丝子、黄柏等配伍。

(4)胞衣不下　产后体力虚弱无力排出胞衣,或产时寒气侵蚀而气血凝滞,芡实、荷叶各15 g,水煎服之有疗效。

(5)无名肿毒　体表局部红肿,或痛或痒,芡实捣碎外敷患处。

用法用量　马、牛20～45 g,羊、猪10～20 g。

禁忌　食多难消化,损伤脾胃气,消化不良者不宜使用;芡实甘涩收敛,幼畜忌用,粪便秘结者禁用,否则会加重病情。

按语　甘、涩、性平,归脾,肾经。供药用,具有益肾固精、健脾止泻、祛湿止带、益气强身的疗效。《本草经百种录》曰:“甘淡,得土之正味,乃脾肾之药也。”《本草求真》曰:“唯其味甘补脾,故能利湿,而泄泻腹痛可治;唯其味涩固肾,故能闭气,而使遗、带、小便不禁皆愈。”《药论》曰:“芡实益气强志而涩精,补中健脾而耐老,疗腰膝无湿痹之疼痛,祛暴病之耳目聪明,补心肾之功固多。”种子含有淀粉,可供食用,也可制成酿酒品。《本草衍义》曰:“天下皆有之。临水居人,采子去皮,捣仁为粉,蒸炸做饼,可以代粮。”

现代研究

(1)化学成分　本品主要含黄酮类、矿物质元素和蛋白质等。

（2）药理作用　本品有减缓衰老、降血糖、改善心肌缺血的作用，还能加强机体代谢，加速肝糖原分解，缓解疲劳；对酿酒酵母、枯草芽孢杆菌、大肠杆菌有不同程度的抑制作用；能够减少尿中蛋白的排出，缓解慢性肾炎蛋白尿；对胃黏膜有保护作用，治疗溃疡性结肠炎等消化系统疾病。

本章小结

本类药物多有酸涩之味，性温或平，主入肺、脾、肾、大肠经，分别具有敛汗、止咳、止泻、固精、缩尿等功效。主要用于久病体虚、元气不固所致的自汗、盗汗、泻痢、脱肛等各种滑脱不禁的证候。本类药物主要用于治标应急，临床应用时应根据具体的证候配伍他药，以标本同治，常与补虚药配伍。

乌梅敛浮热、吸气归元，故主下气，除热烦满及安心。诃子下气火郁遏，滞塞不行之郁，还可收无能以固，涣散不收之气。肉豆蔻为和平中之品，除寒燥湿，解结行气，专理脾胃。石榴皮乃涩肠止痢之药，能治久痢虚滑不禁，还可安蛔虫。五倍子得木气而兼金水之性，内服适于久咳久泻，外用可治湿热癣疮、溃烂不合。罂粟壳以其酸涩收敛之气以固虚脱。五味子主益气、除热、生阴中肌，且专补肾，兼补五脏。牡蛎治疗伤寒寒热，温疟洒洒，又能补阴潜阳，镇静安神。浮小麦味甘性凉，虽具有益气养阴退热作用，但仍以止虚汗为其所长，本品入心经，养心气、益心阴，故可止虚汗，治自汗盗汗证。金樱子气温味酸涩，入三经而收敛虚脱之气，可固精缩尿，涩肠止泻。桑螵蛸具有收敛固涩、通经祛寒湿之功效，主助阳固精，补肝肾。芡实具有益肾固精、健脾止泻、祛湿止带、益气强身的功效，兼可外用治体表局部红肿。

复习思考题

1. 何为收敛药？收敛药可分为哪几类？
2. 为什么收敛药需要与补虚药配伍应用？怎样配伍应用？
3. 简述五味子的功效与主治。
4. 试列举3种具有补肾收涩功效的药物，并简述其功能主治。
5. 在收敛药之中，上能敛肺止咳，下能涩肠止泻的药物有哪些？它们各自又有哪些功效？

第十七章 补 益 药

凡能补益正气，治疗虚证的药物，称为补益药。补益药按功效分为补气药、补血药、滋阴药、助阳药四类。补气药多味甘，性平或偏温，多归脾、胃、肺经，临床上适用于动物精神倦怠、食欲不振、肚腹胀满、粪便泄泻等脾气虚证，以及气短气少、动则气喘、自汗无力等肺气虚证。补血药多味甘，性平或偏温，主归心、肝、脾经，临床上多用于体瘦毛焦、口舌淡白、精神萎靡、心悸脉弱等血虚证。滋阴药多味甘，性凉，多入肺、胃、肝、肾经，临床上适用于舌光无苔、口舌干燥、虚热口渴、肺燥咳嗽等阴虚证。助阳药味甘或咸，性温或热，主入肝、肾经，临床上适于形寒肢冷、腰胯无力、阳痿滑精、肾虚泄泻等。

使用补益药应注意辨清虚实真假，避免误用。补益药虽能扶正，但应用不当则有留邪之弊，故实邪未尽时，不宜早用。若病邪未解，正气已虚，则以祛邪为主，酌加补虚药以扶正，增强抵抗力，达到既祛邪又扶正的目的。气、血、阴、阳之间在生理上密切联系，在病理上相互影响，一般阳虚多兼气虚，而气虚也往往导致阳虚；阴虚多兼血虚，而血虚也常导致阴虚。临床上又常常数证兼见，如气血两亏、阴阳俱虚等，故各类补益药往往相互配伍应用。滋阴药多甘凉滋腻，凡阳虚阴盛、脾虚泄泻者不宜用。助阳药多属温燥，阴虚发热及实热证等均不宜用。

现代药理学研究表明，不同种类补益药之间性味不同，功效各异，各种功效也多有交叉。例如人参大补元气，益气生津，表明人参补气同时也可滋阴，即具有多靶点的药理作用。

第一节 补 气 药

一、人参

本品为五加科植物人参 *Panax ginseng* C. A. Mey. 的干燥根及根茎（图 17-1，彩图 17-1）。栽培者俗称“园参”；播种在山林野生状态下自然生长的又称“林下山参”，习称“籽海”。多于秋季采挖，晒干或烘干，切片或粉碎生用。主产于我国辽宁东部、吉林东部和黑龙江东部等地。

性味与归经 甘、微苦，微温。归脾、肺、心、肾经。

功能 大补元气，复脉固脱，补益脾肺，生津养血，安神。

主治

（1）体虚欲脱，肢冷脉微，虚损劳伤 本品性平，味甘、微苦，补气作用较强，为补虚扶正的要药。治疗气虚欲脱之证，气息短促、肢冷脉微，虚损劳伤，可单用一味人参煎服，如独参汤，以补气固脱；治疗阳气衰微，可与附子等同用，如参附汤（组成：人参、附子、青黛，《圣济总录》），以

图 17-1 人参的原植物和饮片

益气回阳。

(2)脾虚胃弱，肺虚咳喘 本品为补脾益肺要药，可改善脾虚食少，短气喘促。用于脾胃虚弱、倦怠乏力、食欲不振、胸腹胀满，以及久泻脱肛等症，常与白术、茯苓等同用；用于肺虚咳喘，呼吸短促、行动乏力、动辄气喘，常与苏子、杏仁等同用。

(3)口干自汗 治疗热伤气津所致的口渴、脉大无力，常与石膏、知母同麦冬、五味子等同用。

(4)惊悸不安 适用于心气不足，神志不宁，常与当归、枣仁等同用。

用法用量 马、牛 15～30 g，羊、猪 5～10 g，犬、猫 0.5～2 g。

禁忌 不宜与藜芦、五灵脂同用。

按语 人参性平，味甘、微苦，能大补元气、生津安神，既能用于久病气虚，又可用于急救虚脱，故为补虚扶正的要药。其补气作用较强，一般不用于实证，如外感初起，或里热炽盛，或肝阳上亢，以及湿阻、食滞等引起的胸闷腹胀、便溏泄泻等症，都应忌用。

现代研究

(1)化学成分 本品主要含人参皂苷、挥发油、有机酸等。

(2)药理作用 本品有强心、调节血压、抗休克、抗心肌缺血的作用；加强中枢神经系统兴奋与抑制作用，尤其加强兴奋过程，故有抗疲劳的作用；有兴奋垂体-肾上腺素轴的作用，从而增强机体的抗应激能力；有调节胆固醇代谢的作用；有促进蛋白质、核糖、核酸合成的作用；有增强造血功能的作用；有增强动物机体免疫力的作用，防治多种原因引起的白细胞下降；有延缓衰老和抗肿瘤的作用。

二、党参

本品为桔梗科 Campanulaceae 植物党参 *Codonopsis pilosula* (Franch.) Nannf.、素花党参 *Codonopsis pilosula* Nannf. var. modesta (Nannf.). L. T. Shen 或川党参 *Codonopsis tangshen* Oliv. 的干燥根(图 17-2，彩图 17-2)。秋季采挖，切片洗净，晒干。切厚片生用或蜜炙用。主产于我国甘肃、内蒙古、陕西、山西、四川等地。

性味与归经 甘，平。归脾、肺经。

功能 补中益气，健脾益肺。

图 17-2 党参的原植物和饮片

主治

（1）脾胃虚弱，少食腹泻，肺虚咳喘，气虚脱垂 本品力能补脾养胃，润肺生津，健运中气。用于脾肺气虚、食少倦怠、气短、泄泻，常与白术、茯苓、炙甘草等同用，如四君子汤（组成：党参、白术、茯苓、甘草，《太平惠民和剂局方》）；用于气虚下陷引起的脱肛、子宫脱垂等，常与黄芪、白术、升麻、柴胡等同用，如补中益气汤。

（2）气津两伤及气血双亏 本品用于表虚自汗，常与麻黄根、浮小麦等同用；用于表虚易感风寒等，常与防风、白术等同用。麦冬、五味子、地黄等同用。

用法用量 马、牛 20～60 g，羊、猪 5～10 g，兔、禽 0.5～1.5 g。

禁忌 不宜与藜芦同用；有实邪者忌用。

按语 党参性平、微温，味甘，善补中气，又益肺气，性质和平，不燥不腻，故为脾肺气虚常用药。党参、茯苓相伍，是临床最常用的补气健脾药对之一，凡脾胃气虚所致诸证均可应用，前人有“脾胃气弱，参苓必进”之说。阴虚火盛、邪热实证不宜用。

现代研究

（1）化学成分 本品主要含党参苷、苍术内酯、氨基酸、多糖等。

（2）药理作用 本品有增强网状内皮系统的作用，特别是与黄芪、灵芝合用，效果更强；能使红细胞增多、白细胞减少；有升血糖和补血的作用；能使周围血管扩张，故能降血压；对神经系统有兴奋作用；能增强机体的免疫力；可缓解炎热天气所致疲劳；有促凝血的作用。

三、黄芪

本品为豆科植物蒙古黄芪 *Astragalus membranaceus*（Fisch.）Bge. var. mongholicus（Bge.）Hsiao 或膜荚黄芪 *Astragalus membranaceus*（Fisch.）Bge. 的干燥根（图 17-3，彩图 17-3）。春、秋二季采挖，除去须根和根头，晒干。切片生用或蜜炙用。主产于我国甘肃、内蒙古、陕西、山西、黑龙江、河北、西藏等地，现广为栽培。

性味与归经 甘，微温。归肺、脾经。

功能 补气升阳，固表止汗，托毒生肌，利水消肿，敛疮生肌。

图 17-3 黄芪的原植物和饮片

主治

(1)肺脾气虚、中气下陷 本品用于脾肺气虚、食少倦怠、气短、泄泻等,常与党参、白术、山药、炙甘草等同用;用于气虚下陷引起的脱肛、子宫脱垂等,常与党参、升麻、柴胡等同用,如补中益气汤(组成:黄芪、白术、陈皮、升麻、柴胡、人参、甘草、当归,《内外伤辨惑论》)。

(2)表虚自汗 常与麻黄根、浮小麦、牡蛎等配伍;用于表虚易感风寒等,可与防风、白术同用。

(3)疮痈难溃,久溃不敛 用于脓成不溃,可与白芷、当归、皂角刺等配伍;用于疮痈内陷或久溃不敛,可与党参、肉桂、当归等配伍。

(4)气虚水肿 本品用于气虚脾弱、尿不利、水湿停滞而成的水肿,常与防己、白术等同用。

用法用量 马、牛 20～60 g,驼 30～80 g,羊、猪 5～15 g,犬 5～10 g,兔、禽 1～2 g。

禁忌 阴虚火盛、邪热实证不宜用。

按语 本品与人参、党参相比,人参的补气作用较强,党参功专补肺脾而益气,黄芪的补气作用不及人参,但益气升阳,固表内托,且能利水消肿的作用则为人参、党参所不具。黄芪不仅常与补养药同用以益气补虚,且常与祛邪药同用以扶正祛邪。

现代研究

(1)化学成分 本品主要含黄芪多糖、黄芪皂苷、生物碱、甲氧基异黄酮等。

(2)药理作用 本品有增强免疫的作用,能明显提高血液中的白细胞总数,促进中性粒细胞及巨噬细胞的吞噬和杀菌作用,对正常机体的抗体生成有明显的促进作用;能明显强心,又有对抗肾上腺素及扩张血管的作用,使血压下降;有延缓衰老的作用,减少自由基的生成,促进其清除;有保肝作用,能减少肝脏脂质过氧化产物,防止肝糖原减少;有抗炎作用,能减少尿蛋白,延缓尿蛋白和高胆固醇血症的发生,可治疗慢性肾炎;所含生物碱、黄酮和苷类等均有直接杀病毒的作用。

四、山药

本品为薯蓣科植物薯蓣 *Dioscorea opposita* Thunb. 的干燥块茎(图 17-4,彩图 17-4)。冬季茎叶枯萎后采挖,除去外皮及须根,干燥后切片生,习称“毛山药”;或除去外皮,趁鲜切厚片,干燥,称为“山药片”;也有选择肥大顺直的干燥山药,置清水中,浸至无干心,闷透,切齐两

图 17-4 山药的原植物和饮片

端，用木板搓成圆柱状，晒干，打光，习称“光山药”。切片生用或麸炒用。主产于我国河南、安徽、江苏、湖南、浙江、广东等地。

性味与归经 甘，平。归脾、肺、肾经。

功能 补脾养胃，益肺生津，补肾涩精。

主治

(1)脾胃虚弱、食欲不振、脾虚泄泻 常与党参、白术、茯苓、扁豆等同用。

(2)虚劳咳喘 本品养肺阴，治疗虚劳咳喘，可与沙参、人参、麦冬、五味子等配伍。

(3)滑精，尿频 本品补益肾气，治疗肾虚滑精，常与熟地黄、山萸肉等配伍；治疗肾虚之尿频，常与益智仁、桑螵蛸等同用。

用法用量 马、牛 30～90 g，羊、猪 10～15 g，犬 5～8 g，兔、禽 1.5～3 g。

禁忌 湿盛中满或有积滞者不宜单独使用；实热邪实者忌用。

按语 山药原名为薯蓣，补而不滞，不热不燥，能补脾气而益胃阴，故为培补脾胃性质平和的药物。本品补肺益肾的作用则较弱，一般只能作为辅助之品。

现代研究

(1)化学成分 本品主要含皂苷、黏液质、胆碱、淀粉酶、黏蛋白质、淀粉等。

(2)药理作用 本品有降血糖的作用；有提高免疫功能的作用；抗衰老、抗氧化、抗疲劳；防治肝损伤。

五、白术

本品为菊科植物白术 *Atractylodes macrocephala* Koidz. 的干燥根茎(图 17-5，彩图 17-5)。冬季下部叶枯黄、上部叶变脆时采挖，除去泥沙，烘干或晒干，再去除须根。切片生用或麸炒用。主产于我国江苏、浙江、福建、安徽、湖南、湖北等地。

性味与归经 甘，苦，温。归脾、胃经。

功能 补脾健胃，燥湿利水，止汗安胎。

主治

(1)脾虚泄泻、食少肚胀、倦怠乏力 常与党参、茯苓等同用，如四君子汤(组成：人参、白

图 17-5 白术的原植物和饮片

术、茯苓、甘草,《太平惠民和剂局方》)。

(2)水肿 本品用于水湿内停或水湿外溢水肿,常与茯苓、泽泻等同用。

(3)虚汗 本品用于表虚自汗,常与黄芪、浮小麦同用。

(4)胎动不安 本品用于胎动不安,常与当归、白芍、黄芩配伍。

用法用量 马、牛 15~60 g,驼 30~90 g,羊、猪 6~12 g,犬、猫 1~5 g,兔、禽 1~2 g。

禁忌 阴虚燥渴,气滞胀闷者忌用。

按语 白术及茯苓均为燥湿健脾之品,二者常相须配对,是治疗脾虚湿停常用的药对。用于脾阳虚衰,胸满腹胀,通身水肿,小便不利,及妊娠羊水过多之水肿症。

现代研究

(1)化学成分 本品含挥发油、倍半萜内酯化合物、东莨菪素、果糖、菊糖、有免疫活性的甘露聚糖 AM-3、氨基酸等。

(2)药理作用 本品有明显且持久的利尿作用,也促进电解质特别是钠的排出;有降血糖作用;有健脾胃和提高免疫力的作用;有抗凝血作用;能扩张血管,对心脏有抑制作用;有抗肿瘤、抗菌作用;促进造血,对于用化学疗法和放射疗法引起的白细胞下降,有升白细胞作用;有促进蛋白质合成的作用。

六、甘草

本品为豆科植物甘草 *Glycyrrhiza uralensis* Fisch.、胀果甘草 *Glycyrrhiza inflate* Bat. 或光果甘草 *Glycyrrhiza glabra* L. 的干燥根及根茎(图 17-6,彩图 17-6)。春、秋二季采挖,除去须根,晒干。切片生用或蜜炙用。主产于我国青海、陕西、辽宁、内蒙古、甘肃、新疆、山东等地。

性味与归经 甘,平。归心、肺、脾、胃经。

功能 补脾益气,清热解毒,祛痰止咳,和中缓急,解毒,调和诸药,缓解药物毒性、烈性。

主治

(1)脾胃虚弱 本品炙用则性微温,善于补脾胃,益心气。用于脾胃虚弱证,常与党参、白术等同用,如四君子汤(组成:人参、白术、茯苓、甘草,《太平惠民和剂局方》)。

(2)中毒,疮疡 本品生用常用于疮疡肿痛,与金银花、连翘等清热解毒药配伍;用于咽喉

图 17-6　甘草的原植物和饮片

肿痛，与桔梗、牛蒡子等同用；此外，还是中毒的解毒要药。

(3)咳喘，咽喉肿痛　本品用于咳喘等，常与化痰止咳药配伍，因其性质平和，肺寒咳喘或肺热咳嗽均适用。

用法用量　马、牛 15～60 g，驼 45～100 g，羊、猪 3～10 g，犬、猫 1～5 g，兔、禽 0.6～3 g。

禁忌　不宜与海藻、京大戟、红大戟、甘遂、芫花同用；湿盛中满者不宜用。

按语　甘草味甘，可入十二经，为脾胃之正药，既能清热解毒，益气补虚，又能调和药性，解百药之毒。本品与绿豆二药相须为用，解毒之功明显增强。

现代研究

(1)化学成分　本品主要含甘草苷、甘草酸、甘草甜素、甘草次酸、三萜皂苷等。

(2)药理作用　本品有肾上腺皮质激素样作用；对心血管系统有抗心律失常、降血脂和抗动脉粥样硬化作用；对消化系统有抑制胃酸分泌、抗胃溃疡、胃肠平滑肌解痉作用；对呼吸系统有祛痰镇咳作用。

七、大枣

本品为鼠李科 Rhamnaceae 植物枣 *Ziziphus jujuba* Mill. 的干燥成熟果实(图 17-7，彩图 17-7)。秋季采收，晒干后生用。主产于我国山东、山西、河北、新疆、陕西、甘肃、河南等地。

图 17-7　大枣的原植物和饮片

性味与归经 甘，温。归脾、胃、心经。

功能 补中益气，养血安神，缓和药性。

主治

(1)脾虚少食、便溏 常与党参、白术等配伍，以加强补益脾胃的功能。

(2)气血亏损，津液不足 常与甘草、浮小麦等同用。

用法用量 马、牛 30～60 g，羊、猪 10～15 g，犬 5～8 g，兔、禽 1.3～5 g。

禁忌 湿盛中满者不宜用。

按语 本品性质平和，能培补脾胃，为调补脾胃的常用辅助药。民间常用作补血的药物，治疗血虚的病证，因此近年来临床上用于补血以止血。治疗过敏性紫癜，可单用或与其他药物同用。本品与甘草、小麦同用，即为甘麦大枣汤(组成：甘草、小麦、大枣，《金匮》)，常用于治疗脏燥。

现代研究

(1)化学成分 本品主要含多糖、蛋白质、苹果酸、维生素、氨基酸等。

(2)药理作用 本品有提高免疫力的作用；有抗氧化、抗衰老作用；有保肝作用；有镇静、降血压作用；有抗癌、抗菌作用。

第二节 补血药

一、当归

本品为伞形科植物当归 *Angelica sinensis* (Oliv.) Diels 的干燥根(图 17-8，彩图 17-8)。秋末采挖，除去须根和泥沙，待水分稍蒸发后，捆成小把，用烟火慢慢熏干。切薄片生用或酒炙用。主产于我国甘肃东南部、云南、四川、陕西、湖北、宁夏等地。

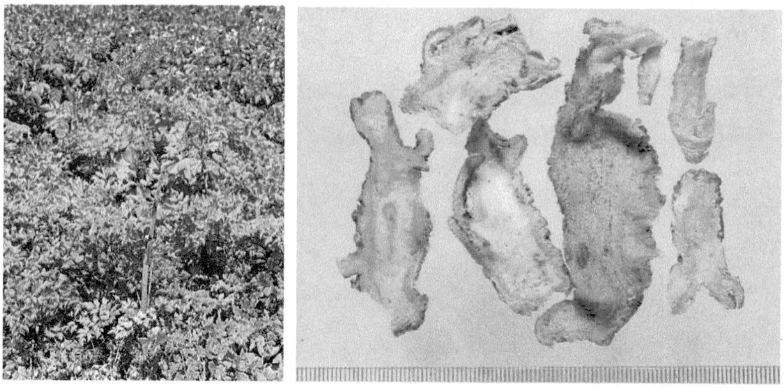

图 17-8 当归的原植物和饮片

性味与归经 甘、辛，温。归肝、心、脾经。

功能 补血养血，活血止痛，润肠通便。

主治

(1)血虚劳伤　本品味甘而重,故专能补血,大约佐之以补则补,故能养荣养血。用于体虚劳伤性血虚证,常与黄芪、党参、熟地黄等配伍。

(2)跌打损伤、血瘀疼痛、痈肿疮疡、风湿痹痛　本品气轻而辛,故又能行血。多用于跌打损伤、产后瘀血疼痛、痈肿疮疡、风湿痹痛等。用于损伤瘀痛,可与红花、桃仁、乳香等配伍;产后瘀血疼痛,可与益母草、川芎、桃仁等配伍;痈肿疼痛,可与金银花、牡丹皮、赤芍等配伍;风湿痹痛,可与羌活、独活、秦艽等祛风湿药配伍。

用法用量　马、牛 15～60 g,羊、猪 10～15 g,犬、猫 2～5 g,兔、禽 1～2 g。

禁忌　阴虚内热者不宜用。

按语　本品甘补辛散、苦泄温通,既能补血,又能活血,且兼行气止痛、润肠通便。入心、肝、脾三经。心主血、肝藏血、脾统血,故能主治一切血证,为血病之要药。临床上一般认为,当归身长于补血,尾长于活血祛瘀,全当归则补血活血。酒炒通脉而行散,醋炒敛血而内守,土炒健脾而止泻,油炒润燥而滑肠。凡血分疾病,各随其配伍,如法炮制,均可应用。

现代研究

(1)化学成分　本品主要含挥发油、多糖、多种氨基酸、维生素等。

(2)药理作用　本品有兴奋和抑制子宫平滑肌的作用,能调整子宫的功能状态;调节机体免疫功能,有抗癌作用;能抗维生素 E 缺乏症,防止流产;本品挥发油有镇静、镇痛作用;所含蔗糖有利尿作用;有抗炎、抗过敏及抑菌作用;能保护肝脏,防止肝糖原减少;对小肠平滑肌有兴奋作用;有抗贫血作用,能明显促进血红蛋白及红细胞的生成;能扩张冠状动脉,降低心肌耗氧量,减少血小板聚集,抗血栓,保护心肌细胞;有降血脂和抗脂质过氧化作用。

二、白芍

本品为毛茛科植物芍药 *Paeonia lactiflora* Pall. 的干燥根(图 17-9,彩图 17-9)。夏、秋二季采挖,除去头尾和细根,置沸水中煮后除去外皮或去皮后再煮,晒干。切薄片生用或炒黄、酒炙用。主产于我国东北、华北及陕西、甘肃、内蒙古等地。

性味与归经　苦、酸,微寒。归肝、脾经。

功能　养血敛阴,平肝止痛。

图 17-9　白芍的原植物和饮片

主治

(1)肝阴不足,虚热　本品味酸入肝,善于养血敛阴。主用于血虚或阴虚内热、盗汗等,常与当归、地黄等配伍;治疗外感风寒、表虚自汗而恶风,可与桂枝、生姜等同用。

(2)泻痢腹痛　本品既能养血柔肝,又可缓急止痛。主要用于肝旺乘脾所致的泻痢腹痛,常与炒白术、陈皮、防风、甘草等同用。

用法用量　马、牛 15～60 g,驼 30～100 g,羊、猪 6～15 g,犬、猫 1～5 g,兔、禽 1～2 g。

禁忌　不宜与藜芦同用。

按语　白芍养血平肝,长于敛阴;赤芍凉血活血,长于散瘀。故于补血、养阴及调经方中,常用白芍;于清热凉血及活血祛瘀方中,常用赤芍。

现代研究

(1)化学成分　本品含芍药苷、牡丹酚、芍药吉酮、苯甲酸、没食子鞣质、β-谷甾醇、挥发油、树脂、淀粉、糖类、蛋白质等。

(2)药理作用　本品有调节免疫系统的作用,增强巨噬细胞的吞噬功能;有抑菌作用,对葡萄球菌、溶血性链球菌、伤寒沙门氏菌、肺炎链球菌、霍乱弧菌、志贺菌、铜绿假单胞菌、大肠埃希菌等有抑制作用;对中枢神经系统有抑制作用,有镇痛和降温作用;有解痉止痛作用,对肠道痉挛、子宫收缩有明显的抑制作用。

三、阿胶

本品为马科动物驴 *Equus asinus* L. 的皮,经煎煮、浓缩制成的固体胶(图 17-10,彩图 17-10)。溶化冲服或者蛤粉炒、蒲黄炒用。主产于我国山东、浙江、北京、河北、山西等地。

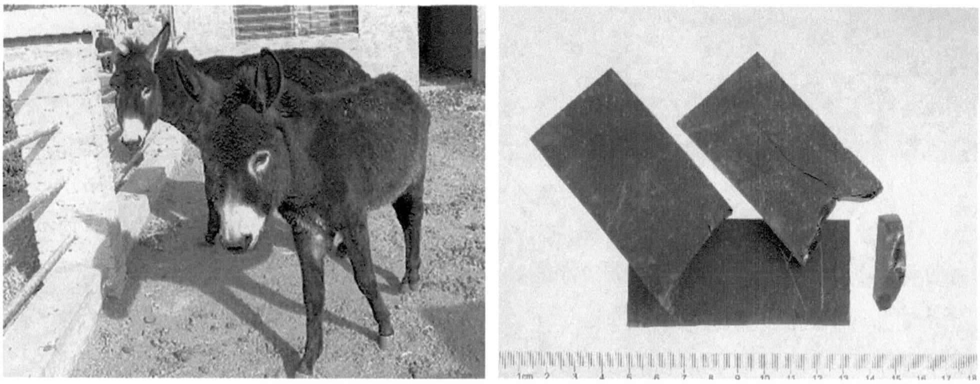

图 17-10　驴和阿胶饮片

性味与归经　甘,平。归肺、肾、肝经。

功能　滋阴补血,安胎。

主治

(1)产后血虚,虚风内动　本品气微,甘平质润,为补血要药;用于血虚诸证,常与当归、黄芪、熟地黄等配伍。

(2)胎动不安　本品长于滋阴养血,润燥安胎。用于胎动不安、妊娠下血等,常与艾叶配伍。

(3)虚劳咳喘　本品既适用于热病伤阴、舌红少津等证,又可用于虚劳咳嗽、咳嗽不爽或痰中带血等,常与麦门冬配伍。

用法用量　马、牛 15～60 g,羊、猪 10～15 g,犬 5～8 g。

禁忌　不宜与大黄同用;脾胃虚弱,内有瘀滞及有表证者不宜用。

按语　本品味甘黏腻,补血功效较熟地黄更佳,且能润肺、止血。

现代研究

(1)化学成分　本品主要含骨胶原,水解生成多种氨基酸,如赖氨酸、谷氨酸、精氨酸、甘氨酸等。

(2)药理作用　本品有抗出血性休克的作用,有明显抗贫血作用,能促进机体造血干细胞的增殖与分化,促进贫血动物的红细胞、血红蛋白生成;能改善动物体内钙平衡。

四、熟地黄

本品为玄参科植物地黄 *Rehmannia glutinosa* Libosch. 根茎的炮制加工品(图 17-11,彩图 17-11)。主产于我国浙江、河南等地。

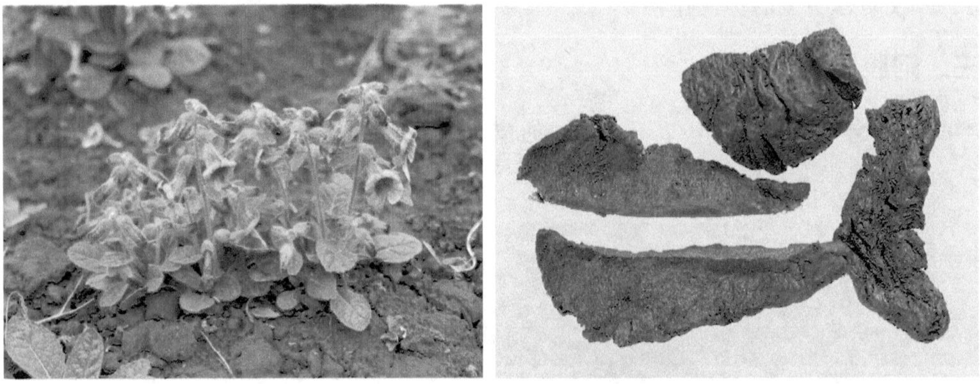

图 17-11　熟地黄的原植物和饮片

性味与归经　甘,微温。归肝、肾经。

功能　补血滋阴,益精填髓。

主治

(1)血虚精亏　本品味甘性温,是补血滋阴的要药。用于血虚诸证,治疗血虚体弱、血虚精亏,常与当归、川芎、白芍等同用,如四物汤(组成:当归、熟地黄、川芎、白芍,《太平惠民合剂局方》)。

(2)肝肾阴虚　本品用于肝肾阴虚所致的腰膝酸软、潮热、盗汗、滑精等,常与山茱萸、山药等配伍,如六味地黄丸(组成:熟地黄、山萸肉、牡丹皮、山药、茯苓、泽泻,《仁术遍览》)。

用法用量　马、牛 30～60 g,羊、猪 5～15 g,犬 3～5 g。

禁忌　脾胃虚弱,气滞痰多,腹满便溏者忌用。

按语　本品在临床应用上根据加工情况不同,分为 3 种:新鲜的称鲜地黄;长大而晒干的称生地黄，古称干地黄；用生地黄加工蒸熟后称熟地黄，简称熟地。鲜地黄长于清热凉血，生地黄长于凉血滋阴，熟地黄则专用于滋养，能补血滋阴。

现代研究

（1）化学成分　本品主要含益母草苷、梓醇、地黄素、地黄苷、糖类、氨基酸等。

（2）药理作用　本品有降血压和降血糖的作用；有抑制血栓形成的作用，能够明显抑制肝脏出血性坏死；有补血作用，加快多功能造血干细胞的增殖与分化，促进贫血动物红细胞和血红蛋白的生成；有增强免疫的作用，促进小鼠脾脏淋巴细胞转化；对心血管系统有调节作用；有抗肿瘤、抗氧化、抗衰老、抗炎、利尿作用。

五、何首乌

本品为蓼科植物何首乌 *Polygonum multiflorum* Thunb. 干燥块根（图 17-12，彩图 17-12）。秋后茎叶枯萎时或次年未萌芽前掘取其块根，削去两端，洗净，切片，晒干或微烘。主产于我国河北、河南、山西、广东、广西、安徽等地。

图 17-12　何首乌的原植物和饮片

性味与归经　苦、甘、涩，微温。归肝、心、肾经。

功能　润肠通便，解毒疗疮。

主治

（1）肠燥便秘，血虚便秘　本品常与当归、肉苁蓉、麻仁等配伍。

（2）疮黄肿毒，皮肤瘙痒　本品常与玄参、紫花地丁、天花粉等配伍。

（3）肝肾阴虚，精血不足，腰胯无力　本品常与熟地黄、枸杞子、菟丝子等配伍。

用法用量　马、牛 30～100 g，羊、猪 10～15 g，犬、猫 2～6 g，兔、禽 1～3 g。

禁忌　脾虚湿盛者不宜用。

按语　本品运用，生熟迥异，生者味苦气寒，以清降为功，能清热解毒，养阴通便，功似玄参，治疗痈肿瘰疬，大便秘结。制首乌味甘涩而气微温，以滋补为功，能补肾精、益肝血。且发为血之余、肾之所荣，因首乌功在补肝肾、益精血，故又能乌须发，治疗筋骨不健、须发早白、二目昏花、血虚诸证等。

现代研究

(1)化学成分　本品含蒽醌衍生物,主要为大黄酚和大黄泻素,又含大黄酸、大黄泻素甲醚、二苯乙烯苷类化合物及聚合原花青素,还含卵磷脂、淀粉等。

(2)药理作用　本品有增强免疫功能的作用;所含卵磷脂为构成神经组织,特别是脑脊髓的主要成分,有益于神经;能促进血细胞的生长发育;对血清胆固醇增高有抑制作用,并能阻止胆固醇在肝内的沉积;所含蒽醌衍生物能促进肠管蠕动,有泻下作用;有保肝作用;对金黄色葡萄球菌、白色葡萄球菌、副伤寒杆菌 B、白喉杆菌、乙型溶血链球菌、结核杆菌、痢疾杆菌、流感病毒等均有不同程度的抑制作用。

第三节　滋 阴 药

一、北沙参

本品为伞形科植物珊瑚菜 *Glehnia littoralis* Fr. Schmidt ex Miq. 的干燥根(图 17-13,彩图 17-13)。多于夏、秋二季采挖,去除须根,切片生用。主产于我国辽宁、河北和山东等地。

图 17-13　北沙参的原植物和饮片

性味与归经　甘、微苦,微寒。归肺、胃经。

功能　滋阴清热,益胃生津,润肺止咳。

主治

(1)阴虚肺热　本品清肺热、养肺阴、润肺燥。用于肺阴虚证,干咳少痰、咽喉干痒、咳血或咽干音哑等,与麦冬、南沙参、杏仁、桑叶、玄参天花粉等配伍。

(2)热病津伤　本品清胃热、养胃阴、生胃津。用于胃阴虚证,胃脘嘈杂、饥不欲食、舌红少苔、脉细数、口干、便秘等,与石斛、玉竹、天花粉等配伍。

用法用量　马、牛 15～30 g,羊、猪 3～10 g,犬、猫 2～5 g。

禁忌　不宜与藜芦同用;肺寒湿咳不宜用。

按语　北沙参甘凉清润,主入肺胃,善清肺胃之热而生津润燥,凡肺胃阴虚燥热,劳嗽、干渴之证均为常用。

现代研究

(1)化学成分　本品含挥发油、糖类、香豆素、苷类、黄酮类、单萜类、微量元素等。

(2)药理作用　本品有抗炎作用，可减少组织中一氧化氮含量和炎症因子的表达水平；对多种形式的癌症细胞系均有一定的细胞毒性；有清除自由基的作用；有明显的镇痛作用；能抗脑缺血再灌注损伤；对革兰氏阳性菌有较强的抑制作用。

二、南沙参

本品为桔梗科植物轮叶沙参 *Adenophora tetraphylla*（Thunb.）Fisch. 或沙参 *Adenophora stricta* Miq. 的干燥根(图 17-14，彩图 17-14)。春、秋二季采挖，除去须根，洗后趁鲜刮去粗皮，干燥。切厚片或段生用。主产于我国安徽、江苏、浙江、贵州、四川等地。

图 17-14　轮叶沙参的原植物和饮片

性味与归经　甘，微寒。归肺、胃经。

功能　养阴清肺，祛痰益气，益胃生津。

主治

(1)肺热燥咳，阴虚咳喘，干咳痰黏　本品用于肺热咳嗽，痰稠难咯及阴虚肺燥，干咳无痰或痰黏难咯，常与麦冬、桑叶、知母、川贝母等同用。

(2)热病伤津，胃阴不足，口渴欲饮　用于咽干口渴、食纳减少或饥不欲食，舌红少津，常与石斛、麦冬、山药、谷芽等同用。

用法用量　马、牛 15～45 g，羊、猪 5～10 g，犬、猫 2～5 g，兔、禽 1～2 g。

禁忌　不宜与藜芦同用；肺寒湿咳不宜用。

按语　南沙参甘寒可养肺阴、益肺气，苦寒可清肺热、祛痰，又可养胃阴、生胃津。甘凉清润，主入肺胃，长于清肺润燥止咳，益胃生津止渴，为肺燥咳嗽，口燥咽干所常用。南沙参与北沙参是两种植物，一般认为两药功用相似；但南沙参偏于清肺祛痰，养胃生津的作用较差；北沙参养胃生津的作用较佳。

现代研究

(1)化学成分　本品含丰富的多糖、香豆素、甾醇、挥发油、萜类、酚酸类等。

(2)药理作用　本品有明显的抗衰老及清除自由基的作用；能有效抑制肝细胞损伤，能降低转氨酶；有抗病毒的作用；能增强单核巨噬细胞的吞噬功能；对金黄色葡萄球菌、绿脓杆菌、奥杜盎氏小芽孢癣菌、羊毛状小芽孢癣菌有抑制作用。

三、天冬

本品为百合科植物天冬 *Asparagus cochinchinensis* (Lour.) Merr. 的干燥块根(图 17-15，彩图 17-15)。秋、冬季采挖，洗净，除去茎基和须根，切薄片，生用。主产于我国四川、贵州、广西、河南及山东等地。

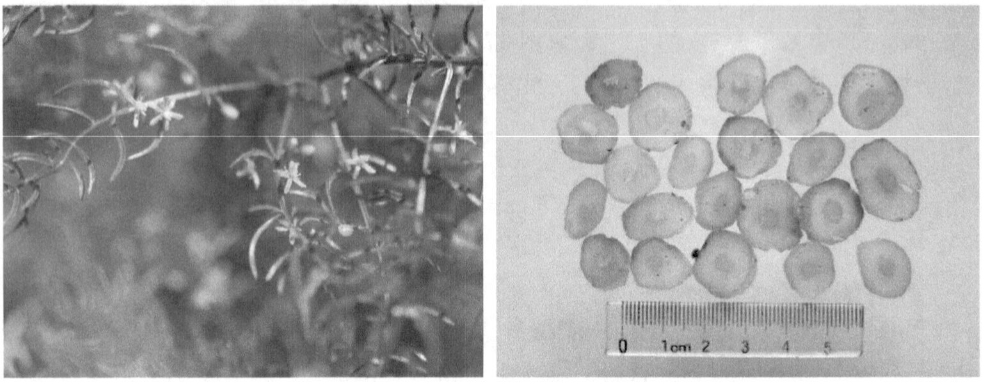

图 17-15 天冬的原植物和饮片

性味与归经 甘、苦，寒。归肺、肾经。

功能 养阴润燥，润肺生津。

主治

(1)肺热燥咳，阴虚内热 用于肺阴虚证，肺热咳嗽，痰稠难咯及阴虚肺燥，干渴无痰或痰黏难咯，常与麦冬、桑叶、知母、川贝母等同用。

(2)肾阴不足 用于肾阴不足，阴虚火旺诸证，常与生地黄、山药、知母等同用。

用法用量 马、牛 30～60 g，羊、猪 10～15 g，犬、猫 1～3 g，兔、禽 0.5～2 g。

禁忌 寒痰、湿痰及脾虚便溏者不宜用。

按语 天冬甘苦而寒，可清肺热、润肺燥；滋肾阴、清虚火。临床上用于肺热伤阴的燥咳劳嗽，肾阴不足、虚火上炎的潮热盗汗、消渴、肠燥便秘等证，也可用于肺痿、肺痈等证。

现代研究

(1)化学成分 本品含生物碱类、香豆素类、挥发油，还含甾醇、树脂和三萜类化合物。

(2)药理作用 本品有镇痛作用，对热刺激所致疼痛也有一定的缓解作用；对金黄色葡萄球菌、白喉杆菌、类白喉杆菌等有抑制作用；有潜在的体外抗凝血活性；有降血糖的作用；有抗肿瘤的作用；有镇咳祛痰的作用；可清除自由基，有抗氧化作用；可明显减少心肌的耗氧量，有抗心肌缺血作用。

四、麦冬

本品为百合科植物麦冬 *Ophiopogon japonicus* (L. f) Ker-Gawl. 的干燥块根(图 17-16，彩

图 17-16　麦冬的原植物和饮片

图 17-16)。夏季采挖,除去须根,干燥,生用。主产于我国四川、湖北、浙江等地。

性味与归经　甘、微苦,微寒。归心、肺、胃经。

功能　养阴生津,润肺清心。

主治

(1)肺燥干咳　本品用于咽喉痒痛,劳嗽咳嗽,常与桑叶、甘草、桔梗及地黄等同用。

(2)阴虚内热,肠燥便秘　本品用于胃阴虚证,热病伤津,肠燥便秘,常与玉竹、沙参、玄参、生地黄等同用。本品用于心阴虚,心烦不眠,热扰心营,身热烦躁,常与酸枣仁、黄连、竹叶心、生地黄等同用。

用法用量　马、牛 20～60 g,羊、猪 10～15 g,犬 5～8 g,兔、禽 0.6～1.5 g。

禁忌　风寒感冒咳嗽及脾胃虚寒者忌用。

按语　麦冬甘寒养阴生津,苦寒清热。可润肺燥、养胃阴、清心热除烦,而以润肺清心最为多用。

现代研究

(1)化学成分　本品含皂苷、黄酮、酚类、有机酸、氨基酸及多糖等,皂苷含量是麦冬药材质控的关键。

(2)药理作用　本品有抑菌作用;有抗凝血作用;抗肿瘤,可以降低肿瘤细胞的活力;有较强的清除氧自由基的作用;可预防放辐射治疗引起的肺炎;所含多糖类化合物在降血糖和免疫调节过程中发挥巨大作用,还有改善肠道菌群平衡的作用。

五、百合

本品为百合科植物卷丹 *Lilium lancifolium* Thunb.、百合 *Lilium brownii* F. E. Brown var. *viridulum* Baker 或细叶百合 *Lilium pumilum* DC. 的干燥肉质鳞叶(图 17-17,彩图 17-17)。秋季采挖,洗净,剥取鳞叶,置沸水中略烫,干燥。清心宜生用,润肺蜜炙用。主产于我国各地,以湖南、湖北、江苏、浙江等地为主。

性味与归经　甘,寒。归肺、心经。

功能　养阴润肺,清心安神。

图 17-17　百合的原植物和饮片

主治

(1)阴虚久咳,肺燥咳喘　本品用于阴虚肺燥,有热之干咳少痰、咳血或咽干音哑等,常与生地黄、熟地黄、麦冬、当归等同用。

(2)心神不宁　本品用于余热未清,虚烦失眠,心悸,常与知母、生地黄等同用。

用法用量　马、牛 18～60 g,羊、猪 6～20 g,犬 3～5 g。

禁忌　风寒咳嗽忌用。

按语　百合甘凉清润,主入肺心,长于清肺润燥止咳,清心安神定惊,为肺燥咳嗽,虚烦不安所常用。

现代研究

(1)化学成分　本品含脂肪、多种生物碱、蛋白质、秋水仙碱、百合苷等。

(2)药理作用　本品有明显的止咳、祛痰作用;有抗应激作用;可提高机体耐缺氧的能力;百合鳞茎中的黄酮、黄烷醇、酚酸、酚酸甘油酯等多酚类物质有较好的抗氧化作用;所含秋水仙碱能抑制肿瘤细胞的增殖;所含多糖有免疫调节作用。

六、石斛

本品为兰科植物金钗石斛 *Dendrobium nobile* Lindl.、霍山石斛 *Dendrobium huoshanense* C. Z. Tang et S. J. Cheng、鼓槌石斛 *Dendrobium chrysotoxum* Lindl. 或流苏石斛 *Dendrobium fimbriatum* Hook. 的栽培品及其同属植物近似种的新鲜或干燥茎(图 17-18,彩图 17-18)。全年均可采收,以秋季采收为佳。烘干或晒干,切段生用。主产于我国四川、贵州、云南、安徽、广东、广西等地。

性味与归经　甘,微寒。归胃、肾经。

功能　益胃生津,滋阴清热。

主治

(1)热病伤津,口渴欲饮　本品用于热病伤津,低热烦渴,常与西洋参、沙参、麦冬、地黄、天花粉等同用。

(2)病后虚热　本品用于肾阴虚,虚热上炎不退,常与知母、熟地黄、山药等同用。

图 17-18 金钗石斛的原植物和饮片

用法用量 马、牛 15～60 g，羊、猪 5～15 g，犬、猫 3～5 g，兔、禽 1～2 g。

禁忌 湿温及温热尚未化燥者忌用。

按语 石斛甘凉清润，主入胃肾，作用于中下二焦，既清胃热生津止渴，又滋肾阴退热明目，为津伤口渴，阴虚目暗良药。

现代研究

(1)化学成分 本品含多糖、生物碱、黄酮类、菲类、联苄类、挥发油、氨基酸及微量元素等。

(2)药理作用 本品有免疫调节作用；可促进胃液分泌，帮助消化；低浓度时使肠管兴奋，高浓度时则抑制；可抑制破骨细胞的生成，缓解炎症性骨破坏；能明显提高超氧化物歧化酶水平，从而减少过氧化脂质；有明显的降血糖作用；有保肝作用，可减轻肝脏损伤。

七、女贞子

本品为木犀科植物女贞 *Ligustrum lucidum* Ait. 的干燥成熟果实(图 17-19，彩图 17-19)。冬季果实成熟时采收，生用或酒炙用。主产于我国浙江、江苏、湖南、福建、河南、湖北、四川等地。

性味与归经 甘、苦，凉。归肝、肾经。

图 17-19 女贞子的原植物和饮片

功能 补肝肾，强筋骨，明目。

主治

(1)阴虚内热，腰肢无力，肾虚滑精 本品用于肝肾阴虚的阴虚发热、头晕目眩、腰酸遗精，常与生地黄、地骨皮等同用。

(2)视力减退 本品用于目暗不明、须发早白，常与旱莲草等同用。

用法用量 马、牛 15～60 g，羊、猪 6～12 g，犬 3～6 g。

禁忌 脾虚泄泻及阳虚者忌用。

按语 女贞子甘苦性凉，主入肝肾，功善滋阴退热，明目乌须，作用和缓，补而不腻，为肝肾阴亏良药。

现代研究

(1)化学成分 本品含三萜类、黄酮类、挥发油、环烯醚萜类、多糖、苯乙醇苷、脂肪酸、氨基酸和微量元素等。

(2)药理作用 本品有抗骨质疏松作用；对于化学疗法及放射疗法所致白细胞数量下降，有升高白细胞水平的作用；对志贺菌有抑制作用；有强心、利尿作用；可减轻肝细胞的脂肪变性；有明显的降血脂和降血糖作用；增强机体对氧自由基的抵抗力，达到延缓衰老的效果。

八、鳖甲

本品为鳖科动物鳖 *Trionyx sinensis* Wiegmann 的背甲(图 17-20，彩图 17-20)。全年均可捕捉，以秋、冬二季为多，除去皮肉，将背甲晒干。生用或醋淬用。主产于我国河北、湖南、江苏、湖北、安徽、浙江等地。

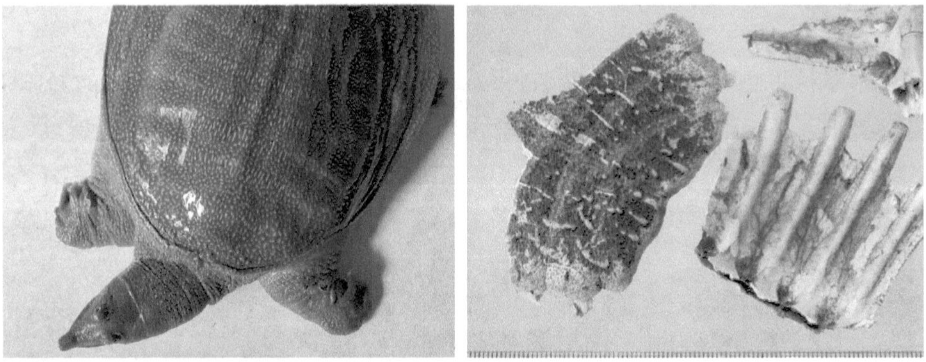

图 17-20 鳖和鳖甲饮片

性味与归经 咸，微寒。归肝、肾经。

功能 养阴清热，平肝潜阳，软坚散结。

主治

(1)阴虚发热，虚风内动 本品可滋养肝肾之阴，适用于肝肾阴虚所致阴虚内热、阴虚风动、阴虚阳亢诸证，常与龟甲、地黄等同用。

(2)痞块肿瘤 本品用于肝脾肿大、月经闭止，常与柴胡、丹皮、夏枯草等同用以通血脉而消症瘕；适用于症瘕积聚作痛，常与三棱、莪术、木香、桃仁、红花、青皮、香附等同用。

用法用量　马、牛 15～60 g，羊、猪 5～10 g，犬 3～5 g。

禁忌　阳虚外感未解、脾虚泄泻及孕畜忌用。

按语　鳖甲咸寒，主入肝经，滋阴潜阳功近龟甲，尤以软坚散结见长，为癥痕积聚常用。

现代研究

（1）化学成分　本品含骨胶原、多种氨基酸、微量元素、动物胶、角蛋白、碘质、肽类和维生素 D 等。

（2）药理作用　本品有保肝作用，可促进肝细胞修复和再生；对特异性及非特异性免疫有明显调节作用；能抑制结缔组织的增生，有提高血浆白蛋白含量的作用；有抗疲劳作用。

九、枸杞子

本品为茄科植物宁夏枸杞 *Lycium barbarum* L. 的干燥成熟果实（图 17-21，彩图 17-21）。夏、秋二季果实呈红色时采收，热风烘干，除去果梗；或晾至皮皱后，晒干，除去果梗。生用。主产于我国宁夏、甘肃等地。

图 17-21　枸杞子的原植物和饮片

性味与归经　甘，平。归肝、肾经。

功能　滋补肝肾，益精明目。

主治

（1）肝肾阴虚　本品用于肝肾精血不足之虚衰、须发早白，常与牛膝、何首乌、菟丝子、熟地黄、山萸肉、山药等同用。

（2）目昏不明，阳痿滑精　本品用于肝肾阴虚之视力减退、头晕目眩、腰膝酸软、遗精滑泄、耳聋、牙齿松动等，常与山药、菊花、熟地黄等同用。

用法用量　马、牛 15～60 g，羊、猪 10～15 g，犬 3～8 g。

禁忌　内有实热，脾虚湿滞者慎用。

按语　枸杞子甘平质润，主入肝肾，既补肾益精，又养肝明目，长于平补阴阳，为滋补佳品。

◢现代研究

(1)化学成分　本品含甜菜碱及玉蜀黍黄素、酸浆果红素、微量胡萝卜素、硫胺素、核黄素、烟酸、抗坏血酸、钙、磷、铁等。

(2)药理作用　本品有增强非特异性免疫的作用；对肝损害有一定保护作用，促进肝细胞再生；有使兔心跳抑制、血压下降、肠平滑肌收缩等拟胆碱样作用；可降血糖；可刺激健康动物的造血功能；可使白细胞增多，缓解环磷酰胺引起的白细胞生长抑制。

十、黄精

本品为百合科植物滇黄精 *Polygonatum kingianum* Coll. et Hemsl.、黄精 *Polygonatum. sibiricum* Red.或多花黄精 *Polygonatum. cyrtonema* Hua 的干燥根茎(图 17-22，彩图 17-22)。春、秋二季采挖，除去须根，洗净，置沸水中略烫或蒸至透心，干燥。切厚片生用或酒炙用。滇黄精主产于我国云南、贵州、广西，黄精主产于内蒙古、河南、河北、陕西，多花黄精主产于贵州、湖南、安徽、浙江、内蒙古。

图 17-22　黄精的原植物和饮片

◢性味与归经　甘，平。归脾、肺、肾经。

◢功能　补气养阴，健脾，润肺，益肾。

◢主治

(1)肺虚燥咳，精血不足　本品用于阴虚燥咳、劳嗽久咳、肾虚精亏、消渴，常与沙参、麦冬等同用。

(2)脾胃虚弱，倦怠无力　本品用于倦怠乏力、口干、纳差等，常与党参、山药等同用。

◢用法用量　马、牛 20～60 g，羊、猪 5～15 g，兔、禽 1～3 g。

◢禁忌　脾虚有湿者不宜用。

◢按语　黄精甘平，长于平补上中下三焦气阴，为肺脾肾气阴亏虚所常用，且作用和缓，适于久服滋补。

◢现代研究

(1)化学成分　本品含多糖、甾体皂苷、黄酮、三萜、生物碱、木脂素、植物甾醇及挥发油等。

(2)药理作用　本品有良好的降血压、降血糖和降血脂作用；可明显提高机体免疫力；可预防骨质疏松；对大肠杆菌、金黄色葡萄球菌和藤黄微球菌均有明显的抑制作用；可预防阿霉素所致急性心力衰竭；可抑制血清尿素氮的产生，有明显的抗疲劳作用。

十一、玉竹

本品为百合科植物玉竹 *Polygonatum odoratum*（Mill.）Druce 的干燥根茎（图 17-23，彩图 17-23）。秋季采挖，除去须根，洗净，晒至柔软，反复揉搓、晾晒至无硬心，晒干；或蒸透后，揉至半透明，晒干。切厚片或段用，主产于我国华东、华北、东北及西南等地。

图 17-23　玉竹的原植物和饮片

性味与归经　甘，微寒。归肺、胃经。

功能　滋阴润肺，养胃生津。

主治

（1）肺燥干咳　本品用于肺虚燥咳，常与沙参、麦冬、川贝母等同用。

（2）热病伤阴、虚劳发热　本品用于热病伤津，口渴、消渴，常与生地黄、薄荷、淡豆豉等同用。

用法用量　马、牛 15～60 g，羊、猪 5～10 g，兔、禽 0.5～2 g。

禁忌　寒湿盛者忌用。

按语　玉竹甘平柔润，滋阴润肺、生津养胃，善治肺胃阴虚燥热之证。虽作用缓和，但不滋腻敛邪，唯药力较缓，用量宜大。

现代研究

（1）化学成分　本品含多糖、甾体皂苷、黄酮、挥发油等多种活性成分。

（2）药理作用　本品可调节糖脂代谢；有较强的抗氧化作用；小剂量有强心作用，但是大剂量可引起心跳减弱甚至停止；可抑制大鼠动-静脉旁路血栓的形成；可轻度增强离体子宫的活动；所含多糖对缺氧缺糖造成的心肌细胞损伤有明显修复作用；有解毒保肝作用；对黑曲霉菌有一定的抑制作用。

十二、山茱萸

本品为山茱萸科植物山茱萸 *Cornus officinalis* Sieb. et Zucc. 的干燥成熟果肉（图 17-24，彩

图 17-24　山茱萸的原植物和饮片

图 17-24)。秋末冬初果皮变红时采收果实,用文火烘或置沸水中略烫后,及时除去果核,干燥。生用。主产于我国山西、陕西、山东等地。

性味与归经　酸、涩,微温。归肝、肾经。

功能　补益肝肾,涩精敛汗。

主治

(1)肝肾阴亏,腰肢无力,阳痿,滑精　本品可滋肝补肾,固肾涩精。用于肾亏损,阳痿滑精,与熟地黄、山药、泽泻、茯苓、牡丹皮配伍,如六味地黄丸;用于肝肾不足,腰肢痿软无力,滑精早泄,与牡蛎、赤石脂、菟丝子、杜仲等配伍。

(2)虚寒　本品可补益肝肾、调气、补虚和强身。用于大汗亡阳欲脱,与附子、党参、白术等配伍;用于自汗、盗汗,与五味子、党参等配伍。

用法用量　牛、马 15～30 g,猪、羊 10～15 g。

禁忌　命门火炽,强阳不痿,素有湿热,小便淋涩者忌用。

按语　山茱萸苷毒性很低,不溶血,有较弱的兴奋副交感神经的作用。温肝补肾,除一切风。浸膏对麻醉犬有利尿、降血压作用,还能治疗环磷酰胺所致的白细胞减少症。

现代研究

(1)化学成分　本品含莫罗忍冬苷、7-甲基莫罗忍冬苷、番木鳖苷、山茱萸苷、熊果酸、没食子酸、苹果酸、酒石酸、鞣质以及皂苷。

(2)药理作用　本品有利尿降血压作用;对金黄色葡萄球菌、痢疾志贺菌有抑制作用;有较弱的兴奋副交感神经的作用;有护肝作用;对慢性脑缺血大鼠认知功能障碍有改善作用。

第四节　助 阳 药

一、巴戟天

本品为茜草科植物巴戟天 *Morinda officinalis* How 的干燥根(图 17-25,彩图 17-25)。全年可采挖,洗净,除去根须,晒至六七成干,轻轻捶扁,晒干。切段生用、盐蒸或炙用。主产于我国福建、海南、广西、广东、四川等地。

图 17-25　巴戟天的原植物和饮片

性味与归经　辛、甘、微温。归肾、肝经。

功能　补肾阳，强筋骨，祛风湿。

主治

(1)阳痿滑精　本品能补肾助阳，主要用于肾虚阳痿、滑精早泄等，常与肉苁蓉、补骨脂、胡芦巴等同用，如巴戟散(组成：巴戟、柏子仁、石龙芮、天麻、牛膝、菟丝子、萆薢、防风、当归、羌活、桑螵蛸，《太平圣惠方》)。

(2)腰胯无力，风寒湿痹　用于肾虚骨痿，腰胯无力，运步困难，腰膝疼痛等，常与杜仲、续断、菟丝子等配伍；用于肾阳虚的风寒湿痹，可与断续、淫羊藿及祛风湿药配伍。

用法用量　马、牛 15～30 g，羊、猪 5～10 g，犬、猫 1～5 g，兔、禽 0.5～1.5 g。

禁忌　阴虚火旺者不宜用。

按语　巴戟天温肾助阳而强筋骨，虽其味辛而兼温，可散风祛寒湿，但其性柔润而不燥，故在临床上不用于一般风湿痛，惟肾阳虚而下肢寒湿痹痛者，始考虑应用。

现代研究

(1)化学成分　本品主要含蒽醌类化合物、环烯醚萜苷类、多糖、有机酸、氨基酸。

(2)药理作用　本品有明显的肾上腺皮质激素样作用，并能增强下丘脑-垂体-卵巢轴的功能活动；有一定的降血压作用；有雄激素样作用；可治疗肾病综合征；可增强甲状腺功能。

二、肉苁蓉

本品为列当科植物肉苁蓉 *Cistanche deserticola* Y. C. Ma. 或管花肉苁蓉 *Cistanche tubulosa*(Schrenk)Wight 的干燥带鳞叶的肉质茎(图 17-26，彩图 17-26)。多于春季苗未出土或刚出土时采挖，除去茎尖，晒干。切厚片生用，或酒炖、酒蒸用。主产于我国内蒙古、青海、甘肃、新疆等地。

性味与归经　甘、咸，温。归肾、大肠经。

功能　补肾阳，益精血，润肠通便。

主治

(1)滑精、阳痿、垂缕不收、宫寒不孕、腰胯疼痛　本品温而不燥，补而不峻，是性质温和的

图 17-26　肉苁蓉的原植物和饮片

滋补强壮药。主要用于滑精、阳痿、垂缕不收、宫寒不孕、腰胯疼痛等，常与熟地黄、菟丝子、五味子、山茱萸等同用。

（2）肠燥便秘　适用于老弱血虚及病后、产后精液不足所致的肠燥便秘，常与麻仁、柏子仁、当归等配伍。

用法用量　马、牛 15～45 g，羊、猪 5～10 g，犬 3～5 g，兔、禽 1～2 g。

禁忌　阴虚火盛、脾虚便溏者忌用。

按语　本品性温而柔润，功能补肾助阳，与巴戟天相似，都可用于下焦虚冷的证候，且常配合同用。但巴戟天散风祛寒湿，可用于下肢寒湿痹痛；而肉苁蓉则滋液而润燥，可用于津液不足的肠燥便秘。

现代研究

（1）化学成分　本品主要含苯乙基苷类、多糖、氨基酸、维生素等。

（2）药理作用　本品有增强体液免疫和细胞免疫的功能；对中枢神经系统有调节作用，能提高去甲肾上腺素和 5-羟吲哚乙酸的含量，并增大多巴胺与二羟基苯乙酸的比值；有延缓衰老的作用；能明显提高小鼠小肠推进度，缩短通便时间，同时对大肠的水分吸收也有明显抑制作用；有降血压的作用；有抗突变的作用；有调整内分泌和促进代谢的作用。

三、淫羊藿

本品为小檗科植物淫羊藿 *Epimedium brevicornum* Maxim.、箭叶淫羊藿 *Epimedium sagittatum*（Sieb et Zucc.）Maxim.、柔毛淫羊藿 *Epimedium pubescens* Maxim. 或朝鲜淫羊藿 *Epimedium koreanum* Nakai 的干燥叶（图 17-27，彩图 17-27）。夏、秋二季茎叶茂盛时采割，除去粗梗，晒干或阴干。切丝生用或炙用。主产于我国陕西、山西、安徽、河南、甘肃、台湾、浙江、江苏、四川、广东等地。

性味与归经　辛、甘，温。归肝、肾经。

功能　补肾阳，强筋骨，祛风湿。

主治

（1）阳痿滑精，母畜乏情　本品有补肾壮阳的功能，主要用于肾阳不足所致的阳痿、不孕，常与山茱萸、肉苁蓉等同用，以加强药效。

图 17-27　淫羊藿的原植物和饮片

(2)风湿痹痛、腰胯无力　常与威灵仙、独活、肉桂、当归、川芎等配伍。

用法用量　马、牛 15～30 g,羊、猪 10～15 g,犬 3～5 g,兔、禽 0.5～1.5 g。

禁忌　阴虚火盛者忌用。

按语　淫羊藿性味辛温,功能补命门、助肾阳,是临床上治疗肾阳不足的常用药物。本品具有温肾益火的功效,与仙茅、胡芦巴相近。但仙茅、胡芦巴两药性温偏热,温肾作用较强,服用稍久,即有口苦唇燥的弊害;本品则性温而不热,偏于肾阳虚者久服无不良现象。

现代研究

(1)化学成分　本品主要含淫羊藿苷、淫羊藿次苷Ⅰ、箭藿苷 A、箭藿苷 B、箭藿苷 C 等。

(2)药理研究　本品有调节机体免疫的功能;对下丘脑-垂体-性腺轴有调节作用;对阳虚动物模型有"助阳"的作用,可增加冠状动脉血流量、降血压等;可延缓衰老;有较强的抗单纯疱疹病毒的作用;有广泛的激素样作用,可增强性腺功能;水提液可抗衰老与促进物质代谢;煎剂有强心、降血压和增加冠状动脉流量的作用。

四、益智

本品为姜科植物益智 *Alpinia oxyphylla* Miq. 的干燥成熟果实(图 17-28,彩图 17-28)。夏、秋间果实由绿变红时采收,晒干或低温干燥。捣碎生用或盐炙用。主产于我国广东、广西、云南、福建等地。

图 17-28　益智的原植物和饮片

性味与归经 辛、温。归脾、肾经。

功能 暖肾，固精缩尿，温脾止泻摄唾。

主治

（1）肾虚滑精，尿频 本品可温肾补阳，固气，缩尿，涩精，用于肾阳不足、不能固摄所致的滑精、尿频等，常与山药、桑螵蛸、菟丝子等同用。

（2）脾胃虚寒，泄泻 用于脾阳不振、运化失常引起的虚寒泄泻、腹痛，常与党参、白术、干姜等同用。

（3）吐涎 用于脾虚吐涎，常与党参、茯苓、半夏、山药、陈皮等配伍。

用法用量 马、牛 15～45 g，羊、猪 5～10 g，犬 3～5 g，兔、禽 1～3 g。

禁忌 阴虚火盛者忌用。

按语 本品暖脾胃而和中，助肾阳而固下，用于脾肾虚寒等证，大都是取其固涩的特长，善于温脾摄涎唾，所治的涎唾多而自流，乃是脾虚不能摄涎所致，必无口干、口苦的现象。

现代研究

（1）化学成分 本品主要含挥发油、益智仁酮、维生素 B_1、维生素 B_2、维生素 C、维生素 E 及多种氨基酸、脂肪酸等。

（2）药理作用 本品具有抑制前列腺素酶的作用；有强心作用，可抑制大动脉收缩；可抑制回肠收缩；有抗癌作用；有增强免疫作用。

五、补骨脂

本品为豆科植物补骨脂 *Psoralea corylifolia* L. 的干燥成熟果实（图 17-29，彩图 17-29）。秋季果实成熟时采收果序，晒干，搓出果实。生用或盐水炙用。主产于我国广东、陕西、河南、云南、安徽、山西、江西、四川等地。

图 17-29 补骨脂的原植物和饮片

性味与归经 辛、苦，温。归肾、脾经。

功能 温肾壮阳，温脾止泻，纳气平喘。

主治

（1）阳痿，滑精，尿频，腰胯寒痛，脾肾阳虚 本品为温性较强的补阳药，能助命门之火，用于肾阳不振的阳痿、滑精、尿频及腰膀寒痛等，常与淫羊藿、菟丝子、熟地黄等助阳益阴药配伍。

(2)泄泻 用于脾肾阳虚之泄泻，常与肉豆蔻、五味子、吴茱萸等同用。

(3)肾气不纳，虚寒咳喘 可与人参、肉桂等同用。

用法用量 马、牛 15～45 g，羊、猪 5～10 g，犬 2～5 g，兔、禽 1～2 g。

禁忌 阴虚火旺、粪便秘结者忌用。

按语 本品为临床常用的助阳药，能益肾固精而缩尿，温运脾阳以止泻，且可补肾纳气而平喘。

现代研究

(1)化学成分 本品主要含香豆精类、黄酮类、氨基酸、维生素等。

(2)药理作用 本品有扩张冠状动脉、兴奋心脏、增强心功能的作用；能收缩子宫，缩短子宫出血时间，减少出血量；有抗早孕作用；有致光敏作用，内服或外涂皮肤后，日光或紫外线照射可使局部皮肤色素沉着；还有抗肿瘤、抗衰老、抑菌、杀虫及雌激素样作用。

六、杜仲

本品为杜仲科植物杜仲 *Eucommia ulmoides* Oliv. 的干燥树皮(图 17-30，彩图 17-30)。4—6 月剥取，刮去粗皮，堆置“发汗”至内皮呈紫褐色，晒干。切块或丝生用，或酒炒、盐水炙用。主产于我国四川、贵州、云南、湖北等地。

图 17-30 杜仲的原植物和饮片

性味与归经 甘、温。归肝、肾经。

功能 补肝肾，强筋骨，安胎。

主治

(1)肾虚腰痛、腰肢无力 常与补骨脂、菟丝子、枸杞子、熟地黄、山茱萸、牛膝等同用。

(2)风湿痹痛 可与祛风湿药配伍，治疗风湿痹痛。

(3)胎动不安 治疗孕畜体虚、肝肾亏损所致的胎动不安，常与断续、阿胶、白术、党参、砂仁、艾叶等同用。

用法用量 马、牛 15～60 g，羊、猪 6～15 g，犬、猫 3～5 g。

禁忌 阴虚火旺者忌用。

按语 本品能补肝肾而强筋骨，在临床上主要用于肾虚腰部酸痛，又可用于胎动不安，因其也是肝肾不足、冲任不固所致。

现代研究

(1)化学成分 本品主要含松脂醇、二葡萄糖苷、右旋丁香树脂酚、杜仲苷、杜仲素A、赤式二羟基去氢二松柏醇等。

(2)药理作用 本品有降血压作用；能增强机体免疫功能；影响垂体-肾上腺皮质轴功能；对离体子宫有抑制作用；有利尿作用；有明显的镇痛、抗炎等作用；杜仲皮、叶水浸物、醇浸物有急性降血压和扩张血管的作用。

七、续断

本品为川续断科植物川续断 *Dipsacus asper* Wall. ex Henry 的干燥根(图17-31，彩图17-31)。秋季采挖，除去根头及须根，用微火烘至半干，堆置"发汗"至内部变绿色时，再烘干。切薄片生用、酒炙或盐炙用。主产于我国广西、江西、西藏、湖北、贵州、云南、湖南等地。

图17-31 续断的原植物和饮片

性味与归经 苦、辛，微温。归肝、肾经。

功能 补肝肾，强筋骨，续折伤，安胎。

主治

(1)肝肾不足，腰肢痿软，风寒湿痹 本品能补肝肾而强筋骨，常与杜仲、牛膝、桑寄生等同用。

(2)跌打损伤，筋伤骨折 本品为伤科常用药，常与骨碎补、当归、赤芍、红花等同用。

(3)胎动不安 常与阿胶、艾叶、熟地黄等同用，治疗胎动不安。

用法用量 马、牛25～60 g，羊、猪5～15 g，兔、禽1～2 g。

禁忌 阴虚火旺者忌用。

按语 本品既能补益肝肾，疗腰痛脚弱，崩漏胎动；又可通行血脉，治跌扑损伤、筋骨不利。本品功近杜仲，但杜仲补肝肾较好，续断则以通血脉见长。故用本品以治胎动漏血，须与补血止血药配伍。

现代研究

(1)化学成分 本品主要含三萜皂苷类、挥发油、龙胆碱、β-谷固醇、胡萝卜苷、蔗糖，无机元素钛含量较高。

(2)药理研究 本品有促进骨损伤愈合、促进组织再生的作用,有促进去卵巢小鼠子宫的生长发育、抑制子宫收缩的作用;有增强免疫、抗衰老、止血、镇痛、抗菌等作用。

八、菟丝子

本品为旋花科植物南方菟丝子 *Cuscuta australis* R. Br. 的干燥成熟种子(图 17-32,彩图 17-32)。秋季果实成熟时采收植株,晒干,打下种子。生用或盐水炙用。主产于我国吉林、黑龙江、辽宁、安徽、河北、宁夏、内蒙古、福建等地。

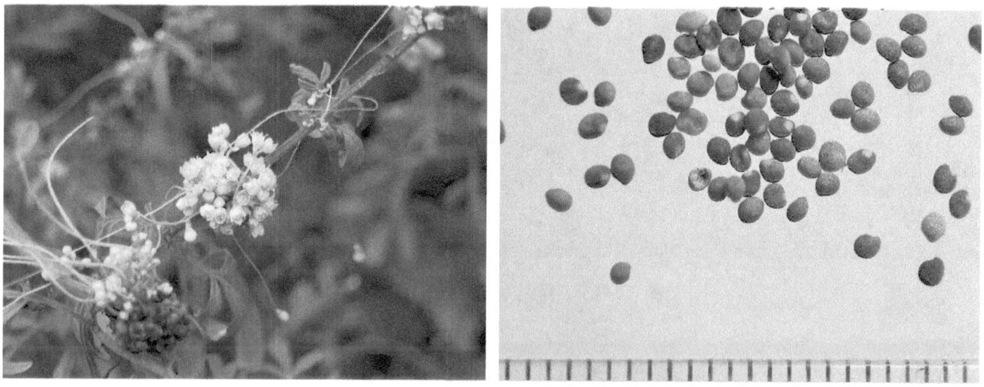

图 17-32 南方菟丝子的原植物和饮片

性味与归经 辛、甘,平。归肝、肾、脾经。

功能 滋补肝肾,固精缩尿,安胎,明目,止泻。

主治

(1)肾虚滑精,尿频,胎动不安 本品为滋补肝肾要药,用于肾虚滑精、尿频、胎动不安等,常与枸杞子、覆盆子、五味子等同用。

(2)肾虚目昏 用于肝肾不足所致的目疾等,常与熟地黄、枸杞子、车前子等配伍。

(3)脾肾虚泻 用于脾肾虚弱、粪便溏泄等,常与茯苓、山药、白术等同用。

用法用量 马、牛 15~45 g,羊、猪 5~15 g。

禁忌 阴虚火旺者忌用。

按语 本品性平质润,平补肝肾阴阳,能补肾生精、益肝明目。临证常用于肾虚阳痿、遗精尿频、肝肾亏虚之视物不清,脾肾两虚之便溏泄泻。又能补肾安胎,疗肾虚胎漏,胎动不安也为良品。

现代研究

(1)化学成分 本品主要含菟丝子树脂苷、β-谷甾醇、糖类、芝麻素、棕榈酸、山柰酚、槲皮素、淀粉酶、维生素 A、氨基酸及微量元素等。

(2)药理研究 本品具有降低心率和降血压的作用;能抑制肠管运动,对离体子宫有兴奋作用;所含黄酮类成分有补肾、安胎等作用;可增强体液免疫及免疫细胞吞噬功能;还有抗衰老、抗氧化、保肝、明目作用。

九、骨碎补

本品为水龙骨科植物槲蕨 *Drynaria fortune*(Kunze) J. Sm. 的干燥根茎(图 17-33,彩图 17-33)。全年可采挖,除去泥沙,干燥,或再燎去茸毛(鳞片)。切厚片生用或炙用。主产于我国辽宁、江苏、浙江、福建、四川、台湾等地。

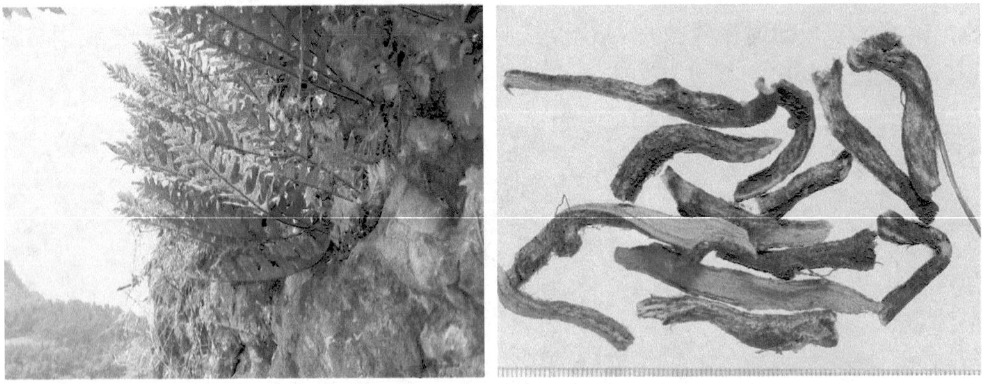

图 17-33　骨碎补的原植物和饮片

性味与归经　苦,温。归肾、肝经。

功能　补肾壮骨,续筋疗伤,活血止痛。

主治

(1)肾虚久泻,腰胯无力　本品能补肾壮阳而止泻,用于肾阳不足所致的久泻,可与菟丝子、五味子、肉豆蔻等配伍。

(2)跌打损伤、筋骨折伤、风湿痹痛等,常与续断、自然铜、乳香、没药等同用。

用法用量　马、牛 15～45 g,羊、猪 5～10 g,犬 3～5 g,兔、禽 1.5～3 g。外用适量。

禁忌　阴虚火旺、血虚风燥者忌用。

按语　本品苦温性降,能补肾而收浮阳,以治疗肾虚阳浮的牙痛、耳鸣;补肾又可强骨,活血善疗损伤,而为伤科常用药。

现代研究

(1)化学成分　本品主要含柚皮苷、水解得槲皮素、*D*-葡萄糖、*L*-鼠李糖、骨碎补双氢黄酮苷及多种三萜类化合物。

(2)药理研究　本品有明显的促进骨损伤愈合的作用,还能促进骨对钙的吸收,并提高血钙和血磷水平,有利于骨折的愈合,有一定的改善软骨细胞功能及推迟细胞退行性病变的作用;骨碎补双氢黄酮对小鼠有明显的镇痛和镇静作用;能防治链霉素等的中毒;还有降血脂、强心、抑菌等作用。

十、锁阳

本品为锁阳科植物锁阳 *Cynomorium songaricum* Rupr. 的干燥肉质茎(图 17-34,彩图 17-34)。春季采挖,除去花序,晒干。切薄片生用。主产于我国新疆、宁夏、内蒙古、陕西、青

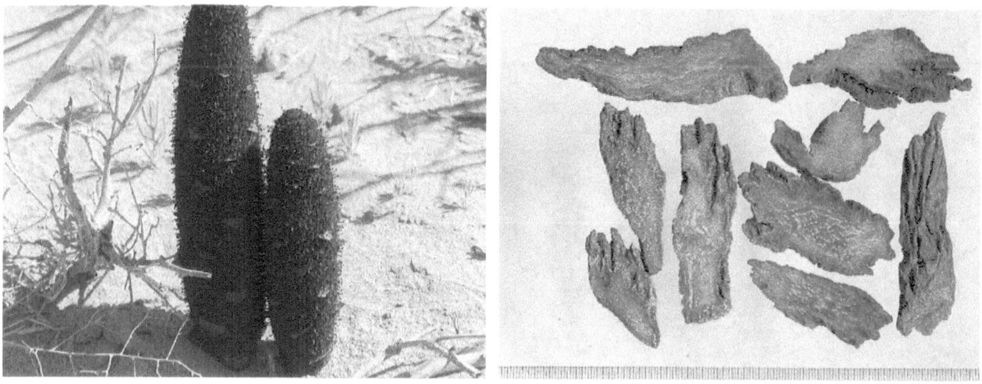

图 17-34　锁阳的原植物和饮片

海、甘肃等地。

性味与归经　甘，温。归肝、肾、大肠经。

功能　补肾阳，益精血，润肠通便。

主治

(1)阳痿滑精，腰胯无力　本品味甘性温，有补肾阳、益精血的功能。用于肾虚阳痿、滑精等，常与肉苁蓉、菟丝子等同用；用于肝肾阴亏、筋骨痿弱、步行艰难等，常与熟地黄、牛膝、枸杞子、五味子等配伍。

(2)肠燥便秘　本品有润肠通便、滋养的作用。用于老、弱动物及产后肠燥便秘等，可与肉苁蓉、火麻仁、柏子仁等同用。

用法用量　马、牛 25～45 g，驼 30～60 g，羊、猪 5～15 g，犬 3～6 g，兔、禽 1～3 g。

禁忌　肾火盛者忌用。

按语　锁阳甘温壮阳，甘润益阴，体润而滑，入肝肾经，能补肾精而兴阳，益肝营筋而起痿；入大肠经，能润燥滑肠而通秘。

现代研究

(1)化学成分　本品主要含鞣质、三萜皂苷、乙酰熊果酸、锁阳萜、胡萝卜苷、儿茶素、2-乙基-3,6-二甲基吡嗪、β-谷甾醇、β-谷甾醇油酸酯等。

(2)药理作用　本品有促进造血的功能；能促进免疫球蛋白的形成，增强免疫功能；能促进性成熟，增加性行为；有清除自由基的作用，抗氧化、抗衰老；有抗血小板聚集的作用。

十一、胡芦巴

本品为豆科植物胡芦巴 *Trigonella foenum-graecum* L. 的干燥成熟种子(图 17-35，彩图 17-35)。夏季果实成熟时采割植株，晒干，打下种子。生用或盐水炙用。主产于我国四川、河南、安徽等地。

性味与归经　苦，温。归肾经。

功能　温肾助阳，散寒止痛。

图 17-35 胡芦巴的原植物和饮片

主治

(1)阳痿,滑精,外肾浮肿 本品有较强的温肾祛寒及止痛作用,用于肾阳不足、寒气凝滞所致的阳痿,常与巴戟天、淫羊藿等同用。

(2)寒伤腰胯 尤其适用于肾阳不足、寒气凝滞所致的寒伤腰胯,常与补骨脂、杜仲等同用。

用法用量 马、牛 15～45 g,羊、猪 5～10 g,犬、猫 3～5 g,兔、禽 0.3～1.5 g。

禁忌 阴虚阳亢者忌用。

按语 本品温而不燥,守而不走,治疗沉寒积冷之痛证有其价值,但阴虚阳亢者不宜用。

现代研究

(1)化学成分 本品主要含胡芦巴碱、薯蓣皂苷元葡萄糖苷、牡荆素、异牡荆素、异荭草素、牡荆素葡萄糖苷、胡芦巴苷等。

(2)药理研究 本品有增强免疫的作用;有降血糖和降血脂的作用;有抗肿瘤作用;能有效防护肝损伤;有促进消化等作用。

十二、蛤蚧

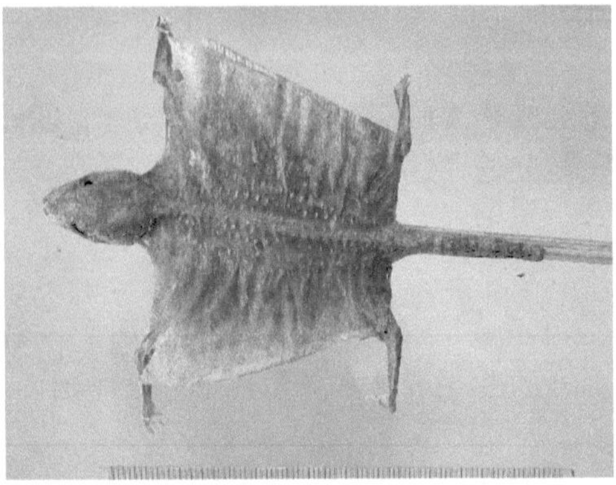

图 17-36 蛤蚧

本品为壁虎科动物蛤蚧 *Gekko gecko* Linnaeus 干燥体(图 17-36,彩图 17-36)。全年均可捕捉,除去内脏,低温干燥。切块生用或酒炙用。主产于我国广西、广东、云南等地。

性味与归经 咸,平。归肺、肾经。

功能 补肺益肾,纳气定喘,助阳益精。

主治

(1)肺肾不足,虚喘气促,劳嗽咳血 本品长于补肺益肾,尤能摄纳肾气,用于肺虚咳喘,肾虚气喘,虚劳咳嗽,常与贝母、百合、天冬、麦冬等配伍，如蛤蚧散(组成：蛤蚧、成炼钟乳、款冬花、肉桂、白矾、甘草，《三因极一病证方论》)。

(2)阳痿，滑精 本品助阳益精，可用于阳痿、滑精。

用法用量 马、牛 1～2 对。

禁忌 外感咳嗽者忌用。

按语 本品长于补肺益肾，尤能摄纳肾气而有较好的定喘作用，为治疗肺肾虚喘之要药。也有温肾助阳之功，用于肾虚阳痿之证。传统上认为蛤蚧尾药力较佳，尾不全者效力较差。

现代研究

(1)化学成分 本品主要含动物淀粉、肌肽、蛋白质、胆碱、脂肪、肉碱、氨基酸、微量元素等。

(2)药理作用 本品有增强免疫的作用；有性激素样作用；有平喘作用；还有抗炎、抗衰老、抗过敏、抗应激、降血糖作用。

本章小结

本类药物多味甘，根据"甘能补"的理论，故此类药物能补益正气，治各种虚证。补益药有四种类型：气虚补气，血虚养血，阴虚滋阴，阳虚助阳。但阳虚大多包括气虚，而气虚常易导致阳虚；阴虚每兼血虚，而血虚常易导致阴虚。说明机体气血阴阳有着相互依存的关系。因此，益气和助阳，养血和滋阴，往往相须为用。并且某些补气药兼有温补助阳的作用，而补血药大多也兼有滋阴的功效，所以在临床上遇到阳虚的病证时，往往用助阳药兼用补气药；遇见阴虚的病证，常用滋阴药与养血药配伍。更有气血两亏，阴阳俱虚的病证，则补虚药的使用，更须兼筹并顾，灵活掌握，用气血并补或阴阳两补的方法。

复习思考题

1. 补益药按照功效分为哪几种类型？
2. 补益药在临床应用中有哪些注意事项？
3. 临床上常用的补气健脾药有哪些？
4. 补血药中的哪些药有止血功能？
5. 滋阴药中北沙参和南沙参有何异同？
6. 助阳药的功能主治有哪些？

第十八章 理 血 药

凡能调理和治疗血分病证的药物，称为理血药。

血分病证一般分为血虚、血热、血瘀和血溢四种。治疗时，血虚宜补血，血热宜凉血，血瘀宜活血，血溢宜止血，故理血药分为补血药、清热凉血药、活血祛瘀药和止血药四类。理血药主要作用为活血化瘀和止血，而活血化瘀药适用于血瘀，止血药适用于各种出血。

使用本类药物应注意：活血祛瘀药兼有催产下胎作用，对孕畜要忌用或慎用；在使用止血药时，除大出血应急救止血外，还须注意有无瘀血，若瘀血未尽（如出血暗紫），应酌情加活血祛瘀药，以免留瘀之弊；若出血过多，虚极欲脱时，可加用补气药以固脱。

第一节 活 血 药

凡以通利血脉、促进血行、消散瘀血为其主要作用，治疗瘀血病证的药物，称为活血化瘀药或活血祛瘀药，简称活血药或化瘀药。活血作用较强的药物又称破血药或逐瘀药。

本类药物多偏辛苦温，因辛能散瘀化滞、消散瘀血，苦能泄能降，温能通行血脉、促进血行，共成活血通经、祛瘀活滞之功。活血祛瘀药应用范围很广，适用于血行不畅和血脉瘀滞所致的多种病证，如跌打损伤肿痛、产后血滞腹痛、疮黄痈肿疼痛、痹证血行不畅、腹内症瘕痞块等证。某些活血祛瘀药尚有活血通经或兼有催生下胎的作用。

临床应用活血化瘀药时，除根据病证特点而随证选用药物外，还需针对形成瘀血的不同病因进行配伍，以标本兼治。如寒凝血瘀者，与温里祛寒药同用；若热灼营血，热结血瘀者，又当与清热凉血药同用；若气血不足，因虚血滞者，又当与补益气血药同用；若见癥瘕积聚者，又当与软坚散结药同用；风寒湿邪所致痹痛者，又当与祛风湿药同用；母畜发情紊乱者，与催情药等同用。根据气行则血行，气滞则血凝的机制，活血化瘀药中除个别兼有行气作用（如郁金、玄胡、川芎）外，其余均宜与行气药同用，以增强活血化瘀的作用。破血逐瘀药易伤正气，中病即止，不可过服。有的活血化瘀药还有堕胎催产之效，故血虚无滞或孕畜均当慎用或忌用。

一、川芎

本品为伞形科植物川芎 *Ligusticum chuanxiong* Hort. 的干燥根茎（图 18-1，彩图 18-1）。夏季当茎上的节盘明显突出，并略带紫色时采挖，除去泥沙，晒后烘干，再去须根。酒炒、麸炒或生用。主产于我国四川、云南、贵州、广西、湖北、湖南等地。

性味与归经 辛，温。归肝、胆、心包经。

功能 活血行气，祛风止痛。

图 18-1　川芎的原植物和饮片

主治

(1)气血瘀滞，胎衣不下，跌打损伤　本品辛散温通，芳香走散性强，善行血中之气，为行血理气之圣药。治疗产后恶露不尽、胎衣不下或瘀滞腹痛，与当归、红花、赤芍、桃仁、益母草等配伍，如生化汤(组成：当归、川芎、桃仁、干姜、甘草配伍，《傅青主女科》)；治疗肝郁气滞、胸肋疼痛，与柴胡、白芍、香附配伍；治疗跌打损伤、疮疡肿痛，与三七、乳香、没药配伍；治疗闪伤瘀血肿痛，与郁金、赤芍、当归、乳香、没药、桃仁、牛膝、续断、台乌、白酒配伍，如活血散瘀汤；治疗心脉瘀堵，与丹参、桂枝、檀香配伍；治疗痈疡肿毒，与黄芪、当归、皂角刺配伍；治疗疮疡初起、脓疡已成、肿块难消，与大黄、桃仁、栀子配伍。

(2)风湿痹痛　本品辛温善升，能上行头目巅顶，外达皮肤，具有祛风止痛作用，可治疗头风头痛、风湿痹痛等，为治疗疼痛之要药。治疗风湿痹痛偏寒，与羌活、防风、苍术、细辛、白芷、独活、鸡血藤配伍，偏热者与秦艽、黄柏、防己、木瓜、牛膝、薏苡仁等配伍；治疗偏热之行痹，与黄柏、秦艽、牛膝、木瓜配伍；治疗外感风寒，项脊强痛，转侧低头难，与白芷、羌活、荆芥、细辛、防风、薄荷、藁本、甘草等配伍。

用法用量　马、牛 15～45 g，羊、猪 3～10 g，犬、猫 1～3g，兔、禽 0.5～1.5 g。

禁忌　阴虚火旺者、孕畜慎用。

按语　川芎辛香走散性强，能上行头目，下行血海，横走四肢，行气而走血分，为行血中之气药。其性温也，可温行血海，通周身血脉。能祛血中之风，散血中之寒，除血中之湿，活血中之滞，消肿定痛。凡胎前产后，宿血停滞用之相宜。然川芎味辛，外散而不能守，与补血药同用，如四物汤用川芎，补中有泻，守中有走，补血而不致郁滞，血畅而气行，气行而血生也。

现代研究

(1)化学成分　本品含生物碱(川芎嗪等)、挥发油(主要为藁本内酯、香茴烯等)、酚类(阿魏酸等)，还含内酯素、维生素 A、叶酸、蔗糖、甾醇、脂肪油等。

(2)药理作用　本品有镇痛、镇静、降血压、解痉、强心、抗急性心肌缺血等作用；对大肠杆菌、痢疾杆菌、变形杆菌、绿脓杆菌、伤寒杆菌、副伤寒杆菌、霍乱弧菌以及某些皮肤真菌等有抑制作用。

二、延胡索

本品为罂粟科植物延胡索 *Corydalis yanhusuo* W. T. Wang 的干燥块茎(图 18-2，彩图 18-2)。

亦称“元胡”“玄胡”。夏初茎叶枯萎时采挖，除去须根，洗净，置沸水中煮至恰无白心时，取出，晒干。捣碎生用或醋炒、酒炙用。主产于我国浙江、江苏、天津、黑龙江等地。

图 18-2　延胡索的原植物和饮片

性味与归经　辛、苦，温。归肝、脾经。

功能　活血散瘀，行气止痛。

主治

(1)风湿痹痛，跌打损伤　本品苦能泄血中瘀滞。治疗跌打损伤各种瘀血作痛，与三棱、莪术、桃仁等配伍；治疗腰扭伤、骨折等和肢体血滞疼痛(类风湿性关节炎)，与当归、川芎、红花、桃仁、莪术、三棱、乳香、没药配伍；治疗心血瘀阻之胸痹心痛，与丹参、桂枝、威灵仙等配伍；治疗睾丸肿痛，与小茴、川楝子、青皮、橘核等配伍；治疗热证胃痛，与川楝子配伍；治疗寒证胃痛，与桂枝(或肉桂)、高良姜、香附、陈皮配伍；治疗瘀血胃痛，与丹参、五灵脂配伍；治疗中虚胃痛，与党参、白术、白芍配伍；治疗肝郁化火之胸胁痛，与川楝子、栀子、木香配伍。

(2)气滞血瘀，产后瘀阻　本品辛散温通，行血中气滞、气中血滞以止痛。治疗气滞胃痛，与香附、木香、砂仁配伍；治疗肝瘀气滞所致胸胁痛，与柴胡、郁金配伍；治疗气滞血瘀之产后腹痛，恶露不尽，与桃仁、当归、川芎、木香、赤芍、香附配伍。

用法用量　马、牛 15～30 g，驼 35～75 g，羊、猪 3～10 g，兔、禽 0.5～1.5 g。

禁忌　无瘀滞孕畜忌用。

按语　古人云：“通则不痛，痛则不通。”本品辛散温通，活血利气，行气活血，血活则通，通则不痛。所以，不论是气是血，凡积而不散者，本品均可使其通达畅行，故用于气血凝滞之各种疼痛证，最相适宜。其止痛作用明显，作用部位广泛，且药力持久而不具毒性，功效优良，故为止痛良药。郁金与延胡索均能治疗气滞血瘀之证。然郁金偏于上中二焦之气滞血郁，延胡索偏于下焦气滞血郁之证。香附与延胡索均能行气止痛。然香附主入气分，行气之中兼行血滞，为气中之血药；延胡索主入血分，兼行气滞，为血中之气药。

现代研究

(1)化学成分　本品含 20 余种生物碱，其中较重要的是延胡索乙素(四氢帕马丁)、延胡索甲素，还含树脂、挥发油、树胶及微量苦味物质。

(2)药理作用　本品有镇痛、解痉、镇吐、镇静催眠、降血压、抗心肌缺血、扩张外周血管、抗溃疡等作用。

三、郁金

本品为姜科植物温郁金 *Curcuma wenyujin* Y. H. Chen et C. Ling、姜黄 *Curcuma longa* L.、广西莪术 *Curcuma kwangsiensis* S. G. Lee et C. F. Liang 或蓬莪术 *Curcuma phaeocaulis* Val. 的干燥块根(图 18-3,彩图 18-3)。前两者分别习称"温郁金"和"黄丝郁金",其余按形状不同,习称"桂郁金"或"绿丝郁金"。冬季茎叶枯萎后采挖,除去泥沙和细根,蒸或煮至透心、干燥。生用或醋炒用。主产于四川、浙江、云南、广东、广西等地。

图 18-3　郁金的原植物和饮片

性味与归经　辛、苦,寒。归肝、心、肺经。

功能　行气化瘀,凉血活血,利胆退黄。

主治

(1)胸腹胀满,肠黄泄泻　本品味苦辛而性寒,入血分,活血行气、凉血止血、祛瘀止痛,对气滞血瘀所致肚腹疼痛用之效好,也可用于气火上逆、热伤经络之吐血、衄血、尿血等证。治疗瘀血肿痛,与川芎、赤芍、当归、红花和没药配伍;治疗血热妄行而有瘀滞,与牡丹皮、生地黄、栀子等配伍;治疗血热妄行之鼻衄、尿血和便血,与槐花、墨旱莲、白茅根和茜草配伍;治疗热结下焦之尿血、血淋,与生地黄、小蓟配伍;治疗肠黄泄泻、肚腹疼痛,与大黄、黄连、黄芩、黄柏、诃子、栀子等配伍。

(2)热病神昏　本品辛苦,寒,入心、肝经,有清心化郁、解郁疏肝之功。治疗湿温之证、浊邪蒙蔽心窍,与石菖蒲、栀子、白矾配伍;治疗痰迷癫痫,与白矾配伍;治疗肝气郁结,与柴胡、白芍、川楝子、香附配伍;治疗胁下痞块,与丹参、鳖甲、泽兰、青皮、莪术配伍。

(3)湿热黄疸　本品性寒入肝胆经,能清热利胆退黄,可用于湿热黄疸。治疗湿热黄疸,与茵陈、栀子、枳壳、青皮、芒硝配伍;治疗肝炎黄疸,与大黄、柴胡、栀子配伍;利胆排石,与金钱草配伍。

用法用量　马、牛 15～45 g,驼 30～60 g,羊、猪 3～10 g,兔、禽 0.3～1.5 g。

禁忌　阴虚失血及无气滞血瘀者忌用,孕畜慎用。

按语　郁金辛苦寒,为活血、凉血、行气、解郁之要药,尤以行气解郁为常用。凡气郁、血郁、痰郁、湿郁、热郁等诸郁,灵活配伍其他药物,常收较好疗效。药用分川郁金与广郁金两种，川产者呈黄色，活血化瘀优于行气，广产者呈黑色，行气解郁优于活血。香附与郁金皆能行气，然郁金活血化瘀之中兼能行气，而香附行气之中兼能理血。

现代研究

(1)化学成分　本品含挥发油(莰烯、樟脑、倍半萜烯等)、姜黄素、姜黄酮、淀粉、多糖、脂肪油等。

(2)药理作用　本品有保肝利胆、促进胃肠分泌、镇痛、调节免疫、抗炎止痛等作用；对堇色毛癣菌、同心性毛癣菌、石膏样毛癣菌、许兰毛癣菌等皮肤真菌有不同程度的抑制作用；能明显降低全血黏度和红细胞聚集指数，明显提高红细胞的变形指数。

四、姜黄

本品为姜科植物姜黄 *Curcuma longa* L. 的干燥根茎(图 18-4，彩图 18-4)。冬季茎叶枯萎时采挖，洗净，煮或蒸至透心，晒干，除去须根。主产于我国四川、福建、广东、广西等地。

图 18-4　姜黄的原植物和饮片

性味与归经　辛、苦，温。归脾、肝经。

功能　破血行气，散结止痛。

主治

(1)气滞血瘀，胸腹疼痛，跌扑肿痛　本品辛散、苦降、温通，能宣通血脉瘀滞。治疗气滞腹胀疼痛，与木香、陈皮、莪术、枳实、香附等配伍；治疗肝胆气滞之胆胀，与柴胡、黄芩、郁金、龙胆、茵陈、胆汁等配伍。

(2)风湿痹痛　本品为祛风通痹之要药。治疗风寒所致肢蹄跛痛，与羌活、防风、当归、桂枝等配伍。

用法用量　马、牛 15～30 g，羊、猪 3～10 g，兔、禽 0．5～1．5 g。

禁忌　血虚无气滞血瘀及孕畜慎用。

按语　姜黄破血兼理血中之气滞，入肝、脾二经，善破此二经之血瘀气结。凡闪跌瘀滞，寒凝血阻而致肢体疼痛，或胸腹疼痛，用之相宜。郁金、姜黄均能破血活血。然郁金苦寒入心，偏活血行气而解郁，凉血利胆；姜黄辛温入肝脾，偏理血中之气，使气行而无壅滞。

现代研究

(1)化学成分　本品含姜黄素、挥发油、阿拉伯糖、果糖、葡萄糖、脂肪油、淀粉、草酸盐等，挥发油中含姜黄酮、姜油烯、水芹烯、1,8-桉叶素、香桧烯、龙脑、去氢姜黄酮。

(2)药理作用 本品有利胆、降低胆固醇、保肝、降血压、抗肿瘤、抗炎、降血脂等作用，对金黄色葡萄球菌以及多种皮肤真菌有一定的抑制作用。

五、乳香

本品为橄榄科植物乳香树 *Boswellia carterii* Birdw. 及同属植物鲍达乳香树 *Boswellia bhaw-dajiana* Birdw. 树皮渗出的树脂(图 18-5，彩图 18-5)。主产于地中海沿岸及其岛屿。

图 18-5 乳香

性味与归经 辛、苦，温。归心、肝、脾经。

功能 活血祛瘀，消肿止痛，敛疮生肌。

主治

(1)跌打损伤，气滞血瘀 本品辛散温通，能活血、消肿止痛，兼有行气之功，可用于气滞血瘀所致肚腹疼痛、风湿痹痛、跌扑伤痛。治疗肚腹疼痛，与高良姜、香附、五灵脂、川楝子和延胡索配伍；治疗风湿痹痛，与羌活、秦艽配伍；治疗跌扑伤痛、气血瘀滞之腹痛，与川芎、当归没药配伍；治疗跌扑损伤瘀滞疼痛，与没药、川芎、血竭、延胡索、白芷、续断、红花配伍；治疗疮痈红肿疼痛，与金银花、蒲公英、紫花地丁、赤芍、连翘、野菊花配伍。

(2)疮疡不敛 治疗疮疡肿痛或溃后久不收口，与麝香、血竭、儿茶、煅石膏、雄黄撒布溃疡疮面。

用法用量 马、牛 15～30 g，羊、猪 3 ～6 g，犬 1～3 g。

禁忌 无瘀滞及孕畜忌用。

按语 乳香辛苦温，气芳香，能活血止痛，治疗跌扑损伤血滞疼痛，故为外科要药。外用消肿生肌，止血疗疮，故又为疮科要药。本品为末调白酒患部包扎，治疗软组织损伤及关节闪伤肿痛，有较好疗效。

现代研究

(1)化学成分 本品含树脂(游离 α-乳香脂酸、β-乳香脂酸、结合乳香脂酸、乳香树脂烃)、树胶(阿糖酸的钙盐和镁盐、西黄芪胶黏素)和挥发油(蒎烯、消旋-柠檬烯、α-水芹烯、β-水芹烯)。

(2)药理作用 本品有镇痛、消炎防腐、促进伤口愈合、抑制药物损伤胃黏膜、祛痰等作用。

六、没药

本品为橄榄科植物地丁树 *Commiphora myrrha* Engl. 和哈地丁树 *Commiphora molmol* Engl. 的干燥树脂(图 18-6，彩图 18-6)。炒或炙后打碎用。主产于索马里、埃塞俄比亚、也门、非洲、阿拉伯半岛及印度等地，以索马里产者为佳。

性味与归经 辛、苦，平。归心、肝、脾经。

图 18-6　没药的原植物和饮片

功能　行气活血，消肿定痛，敛疮生肌。

主治

(1)痈疽肿痛　本品功能基本与乳香相同，常相须为用以增强疗效。治疗气血郁滞所致之腹痛，如急性胃炎，与元胡、香附、没药、莪术、丁香配伍；治疗产后瘀滞腹痛，恶露不尽，或胎衣不下，与当归、红花、牛膝、益母草、香附等配伍。

(2)跌打损伤　治疗跌打损伤，瘀血肿痛，与乳香、当归、红花等配伍，如没药散(组成：没药、当归、红花、自然铜、玄参、贝母、秦艽、黄药子、甜瓜子，《司牧安骥集》)治疗马肺病及膈前痛。

用法用量　马、牛 25～45 g，羊、猪 6 ～10 g，犬 1～3 g。

禁忌　无瘀滞及孕畜忌用。

按语　没药入肝，以活血通瘀而收止痛之功。此药推陈致新，故能破宿血，消肿止痛，为疮家奇药。乳香与没药均为行气、散血、止痛之要药。然乳香辛温，以活血止痛为优；没药苦平，以凉血止痛为强。李时珍谓："乳香活血，没药散血，皆能止痛、消肿、生肌，故二药每多相兼而用。"临床上二药常以醋制，增强疗效。疮疡已溃者均不宜内服。

现代研究

(1)化学成分　本品含没药树脂、挥发油、树胶、没药酸、甲酸、乙酸及氧化酶，挥发油含丁香酚、间甲基酚、蒎烯、柠檬烯、桂皮醛等。树胶与阿拉伯胶相似，水解生成阿拉伯糖、半乳糖、木糖。

(2)药理作用　本品有降低胆固醇、抗炎、解热、镇痛、抑制支气管和胃肠分泌等作用；对堇色毛癣菌、同心性毛癣菌、许兰氏黄癣菌等多种致病真菌有抑制作用。

七、丹参

本品为唇形科植物丹参 *Salvia miltiorrhiza* Bge. 的干燥根和根茎(图 18-7，彩图 18-7)。春、秋二季采挖，除去泥沙，干燥。生用、炒用或酒炒用。主产于我国安徽、四川、湖北、山西、河北等地。

性味与归经　苦，微寒。归心、肝经。

功能　活血祛瘀，凉血消痈，通经止痛。

图 18-7 丹参的原植物和饮片

主治

（1）气血瘀滞，恶露不尽　本品苦、微寒，善走血分，可活血化瘀、行血定痛，用于产后腹痛、恶露不尽、跌打损伤等多种瘀血。治疗母畜产后瘀血腹前、恶不尽用，与当归、川芎、红花、炮姜、桃仁、益母草配伍；治疗母畜难产或胎死腹中，与滑石、穿山甲、大戟、桃仁、皂荚配伍；治疗气滞血瘀所致的胸腹疼痛，与砂仁、檀香配伍。

（2）疮黄疔毒　本品凉血清心、除烦安神，对躁动不安、疮毒痈肿用之效佳。治疮黄疔毒，常与金银花、乳香等配伍。

用法用量　马、牛 15～45 g，驼 30～60 g，羊、猪 5 ～10 g，犬、猫 3～5 g，兔、禽 0.5～1.5 g。

禁忌　不宜与藜芦同用。

按语　丹参苦寒，能活瘀血，生新血，凉血，安神。有人认为丹参既能补血安胎，又能破血下胎，均随配伍而用。《妇人明理论》云："一味丹参，功同四物，能补血活血。"其实本品苦寒，凉血行血，凡血热瘀滞者最宜之，为产科活血通经和外科凉血治痈之要药，故又有"有参之名，无参之用"之说。

现代研究

（1）化学成分　本品含丹参酮甲、丹参酮乙、丹参酮丙、丹参酚甲、丹参酚乙、维生素 E 等。

（2）药理作用　本品有改善心功能、促进梗阻心肌修复、改善微循环、增加毛细血管张力、降低红细胞脆性、降血压、抗血栓、抑制凝血、保肝、保护胃黏膜、镇静、镇痛、改善肾功能、抗炎、抗过敏等作用；对绿脓杆菌、大肠杆菌、志贺菌、福氏痢疾杆菌均有抑制作用，尤对金黄色葡萄球菌抑制作用最强。

八、红花

本品为菊科植物红花 *Carthamus tinctorius* L. 的干燥花（图 18-8，彩图 18-8）。夏季花由黄变红时采摘，阴干或晒干。主产于我国四川、河南、浙江、四川、云南、河北等地。

性味与归经　辛，温。归心、肝经。

功能　活血，散瘀，止痛。

图 18-8 红花的原植物和饮片

主治

(1)胎衣不下,恶露不尽 本品辛散温通,活血祛瘀,用于瘀血阻滞。对动物癥瘕结块、疮痈肿痛、跌扑伤痛、风湿痹痛,产后瘀痛、胎衣不下、胎死腹中恶露不尽等用之尤佳。治疗母畜胎衣不下,常与桃仁、川芎、白芍、当归配伍;活血凉血、泻热解毒,与当归、大青叶、紫草、赤芍配伍。

(2)跌打损伤,瘀血疼痛 祛瘀,与大黄、莪术、三棱配伍;跌打损伤,与肉桂配伍;瘀血肿痛,常与乳香、没药、续断、当归、川芎、乳香、草乌等配伍。

用法用量 煎灌,马、牛 15~30 g,羊、猪 3~10 g。

禁忌 无瘀滞及孕畜忌用、慎用。

按语 红花味辛性温。功能活瘀血,生新血,少用有活血养血作用,多用有破血行瘀之效。欲破血行瘀,与川芎、三棱、莪术、桃仁配伍。凡无瘀滞及孕畜者忌用。

现代研究

(1)化学成分 本品含红花苷、红花黄色素、红花油醌苷、新红花苷、红花苷等。

(2)药理作用 本品有收缩子宫平滑肌、轻度兴奋心脏、增加冠状动脉流量和心肌营养性血流量、改善心肌缺血、抗心律失常、降血压、降血脂、抑制血小板聚集、镇痛、镇静、抗炎、抗惊厥、调节免疫等作用。

九、桃仁

本品为蔷薇科植物桃 *Prunus persica* (L.) Batsch 或山桃 *Prunus davidiana* (Carr.) Franch. 的干燥成熟种子(图 18-9,彩图 18-9)。果实成熟后采收,除去果肉和核壳,取出种子,晒干。捣碎生用或炒用。主产于我国四川、陕西、河北、山东、贵州等地。

性味与归经 苦、甘,平。归心、肝、大肠经。

功能 活血祛瘀,润肠通便。

主治

(1)产后血瘀,胎衣不下,膀胱蓄血,跌打损伤 本品苦泄,入血分能破血结,为活血祛瘀要药。治疗产后恶血瘀滞所致之腹痛,与川芎、当归、干姜配伍,如生化汤(组成:当归、川芎、桃

图 18-9 山桃的原植物和饮片

仁、干姜、甘草,《傅青主女科》);治疗膀胱蓄血且见尿中有凝血块,与大黄、桂枝、芒硝、甘草配伍;治疗跌打损伤、瘀血肿痛,与红花、酒大黄、穿山甲等配伍;治疗湿热痹痛、关节红肿,与赤芍、丹参、木通、牛膝、血藤、防己等配伍。

(2)肠燥便秘 本品富含脂肪油,有润燥滑肠之功。治疗肠燥便秘,与杏仁、火麻仁、当归、郁李仁等配伍。

用法用量 煎灌,马、牛 15～30 g,羊、猪 3～10 g。

禁忌 孕畜慎用。

按语 桃仁为肝经血分之药,有祛瘀生新之功,为行血祛瘀常用之品。凡跌扑损伤之瘀痛、产后血瘀之块痛,以及关节肿痛属血阻者,皆以桃仁主之。若用之不当,危害匪浅。桃仁与红花常相须为用增强疗效,然红花偏祛散在性瘀血,桃仁偏祛局限性血滞。桃仁与杏仁均能润肠通便,然杏仁入气分,常用于大肠气秘所致便秘;桃仁入血分,用于大肠血秘所致便秘。

现代研究

(1)化学成分 本品含苦杏仁苷、苦杏仁酶、尿囊素酶、乳糖酶、维生素 B_1、挥发油、脂肪油等。

(2)药理作用 本品有镇咳平喘、抑制血凝、润肠通便、抗炎、抗过敏、抗肝纤维化、抗肿瘤等作用。

十、益母草

本品为唇形科植物益母草 *Leonurus japonicus* Houtt. 的新鲜或干燥地上部分(图 18-10,彩图 18-10)。鲜品春季幼苗期至初夏花前期采割,干品夏季茎叶茂盛、花未开或初开时采割,晒干,或切段晒干。我国各地均产。

性味与归经 苦、辛,微寒。归肝、心包、膀胱经。

功能 活血通经,利尿消肿。

主治

(1)胎衣不下,恶露不尽,带下 本品活血祛瘀作用较强,为胎前产后病证常用药物。治疗母畜发情周期紊乱,与当归、川芎、香附、淫羊藿、对月草、月季花根等配伍;治疗产后血虚有瘀滞者,与黄芪、当归配伍;治疗湿热带下,如慢性子宫颈炎、阴道炎,与红花、当归、蛇床子、苦参、

图 18-10 益母草的原植物和饮片

赤芍等配伍；治疗跌打损伤、瘀血肿痛，与红花、乳香、没药、牛膝、当归、苏木等配伍。

(2)水肿尿少　本品有较强的利水消肿作用，与其他利水药配伍，可治疗水肿或胸腹积水。治疗水肿、小便不利，与白茅根、茯苓、白术、桑白皮、猪苓、泽泻、茯苓配伍。

用法用量　煎灌，马、牛 30～60 g，羊、猪 10～30 g，兔、禽 0.5～1.5g。

禁忌　孕畜忌用。

按语　益母草味辛、苦，性微寒，专入血分，功能行瘀血，生新血。行瘀血而新血不伤，养新血而瘀血不滞，故为胎前产后之良药，医家称“经产良药”。胎前产后均可随证选用，故有“益母”之称。本品虽有利水消肿、清热解毒之功，唯力量较弱，多在复方中用于增强疗效。

现代研究

(1)化学成分　本品含益母草碱、水苏碱、亚麻酸、油酸、月桂酸、苯甲酸、芸香苷及延胡索酸等。

(2)药理作用　本品有收缩子宫平滑肌、利尿、降血压、强心、增加冠状动脉流量、抗心肌缺血以及抑制血小板聚集等作用；对大肠杆菌、痢疾志贺菌及许兰氏毛癣菌等皮肤真菌有抑制作用。

十一、泽兰

本品为唇形科植物毛叶地瓜儿苗 *Lycopus lucidus* Turcz. var. *hirtus* Regel 的干燥地上部分(图 18-11，彩图 18-11)。夏、秋二季茎叶茂盛时采割，晒干。主产于我国黑龙江、辽宁、浙江及安徽等地。

性味与归经　苦、辛，微温。归肝、脾经。

功能　活血祛瘀，利水消肿。

主治

(1)产后瘀血腹痛，胎衣不下，疮痈肿毒　本品辛温芳香，入肝经血分，善活血通经，为产科常用药之一。治疗难孕证，与当归、对月草、淫羊藿、陈艾叶等配伍；治疗产后腹痛、胎衣不下，与当归、红花、益母草、牛膝、香附等配伍；治疗跌打损伤、瘀血作痛、运步跛行，与桃仁、红花、赤芍、牛膝、木香等配伍；治疗瘀血肿痛发热，与蒲公英、连翘、金银花、黄柏等配伍，以解毒消痈。

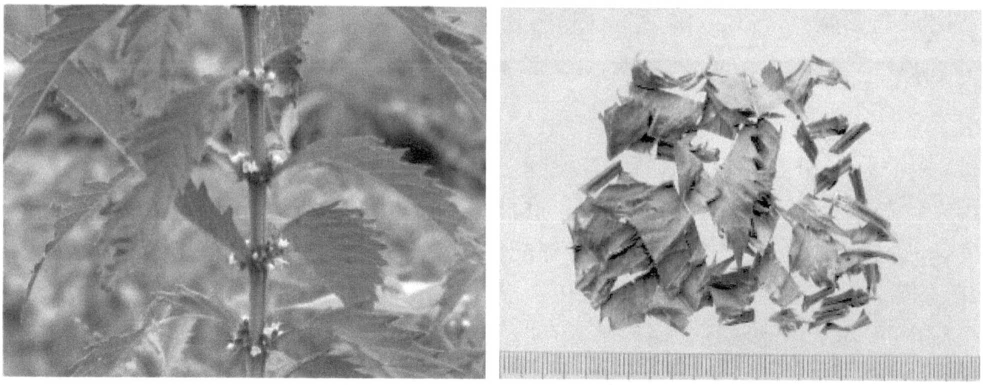

图 18-11 泽兰的原植物和饮片

(2)水肿腹水 本品入血分,利水消肿,可用于产后小便淋漓、腹痛、水肿等。与猪苓、防己、木通、商陆等配伍以增强利水之功。

用法用量 煎灌,马、牛 15～45 g,羊、猪 10～15 g,兔、禽 0.5～1.5 g。

禁忌 无瘀血者慎用。

按语 泽兰为肝经血分药,性微温有芳香气,能疏肝气和营血,有通经散结而不伤正的特点,为产后血瘀、胎衣不下、跌打外伤肿痛之要药。中兽医治疗产科病时,常将其作为引药。

现代研究

(1)化学成分 本品含挥发油(已醛、苯甲醛等)、糖类、葡萄糖苷(葡萄糖、蔗糖)等,还含黄酮苷、酚类、皂苷等。

(2)药理作用 本品有强心、抑制血小板聚集、抗凝血作用。

十二、牛膝

本品为苋科植物牛膝 *Achyranthes bidentata* Bl. 的干燥根(图 18-12,彩图 18-12)。冬季茎叶枯萎时采挖,除去须根和泥沙,捆成小把,晒至干皱后,将顶端切齐,晒干。主产于我国河南、河北等地,河南产的怀牛膝为道地药材。

图 18-12 牛膝的原植物和饮片

性味与归经 苦、甘、酸，平。归肝、肾经。

功能 补肝肾，强筋骨，逐瘀通经，引血下行。

主治

（1）逐瘀通经，引血下行 本品味苦泄降，性善下行，能活血祛瘀兼引血下行。治疗产后瘀血腹痛或胎衣不下等，与红花、当归、川芎、桃仁等配伍；治疗火热上炎的鼻出血、咽喉肿痛、口舌生疮等，用本品引热下行，与大黄、石膏等配伍以增疗效；治疗血瘀气滞所致的乳汁减少，与青皮、蒲公英、当归、漏芦、王不留行等配伍。

（2）跌打损伤 本品味甘苦而性平，可祛风湿，利关节。治疗湿热痹痛所致的关节红肿、举步困难，与苍术、防己、黄柏、乳香、血竭、木瓜、薏苡仁配伍；治疗动物风寒湿痹、关节疼痛、拘挛不利、运动不灵，与独活、桂枝、桑寄生、续断、防风、羌活、五加皮、威灵仙配伍。

（3）腰胯疼痛 本品长于补肝肾、强筋骨，多用于肝肾不足、腰胯痿弱等，常与熟地黄、龟板、当归等同用。

用法用量 煎灌，马、牛 15～45 g，羊、猪 5～10 g。

禁忌 孕畜忌用。

按语 牛膝性善下行，走而能补，凡血瘀肿痛、腰膝痿软、风湿痹痛、产后瘀血等用之相宜。一般消肿止痛、引血下行宜生用。酒炙可增强活血之功；盐水炒有助补肝肾之效。牛膝分川牛膝、怀牛膝、土牛膝等几种。川牛膝偏散瘀血，通关节，祛风痹；怀牛膝偏补肝肾，强筋健骨；土牛膝专于泻火解毒，利水通淋。

现代研究

（1）化学成分 本品含三萜类（如三萜皂苷）、甾体类（如蜕皮甾酮、牛膝甾酮、紫茎牛膝甾酮），还含多糖、氨基酸、生物碱、香豆素类及微量元素等。

（2）药理作用 怀牛膝有抗受精卵着床的作用，还有抑制心脏、降血压、镇痛、降血脂、抗炎、促进蛋白质合成、增强免疫等作用。

十三、鸡血藤

本品为豆科植物密花豆 *Spatholobus suberectus* Dunn 的干燥藤茎（图 18-13，彩图 18-13）。秋、冬二季采收，除去枝叶，切片，晒干。主产于我国广东、广西、云南等地。

图 18-13 鸡血藤的原植物和饮片

性味与归经　苦、甘，温。归肝、肾经。

功能　补血，活血，通络。

主治

(1)产后血虚　本品有补血之功，然以活血见长，常作为活血祛瘀药。治疗血虚而有瘀滞者，配四物汤以增强补血活血功效。

(2)闪伤，风湿痹痛，劳伤　本品活血且舒筋，用于风湿痹痛，与桑寄生、当归、木瓜、牛膝、独活等配伍。治疗马、牛闪伤肿痛，与川芎、红花、赤芍、郁金、乳香、牛膝等配伍。

用法用量　煎灌，马、牛 60～120 g，羊、猪 15～30 g。

禁忌　阴虚火旺者慎用。

按语　鸡血藤活血兼能补血，尤以活血祛瘀、舒筋活络力强，瘀血及风湿痹痛多用。若用作补血强壮剂，须与补血药配伍以增强功效。

现代研究

(1)化学成分　本品含异黄酮类(刺芒柄花素、大豆黄素等)、三萜类(表木栓醇、木栓酮等)以及甾体类(β-谷甾醇、胡萝卜素苷、油菜甾醇、鸡血藤醇等)。

(2)药理作用　本品有促进造血、抗病毒、抗肿瘤、抗炎、镇痛等作用；对金黄色葡萄球菌、乙型链球菌、大肠杆菌、甲型溶血性链球菌有明显的抑制作用。

十四、土鳖虫

本品为鳖蠊科昆虫地鳖 *Eupolyphaga sinensis* Walker 或冀地鳖 *Steleophaga plancyi* (Boleny)的雌虫干燥体(图 18-14，彩图 18-14)。捕捉后，置沸水中烫死，晒干或烘干。生用。主产于我国福建、江苏、北京等地。

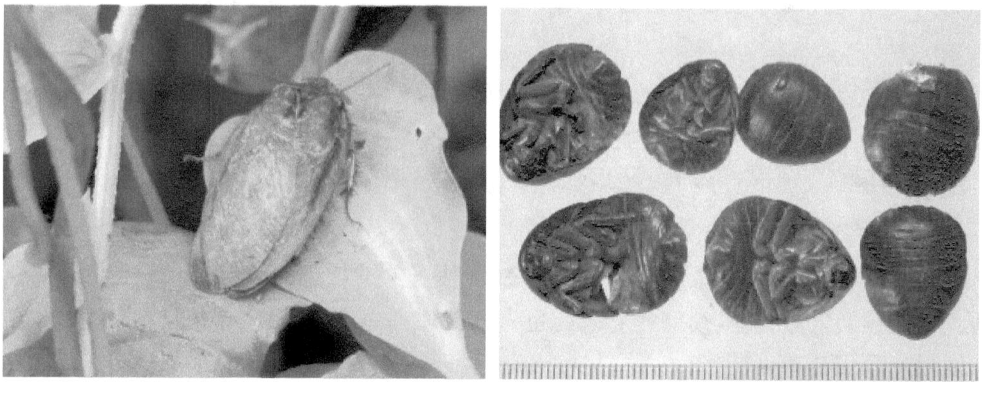

图 18-14　地鳖和土鳖虫饮片

性味与归经　咸，寒；有小毒。归肝经。

功能　破瘀血，续筋骨。

主治

(1)血瘀疼痛，产后腹痛　本品入肝经血分，能破血逐瘀，常用于经产瘀滞及集聚痞块。治瘀血疼痛，常与大黄、水蛭、桃仁配伍。

(2)跌打损伤,筋骨疼痛　本品咸寒入血,主入肝经,性善走窜,能活血消肿止痛,为伤科常用药。治疗跌打损伤、骨折,常与自然铜,乳香,没药等配伍。

用法用量　煎灌,马、牛 15～45 g,羊、猪 5～10 g,犬、猫 1～3g。

禁忌　孕畜禁用忌用。

按语　土鳖虫咸寒,能散能软,擅长破血逐瘀,能破一切血积。《本草经疏》谓:"治跌打损伤、续筋接骨有奇效。"

现代研究

(1)化学成分　本品含谷氨酸、丙氨酸、酪氨酸等氨基酸及多种微量元素、甾醇等。

(2)药理作用　本品提取液可明显抑制体外血栓形成和血小板聚集;还可提高心肌和脑对缺氧的耐受力,并降低心、脑组织的耗氧量。

十五、自然铜

图 18-15　自然铜

本品为硫化物类矿物黄铁矿族黄铁矿(图 18-15,彩图 18-15),主要含二硫化铁(FeS_2)。采挖后,除去杂石,洗净,干燥。砸碎用或醋淬用。主产于我国四川、广东、湖南等地。

性味与归经　辛,平。归肝经。

功能　散瘀止痛,续筋接骨。

主治

(1)血瘀肿痛　本品味辛性平,辛主行散,可行气血而散瘀结。与当归、乳香、没药配伍,治疗跌打损伤,行瘀滞之血,破积聚之气,止瘀滞之痛。

(2)跌打损伤,筋断骨折　本品散瘀,入肝经,肝主筋秉其刚性,故可散瘀血而续筋骨。治疗跌扑骨折,与苏木、乳香、没药、血竭配伍。

用法用量　煎灌,马、牛 15～45 g,羊、猪 5～10 g。

禁忌　无瘀者忌用。

按语　自然铜乃历代医家接骨常用之药,对骨质的增生有良好的促进作用。《本草经疏》谓:"自然铜乃入血行血,续筋接骨之药也。凡折伤则血瘀而作痛,辛能散瘀滞之血,破积聚之气,则痛止而伤自和也。"

现代研究

(1)化学成分　本品含二硫化铁、铜、镍、砷、锑等。

(2)药理作用　本品有促进骨折愈合、促进骨髓及其周围血液中网状细胞血红蛋白增生的作用;对土曲霉菌、石膏样毛癣菌等丝状真菌及其他致病真菌有抑制作用。

十六、刘寄奴

本品为菊科植物奇蒿 *Artemisia anomala* S. Moore 的干燥全草(图 18-16,彩图 18-16)。

图 18-16 刘寄奴的原植物和饮片

夏季采收,除去泥沙,晒干。主产于我国江苏、浙江、江西等地。

性味与归经 辛、苦,平。归心、肝、脾经。

功能 活血行瘀,通经止痛,清暑利湿。

主治

(1)跌扑损伤,创伤出血 本品辛、苦,善行血活血祛瘀,可用于各种血瘀作痛。治疗跌打损伤肿痛,与当归、骨碎补、红花、赤芍等配伍;治疗创伤出血,研末外用,或与白及、茜草共末,撒布包扎。

(2)中暑,肠炎,痢疾 本品苦降,有清暑利湿之功。治疗暑湿腹泻、肠黄泻等,常与藿香、扁豆、青蒿、黄芩等配伍;治疗宿草不转,与厚朴、木通、神曲、枳壳、木香、槟榔、青皮、山楂、茯苓、甘草等配伍。

用法用量 煎灌,马、牛 15～60 g,羊、猪 10～15g。

禁忌 孕畜慎用。

按语 刘寄奴其味辛苦,揉之香。苦能泄降,辛温通行。血得温则行,故有活血行瘀之功,前人谓"破血之仙剂",凡瘀血停滞作痛之证投之有效。欲作通经活血止痛用,常佐其他活血祛瘀药。欲作散郁止痛用,佐辛香之剂,灵活配伍,能迅速取效。

现代研究

(1)化学成分 本品含香豆精、异泽兰黄素、脱肠草素、西米杜鹃醇、奇蒿黄酮等。

(2)药理作用 本品有利胆、保肝、促进血液循环、解除平滑肌痉挛、促凝血等作用;对宋氏痢疾杆菌、志贺痢疾杆菌有杀灭作用,对鲍氏痢疾杆菌、福氏痢疾杆菌、大肠杆菌及变形杆菌有抑制作用。

十七、三棱

本品为黑三棱科植物黑三棱 *Sparganium stoloniferum* Buch. -Ham. 的干燥块茎(图 18-17,彩图 18-17)。冬季至次年春采挖,洗净,削去外皮,晒干。切薄片生用或醋炙用。主产于我国东北、黄河流域、长江中下游各地。

性味与归经 辛、苦,平。归肝、脾经。

图 18-17　三棱的原植物和饮片

功能　破血行气，消积止痛。

主治

(1)瘀血作痛　本品苦泄，破血行气效强，用于气血瘀滞的各种疼痛证。治疗产后瘀滞疼痛，与当归、川芎、香附、益母草等配伍；治疗癥瘕积聚，如卵巢囊肿，与莪术、郁金、红花、骨碎补、淫羊藿、阳起石、菟丝子、肉苁蓉、香附等配伍；治疗产后乳汁壅滞不行，与香附、通草、王不留行、天花粉等配伍。

(2)宿草不转，腹胀，秘结　本品有消食散结，行气止痛之功。用于宿草不转，肚腹胀满之疼痛，与木香、枳实、山楂、莱菔子、槟榔等配伍。

用法用量　马、牛 15～60 g，羊、猪 5～10 g，犬、猫 1～3g。

禁忌　孕畜慎用；不宜与芒硝、玄明粉同用。

按语　煎灌，三棱破血祛瘀效用较强，并有行气消积止痛之功，多用于血瘀积块之证。麸炒可以减其峻烈，醋炒能增强祛瘀止痛之功。《本草经疏》谓："三棱，从血药则治血，从气药则治气。老癖癥瘕积聚结块，未有不由血瘀、气结、食停所致，苦能泄而辛能散，甘能和而入脾，血属阴而有形，此所以能治一切凝结停滞有形之坚积也。"

现代研究

(1)化学成分　本品含挥发油(苯乙醇、对苯二酚、十六酸等)和有机酸(琥珀酸、三棱酸、苯甲酸等)。

(2)药理作用　本品有抑制血栓形成、兴奋子宫、抑制肿瘤细胞生长等作用。

十八、莪术

本品为姜科植物蓬莪术 *Curcuma phaeocaulis* Val.、广西莪术 *Curcuma kwangsiensis* S. G. Lee et C. F. Liang 或温郁金 *Curcuma wenyujin* Y. H. Chen et C. Ling 的干燥根茎(图 18-18，彩图 18-18)。醋煮后用。冬季茎叶枯萎后采挖，洗净，蒸或煮至透心，晒干或低温干燥后除去须根和杂质。切薄片用或醋炙用。主产于我国广东、广西、台湾、四川等地。

性味与归经　辛、苦，温。归肝、脾经。

功能　行气破血，消积行气止痛。

图 18-18 广西莪术和饮片

主治

（1）气血瘀滞，跌打损伤　性温而苦辛，辛散温通作用较大，破血消瘀之中兼行气滞。治疗子宫包块，与三棱、红花、郁金、当归等配伍；治疗相似的破血祛瘀、行气止痛，用于气血瘀滞所致的产后瘀血疼痛，与红花、桃仁、川芎、当归、益母草配伍；治疗跌扑损伤之瘀血肿痛，与当归、红花、乳香、没药配伍，常与三棱、木香等相须为用。

（2）肚腹胀痛，食积不化　本品行气止痛作用比三棱强，用于食积不化、肚腹胀痛等，常与木香、青皮、山楂、麦芽等配伍，也可与三棱同用。

用法用量　煎灌，马、牛 15～60 g，羊、猪 5～10 g。

禁忌　孕畜忌用。

按语　莪术为足厥阴肝经气分药，能大破气中之血，散结消积，凡脏腑壅滞、坚积肿块而属于气血停滞者，用之相宜。凡气血不足、脾胃虚弱而无积滞者，皆属忌用。姜黄、莪术、郁金皆有行气破血的功能，《本草纲目》云："郁金入心，专治血分之病；姜黄入脾，兼治血中之气；莪术入肝，治气中之血。稍为不同。"三棱、莪术皆有破血祛瘀、消积止痛之功；对蓄血肿块、饲料积滞、肚腹胀痛之证，二者配伍加强消坚破积之效，其中三棱破血化瘀作用较强，莪术破气消积之功较大。

现代研究

（1）化学成分　本品含挥发油（倍半萜烯醇、α-莪术醇、β-姜烯、桉油精等），还含树脂、黏液质等。

（2）药理作用　本品有抗癌、兴奋肠平滑肌、增强免疫、抗炎、抑制血小板聚集、抑制血栓形成、保肝等作用；对金黄色葡萄球菌、大肠杆菌、伤寒杆菌、霍乱弧菌等有一定的抑制作用。

十九、水蛭

本品为水蛭科动物蚂蟥 *Whitmania pigra* Whitman、水蛭 *Hirudo nipponica* Whitman 或柳叶蚂蟥 *Whitmania acranulata* Whitman 的干燥全体（图 18-19，彩图 18-19）。夏、秋二季捕捉，用沸水烫死，晒干或低温干燥。切段用或滑石粉烫用。主产于我国安徽、山东、江苏等地。

性味与归经　咸、苦，平；有小毒。归肝经。

图 18-19 蚂蟥饮片

功能 破血逐瘀，通经活络。

主治

（1）跌打损伤 本品味苦能降泄，味咸能入血分，为较强的破血逐瘀药，用于瘀血阻滞之证。治疗跌扑损伤，瘀血肿痛，与桃仁、大黄、红花、牛膝等配伍；治疗产后蓄血，恶露不尽或胎衣滞留，与桃仁、地黄、益母草共末加白酒灌服。

（2）疮黄疔毒 本品入血分，散结消癥功效较好，用于瘀血停滞所致之癥瘕积聚，如肝脾肿大、卵巢囊肿等。与三棱、莪术、桃仁、红花等配伍，可增强消症散结之功；治疗疮黄疔毒，单用或与大黄、芒硝、雄黄等同用。

用法用量 煎灌，马、牛 10～15 g，羊、猪 1.5～3 g。

禁忌 孕畜禁用慎用。

按语 水蛭潜水而居，咸苦平，虻虫居陆地能飞行，两者均入肝经血分，同为破血逐瘀之要药。二药相配，其性更猛，一飞一潜，在上之热，飞者抵之，在下之热，潜者挡之，治疗血结上下俱病者，功效尤甚，常用于癥瘕积聚、蓄血疼痛。

现代研究

（1）化学成分 本品含水蛭素、菲牛蛭素、森林山蛭素和溶纤素等。

（2）药理作用 本品有抑制血小板聚集、抑制血栓形成、抗心肌缺血、抗心律不齐、降血脂、抗炎、终止妊娠等作用。

第二节 止血药

凡具有制止机体内外出血作用的药物，称为止血药。

止血药入心、肝、脾经，尤以归心、肝二经者为多，主入血分。药性有寒温散敛，作用有收涩止血、凉血止血、化瘀止血、温经止血。主治血热妄行、阴虚阳亢、瘀血阻滞、气不摄血等所致的咯血、吐血、衄血、尿血、便血及创伤出血等多种出血，通过多方作用达到迅速止血的目的。临床应用时，须根据出血的原因和具体的证候，辨证选用，并进行适当的配伍，以增强疗效。凉血止血药，多苦寒，以凉血止血为用，适用于血分有热的出血证，如槐花、地榆、侧柏叶、茜草、白茅根、大蓟、小蓟、旱莲草、地锦草等，常与清热凉血药配伍。温经止血药，多温热，有温经止血作用，适用于虚寒性的出血证，如灶心土、炮姜、艾叶炭等，常与温经益气药配伍。化瘀止血药，多偏辛温，长于化瘀止血，适用于有瘀血积聚的出血证，如三七、血竭、蒲黄、花蕊石、降真香等，常与活血化瘀药配伍。收敛止血药，多有涩性，有收敛止血之效，适用于多种慢性出血证，如白及、仙鹤草、棕炭、藕节、海螵蛸、血余炭、紫珠等。

同时还应注意，在出血早期或出血挟瘀时，当选用化瘀止血药，或于收涩止血药中少佐活血化瘀药，不要过早应用收敛性较强的止血药，以防留瘀血之弊；若血热妄行的出血，用凉血止血药的同时，应与行气活血药配伍，使止血而不留瘀。要辨清出血的寒热虚实病机，如治疗虚寒性出血，忌用苦寒凉血止血药；治疗血热迫血妄行，忌用温经止血药；治疗上部出血，忌用升提作用的药；治疗下部出血，忌用沉降性药；若大量出血、虚极欲脱者，须与补气固脱药配伍。

一、大蓟

本品为菊科植物蓟 *Cirsium japonicum* Fisch. ex DC. 的干燥地上部分（图 18-20，彩图 18-20）。夏、秋二季花开时采割地上部分，除去杂质，晒干。切断生用或炒炭用。主产于我国江苏、安徽等地。

图 18-20　大蓟的原植物和饮片

性味与归经　甘、苦，凉。归心、肝经。

功能　凉血止血，散瘀消肿。

主治

（1）衄血，便血，尿血，子宫出血，外伤出血　本品甘凉，入血分而凉血止血，主要用于血热妄行所致的各种出血证。治疗衄血，便血，尿血，子宫出血，外伤出血等。治疗肺热鼻衄，与白茅根、槐花、地榆等配伍；治疗热伤尿血，与侧柏叶、瞿麦、地黄配伍；治疗湿热便血，与地榆、白头翁、大黄等配伍；治疗子宫出血，与蒲黄、阿胶、艾叶炭、大黄炭、芥穗炭配伍。

（2）疮黄疔毒　本品治疗疮黄疔毒，可用鲜品捣喂或煎喂，并敷患处。

用法用量　煎灌，马、牛 20～60 g，羊、猪 10～20 g。

禁忌　虚寒而无瘀滞者忌用。

按语　小蓟为菊科植物刺儿菜 *Cirsium setosum*（Willd.）MB. 的干燥地上部分，功效和应用与大蓟基本一致。大蓟与小蓟均为凉血止血药，两者亦常配伍使用，均可用于血热妄行引起的吐血、衄血、尿血等，尤其是血热挟瘀者。大蓟凉血止血功效较强，偏痈肿疮毒、解毒消肿，小蓟兼可利尿，善止血通淋，长于黄疸、水肿、小便不利等。二者相须配伍，凉血止血、散瘀消肿功能增强。常用于血热妄行引起的吐血、咳血、衄血、尿血及痈肿疮毒。

现代研究

（1）化学成分　本品含三萜类、甾体类、挥发油、长链炔醇类、黄酮苷等。

（2）药理作用　本品有止血、降血压、缩短凝血时间、抗糖尿病、抗肿瘤等作用；对人型结核杆菌、脑膜炎球菌、炭疽杆菌等有抑制作用。

二、地榆

本品为蔷薇科植物地榆 *Sanguisorba officinalis* L. 或长叶地榆 *Sanguisorba officinalis* L. var. *longifolia* (Bert.) Yü et Li 的干燥根(图 18-21,彩图 18-21)。生用或炒炭用,后者习称"绵地榆"。春季将发芽时或秋季植株枯萎后采挖,除去须根,洗净,干燥,或趁鲜切片,干燥。切厚片生用或炒炭用。主产于我国江苏、安徽、浙江等地。

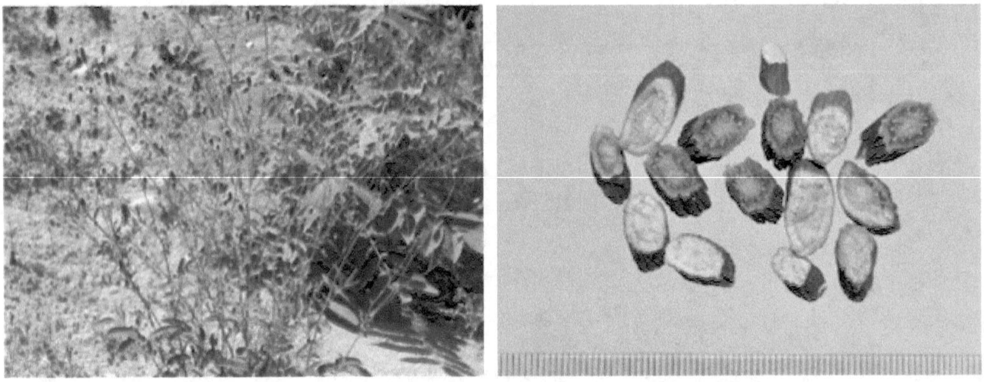

图 18-21　地榆的原植物和饮片

性味与归经　苦、酸、涩,微寒。归肝、大肠经。

功能　凉血解毒,止血敛疮。

主治

(1)血痢,衄血,子宫出血　本品苦寒降泄,善凉血止血,用于各种出血证。治疗鼻出血,与白茅根、槐花、白及、枯芩等配伍;治疗大便下血,与槐角、白芍、黄芩、炒荆芥配伍;治疗血痢,与白头翁、赤芍、黄连、木香、郁金等配伍;治疗尿血,与瞿麦、生地黄、淡竹叶、木通、炒黄柏配伍;治疗子宫出血,与艾叶炭、阿胶、棕榈炭、生地黄、制大黄等配伍,但以治疗下焦血热的便血、血痢、子宫出血等最为常用。治疗便血,常与槐花、侧柏叶等同用。治疗血痢经久不愈,常与黄连、木香等配伍。

(2)疮黄疔毒,烫伤　本品用于疮疡或烧烫伤,有止痛或促进创面愈合之效。生地黄榆研末,麻油调敷,可使渗出减少,疼痛减轻,愈合加速。亦可用于疮黄疔毒、湿疹等。

用法用量　煎灌,马、牛 15～60 g,羊、猪 6～12 g,兔、禽 1～2 g。

禁忌　虚寒者及下痢初期忌用。

按语　地榆苦寒降泄,酸涩收敛,敛疮生肌,为凉血止血要药。无论生用、炒用,均有止血之功,生用凉血止血为优,炒用收敛止血为好,以下焦出血多用。血热者宜用,血寒者不宜用,久病者宜用,初起者不宜用。作膏可贴金疮,捣汁可贴虎犬蛇虫中伤毒,饮之亦可。

现代研究

(1)化学成分　本品含鞣质、三萜皂苷、地榆皂苷、糖类及维生素 A 等。

(2)药理作用　本品有缩短出血和凝血时间、促进伤口愈合、降血压、镇痛、抗炎等作用;有广谱抗菌作用,对志贺菌、大肠埃希菌、铜绿假单胞菌、金黄色葡萄球菌等多种致病菌有不同程度的抑制作用。

三、槐花

本品为豆科植物槐 *Sophora japonica* L. 的干燥花及花蕾(图 18-22,彩图 18-22)。夏季花开放或花蕾形成时采收,及时干燥,除去枝、梗及杂质。前者习称“槐花”,后者习称“槐米”。生用、炒黄或炒炭用。主产于我国辽宁、湖北、安徽、北京等地。

图 18-22 槐花的原植物和饮片

性味与归经 苦,微寒。归肝、大肠经。

功能 凉血止血,清肝泻火。

主治

(1)便血,赤白痢疾 本品苦寒泄降,善清热凉血,用于血热妄行的出血。治疗大肠火盛、湿热瘀滞所致的便血、血痢等,常与白头翁、仙鹤草、苦参等配伍,如槐花散(组成:槐花、地榆,《卫生总微》),水煎酒服,治疗牛湿热便血;治疗热伤尿血,与木通、生地黄、黄柏、淡竹叶等配伍,如槐花散(组成:槐花、芍药、黄柏、柴胡、黄连、升麻、厚朴、甘草,《司牧安骥集》)治疗马热伤尿血。

(2)肝热目赤 本品入肝经,性寒,清肝明目,用于肝火上炎的目赤肿痛,与菊花、夏枯草、石决明、龙胆等配伍。

用法用量 煎灌,马、牛 30～45 g,驼 40～80g,羊、猪 5～15 g。

禁忌 孕畜忌用。

按语 槐角,系槐树的果实,苦寒入肝经,质重下降,有催生下胎、明目止泪、凉血止血的作用。用于下焦出血、脱肛、难产等。槐花与槐角性味、功能基本相同,为清下焦血热之主药。然槐花质轻上浮,兼清上焦血热而止血,功效较优;槐角质重下降,清热泄降力较槐花强,凉血止血作用较槐花弱。

现代研究

(1)化学成分 本品含芸香苷、槲皮素、槐花米乙素、鞣质、绿色素等。

(2)药理作用 本品可缩短出血和凝血时间、保护心功能、抗炎、降血压、扩张冠状动脉、增强毛细血管抵抗力、降血脂、解痉、平喘等;对堇色毛癣菌、许兰毛癣菌等皮肤真菌有不同程度的抑制作用；对水疱性口炎病毒有抑制作用。

四、侧柏叶

本品为柏科植物侧柏 *Platycladus orientalis*（L.）Franco 的干燥枝梢及叶（图 18-23，彩图 18-23）。多在夏、秋二季采收，阴干。生用或炒炭用。主产于我国辽宁、山东，其他大部分地区也有分布。

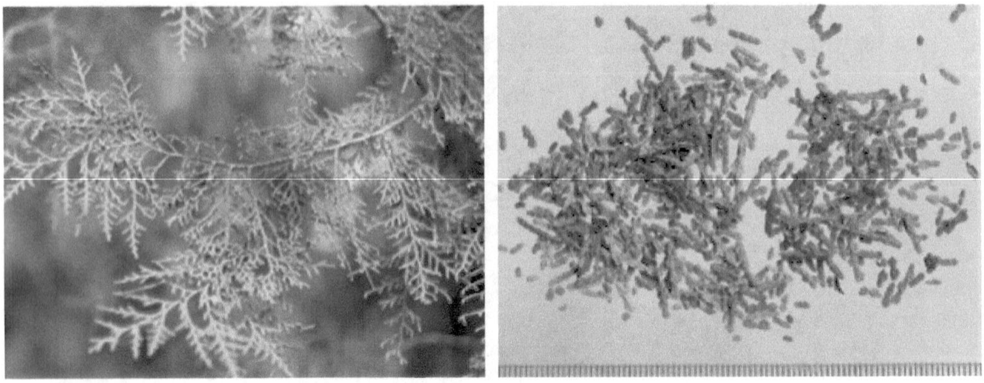

图 18-23　侧柏叶的原植物和饮片

性味与归经　苦、涩，寒。归肺、肝、脾经。

功能　凉血止血。

主治

（1）衄血，咯血，便血，尿血，子宫出血　本品味苦涩性微寒，凉血止血又兼有收敛止血作用，广泛用于各种出血证。治疗血热出血，与地黄、丹皮、赤芍、槐花配伍；治疗虚寒出血，与炮姜、艾叶、荆芥炭等配伍；治疗肺热鼻衄，与白茅根、赤芍、黄芩、仙鹤草、藕节等配伍；治疗热伤尿血，与白茅根、木通、蒲黄、栀子、血余炭配伍；本品研细粉外用，用于创伤出血，疗效亦佳。

（2）肺热咳嗽　本品清肺热以止咳，用于肺热咳嗽。单用有一定疗效，亦可与桑白皮、枇杷叶、陈皮、红枣等配伍。

用法用量　煎灌，马、牛 15～60 g；羊、猪 5～15 g；兔、禽 0.5～1.5 g。

禁忌　出血而有瘀血者慎用。

按语　侧柏叶治疗失血，生用重在清热凉血，炒炭用收敛止血，单用或与他药配伍均可。止血方中无论因热或寒都可佐以侧柏叶，止血而无寒凉之弊。欲治热证出血，配生地黄、槐米；欲治寒证出血，配炮姜、艾叶炭等。《本草汇言》谓："侧柏叶，止流血，去风湿之药也。凡吐血、衄血、崩血、便血，血热流溢于经络者，捣汁服之立止；凡历节风痱周身走注，痛极不能转动者，煮汁饮之即定。"

现代研究

（1）化学成分　本品含挥发油（α-侧柏酮、侧柏烯、小茴香酮等）、黄酮类（香橙素、槲皮素、杨梅树皮素、扁柏双黄酮等），还含鞣质、树脂、维生素 C 等。

（2）药理作用　本品有镇咳、祛痰、镇静、平喘、缩短出血和凝血时间等作用；对金黄色葡萄球菌、白色葡萄球菌、宋氏痢疾杆菌等有较明显的抑制作用；对流感病毒、柯萨奇病毒有抑制作用。

五、三七

本品为五加科植物三七 *Panax notoginseng*（Burk.）F. H. Chen 的干燥根及根茎（图18-24，彩图 18-24）。秋季花开前采挖，洗净，分开主根、支根及根茎，干燥。研细粉生用。主产于我国云南、广西等地。

图 18-24　三七的原植物和饮片

性味与归经　甘、微苦，温。归肝、胃经。

功能　散瘀止血，消肿止痛。

主治

（1）衄血，吐血，便血，外伤出血　本品止血作用优良，兼有活血散瘀作用，有“止血不留瘀”的特点，为止血之圣药。适用于各种内外伤出血证，对兼有瘀滞疼痛者相宜。单用可治疗咯血、吐血、便血、尿血崩漏及外伤出血，尤以有瘀者为宜。治疗衄血、便血，与花蕊石、血余炭、当归、生地黄配伍；治疗血热引起的吐血、衄血，与黄芩、生地黄、白茅根配伍。

（2）跌打肿痛　本品活血散瘀作用较好，对于瘀血阻滞之疼痛有明显的消肿定痛之功，故为跌打损伤肿痛之要药。单用与酒调服，亦可调敷患部，治疗软组织损伤肿痛效佳。

用法用量　煎灌，马、牛 10～30 g，驼 15～45 g，羊、猪 3～5 g，犬、猫 1～3 g。

禁忌　血虚无瘀者忌用，孕畜慎用。

按语　三七有止血兼活血消瘀之功，熟用尚有补血和血之效，是比较理想的理血药物。无论内服与外用，对于各种血证均相宜，尤其适用于伤科或外科。

现代研究

（1）化学成分　本品含皂苷（三七皂苷 R_1、人参皂苷 Rg_1 等）、三七素、氨基酸、槲皮素、挥发油、多糖、生物碱等。

（2）药理作用　本品有缩短出血和凝血时间、减少心肌耗氧量、强心、抗炎、促生长、降血糖、降血压、抗心律失常、增强免疫、镇痛等作用；对新城疫病毒有抑制作用。

六、茜草

本品为茜草科植物茜草 *Rubia cordifolia* L. 的干燥根及根茎(图 18-25,彩图 18-25)。春、秋二季采挖,除去泥沙,干燥。切厚片或段,生用或炒炭用。主产于我国安徽、河北、陕西等地。

图 18-25 茜草的原植物和饮片

性味与归经 苦,寒。归肝经。

功能 凉血止血,祛瘀通经。

主治

(1)鼻衄,便血,尿血,外伤出血 本品苦寒,入血分而有凉血止血之功,广泛用于各种血热出血证。治疗湿热便血及大便脓血,与仙鹤草、地榆、槐花、黄芩、栀子、当归配伍,如茜根散(组成:茜根、黄芩、阿胶、侧柏叶、生地黄、甘草,《医方类聚》);治疗热伤尿血,与木通、车前草、牛膝、槐花、小蓟、旱莲草等配伍;治疗肺热鼻衄,与栀子、白及、侧柏叶、生地黄、生槐花等配伍。

(2)跌打损伤 本品能活血通经、散瘀,用于瘀血经络闭阻之证,常与川芎、赤芍、牡丹皮等活血通经之品配伍。单用力薄,常在复方中应用。

用法用量 马、牛 15～60 g,羊、猪 6～12 g。

禁忌 脾胃虚寒及无瘀滞者忌用。

按语 茜草凉血止血兼祛瘀血,生用行血为优,炒炭用止血为好,适用于多种出血证,尤其适用于血热瘀血之证。唯煎煮时须忌铁器。

现代研究

(1)化学成分 本品含蒽醌衍生物、萘醌衍生物、三萜类、多糖、微量元素等。

(2)药理作用 本品有缩短出血和凝血时间、镇咳祛痰、解热镇痛、促进子宫收缩、抑制碳酸钙结石形成、抗氧化、保肝等作用;本品对金黄色葡萄球菌、变形杆菌、溶血性链球菌、肺炎双球菌、绿脓杆菌、沙门氏菌和克雷伯氏菌等有一定的抑制作用。

七、蒲黄

本品为香蒲科植物水烛香蒲 *Typha angustifolia* L. 、东方香蒲 *Typha orientalis* Presl 或

同属植物的干燥花粉（图 18-26，彩图 18-26）。夏季采收蒲棒上部的黄色雄花序，晒干后碾轧，筛取花粉。生用或炒炭用。主产于我国浙江、安徽、山东等地。

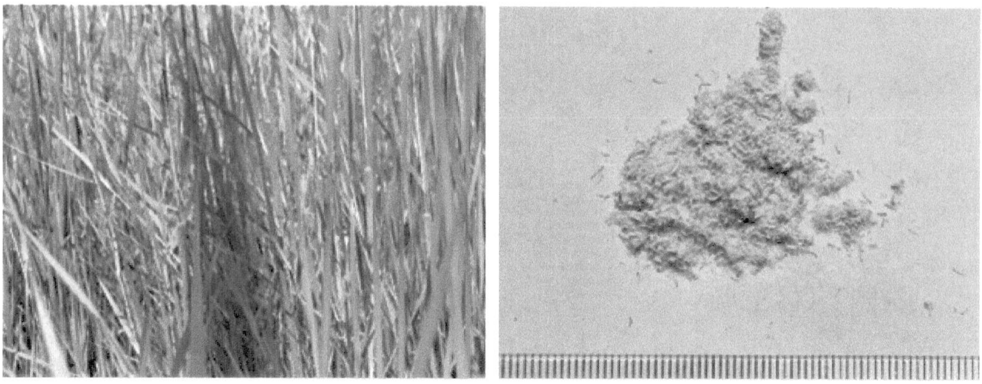

图 18-26　水烛香蒲的原植物和饮片

性味与归经　甘，平。归肝、心包经。

功能　止血，化瘀，通淋。

主治

（1）鼻衄，尿血，便血，子宫出血，外伤出血　本品止血作用良好，无论生用炒用均有效，习惯认为炒用为佳。用于各种出血证如鼻衄，尿血，便血，子宫出血，外伤出血等。治疗牛马尿血，与大蓟、生地黄、木通、白茅根配伍；治疗产后子宫出血，可单用生蒲黄煎喂。

（2）跌打损伤，瘀血肿痛　本品生用有活血祛瘀止痛之功，用于多种瘀血证。治疗跌扑损伤，与桃仁、红花、乳香、没药、当归、川芎等配伍；治疗痈肿疼痛，与蒲公英、夏枯草、连翘等配伍。

用法用量　煎灌，马、牛 15～45 g，驼 30～60 g，羊、猪 5～10 g，兔、禽 0.5～1.5 g。

禁忌　孕畜慎用。

按语　本品无论生用或炒用均能止血，用于各种出血证，机体内外出血均可。因能行血、止血，故为产科出血专用之药。常与阿胶同用。蒲黄主要为止血，亦有行瘀活血之功。古有“生用行血，炒用止血”之说，因生用活血散瘀作用较强，而炒用涩敛，止血作用较强。白及与蒲黄均为较好的止血药，然白及以收敛止血为优，用于肺胃出血之证，蒲黄以祛瘀止血为优，为产科出血要药。

现代研究

（1）化学成分　本品含黄酮类、甾类、脂肪油、生物碱和氨基酸等。

（2）药理作用　本品有促凝血、降血压、抗心肌缺血、降血脂、抗炎、镇痛、利尿、利胆、平喘等作用；对金黄色葡萄球菌、痢疾杆菌、绿脓杆菌、大肠杆菌、结核杆菌、伤寒杆菌及Ⅱ型副伤寒杆菌均有较强的抑制作用。

八、白及

本品为兰科植物白及 *Bletilla striata* （ Thunb. ） Reichb. f. 的干燥块茎（图 18-27，

彩图 18-27)。生用。夏、秋二季采挖,除去须根,洗净,置沸水中煮或蒸至无白心,除去外皮,晒干。切薄片用。主产于我国华东、华南及陕西、四川、云南等地。

图 18-27　白及的原植物和饮片

性味与归经　苦、甘、涩,微寒。归肺、肝、胃经。

功能　收敛止血,消肿生肌,补肺止咳。

主治

(1)肺胃出血,外伤出血　本品苦甘涩,微寒,为止血良药,广泛用于各种出血症。主要用于肺胃出血,治疗肺络受损之咯血,若肺阴不足,与枇杷叶、阿胶等配伍;若肺气不足,与人参、黄芪等配伍。治疗胃出血之吐血、便血,常与乌贼骨等配伍;治疗外伤出血,单用白及磨粉撒布包扎,能迅速止血。

(2)痈肿　本品用于痈疽肿毒,未溃能消散,已溃能生肌收口,常与金银花、乳香、皂角刺等配伍,煎水灌服。亦可与白蔹、白矾、龙骨、大黄、黄连、黄柏、木鳖子、雄黄、青黛配伍,共细末,调醋外用,治疗疮黄肿痛初期。

(3)肺虚咳喘　本品入肺胃二经,能补益肺胃。治疗鼻流脓涕,与阿胶、枯矾配伍;治疗肺虚咳血,与百部、枇杷叶、川贝母等配伍。

用法用量　煎灌,马、牛 25～60 g,驼 30～80 g,羊、猪 6～12 g,犬、猫 1～5 g,兔、禽 0.5～1.5 g。

禁忌　不宜与乌头类药材川乌、制川乌、草乌、制草乌、附子同用。外感咳血、肺痈初起及内热壅盛者禁用。

按语　白及黏腻、收涩,为止血良药,无论内外出血、内服外用均有良效,尤对肺胃出血效佳。

现代研究

(1)化学成分　本品含白及胶、黏液质、菲类衍生物、淀粉和挥发油等。

(2)药理作用　本品有缩短出血和凝血时间、保护胃黏膜、促进肉芽生长、抗肿瘤等作用;对金黄色葡萄球菌、枯草芽孢杆菌、白色念珠菌等有抑制作用。

九、仙鹤草

本品为蔷薇科植物龙芽草 *Agrimonia pilosa* Ledeb. 的干燥地上部分(图 18-28,彩图 18-28)。

夏、秋二季茎叶茂盛时采割，除去杂质，干燥。切段生用。主产于我国浙江、江苏、湖北、安徽、福建等地。

图 18-28 仙鹤草的原植物和饮片

性味与归经 苦、涩，平。归心、肝经。

功能 收敛止血，止痢，解毒。

主治

(1)便血，尿血，吐血，衄血 本品苦涩，入肺肝经，能收敛止血，性平，寒热虚实之出血均可用之，如便血、尿血、吐血、衄血等。治疗马牛红痢，单用仙鹤草水煎剂，也可与白头翁、黄连、苦参配伍，增强疗效；治疗牛马大热鼻衄，与白及、侧柏叶、当归、麦冬、白茅根配伍。

(2)血痢 本品入肝经，补气、补血，除大肠湿热而止痢。治疗过劳耗气、神疲乏力、久痢不愈，与白术、党参、大枣、黄芪和山药配伍。

(3)痈肿疮毒 本品味苦微甘，苦能杀虫，甘能解毒，常用于疮癣。

用法用量 煎灌，马、牛 15～60 g，驼 30～100 g，羊、猪 6～15 g，犬、猫 1～5 g，兔、禽 1～1.5 g。

禁忌 非出血不止者不宜用。

按语 仙鹤草有止血特效，广泛用于全身各部分出血，无论鼻衄、吐血、便血、尿血、子宫出血、血痢等，亦不论属虚属实，属寒属热，均可用之。只要配伍得当，收效甚速。

现代研究

(1)化学成分 本品含间苯三酚缩合体的衍生物、槲皮素、儿茶酚、没食子酸、咖啡酸、香豆素及皂苷、甾醇、挥发油和维生素等，止血成分有仙鹤草素、鞣质、没食子酸及维生素 K 等。

(2)药理作用 本品有促凝血、降血压、抗心律失常、消炎、抗肿瘤、镇痛、兴奋骨骼肌等作用；对枯草芽孢杆菌、金黄色葡萄球菌等有抑制作用；对血吸虫、绦虫、蛔虫等寄生虫有抑杀作用。

十、血余炭

本品为人发制成的碳化物研细末用(图 18-29，彩图 18-29)。取头发，除去杂质，碱水洗去油垢，清水漂净，晒干，焖煅成炭，放凉。我国各地均产。

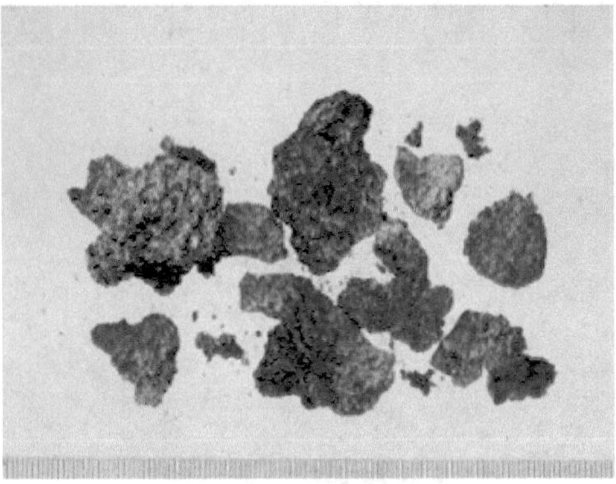

图 18-29　血余炭

性味与归经　苦，平。归肝、胃经。

功能　收敛止血，化瘀，利尿。

主治

（1）尿血，便血，衄血，子宫出血，外伤出血　本品可用于多种出血证，如尿血、便血、衄血、子宫出血、外伤出血等。治疗热伤尿血，与黄柏炭、瞿麦、栀子、金银花、地榆等配伍；治疗便血，与生地黄、焦地榆、槐花等配伍。

（2）尿不利　治疗血瘀内阻之小便不利、血淋，与小蓟、滑石、白茅根、木通、车前子、川芎、丹参配伍。

用法用量　煎灌，马、牛 15～30 g，驼 25～50 g，羊、猪 6～12 g。

禁忌　胃弱者慎用。

按语　李时珍曰："发乃血余，故能治血病，补阴，疗惊痫，去心窍之血。"后世医家奉之为化瘀止血之良药，广泛用于各种出血证，无论内服与外用均有良效。如入胶艾四物汤（组成：阿胶、艾叶、当归、川芎、白芍、熟地黄、蒲黄、黄连、黄芩、生地黄、栀子、地榆、白术、甘草，《古今医鉴》）治疗慢性子宫出血，如十黑散（组成：知母、黄柏、栀子、地榆、槐花、蒲黄、侧柏叶、杜仲、血余炭，《中兽医诊疗经验》）治疗动物热伤尿血。

现代研究

（1）化学成分　本品含钙、锌、钾、铜、铁等无机元素。

（2）药理作用　本品有促凝血、缩短出血时间、抗炎、利尿等作用；对金黄色葡萄球菌、伤寒杆菌、甲型副伤寒杆菌及福氏痢疾杆菌等均有抑制作用。

十一、紫珠叶

本品为马鞭草科植物杜虹花 *Callicarpa formosana* Rolfe 的干燥叶（图 18-30，彩图 18-30）。夏、秋二季枝叶茂盛时采摘，干燥。生用。主产于我国浙江、江西、福建、广东、广西等地。

图 18-30　杜虹花的原植物和饮片

性味与归经 苦、涩，凉。归肝、肺、胃经。

功能 收敛止血，凉血解毒，散瘀消肿。

主治

（1）鼻衄，咳血，吐血，便血，子宫出血，外伤出血 本品苦涩，入肝脾二经血分，为收敛止血之良药，广泛用于多种内外出血证，如鼻衄、咳血、吐血、便血、子宫出血、外伤出血等，尤以呼吸道、消化道出血效果佳。治疗内出血，单用或与仙鹤草、旱莲草、侧柏叶等配伍；治疗外出血，用鲜品捣敷，或干粉撒布。

（2）疮黄肿毒 本品味苦性凉，能清热解毒疗疮。用于疮黄肿毒。

用法用量 煎灌，马、牛 30～90 g，羊、猪 15～30 g。外用适量。

禁忌 表证初起者慎用。

按语 紫珠，民间称之为止血草。《中国药用植物图鉴》谓："对食道静脉出血，肠胃溃疡出血，鼻出血，创伤出血，肺出血以及拔牙出血均有良效。"

现代研究

（1）化学成分 本品含黄酮类、类鞣质、三萜类、缩合鞣质、氨基酸和镁、铁、钙等无机元素。

（2）药理作用 本品有促血凝、缩短出血和凝血时间、降低毛细血管通透性、减少创面液体渗出、镇痛、抗氧化等作用；对大肠杆菌、痢疾杆菌、金黄色葡萄球菌、溶血性链球菌等有抑制作用。

本章小结

活血化瘀药，味多辛、苦，主归肝、心经，入血分，善于走散通行，有活血化瘀之功，因此可止痛、调经、破血消症、疗伤消肿等。川芎活血化瘀，又兼行气、祛风止痛之功。红花活血调经之功较优，产科尤为多用，少则和血调血，多则破血。桃仁活血较强，兼润肠通便，又善泄血分之瘀滞。郁金兼能清心、凉血、利胆。姜黄能温通经络。延胡索活血行气止痛，为止痛良药。乳香偏行气、伸筋。没药偏散血化瘀。益母草长于产科经产诸证，且能清热解毒。泽兰治跌打损伤较益母草为优。自然铜散瘀止痛，接骨疗伤，为伤科接骨续筋之要药。土鳖虫破血逐瘀，续筋接骨，筋伤骨折瘀肿疼痛，为伤科常用之品。马钱子散结消肿，通络止痛，为伤科消肿定痛之要药等。

止血药主要适用于内外出血病证，因有寒、温、散、敛之异，具体作用就有了区别，分为凉血止血、化瘀止血、收敛止血、温经止血四类。大蓟以治吐血、崩漏为优。地榆兼能收敛止血，又能解毒敛疮。槐花兼能清肝火，降血压。侧柏叶尚可化痰止咳。三七能化瘀止血，活血定痛，具有化瘀而不伤正，止血而不留瘀之效，出血瘀血均可用。茜草能凉血止血，故对血热夹瘀的出血证尤宜。蒲黄性平，各种内外出血，无论寒热均可使用。白及为收敛止血要药，功能收敛止血，消肿生肌。仙鹤草性平，属寒属热出血均可用，又可补虚、消积、止痢、杀虫等。血余炭化瘀利尿。紫珠叶凉血止血兼有收敛性，用于多种内外出血证。

复习思考题

1. 何谓活血祛瘀药？主要的活血祛瘀药分别有什么特点？
2. 何谓止血药？常见止血药按其作用分哪几类？
3. 怎样理解延胡索为止痛良药？
4. 益母草为何作为产科之要药？
5. 应用活血祛瘀药时，如何根据药物的专长选择和配伍？
6. 治疗出血证时应如何选择不同止血药及如何配伍？
7. 谈谈止血药的临床应用。

第十九章　安神开窍药

凡以安定神志、开窍醒神为主要作用，主治心神不宁、窍闭神昏病证的药物，称为安神开窍药。本类药物多属温性，少数性平或凉，味多以甘、辛为主，主入心经和肝经。多以矿石、化石或植物的种子入药，部分药材来源于动物。具有镇静、安神和醒神等功效，用于心神不宁、惊悸、狂躁不安、癫痫、神志昏迷等，部分药物还可用于热毒疮肿、肠燥便秘、咳嗽痰多等证。

心藏神，肝藏魂，所以机体的神志变化与心、肝二脏的功能活动有着密切的关系。心神不宁等证，可由多种病因引发。如心火炽盛或邪热内扰，证见惊悸烦乱、狂躁不安，多属于实；阴血不足而心神失养，证见心悸怔忡、虚烦不安，多偏于虚。神志昏迷等证也有虚实之分。虚证即脱证，治当补虚固脱，非本类药物所宜；实证即闭证，有热闭、寒闭之别，多由高热、痰浊、气滞、血瘀、寒凝等引起，证见昏厥、癫痫、痉挛抽搐等。根据本类药物对上述病证的疗效差异，可将其分为重镇安神药、养心安神药和开窍药三类。

使用安神开窍药时，须根据不同的病因、病机，选择合适的安神药，并进行适当的配伍。如心火亢盛者，当与清心泻火药配伍；肝阳上亢者，当与平抑肝阳药配伍；血瘀气滞者，当与活血化瘀药配伍；阴虚血亏者，当与补血、滋阴药配伍；心脾气虚者，当与补气药配伍；惊风癫狂者，当主用化痰开窍或平肝息风药；身凉苔白脉迟寒闭者，当与温里祛寒药配伍。

本类药物中，朱砂、蟾酥、樟脑、皂角等具有毒性，麝香、蟾酥、牛黄、皂角等存在妊娠用药禁忌，在临床应用时需谨慎，以免造成动物中毒或孕畜流产死胎。

第一节　重镇安神药

重镇安神药多为矿石、化石类药物，具有质重沉降之性，重则能镇、重可去怯，故有重镇安神、平惊定志、平抑肝阳等作用。主要用于心火炽盛、邪热内扰、痰火扰心、阳气躁动等实证，动物表现为心神不宁、心悸烦乱、躁动不安以及惊痫、癫狂、肝阳上亢等。

矿石类安神药，如做丸剂、散剂内服，易伤脾胃，故不宜久用，并须酌情与健脾养胃药配伍；如入煎剂内服，应打碎久煎。

一、朱砂

本品为硫化物类矿物辰砂族辰砂，主要含硫化汞（HgS）（图 19-1，彩图 19-1）。采挖后，用磁铁吸净含铁的杂质，再用水淘去杂石

图 19-1　朱砂

和泥沙。研末或水飞后用。主产于我国贵州、湖南、湖北、四川、云南、广西等地。

性味与归经 甘，微寒；有毒。归心经。

功能 清心镇惊，安神，解毒。

主治

(1)心热风邪，躁动不安，热病癫狂 治疗心火炽盛造成的心神不宁、躁动不安，常与黄连、茯神等同用；治疗血虚阴亏造成的心神不宁，常与当归、熟地黄、酸枣仁等同用；治疗高热神昏造成的惊厥、癫痫，常与牛黄、麝香、全蝎、蜈蚣等同用。

(2)脑黄，疮疡肿毒 用于疮疡肿毒，口舌生疮。可外用，也可内服。治疗疮疡肿毒，常与雄黄、大戟、山慈姑等配伍外用。

用法用量 煎灌，马、牛 3～6 g，羊、猪 0.3～1.5 g。

禁忌 本品有毒，不宜过量或长久大量服用，以防汞中毒，也不宜少量久服；忌火煅，煅后则析出水银，有剧毒；孕畜禁用。

按语 朱砂甘寒质重，专入心经，寒能清热，重能镇怯，所以朱砂既可以重镇安神，又能清心安神，最适合心火炽盛造成的心神不宁、狂躁不安。

现代研究

(1)化学成分 本品主要含硫化汞（HgS），含量不低于 96%，还含铅、铁、硅、钡、钙、铜、锰、锑、砷等多种微量元素，其中游离汞及钡、锑、砷等微量元素对机体有危害。

(2)药理作用 本品能降低中枢神经系统的兴奋性，起镇静、催眠、抗惊厥和抗心律失常的作用，小剂量有抗焦虑作用；外用能抑制或杀灭皮肤真菌和寄生虫。

二、磁石

图 19-2 磁石

本品为氧化物类矿物尖晶石族磁铁矿，主要含四氧化三铁（Fe_3O_4）（图 19-2，彩图 19-2）。采挖后，除去杂石。主产于我国江苏、山东、广东、安徽、河北等地。

性味与归经 咸，寒。心归心、肝、肾经。

功能 平肝潜阳，镇心安神，平抑肝阳，聪耳明目，纳气平喘。

主治

(1)心神不宁 治疗肾虚肝旺、肝火上炎造成的心神不宁、惊悸及癫痫，常与朱砂、神曲同用。

(2)肾虚气喘 用于肾虚喘促。治疗肾气亏虚、不能下纳肺气造成的虚喘，常与五味子、胡桃肉、蛤蚧等同用。

用法用量 煎灌，马、牛 15～60 g，羊、猪 5～10 g。

禁忌 脾胃虚弱者慎用，孕畜慎用。

按语 磁石质重沉降，入心而有镇惊安神之功；味咸入肾，又有益肾护阴之效。能护真阴、镇浮阳、安心神，可重镇安神、潜阳纳气，主要用于肾虚肝旺的证候。肾开窍于耳，肾虚则耳不聪，且不能摄纳肺气而致喘逆。肝开窍于目，肝阴不足则肝阳上亢，或致眼目昏眩，或上扰心火而致心神不宁。即有镇降潜纳的功效。与朱砂相比，磁石重镇安神之功虽不如朱砂，但能潜阳纳气，这是朱砂所没有的。镇惊安神、平肝潜阳宜生用，聪耳明目、纳气定喘宜醋淬后使用。

现代研究

（1）化学成分　本品主要含四氧化三铁（Fe_3O_4），其中 FeO 含量约为 31%，Fe_2O_3 约为 69%，还含砷、锰、镉、钴、铜、铅、钡、铝等微量元素。

（2）药理作用　本品有抗凝血、增强免疫、镇静和抗惊厥的作用，对缺铁性贫血有补血效果。

三、紫石英

本品为氟化物类矿物萤石族萤石，主要含氟化钙（CaF_2）（图 19-3，彩图 19-3）。采挖后，除去杂石。打碎生用或煅用。主产于我国浙江、江苏、辽宁、黑龙江、甘肃、湖北、湖南等地。

图 19-3　紫石英

性味与归经　甘，温。归心、肺、肾经。

功能　镇心安神，温肺降逆，益血平喘，温肾暖宫。

主治

（1）易惊不安　用于心悸虚烦、怔忡不宁，与酸枣仁、远志、茯苓、柏子仁、当归、黄连、川贝等同用；用于惊痫抽搐，与龙骨、牡蛎、石膏、大黄等同用。

（2）虚寒咳喘　以本品火煅、醋淬，水飞为细末，花椒 10 粒泡汤，每日灌喂。

（3）宫寒不孕　与熟地黄、当归、川芎、枸杞、白术、香附等同用。

用法用量　煎灌，马、牛 20～45 g，驼 20～60 g，羊、猪 10～15 g，兔、禽 1～2 g。

禁忌　不宜久服，阴虚火旺者慎用。

按语　紫石英质地沉重可镇摄心神，味甘性温能除寒补中。其性镇而重，其气暖而补，镇心神、补中气、益心肝、通血脉，对于心神不宁、虚寒咳喘、肝血不足、血海寒虚、宫冷不孕者，较为适宜。

现代研究

（1）化学成分　本品主要含氟化钙，纯品中钙约占 51.2%、氟占 48.8%，但常夹杂有微量的氧化铁，还含镉、铬、铜、锰、镍、铅、锌、钇、铈等微量元素。

（2）药理作用　本品有兴奋中枢神经、促进卵巢分泌功能的作用。

第二节　养心安神药

养心安神药多为植物种子、种仁入药，多入心、肝、肾经，具有甘润滋养之性，可以起滋养心肝、交通心肾、养阴补血等作用。主要用于阴血不足、心神失养、心脾两虚、心肾不交等导致的心神不宁、心悸怔忡、虚烦躁动、惊恐不安等。

一、酸枣仁

本品为鼠李科植物酸枣 *Ziziphus jujuba* Mill. var. Spinosa(Bunge) Hu ex H. F. Chou 的干燥或成熟种子(图 19-4,彩图 19-4)。秋末冬初采收成熟果实,除去果肉及核壳,收集种子,晒干。捣碎生用或炒用。主产于我国河北、陕西、山西、山东、辽宁等地。

图 19-4　酸枣仁的原植物和饮片

性味与归经　甘、酸,平。归肝、胆、心经。

功能　宁心安神,养心补肝,敛汗生津。

主治

(1)心虚惊恐,烦躁不安　治疗心肝血虚造成的心神不宁、惊悸虚烦,常与党参、熟地黄、柏子仁、茯苓、丹参等同用;若肝虚而有热,可与知母、茯苓、川芎等配伍。

(2)体虚多汗　治疗体虚不固造成的自汗、盗汗,常与山茱萸、白芍、五味子或与牡蛎、麻黄根、浮小麦等配伍。

用法用量　煎灌,马、牛 20～60 g,羊、猪 5～10 g,犬、猫 3～5 g,兔、禽 1～2 g。

禁忌　有实邪郁火,如湿痰邪热所致心神不安者忌用。

按语　酸枣仁味酸性平,功能养心益肝,为治疗虚烦惊悸之要药。本品生用或炒用都有良好的镇静催眠功效,但若久炒油枯,则反失镇静安神效能。

现代研究

(1)化学成分　本品主要含酸枣仁皂苷、白桦脂醇、白桦脂酸、脂肪油酸枣仁碱、酸枣仁黄素等,以及大量脂肪油、多种氨基酸、多糖、维生素 C、植物甾醇等。

(2)药理作用　本品对各种动物都有较好的镇静、催眠和抗惊厥作用,对中枢神经的抑制作用与安定药相似;有明显的镇痛作用以及降血压、降血脂和解热作用;有抗心律失常的作用,能预防和治疗乌头碱、氯仿、氯化钡诱发的小鼠、大鼠心律失常,改善心肌缺血,缩小心肌梗死面积;有明显的兴奋子宫的作用,也可增强离体肠平滑肌收缩;还能增强小鼠的细胞免疫和体液免疫,对放射线引起的小鼠白细胞降低,有升白细胞作用,延长受辐射损伤小鼠的存活时间。

二、柏子仁

本品为柏科植物侧柏 *Platycladus orientalis*（L.）Franco 的干燥成熟种仁(图 19-5，彩图 19-5)。秋、冬二季采收成熟种子，晒干，除去种皮，收集种仁。生用或制霜用。主产于我国山东、河南、河北、陕西、甘肃、湖北、云南等地。

图 19-5　柏子仁的原植物和饮片

性味与归经　甘，平。归心、肾、大肠经。

功能　养心安神，止汗，润肠。

主治

(1)心神不宁，阴虚盗汗　用于阴血不足、心神失养造成的心神不宁、惊悸虚烦、阴虚盗汗，常与酸枣仁、熟地黄、远志、茯神等同用。

(2)肠燥便秘　治疗阴虚血少、产后血虚、老龄体虚等引起的阴虚津亏、肠燥便秘证，常与郁李仁、火麻仁等配伍。

用法用量　煎灌，马、牛 25～60 g，驼 40～80g，羊、猪 10～15 g，犬、猫 2～5 g。

禁忌　便溏者慎用。

按语　柏子仁味甘质润，不寒不燥，性质和平，甘主滋补，润可去枯，入心经能养心安神，入大肠能润肠通便。柏子仁和酸枣仁皆能养心安神，治疗心悸虚烦、心神不宁时，二者常配伍应用。但两药作用的病机和兼证各有不同，柏子仁重在补心，酸枣仁专于补肝；柏子仁润燥力强兼可通便，酸枣仁敛阴力胜兼可止汗。

现代研究

(1)化学成分　本品主要含柏木醇、谷甾醇以及双萜类成分红松内酯等，还含脂肪油、挥发油、皂苷、维生素 A 和蛋白质等。

(2)药理作用　本品乙醇提取物对小鼠有明显的镇静作用；所含大量脂肪油有润肠通便的作用。

三、远志

本品为远志科植物远志 *Polygala tenuifolia* Willd. 或卵叶远志 *Polygala sibirica* L. 的

干燥根（图 19-6，彩图 19-6）。春、秋二季采挖，除去须根和泥沙，晒干。主产于我国河北、山西、陕西、吉林、河南等地。

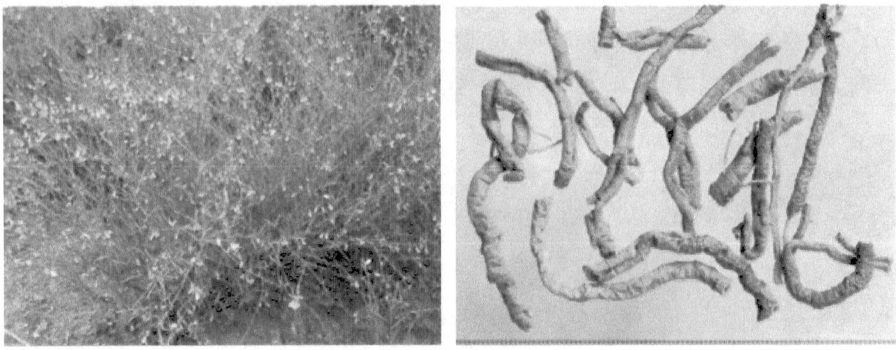

图 19-6　远志的原植物和饮片

性味与归经　苦、辛，温。归心、肾、肺经。

功能　宁心安神，祛痰开窍，消散痈肿。

主治

（1）心虚惊恐　用于心气虚弱、心肾不交造成的心虚惊恐、躁动不安，常与人参、朱砂、茯神等同用。

（2）咳嗽痰多　用于痰阻心窍，癫痫发狂，咳嗽痰多。治疗癫痫昏仆、痉挛抽搐，可与半夏、天麻、全蝎等配伍；治疗痰阻心窍、癫狂发作，可与石菖蒲、郁金、白矾等同用；治疗咳嗽痰多，可与杏仁、桔梗等同用。

（3）疮疡肿毒　用于痈疽疮毒，乳房肿痛。可单用研末，黄酒灌服，或外用调敷患处。

用法用量　煎灌，马、牛 10～30 g，驼 45～90 g，羊、猪 5～10 g，兔、禽 0.5～1.5 g。

禁忌　有胃炎或胃溃疡者慎用。过量服用可引起呕吐等毒副反应。

按语　远志性善宣泄通达，主入心肾，既能开心气而宁心安神，又能通肾气而强志不忘，为交通心肾、安定心神之佳品。味辛通利，温可化痰，入肺可祛痰止咳，入心可利心窍，故可治疗痰阻心窍。本品又兼味苦泻性温通，可疏通气血之壅滞而消散痈肿。对于一切痈疽，不问寒热虚实，皆可用之。

现代研究

（1）化学成分　本品含远志皂苷约 0.7%，水解产生远志皂苷元 A、远志皂苷元 B 及细叶远志素，还含远志酮、远志醇、糖及糖苷、生物碱、细叶远志定碱、脂肪油、树脂等。

（2）药理作用　本品有镇咳、祛痰作用，所含皂苷对胃黏膜有刺激作用，可反射性地促进支气管分泌增加；有镇静、催眠、抗惊厥和降血压作用；皂苷有溶血作用；煎剂对肺炎双球菌有抑制作用，乙醇浸液可抑制革兰氏阳性菌、痢疾杆菌和伤寒杆菌；水溶性提取物有抗突变、抗肿瘤作用；煎剂对离体已孕或未孕子宫均有增强子宫平滑肌收缩的作用。

四、合欢皮

本品为豆科植物合欢 *Albizia julibrissin* Durazz. 的干燥树皮（图 19-7，彩图 19-7）。夏、

图 19-7 合欢皮的原植物和饮片

秋二季剥取，晒干。主产于我国湖北、江苏、浙江、安徽等地。

性味与归经 甘，平。归心、肝、肺经。

功能 安神解郁，活血消肿。

主治

（1）心神不宁，躁动不安 治疗肝气郁结、情志不遂造成的躁动不安，可单用或与夜交藤、酸枣仁、柏子仁、郁金等同用。

（2）跌打损伤，疮黄肿毒 治疗跌打损伤、骨折血瘀肿痛，可与红花、川芎、桃仁、当归等同用；用于内外痈疽、疖肿疮毒，可与蒲公英、连翘、紫花地丁等配伍。

用法用量 煎灌，马、牛 25～60 g，羊、猪 10～15 g。

禁忌 胃炎动物慎用，风热自汗者禁用。

按语 合欢皮味甘性平，可入心、肝二经，为疏肝解郁、悦心安神之品，起到安和五脏、欢愉心志、安神解郁的效果。合欢皮入肝经血分，还可以治疗血瘀肿痛等病证。

现代研究

（1）化学成分 本品主要含鞣质、黄酮类、皂苷及其苷元、挥发油、固醇类、有机酸、糖苷等。

（2）药理作用 本品有增强免疫、抗过敏、抗肿瘤、抗炎等作用；有抗菌和驱虫作用，特别是对绦虫；还可明显兴奋子宫，引起流产。

五、莲子

本品为睡莲科植物莲 *Nelumbo nucifera* Gaertn. 的干燥成熟种子（图 19-8，彩图 19-8）。秋季果实成熟时采割莲房，取出果实，除去果皮，干燥。主产于我国湖南、福建、江苏、浙江等地。

性味与归经 甘、涩，平。归脾、肾、心经。

功能 补脾止泻，益肾涩精，养心安神。

主治

（1）脾虚泄泻 可与人参、白术、茯苓、山药等配伍。

（2）滑精，带下 用于遗精滑精、带下，可与沙苑子、龙骨、牡蛎等配伍。

（3）心神不宁 用于心神不宁、虚烦惊悸，可与麦冬、茯神、柏子仁等配伍。

图 19-8　莲子的原植物和饮片

用法用量　煎灌，马、牛 50～100 g，羊、猪 10～20 g，犬、猫 5～10 g。

禁忌　中满痞胀及大便燥结者忌用。

按语　本品味甘补益，涩可收敛，补虚与固涩之功兼备；性平力缓，为药食两用之佳品。入脾、肾、心三经，既善补心脾肾之虚，又能涩肠、固精、止带，用于脾虚久泻、肾虚遗精滑精及心肾不交造成的虚烦不宁，有标本兼治之效。

现代研究

(1)化学成分　本品主要含淀粉、糖类、蛋白质、脂肪、维生素、肉豆蔻酸、棕榈酸等。

(2)药理作用　本品有抗肿瘤、增强免疫功能、抗氧化、降血压等作用，对金黄色葡萄球菌、沙门菌、大肠杆菌、枯草芽孢杆菌等有抑制作用。

第三节　开 窍 药

开窍药多具辛味或芳香味，善于走窜。由于心藏神、主神明，心窍开通则神明有主、神志清醒、反应敏捷，若心窍被阻、清窍蒙蔽则神明内闭、神识昏迷，故开窍药皆入心经，有通关开窍、启闭醒神的作用。主要用于温热病邪热陷心包、痰浊瘀阻蒙蔽清窍造成的神昏，以及惊风、癫痫等猝然昏厥、痉挛抽搐等病证。

开窍药辛香走窜，能耗伤正气，只作救急、治标之品，不宜久用。本类药材有效成分易挥发，内服不宜入煎剂，多做丸剂、散剂使用。

一、冰片

为本品为菊科植物大风艾 *Blumea balsamifera* DC. 的鲜叶经蒸馏、冷却所得的结晶品，或龙脑香科常绿乔木植物龙脑香 *Dryobalanops aromatica* Gaertn. f. 树脂的加工品，或以樟脑、松节油等用化学方法合成的加工制成品(图 19-9，彩图 19-9)。冰片成品须贮存在阴凉密闭处，研粉用。主产于我国广东、广西、上海、北京和天津等地。

性味与归经　辛、苦，微寒。归心、脾、肺经。

功能　通窍醒神，清热解毒。

图 19-9 冰片的原植物和饮片

主治

(1)神昏惊厥 用于闭证神昏。治疗热病神昏、痰热内闭、暑热卒厥、惊风等热闭,常与牛黄、麝香、黄连等配伍,如安宫牛黄丸(组成:牛黄、郁金、犀角、黄连、朱砂、冰片、麝香、珍珠、山栀、雄黄、黄芩,《温病条辨》);也可与温里祛寒药及性偏温热的开窍药配伍,治疗寒闭造成的神昏。

(2)疮疡肿毒 用于疮疡肿痛,溃后不敛。治疗烫火伤,可与银朱、香油配伍制成药膏外用;治疗疮疡溃后不敛,可与血竭、乳香等同用;本品溶于核桃油中滴耳,可治疗化脓性中耳炎。

(3)咽喉肿痛,心热舌疮,目赤翳障 治疗咽喉肿痛、口舌生疮,常与硼砂、朱砂、玄明粉共研细末,吹敷患处,如冰硼散(组成:冰片、朱砂、玄明粉、硼砂,《外科正宗》);用于目赤肿痛,可单用滴眼。

用法用量 煎灌,马、牛 3～6 g,羊、猪 1～1.5 g。

禁忌 气血虚者忌用,孕畜慎用。

按语 冰片辛香走窜,性偏寒凉,为凉开之品。能通诸窍,有开窍醒神之功效,宜用于热病神昏、痰热内闭、暑热卒厥、惊风等热闭神昏。冰片苦寒,还有清热止痛、消肿之功,也为五官科常用药。

现代研究

(1)化学成分 龙脑冰片含右旋龙脑,还含葎草烯、β-榄香烯、石竹烯等倍半萜类以及齐墩果酸、麦珠子酸、积雪草酸、龙脑香醇酮、龙脑香二醇酮、古柯二醇等三萜类;艾片含左旋龙脑;合成冰片含消旋龙脑。

(2)药理作用 本品可抑制中枢神经系统,表现为明显的镇静、镇痛作用;能促进神经胶质细胞的生长和分裂;局部应用对感觉神经有轻微的刺激作用,有一定的镇痛和防腐作用;有抗炎、抗菌作用,对霍乱弧菌、溶血性链球菌、金黄色葡萄球菌等有抑制作用;对中、晚期妊娠小鼠有引产作用。

二、石菖蒲

本品为天南星科植物石菖蒲 *Acorus tatarinowii* Schott 的干燥根茎(图 19-10,彩图 19-10)。

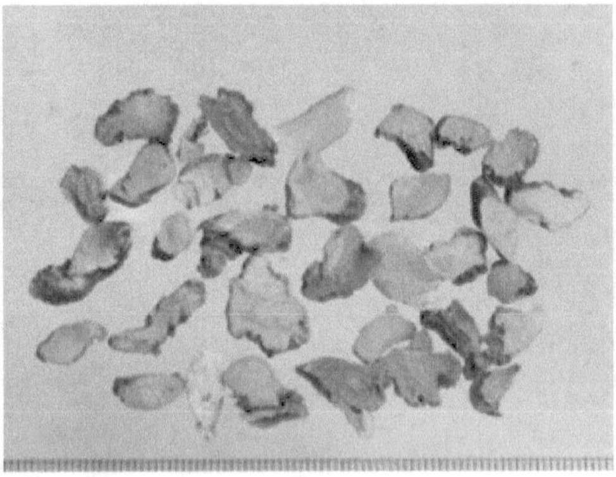

图 19-10　石菖蒲的原植物和饮片

秋、冬二季采挖，除去须根和泥沙，晒干。切厚片生用。主产于我国四川、浙江、江苏等地。

性味与归经　辛、苦，温。归心、胃经。

功能　开窍豁痰，化湿和胃。

主治

（1）神昏，癫痫　豁痰，用于痰湿蒙蔽清窍造成的神志昏迷。治疗痰热蒙窍、高热神昏者，常与郁金、半夏、竹沥等配伍；治疗痰热癫痫抽搐者，可与枳实、竹茹、黄连等配伍；治疗湿浊蒙蔽、嗜睡、耳鸣耳聋者，可与茯苓、远志、龙骨等配伍。

（2）寒湿泄泻，肚胀　治疗湿浊中阻、脘闷腹胀，常与砂仁、苍术、厚朴等同用；治疗湿热毒盛、里急后重、不纳水谷，可与黄连、石莲子、茯苓等配伍。

用法用量　煎灌，马、牛 20～45 g，驼 30～60 g，羊、猪 10～15 g，犬、猫 3～5 g，兔、禽 1～1.5 g。

禁忌　阴虚阳亢、烦躁汗多、咳嗽、吐血、精滑者慎用。

按语　本品辛开苦燥温通，芳香走窜，不但有开窍宁心安神之功，且兼具化湿、豁痰、辟秽之效。开心窍、去湿浊、醒神志为其所长。石菖蒲和冰片都能芳香开窍。冰片芳香走窜，开窍回苏药力较强；石菖蒲则是通过化除湿浊而起开窍通闭的功效，故适用于痰浊阻窍、神志不清，开窍回苏药力相比冰片弱，但石菖蒲能提神、健胃，在安神方中加入石菖蒲一味，往往可增强疗效。

现代研究

（1）化学成分　本品主要含挥发油、氨基酸、有机酸和糖类，挥发油主要为细辛醚、欧细辛醚、石菖醚、烯石竹烯、细辛醛、肉豆蔻酸、百里香酚等。

（2）药理作用　本品有镇静、催眠、抗惊厥、解痉、抗心律失常、解除胃肠平滑肌痉挛、促进消化液分泌、降血脂及抑制皮肤真菌等多种作用。

三、蟾酥

本品为蟾蜍科动物中华大蟾蜍 *Bufo bufo gargarizans* Cantor 或黑眶蟾蜍 *Bufo melanostictus* Schneider 的干燥分泌物（图 19-11，彩图 19-11）。多于夏、秋二季捕捉蟾蜍，洗净，挤

图 19-11　中华大蟾蜍和蟾酥饮片

取耳后腺和皮肤腺的白色浆液，加工，干燥。捣碎生用。我国大部分地区均产。

性味与归经　辛，温；有毒。归心经。

功能　解毒，止痛，开窍。

主治

（1）疮黄疔毒、咽喉肿痛　本品有解毒止痛作用，主要用于疮黄疔毒、咽喉肿痛等，外用或入丸剂用。治疗痈疽恶疮，常与麝香、朱砂等配伍，如蟾酥丸（组成：蟾酥、轻粉、枯矾、寒水石、铜绿、乳香、没药、胆矾、麝香、雄黄、朱砂，《外科正宗》）；治疗咽喉肿痛及痈疖，常与牛黄、冰片等配伍。

（2）中暑神昏　适用于感受秽浊之气、猝然昏倒之证，常与麝香、雄黄等配伍，如痧药蟾酥丸（组成：蟾酥、朱砂、雄黄、茅苍术、丁香、牙皂、麝香，《刮痧疗法》）。

用法用量　入丸散。马、牛 0.1～0.2 g，羊、猪 0.03～0.06 g。

禁忌　本品有毒，内用切勿过量，外用不可入目。孕畜慎用。

按语　蟾酥辛温走窜，有开窍醒神、辟秽之功，故可治疗夏伤暑湿秽浊不正之气及饮食不洁所致的痧胀腹痛、吐泻不止，甚则昏厥之证。又可辛散祛邪、以毒攻毒，还有良好的攻毒消肿止痛之效，也为疡科要药。治疗热毒蕴积、火毒上攻等引发的多种痈疽疮肿等疾患，常与解毒清热、消肿散结之品配伍，以增强疗效。

现代研究

（1）化学成分　本品含蟾毒配基类物质，如酯蟾毒配基、华蟾毒精、蟾毒灵等，是目前研究最多的几种蟾酥单体活性成分；还含蟾蜍毒素类物质，如蟾毒配基脂肪酸酯和蟾毒配基硫酸酯等；尚含蟾毒色胺类、儿茶酚类化合物以及多糖类、有机酸、氨基酸、肽类、肾上腺素等。

（2）药理作用　本品对心血管系统有洋地黄样强心作用，对急性心肌缺血有一定的防护作用，能增强心收缩力，增加心肌供氧，有升血压、抗休克作用；有明显的抗肿瘤作用，以蟾毒灵的活性最为明显；还有麻醉止痛、抗菌、抗炎、兴奋呼吸中枢的作用，以及镇咳、利尿、兴奋平滑肌、抗辐射、抑制血小板聚集、抑制汗腺和唾液腺分泌、促进糖原产生和抑制乳酸生成的胰岛素样作用等多种作用。

四、皂角刺

本品为豆科植物皂荚 *Gleditsia sinensis* Lam. 的干燥成熟果实的干燥棘刺(图 19-12,彩图 19-12)。全年均可采收,干燥,或趁鲜切片,干燥。外用。主产于我国华北、东北、华东、中南及四川、贵州等地。

图 19-12 皂角刺的原植物和饮片

性味与归经 辛,温。归肝、胃经。

功能 托毒,消肿,杀虫,排脓。

主治

(1)痈肿初起、脓成不溃 治疗痈肿初起,常与天花粉、知母、贝母、蒲公英、金银花等同用;治疗脓成不溃,常与黄花、白术、白芷等同用。

(2)疥癣 用于杀虫祛痒,治疗疥癣等。

用法用量 煎灌,马、牛 15～30 g,羊、猪 3～10 g。

禁忌 孕畜慎用。

按语 本品味辛走窜,功能祛痰止咳、通窍开闭。既治疗顽痰引起的咳喘,又治疗痰阻窍闭造成的神昏、癫痫,为治疗痰壅窍闭神昏之要药。本品辛散走窜之性强,内服剂量不宜过大,以免引起呕吐、腹泻,非顽疾证且体壮实者慎用。

现代研究

(1)化学成分 本品主要含黄颜木素、皂荚皂苷、白桦脂酸、棕榈酸和谷甾醇等。

(2)药理作用 本品所含总黄酮对肿瘤坏死因子有明显抑制作用,且呈剂量依赖性;醇提取物对小鼠宫颈癌 U14 的生长有一定的抑制作用;煎剂对金黄色葡萄球菌、卡他球菌等有抑制作用。

本章小结

安神开窍药根据药性不同,可分为重镇安神药、养心安神药和开窍药三类。重镇安神药多由金石矿物类药物组成,质地沉重,性多沉降,故能安神定志;养心安神药多由种子类植物药组成,质润性补,则可补血益阴、交通心肾,起到养心安神作用;开窍药则由芳香走窜的药物组成，可通关开窍、启闭醒神，主入心经故能开启心窍。

朱砂、磁石和紫石英均为常用的重镇安神药，皆质重而能镇惊安神。其中，朱砂甘寒，专入心经，善于镇心安神，并能清热解毒；磁石咸寒，又入肝肾，还可平抑肝阳、益肾护阴、纳气定喘；紫石英甘温，可温肺降逆、益血暖宫。

酸枣仁、柏子仁、远志、合欢皮、莲子则为植物来源药材，且多为种子种仁，以养心安神为佳。其中酸枣仁以养心阴、益心肝之血而宁心安神，且药力较强；柏子仁质润多脂，又能润肠通便；远志善于交通心肾而宁心安神，还可祛痰开窍；合欢皮善于解郁安神，又能活血消肿；莲子兼能收敛固涩。

冰片、石菖蒲、蟾酥、皂角刺均为味辛气香走窜的开窍药。冰片可清热解毒消肿；石菖蒲兼能和中化浊；蟾酥兼能解毒消肿；皂角刺外用也可消肿散结、杀虫祛痒。

复习思考题

1. 安神药分为哪几类？它们的性能功效和适应证有什么不同？
2. 安神药与开窍药有哪些性能功效的区别？
3. 阐述朱砂的性能功效特点。
4. 阐述酸枣仁的性能功效特点，分析其与柏子仁有何异同。
5. 比较冰片、石菖蒲的性能功效差别。

第二十章　涌吐药和驱虫药

第一节　涌 吐 药

凡以促使呕吐为主要功效，治疗毒物、宿食、痰涎等停滞在胃脘或胸膈以上所致病证的药物，称为涌吐药，又称催吐药。涌吐药为矿石类或草木类药，大多味苦、性寒，主归胃经，具有升浮性能，能涌吐毒物、宿食、痰涎。其应用属于"八法"中的吐法范畴，即《黄帝内经》《素问·阴阳应象大论》中"其高者，因而越之"及"在上者涌之"之意。

涌吐药主要用于以下病证：①误食毒物，停留胃中，未被充分吸收，或宿食停滞不化，尚未入肠。证见脘部胀痛，呕恶不舒，欲吐不出，寸脉微浮者。②痰涎壅盛，阻于咽喉或胸膈，呼吸急促。证见气闭不通，四肢不收，脉滑实有力者。③痰浊上涌，上蒙清窍，癫痫发狂。通过应用涌吐药，能够因势利导，驱邪外出，以达到治愈疾病的目的。此外，本类药物还兼有祛腐蚀疮、截疟、祛湿退黄等功效，可治疗恶疮肿毒、疟疾、黄疸等疾患。

涌吐药作用强烈，药力峻猛，大多具有毒性，在使用时应当注意用法和用量，宜采用小量渐增的方法，以防涌吐太过或药物过量中毒，产生不良反应。在服药后宜饮用热水以助药力。若呕吐不止，应当立即停药并采取解救措施。张子和在《儒门事亲》中指出解救方法："吐至昏眩，慎勿惊疑……如发头眩，可饮冰立解，如无冰时，新汲水亦可。"呕吐后不宜立即进食，待胃肠功能恢复后，可食入流食或易消化的食物。故本类药物适用于体壮邪实之证，体质虚弱及失血、咳喘等均应忌用，且只可暂投，不可连服、久服。

现代药理学研究表明，涌吐药可以通过刺激胃黏膜兴奋呕吐中枢，从而致吐。

临床常用的涌吐药有常山、瓜蒂、胆矾、藜芦等，皆性寒、有毒。其均善涌吐，但功效不尽相同。常山善治胸中痰饮，瓜蒂善涌吐宿食、治癫痫发狂之证，藜芦则善治风痰壅盛。除涌吐的功效外，常山有抗疟作用，瓜蒂可祛湿退黄，胆矾可解毒收湿、祛腐蚀疮，藜芦外用可杀虫疗癣。当使用上述功效时，涌吐即成为副作用，临床上应当注意。

一、常山

本品为虎耳草科植物常山 *Dichroa febrifuga* Lour. 的干燥根（图 20-1，彩图 20-1）。秋季采挖，除去须根，洗净，晒干。切薄片生用、酒炙或炒用。主产于我国长江以南各地及甘肃、陕西等地。

性味与归经　苦、辛、寒；有毒。归肺、肝、心经。

功能　杀虫，除痰消积。

图 20-1 常山的原植物和饮片

主治

(1)痰饮积聚,宿草不转 本品辛开苦泄,善开痰结,宣可去壅,能上行引吐胸中痰饮。用于痰饮停聚,胸膈痞塞,不欲食饮,欲吐而不能吐者。常与甘草同用。

(2)疟疾寒热 本品寒,有清热、截疟之效,为治疟之要药。可用于各种疟疾,尤适合治疗三日疟与间日疟。常与草果、厚朴、槟榔、青蒿、知母等同用。

用法用量 煎灌,马、牛 30～60 g,羊、猪 10～15 g,兔、禽 0.5～3 g。

禁忌 有催吐的副作用,剂量不宜过大;孕畜慎用。

按语 常山辛、苦而寒,有毒。能引吐行水,祛痰积饮与清热,为治疟之要药。临床上需在发散表邪及提出阳分之后,用之相宜。常山、蜀漆,生用则上行必吐,酒蒸炒熟用则气缓,少用亦不致吐。常山性暴,用失其法,真气必伤,体虚者慎用。

现代研究

(1)化学成分 本品含常山碱及其衍生物,主要为黄常山碱甲、黄常山碱乙和黄常山碱丙。

(2)药理作用 本品有高抗疟疾活性,有抗球虫作用,主要用于鸡球虫病和疟疾的预防和治疗;还有抗肿瘤、增强免疫、治疗糖尿病、解热、降血压等作用。

二、胆矾

本品为三斜晶系胆矾的矿石,主要含七水硫酸铜($CuSO_4 \cdot 7H_2O$)(图 20-2,彩图 20-2)。开采铅、锌、铜等矿时选取或用化学法制得。本品易风化,应密闭后置于干燥处贮藏。主产于我国云南和山西,江西、广东、陕西、甘肃等地亦产。

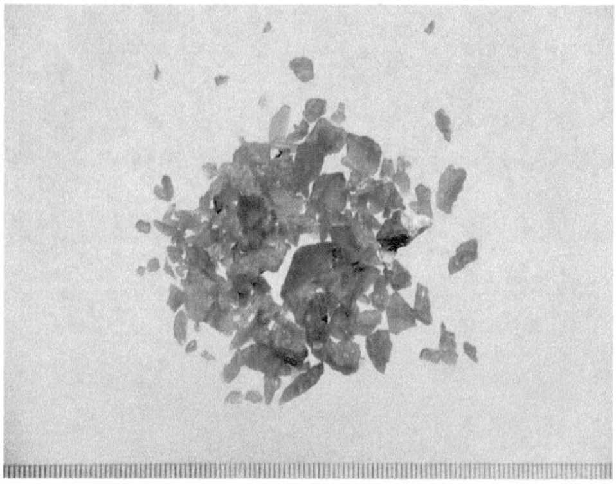

图 20-2 胆矾

性味与归经 酸、辛,寒,有毒。入肝、胆经。

功能 催吐,驱虫,化痰,外用去腐蚀疮。

主治与应用

(1)风热痰喘 治疗风热痰涎壅盛,喉痹

肿痛，与白僵蚕同用以治疗风痰所致的癫狂。

(2)食物中毒　若误食毒物，可以单服本品用以催吐，服药时饮入适量温水，吐后再饮至毒物完全排出。

(3)绦虫病，捻转胃虫病　有酸涩收敛、燥湿杀虫的效果，治疗胃肠道寄生虫疾病。

(4)恶疮肿毒　治疗恶疮肿毒，既可与雀屎混合后研末点疮，也可以单品煅研后直接外敷患处。

用量　马、牛 3～12 g，羊、猪 0.3～1.5 g。外用适量。

禁忌　体虚者和孕畜忌用。

按语　胆矾有涌吐之效，因此可以排出内服毒物，此外胆矾的辛以散风、寒可清热，治疗风痰癫痫，胆矾还可以燥湿杀虫。胆矾外用，酸涩收敛、清热解毒，可以治疗烂眼，与梅片、细辛、延胡索、川芎和甘草同用外敷于患处可治疗口疮，单品研末与醋一起漱口漱喉可治疗喉部脓肿，与藤黄、朱砂等研细醋调后可消热肿治恶疮。

但还需注意该药有毒，过量服用可导致溶血性贫血、酸中毒、急性肾衰等，因此内服时必须谨慎小心、注意用量。中毒后可用1%亚铁氰化钾洗胃，服用氧化镁、活性炭导泻，解毒剂首选依地酸二钠钙，也可选用青霉胺或二巯基丁二酸钠。

现代研究

(1)化学成分　本品主要成分为铜离子。

(2)药理作用　铜离子是动物体必需的微量元素之一，参与体内多项生化反应和酶激活过程，对维持机体组织正常结构和功能有重要作用，在饲料中添加少量铜离子可以促进动物生长。但本品大量内服后会直接刺激胃壁末梢神经，反射至延髓呕吐中枢，引起反射性呕吐。此外，本品对常见化脓性球菌、肠道伤寒病原菌、痢疾杆菌、沙门菌等均有较强的抑制作用。外用时可与蛋白质结合生成不溶性蛋白质化合物而沉淀，稀溶液有收敛制泌作用。

三、藜芦

本品为百合科植物藜芦 *Veratrum nigrum* L. 的干燥根茎(图 20-3，彩图 20-3)。四季均可采摘，洗净泥土，晒干。我国大部分地区有产，主产于我国山西、河南、山东、辽宁等地。

图 20-3　藜芦的原植物和饮片

性味与归经　辛、苦，寒；有毒。入肝、肺、胃经。

功能　催吐，祛风痰，解毒，杀虫。

主治

(1)中风痰壅,癫痫 本品宣壅导滞,味辛而能散结、苦而为涌剂,用于风痰壅盛引起的中风痹证脉滑实者,与防风、瓜蒂、皂角、白矾等配伍。

(2)疥癣 本品味苦而能泄热杀虫,用于疮疡疥癣,单用或与轻粉、雄黄、黄连等配伍,研末,油或水调涂。

用量 煎灌,马 5～15 g,牛 10～25 g,猪、羊 2～5 g。外用适量。

禁忌 孕畜忌用。不宜与人参、丹参、党参、玄参、苦参、南沙参、北沙参等诸参及细辛、赤芍、白芍同用。

按语 藜芦涌吐作用强且有毒性,治疗量与中毒量接近,故内服宜慎,孕畜及虚证者尤其不宜。本品畏葱白,《本草纲目》载:"畏葱白。服之吐不止,饮葱汤即止。"

藜芦与常山、瓜蒂等皆可涌吐,但作用不尽相同,临床应用时当加以区分。《本草纲目》载:"吐药不一,常山吐疟痰,瓜蒂吐热痰,乌附尖吐湿痰,莱菔子吐气痰,藜芦则吐风痰也。"

现代研究

(1)化学成分 本品含藜芦嗪、芥芬胺、玉红介芬胺等多种生物碱,尤以根部含量为高。

(2)药理作用 本品所含生物碱对黏膜有强烈刺激作用,口服可引起呕吐;总生物碱有降压作用,静脉注射可作用于颈动脉窦及心肺感受区,引起反射性的血压下降,同时可降低心率、抑制呼吸;提取物对蚊蝇有毒杀作用,对多种皮肤真菌也有不同程度的抑制作用。

第二节 驱虫药

凡以驱除或杀灭体内、外寄生虫为主要功效,常用以治疗虫证的药物,称为驱虫药。

本类药物主入脾、胃、大肠经,部分药物具有一定的毒性,对体内的寄生虫,特别是肠道寄生虫有杀灭、麻痹或刺激虫体促使其排出体外的作用,故可治疗蛔虫病、蛲虫病、绦虫病、钩虫病、姜片虫病等多种肠道寄生虫病。此类寄生虫病多由湿热内蕴或饮食不洁,食入或感染寄生虫卵所致。证见多食不长,嗜食异物,腹痛时发时止,皮肤、肛门瘙痒等;迁延日久,则见毛焦肷吊,肌肉消瘦,腹部膨大,周身浮肿等症。部分动物症状较轻,无明显证候,只在检查粪便时才被发现。凡此证候,均当服用驱虫药物,以求根治。某些驱虫药物兼有行气、消积、润肠、止痒等作用,对食积气滞、粪便秘结、疥癣瘙痒等症,亦有疗效。

应根据寄生虫的种类及动物体质强弱、证情缓急,选用适宜的驱虫药,并进行恰当配伍。如大便秘结者,当与泻下药物配伍;兼有积滞者,当与消积导滞药物同用;脾胃虚弱者,当与健脾和胃之品配伍;体质虚弱者,须先补后攻或攻补兼施。使用肠道驱虫药时,多与泻下药同用,以利虫体排出。

驱虫药对机体正气多有损伤,故要控制剂量,防止用量过大中毒或损伤正气,对素体虚弱、年老体衰及孕畜,更当慎用。驱虫药一般应在空腹时服用,使药物充分作用于虫体以保证疗效。对发热或腹痛剧烈者,不宜急于驱虫,待症状缓解后,再行施用驱虫药。

现代药理学研究表明,驱虫药对寄生虫体有麻痹作用,使其瘫痪甚至死亡。部分驱虫药有抗真菌、抗病毒及抗肿瘤等作用,某些驱虫药还有促进胃肠蠕动、兴奋子宫、减慢心率、扩张血管、降血压等作用。

一、使君子

本品为使君子科植物使君子 *Quisqualis indica* L. 的干燥成熟果实（图 20-4，彩图 20-4）。秋季果皮变紫黑时采收，干燥。捣碎生用或炒用。本品气微香，味微甜。以个大、仁饱满、色黄白者为佳。主产于我国四川、江西、福建、台湾、湖南等地。

图 20-4　使君子的原植物和饮片

性味与归经　甘，温。归脾、胃经。

功能　杀虫消积。

主治

蛔虫病，蛲虫病，虫积腹痛　本品味甘气香而不苦，性温又入脾胃经，有良好的杀虫作用，为驱蛔要药，《景岳全书·本草正》称其“专杀蛔虫”。轻证单用本品，重证可与苦楝皮、槟榔等同用。治疗蛲虫病，可与百部、槟榔、大黄等同用。

用法用量　捣碎入煎剂，马、牛 30～90 g，羊、猪 6～12 g，犬 5～10 g，兔、禽 1.5～23 g；亦可入丸散。

禁忌　大量服用可致呕恶、腹泻等反应。

按语　使君子味甘性温，气香质润，为杀蛔虫要药。又能健脾运化。李时珍谓：“此物味甘气温，既能杀虫，又益脾胃。”凡虫积诸证，配合其他药物有一定疗效。

现代研究

（1）化学成分　本品主要含有机酸（使君子酸、苹果酸、柠檬酸等）、脂肪酸（棕榈酸、油酸、亚油酸、硬脂酸、花生酸等）、生物碱（胡芦巴碱等）。

（2）药理作用　使君子仁提取物有较强的麻痹猪蛔头部的作用，有效成分为使君子氨酸钾。

二、苦楝皮

本品为楝科植物川楝 *Melia toosendan* Sieb. et Zucc. 或楝 *Melia azedarach* L. 的干燥树皮和根皮（图 20-5，彩图 20-5）。春、秋二季剥取晒干，或除去粗皮，晒干，切丝。以皮厚、无粗皮者为佳，生用。主产于我国四川、湖北、安徽、江苏、河南。

图 20-5　楝的原植物和饮片

性味与归经　苦，寒；有毒。归肝、脾、胃经。

功能　杀虫，疗癣。

主治

（1）蛔虫病，蛲虫病，虫积腹痛　本品苦寒有毒，有较强的杀虫作用，可治疗多种肠道寄生虫病，为广谱驱虫中药。治疗蛔虫病，可单用水煎、煎膏或制成片剂和糖浆服用，亦可与使君子、槟榔、大黄等同用。治疗蛲虫病，与百部、乌梅同煎，取浓液于晚间留作灌肠，连用2～4天。《湖北药物志》以之与石榴皮同煎灌，治疗钩虫病。

（2）疥癣瘙痒　本品能清热燥湿，杀虫止痒。单用本品研末，用醋或猪脂调涂患处，可治疗疥疮、头癣、湿疮、湿疹瘙痒。

用法用量　煎灌，马、牛15～45 g，羊、猪6～10 g。外用适量，研末，用猪脂调敷患处。

禁忌　本品有毒，有毒成分为川楝素和异川楝素。不宜过量或持续久服；猪慎用，孕畜慎用。

按语　本品苦寒有毒，功擅清热燥湿、杀虫疗癣，善治蛔虫等症。外用疗癣治疥，疗效亦佳。唯其毒性较大，故应严格掌握适应证。猪慎用，孕畜慎用。

现代研究

（1）化学成分　本品主要含川楝素、苦楝酮、苦楝萜酮内酯、苦楝萜醇内酯、苦楝萜酸甲酯、苦楝子三醇。干皮还含正州烷、β-谷甾醇、葡萄糖和其他微量元素；种子油含多种脂肪酸，主要为亚油酸、油酸等；果实油含肉豆蔻酸、亚油酸、油酸、棕榈酸、棕榈油酸。

（2）药理作用　本品有驱虫作用，药煎剂或醇提取物均对猪蛔虫有抑制及麻痹作用。驱蛔作用的有效成分为川楝素，川楝素能透过虫体表皮，直接作用于蛔虫肌肉，扰乱其能量代谢，导致收缩性疲劳，进而引起痉挛。特定浓度的川楝素对蛔虫神经-肌肉的兴奋作用不被阿托品所阻断，提示川楝素并非拟胆碱药。本品对小鼠蛲虫有麻痹作用，并能抗血吸虫。川楝素对动物肉毒中毒有解毒作用，使兔肠肌的肌张力及收缩力增加，抑制大鼠呼吸等。

附药：川楝子

本品为楝科植物川楝树 *Melia toosendan* Sieb. et Zucc. 的干燥成熟果实。冬季果实成熟时采收，除去杂质，干燥。用时打碎。生用或炒用。主产于四川。本品气特异，味酸、苦。以个大、饱满、外皮金黄色、果肉黄白色者为佳。苦，寒；有小毒。归肝、小肠、膀胱经。具有疏肝泄热，行气止痛，杀虫之功能。

三、槟榔

本品为棕榈科植物槟榔 *Areca catechu* L. 的干燥成熟种子(图 20-6，彩图 20-6)。春末至秋初采收成熟果实，用水煮后，干燥，除去果皮，取出种子，干燥。本品气微，味涩、微苦。以切面大理石花纹明显、无虫蛀者为佳。切薄片，生用、炒黄或炒焦用。在我国主产于广东、云南，国外以菲律宾、印度及印度尼西亚产量最大。

图 20-6 槟榔的原植物和饮片

性味与归经 苦、辛，温。归胃、大肠经。

功能 驱虫，消积，行气，利水，截疟。

主治

(1)绦虫病，蛔虫病，姜片虫病，虫积腹痛 本品对绦虫、蛔虫、蛲虫、钩虫、姜片虫等肠道寄生虫均有驱杀作用，以泻下作用驱除虫体为特点。对绦虫证疗效最佳，可单用；现代常与南瓜子同用，疗效更佳。治疗蛔虫病、蛲虫病，可与使君子、苦楝皮同用；治疗姜片虫病，可与乌梅、甘草配伍。

(2)食积气滞，腹胀便秘，泻痢后重 本品辛散苦泄，入胃肠经，善行胃肠之气，消积异滞，兼能缓泻通便。治疗食积气滞、腹胀便秘，或泻痢后重，常与木香、青皮、大黄等同用，如木香槟榔丸(组成：木香、槟榔、青皮、陈皮、广茂、枳壳、黄连、黄柏、大黄、香附子、牵牛，《儒门事亲》)；若治疗湿热泻痢，可与木香、黄连、芍药等同用，如芍药汤(组成：芍药、当归、黄连、槟榔、木香、炙甘草、大黄、黄芩、肉桂，《保命集》)。

用法用量 煎灌，马 5～15 g，牛 12～60 g，羊、猪 6～12 g，兔、禽 1～3 g。生用力佳，炒用力缓；焦槟榔功能消食导滞，用于食积不消，泻痢后重。

禁忌 脾虚便溏、气虚下陷者忌用，孕畜慎用。

按语 本品为散结破滞、下气杀虫之药。以其味苦主降，是以无坚不破，无胀不消，无食不化，无痰不行，无水不下，无气不降，无虫不杀，无便不开。气降则痰行水消，滞破则积除食化，用于虫积腹痛、食积不化、腹胀后重、泻痢不畅、水肿脚气以及瘴气疟疾诸证，均能奏效。

现代研究

(1)化学成分　本品含生物碱 0.3%～0.6%，主要为槟榔碱，其余为槟榔次碱、去甲基槟榔碱、去甲基槟榔次碱、槟榔副碱、高槟榔碱等，还含脂肪油(14%)、鞣质及槟榔红色素等。

(2)药理作用　本品能引起绦虫弛缓性麻痹，触之则虫体伸长而不易断，故能把全虫驱出，槟榔碱对猪带绦虫有较强的麻痹作用，能使全虫麻痹，但仅能使牛带绦虫头节和未成熟节片麻痹，对蛲虫、蛔虫、钩虫、肝吸虫、血吸虫均有麻痹或驱杀作用；对皮肤真菌、流感病毒、幽门螺旋杆菌均有抑制作用；槟榔碱有拟胆碱作用，可促使肠蠕动，引起腹泻，有时会引起胃肠痉挛和剧烈腹泻；此外槟榔还有促进唾液分泌、汗腺分泌和缩瞳作用。

四、大蒜

本品为百合科植物大蒜 *Allium sativum* L. 的鳞茎(图 20-7，彩图 20-7)。夏季叶枯时采挖，除去须根和泥沙，通风晾晒至外皮干燥。生用。我国各地均有产。

图 20-7　大蒜的原植物和饮片

性味与归经　辛，温。归脾、胃、肺经。

功能　解毒消肿，杀虫，止痢，理气开胃。

主治

(1)痈肿疮疡，疥癣　大蒜外用或内服均有解毒、杀虫、消肿作用。民间亦有用大蒜切片外擦或捣烂外敷，治疗皮肤瘙痒或头癣。

(2)肺痨、顿咳、痢疾、泄泻　本品解毒、杀虫，可单独或配伍入复方中使用。如验方以大蒜煮粥送服白及粉，治疗肺痨咳血、顿咳。治疗泻痢，可单用或以 10%大蒜浸液保留灌肠，大蒜还可用于防治流感、流行性乙型脑炎、乙型脑炎等传染病。

(3)蛲虫病，钩虫病　本品有杀蛲虫、钩虫的作用。

此外，大蒜还能健脾温胃、增强食欲，治疗脘腹冷痛、食欲减退或饮食不消。

用法用量　煎灌，马、牛 30～90 g，羊、猪 15～30 g，犬、猫 1～3 g。外用适量，捣烂外敷，或切片外擦，或隔蒜灸。

禁忌　阴虚火旺及有目、舌、喉、口齿诸疾不宜服用。

按语　大蒜为辛辣健胃剂，制成配剂内服能增进食欲，帮助消化；生用能杀虫解毒，可用于多种肠道疾病。李时珍曰："葫蒜其气熏烈，能通五脏，达诸窍，去寒湿，避邪恶，消痈肿，化症积肉食，此其功也。"

现代研究

（1）化学成分　本品主要含大蒜油（挥发油，主要成分为大蒜辣素）、大蒜素、硫化亚磺酸酯类、*S*-烷（烯）-*L*-半胱氨酸衍生物、*γ*-*L*-谷氨酸多肽、苷类、多糖、脂类及多种酶等。

（2）药理作用　本品有较强的广谱抗菌作用，对多种球菌、杆菌、真菌和病毒等均有抑杀作用，对恙虫病立克次体、阴道滴虫、阿米巴原虫等均有不同程度的抑杀作用；对四氯化碳所致的细胞毒性有明显的抑制作用；大蒜中的植物杀菌素能迅速杀死大鼠和豚鼠的精子；腹腔注射大蒜水溶液能抑制大鼠腹水肉瘤，新鲜蒜喂小鼠可抑制其乳腺癌的发生；乙醇提取物能增加豚鼠离体子宫的收缩幅度、频率以及肌张力。

五、蛇床子

本品为伞形科植物蛇床 *Cnidium monnieri*（L.）Cuss. 的干燥成熟果实（图 20-8，彩图 20-8）。夏、秋二季果实成熟时采收，除去杂质，晒干。本品气香，味辛凉、有麻舌感。以颗粒饱满、灰黄色、香气浓者为佳。生用。我国大部分地区均产。

图 20-8　蛇床子的原植物和饮片

性味与归经　辛、苦，温；有小毒。归肾经。

功能　燥湿祛风，杀虫止痒，温肾壮阳。

主治

（1）疥癣，湿疹瘙痒　本品辛苦温燥，有燥湿祛风，杀虫止痒之功，为皮肤病常用药，常与苦参、黄柏、白矾等同用，多外用。治疗阴部湿疹瘙痒，《濒湖集简方》以之与白矾配伍，煎汤频洗。治疗疥癣瘙痒，《千金方》单用本品研粉，猪脂调之外涂。

（2）寒湿带下，湿痹腰痛　本品性温可助阳散寒，辛苦又具燥湿祛风之功。治疗带下、腰痛尤宜于寒湿兼肾虚所致者，常与山药、杜仲、牛膝等同用。

（3）肾虚阳痿，宫冷不孕　本品有温肾壮阳之功。《千金方》30 副治肾虚阳痿精冷方中，用蛇床子方达半数以上。亦可与当归、枸杞子、淫羊藿等配伍治疗阳痿无子，如赞育丹（组成：熟地黄、白术、当归、枸杞、仙茅、杜仲、山茱萸、淫羊藿、巴戟肉、肉苁蓉、韭子、蛇床子、附子、肉桂，《景岳全书》）。

用法用量　煎灌，马、牛 30～60 g，羊、猪 15～30 g，犬 5～12 g。外用适量，多煎汤熏洗，或研末调敷。

禁忌　阴虚火旺或下焦有湿热者不宜内服。

按语　蛇床子味辛苦、性温，内服有温肾壮阳暖宫作用，配合其他杀虫药内服，能杀灭肠寄生虫。外用煎水洗，治疗皮肤湿疮、阴囊湿痒、阴道炎，特别是对滴虫性阴道炎有较好疗效。

现代研究

（1）化学成分　本品果实含挥发油 1.3%，已从油中分得 27 种成分，主要为蒎烯、莰烯、异戊酸、龙脑酯等，种子含香柑内酯、欧山芹素及食用白芷素，还含香豆素类，如蛇床子素、花椒毒素等。

（2）药理作用　本品浸膏皮下注射能延长小鼠交尾期，增加子宫及卵巢重量，其提取物有雄性激素样作用；水蒸馏液对耐药性金黄色葡萄球菌、绿脓杆菌有抑制作用，蛇床子素可抗皮肤真菌和霉菌，流浸膏体外能杀灭阴道滴虫，对流行性感冒病毒有抑制作用；所含总香豆素有平喘作用，能使哮喘者肺部哮鸣音明显减少或消失，并能明显提高呼气高峰流速值，改善肺部通气功能；有类似性激素样作用，乙醇提取物每天 20 mg 皮下注射于小白鼠，连用 32 天能延长雌鼠发情期，缩短动情间期，并能使绝育鼠出现动情期，使卵巢及子宫重量增加，还有雄性激素样作用。

六、雷丸

本品为白蘑科真菌雷丸 *Omphalia lapidescens* Schroet. 的干燥菌核（图 20-9，彩图 20-9）。秋季采挖，洗净，晒干，粉碎。以个大、质坚、断面色白者为佳。生用。主产于我国四川、云南、贵州。

图 20-9　雷丸饮片

性味与归经　微苦，寒。归胃、大肠经。

功能　杀虫消积。

主治

绦虫病，钩虫病，蛔虫病，虫积腹痛　本品驱虫面广，对多种肠道寄生虫均有驱杀作用，尤以驱杀绦虫为佳。治疗绦虫病，可单用研末饲喂；治疗钩虫病、蛔虫病，可与槟榔、牵牛子、苦楝皮等同用；治疗蛲虫病，可与大黄、牵牛子同用。

用法用量　一般研粉饲喂，马、牛 30～60 g，驼 45～90 g，羊、猪 10～20 g。

禁忌　因本品主要成分为一种蛋白水解酶（雷丸素），60 ℃左右即易被破坏而失效，故不宜入煎剂，宜入丸散服。

按语　雷丸以形成名。苦寒有小毒，专功于杀虫，祛绦为主，兼及蛔既可单用，又可配伍应用。本品研粉饲喂。杀虫作用良好。如入煎剂，每因高热而有效成分遭到破坏，必须注意。

现代研究

(1)化学成分　本品主要含蛋白酶(雷丸素、雷丸蛋白酶等),还含麦角甾醇、多糖等。

(2)药理作用　本品通过蛋白酶驱绦虫,分解破坏虫体蛋白质,使虫头不再附于肠壁而被排出;50%雷丸乙醇提取物对猪蛔虫有杀灭作用。

七、鹤虱

本品为菊科植物天名精 *Carpesium abrotanoides* L. 的干燥成熟果实(图 20-10,彩图 20-10)。秋季果实成熟时采收,晒干,除去杂质。均以粒均匀、饱满者为佳。生用或炒用。主产于我国河南、山西、陕西、甘肃、贵州。

图 20-10　鹤虱的原植物和饮片

性味与归经　苦、辛,平;有小毒。归脾、胃经。

功能　杀虫消积。

主治

蛔虫病,蛲虫病,绦虫病,虫积腹痛　本品苦降辛行,有杀虫消积之功,可用于多种肠道寄生虫病,如蛔虫、蛲虫、钩虫及绦虫等引发的虫积腹痛。《新修本草》单用本品作散剂服,杀蛔虫、蛲虫;《千金方》单用本品治疗蛔虫腹痛;治疗虫痛发作时,口吐清水,可与川楝子、槟榔等同用;治疗肠胃诸虫,《医方集解》以之与苦楝根皮、槟榔、使君子等为末;治疗蛲虫病,可与百部、苦楝皮配伍。

用法用量　煎灌,马、牛 15～30 g,羊、猪 3～6 g,兔、禽 1～2 g。

禁忌　孕畜慎用。

按语　鹤虱、苦楝根皮、使君子三药均有驱杀蛔虫的作用,相互配伍更增强杀虫效果。

现代研究

(1)化学成分　本品含缬草酸、正已酸、油酸、豆甾醇等,挥发油含天名精内酯、天名精酮、天名精素等。

(2)药理作用　本品均有驱蛔作用,且南鹤虱强于北鹤虱;1%天名精子酊 5 滴加入生理盐水 25 mL 中,保温 37 ℃,放入犬绦虫,1～2 min 即死亡。东北鹤虱的果实在体外对蚯蚓、猪蛔虫、水蛭均有杀灭作用，10％鹤虱乙醇提取物 1 mL 于试管内对猪蛔虫头部作用不明显，须加入 25 mL 才能使之挛缩停止。

八、榧子

本品为红豆杉科植物榧 *Torreya grandis* Fort. 的干燥成熟种子（图 20-11，彩图 20-11）。秋季种子成熟时采收，除去肉质假种皮，洗净，晒干，去壳取仁。以完整、饱满、种仁色黄白者为佳。生用。主产于我国浙江、福建。

图 20-11　榧子的原植物和饮片

性味与归经　甘，平。归肺、胃、大肠经。

功能　杀虫消积，润肺止咳，润燥通便。

主治

（1）钩虫病，蛔虫病，绦虫病，虫积腹痛　本品杀虫消积，润肠通便，且甘平而不伤胃，对蛔虫、钩虫、绦虫、姜片虫等多种肠道寄生虫引起的虫积腹痛均有效。如治疗蛔虫病，常与使君子、苦楝皮同用；治疗钩虫病，单用或与槟榔、贯众同用；治疗绦虫病，与槟榔、南瓜子同用。

（2）肺燥咳嗽　本品甘润入肺，能润肺燥、止咳嗽，但力弱，以轻症为宜，也可与川贝母、瓜蒌仁、北沙参等同用。

（3）大便便秘　本品甘润平和，入大肠经，可与火麻仁、郁李仁、瓜蒌仁等同用，治疗肠燥便秘。

用法用量　煎服，马、牛 15～30 g，羊、猪 5～10 g。

禁忌　大便溏薄者不宜用。

按语　榧子药性平和，有良好的杀虫作用兼有轻泻作用，对肠道寄生虫有较好的疗效。

现代研究

（1）化学成分　本品含 54.3％的脂肪油，其不饱和脂肪酸含量高达 74.88％，脂肪油主要为亚油酸、硬脂酸、油酸，还含麦朊、甾醇、草酸、葡萄糖、多糖、挥发油、鞣质等。

（2）药理作用　本品含驱猫绦虫的有效成分，浸膏在体外对猪蛔虫、蚯蚓、蚂蟥有毒性作用，5％煎剂 2 h 可杀死血吸虫尾蚴，榧实油有驱钩虫作用；日本产榧子所含生物碱可使子宫收缩。

本章小结

涌吐药性味多苦寒，药势升浮上涌，寒能泄热，具有涌吐毒物、宿食、痰涎的功能。常山性寒，味苦、辛，善上行而涌吐胸中痰饮，有清热、截疟、开痰之效，为治疟之药；瓜蒂性寒，味苦，入胃、胆经，善涌吐宿食、治风热涎痰，又有退黄除湿之效；胆矾性寒，味酸、辛，善治风痰癫痫，能排出内服毒物，酸涩收敛，有解毒收湿之效，又能祛腐蚀疮；藜芦性寒，味苦、辛，善治风痰壅盛，又能泄热杀虫，治疮疡疥癣。

驱虫药均有驱虫或杀虫功效，主治肠道内寄生虫。归大肠经。槟榔、使君子、苦楝皮均可驱杀寄生虫。其中：①槟榔的驱虫谱比较广，适宜于多种肠道寄生虫证，与南瓜子、芒硝配伍尤宜于绦虫证；兼行气、利水、截疟之功效而治食积泻痢、水肿、疟疾等。②使君子与苦楝皮均长于驱杀蛔虫，主治蛔虫证，亦可治蛲虫证。使君子作用缓和，气香味甘、性平质润、宜于服用，并有消积作用。③苦楝皮作用较强，其毒性亦较强，对蛔虫、蛲虫均有较强的驱杀效用，并有清热燥湿、杀虫止痒作用，但味苦难服。

复习思考题

1. 何谓涌吐药？这类药物主要适用于哪些病证？
2. 试述使用涌吐药的注意事项。
3. 使君子、苦楝皮、槟榔、南瓜子、鹤草芽、雷丸各善治何种寄生虫？
4. 以使君子、苦楝皮、鹤草芽驱虫时，应注意什么？
5. 查阅相关文献，谈谈槟榔的主要药理作用。

第二十一章　杀虫止痒药和化腐生肌药

第一节　杀虫止痒药

凡能攻毒疗疮，杀虫止痒，以治疗体表疮毒及瘙痒类疾病为主要功效的药物，称为攻毒杀虫止痒药。

攻毒杀虫止痒药主要治疗疮疡肿毒、疥癣、湿疹等，以外用为主。有些药物内服兼有温肾壮阳、止泻止痢、祛风止痛等作用，可用于肾阳不足所致的阳痿、虚寒哮喘、虚冷便秘、久泻久痢、风湿痹痛等病证。

本类药物多具有不同程度的毒性，所谓“攻毒”即有以毒制毒之意。无论外用或内服，均应严格掌握剂量并注意用法，不可过量或持续使用，以防导致毒副反应。制剂时应严格遵守炮制和制剂法度，以降低毒性，确保用药安全。

一、雄黄

本品为硫化物类矿物雄黄族雄黄，主要含二硫化二砷（As_2S_2）（图 21-1，彩图 21-1）。产于低温热液、火山热液矿床中，在温泉及火山附近亦有少量雄黄存在，经常与雌黄等共生。雄黄在矿中质软如泥，通常用小锄挖出，或用竹刀剔取其已熟透部分，除去杂质、泥土。雄黄露置空气中即变硬。研细或水飞，生用，切忌火煅。主产于我国湖南石门、贵州思南，湖北、四川、云南、陕西、甘肃等地亦产。

图 21-1　雄黄

◢性味与归经　辛，温；有毒。归肝、大肠经。

◢功能　解毒杀虫，燥湿祛痰，截疟，解毒杀虫。

◢主治

（1）痈肿疔疮，湿疹疥癣，蛇虫咬伤　本品温燥有毒，外用或内服均能以毒攻毒而解毒杀虫疗疮，为治疮杀毒之要药。治疗痈肿疔毒，可单用或入复方，常与白矾等份研末外用，如二味拔毒散（组成：雄黄、白矾，《医宗金鉴·外科心法要诀》）。治疗痈疽肿毒，坚硬疼痛，与乳香、没药、麝香同用为丸，如醒消丸，（组成：雄黄、人工麝香、制乳香、制没药，《外科全生集》），以陈酒送服。诸疮有腐肉，不能去除者，与巴豆配伍，解毒杀虫祛腐。治疗疥癣，可与黄连、松脂、发灰共研末，猪脂为膏外涂。治疗蛇虫咬伤，轻者单用本品香油调涂患处；重者内外兼施，与五灵脂共研为细末，酒调灌服，并以药末涂患处。

(2)虫积腹痛　本品能够杀虫，用于肠道虫证。治疗蛔虫等肠道寄生虫引起的虫积腹痛，与牵牛子、槟榔等同用，如牵牛丸[组成：荆芥、僵蚕、斑蝥（去头翅足，用糯米炒）、黑牵牛，《得效》卷十九]。治疗蛲虫病引起的肛门瘙痒，可用本品与铜绿为末撒于肛门处，或用雄黄粉、凡士林制成的纱布条塞于肛门内。

(3)惊痫，痰证和疟疾　治疗癫痫，与朱砂同用。治疗痰咳喘满，常与杏仁、巴豆同用，如雄黄丹。本品尚有截疟作用，古方有用雄黄截疟治疟者，现已少用。

此外，雄黄与艾叶、苍术、白芷等作为烟熏剂，可作为房舍、畜厩的消毒剂。

用法用量　内服入丸、散剂，马、牛 5～15 g，驼 10～15 g，羊、猪 0.5～1.5 g，犬 0.05～0.15 g，兔、禽 0.03～0.1 g。外用适量。

禁忌　本品毒性较强，内服宜慎，一般入丸、散剂而不入汤剂，不可过量久服。外用适量，研末撒敷，或以香油、醋调敷。本品能从皮肤吸收，故外用时不宜大面积涂擦及长期持续使用。切忌火煅，烧煅后即分解为三氧化二砷（As_2O_3），即砒霜，有剧毒，孕畜忌用。

按语　雄黄与雌黄二药的形状、药用基本相似。但雄黄呈红色或橘红色，而雌黄为黄色。雄黄和硫黄都性温有毒，均能解毒杀虫，常外用于疥癣、恶疮及湿疹等证。但雄黄解毒疗疮力强，主治痈疽恶疮及虫蛇咬伤，内服又能燥湿、祛痰、杀虫、截疟，可治疗哮喘、惊痫、虫积腹痛、疟疾等证；硫黄杀虫止痒力强，多用于疥癣、湿疹及皮肤瘙痒，还具有补火助阳通便的功效，内服可治疗寒喘、阳痿、虚寒便秘等证。

现代研究

(1)化学成分　本品主要含二硫化二砷（As_2S_2），约含砷 75%、硫 24.5%，并夹杂少量硅、铅、铁、钙、镁等元素。

(2)药理研究　本品在体外对金黄色葡萄球菌有杀灭作用，提高浓度也能杀灭大肠杆菌，1%雄黄可抑制人型、牛型结核杆菌与耻垢杆菌，其水浸剂对堇色毛癣菌等多种皮肤真菌有不同程度的抑制作用；可通过抑制细胞 DNA 合成诱导肿瘤细胞凋亡、增强机体细胞免疫功能等，发挥抗肿瘤作用；可抗血吸虫及疟原虫。

二、硫黄

图 21-2　硫黄

本品为自然元素类矿物硫族自然硫，或用含硫矿物加工制得（图 21-2，彩图 21-2）。全年均可采挖。采后加热熔化，除去杂质，取出上层溶液，冷却后即得。生硫黄只作外用。若内服，则需与豆腐同煮，至豆腐呈绿色为度，取出漂净，阴干，用时研末。主产于我国山西、山东、河南等地。

性味与归经　酸，温；有毒。归肾、大肠经。

功能　外用攻毒杀虫疗疮，内服补火助阳通便。

主治

(1)疥癣、湿疹、阴疽疮疡　本品性温而燥，有以毒攻毒的作用，外用有较强的解毒杀虫、燥湿止痒之功，尤为治疗疥疮的要药。治疗疥疮，单取硫黄为末，麻油或凡士林调涂，或与风化石灰、铅丹、轻粉配伍研末，猪油调涂。治疗湿疹瘙痒，可单用硫黄粉外敷，或与蛇床子、明矾同用，以增强祛湿、止痒作用。治疗顽癣瘙痒，可与斑蝥、轻粉、冰片为末，同香油、面粉为膏，涂敷患处。治疗阴疽恶疮顽硬者，可与荞麦面、白面为末贴敷患处，如痈疽发背方。

(2)阳痿、虚喘冷哮、虚寒便秘　硫黄乃纯阳之品，入肾大补命门之火而助元阳。可用于肾阳衰微、下元虚冷诸证，如老龄脏寒引起的便秘，命门火衰、肾阳不足所致阳痿，肾不纳气引起的虚喘，脾肾虚寒所致肚腹冷痛。治疗腰冷膝弱、失精遗溺等，可单用，如金液丹(《太平惠民和剂局方》)。治疗肾阳不足，命门火衰所致的阳痿，腰酸足冷及虚寒腹痛等症，常与附子、肉桂、沉香等同用，亦可与鹿茸、补骨脂、蛇床子等同用。治疗肾阳不足，下元虚冷之寒喘，常与附子、肉桂、沉香等同用，如黑锡丹(组成：黑锡、硫黄、川楝子、胡芦巴、木香、制附子、肉豆蔻、补骨脂、沉香、小茴香、阳起石、肉桂，《太平惠民和剂局方》)。治疗虚寒便秘，本品"性虽热而疏利大肠，与燥涩者不同。热药多秘，惟硫黄暖而能通"，为温阳通便之要药，"专治虚寒之便秘"，每与半夏为伍，如半硫丸(组成：半夏、硫黄，《太平惠民和剂局方》)。

用法用量　内服：炮制后入丸、散服。马、牛 10～30 g，驼 15～35 g，猪、羊 0.3～1 g，猫、犬 0.1～0.3 g。外用：适量，研末敷或加油调敷患处。

禁忌　阴虚火旺及孕畜慎用。不宜与芒硝、玄明粉同用。

按语　硫黄为酸温有毒之品，外用能解毒杀虫止痒，为治疗疥癣、湿疹、疮疡痈疽诸疮、皮肤痛痒的常用药，擅杀疥虫，为治疗疥疮首选药。又因硫黄为纯阳之品，入肾经，内服可大补命门真火，故适用于肾阳不足、命门火衰所致的阳痿、哮喘、便秘等。《本草求真》云："主治老人一切风秘、冷秘、气秘，为补虚助阳圣药。"

现代研究

(1)化学成分　本品主要含硫(S)，还含砷、硒、碲等。

(2)药理作用　本品与皮肤分泌液接触后能产生硫化氢及五硫磺酸，从而有溶解角质、脱毛、软化皮肤，杀灭疥虫、细菌、真菌的作用；对动物实验性炎症有消炎作用，能使支气管慢性炎症细胞浸润减轻，并可促进支气管分泌增加而祛痰；内服后在体内形成的硫化氢在碱性环境，特别是脂肪分解酶存在的情况下，能兴奋胃肠黏膜，促其蠕动，起缓泻作用；肠内容物中脂肪类物质较多时，易产生大量硫化氢而致泻，但硫化氢在肠内产生极慢，故其催泻作用不强，且与用量大小无关，粪便仅成糊状，有硫化氢之强臭。

三、白矾

本品为硫酸盐类矿物明矾石经加工提炼制成，主要含十二水硫酸铝钾[$KAl(SO_4)_2 \cdot 12H_2O$](图 21-3，彩图 21-3)。捣碎生用或煅用，煅后称枯矾。主产于我国浙江、安徽、山西、湖北等地。

性味与归经　酸、涩，寒。归肺、肝、脾、大肠经。

图 21-3　白矾

功能　燥湿祛痰，止血，止泻。外用解毒杀虫，止痒，敛疮。

主治

(1)湿疹，疮疡，疥癣，口舌生疮　治疗湿疹瘙痒，可与雄黄共为细末，浓茶调敷，如二味拔毒散(组成：明雄黄、白矾，《外科心法要诀》)；治疗疥疮瘙痒，可与硫黄、蛇床子、黄连等共为散，局部调涂，如白矾散(组成：白矾、硫黄、胡粉、黄连、雌黄、蛇床子，《太平圣惠方》)；治疗肿毒恶疮，常与黄丹研末外用，如二仙散(组成：白矾、黄丹，《卫生宝鉴》)；治疗痔疮、脱肛、子宫脱垂，可与五倍子、地榆、槐花等配伍；治疗口疮等五官疾患，可单用或与硫黄、乳香等同用；治疗喉痹，与胆矾末吹喉。

(2)便血、衄血　治疗衄血不止，以枯矾研末吹鼻(《圣济总录》)；治疗崩漏，可与五倍子、地榆同用。

(3)久泻　可单用，也可与诃子、肉豆蔻等配伍。

(4)癫痫　治疗痰壅心窍，癫痫发狂，常与郁金共用，如白金丸(组成：白矾、郁金，《医方考》)。

此外，本品有祛湿退黄之功，还可用于湿热黄疸。

用法用量　煎灌：入丸、散；马、牛 15～30 g，驼 30～45 g，羊、猪 5～10 g，犬、猫 1～3 g，兔、禽 0.5～1 g。外用：适量，研末外敷，或化水熏洗。

禁忌　体虚胃弱及无湿热痰火者忌用。内用宜慎，不可过量。

按语　白矾味酸涩，性寒凉，收敛之力较为突出，善于解毒燥湿止痒，可治疗湿疹皮肤瘙痒，尤宜治疗疮面湿烂瘙痒者。入肝经，走血分，有收敛止血作用，可治疗多种出血证。同时又可止泻、祛风痰，用于久泻久痢、痰涎壅盛之癫痫等。《本草纲目》总结之用有四，吐利风热之痰涎，取其酸苦涌泄也；治诸血痛脱肛阴挺疮疡，取其酸涩而收也；治痰饮泄痢崩带风眼，取其收而燥湿也；治喉痹痈疽蛇虫伤螫，取其解毒也。

现代研究

(1)化学成分　本品主要含水硫酸铝钾[$KAl(SO_4)_2 \cdot 12H_2O$]，枯矾为脱水硫酸铝钾。

(2)药理作用　本品能刺激胃黏膜而引起反射性呕吐，至肠则不吸收，能抑制肠黏膜的分泌；枯矾能与蛋白质生成难溶于水的化合物沉淀，可用于局部创伤出血；可广谱抗菌，对多种革兰氏阳性球菌和革兰氏阴性杆菌、某些厌氧菌、皮肤真菌、白色念珠菌均有不同程度的抑制作用，对绿脓杆菌、大肠杆菌、金黄色葡萄球菌的抑制作用明显。

四、蟾酥

见第十九章　开窍药　三、蟾酥。

功能　解毒，消肿，止痛，开窍。

主治

(1)痈疽疔疮，瘰疬，咽喉肿痛 本品辛散消肿，以毒攻毒，具有良好的解毒消肿，止痛作用，不论外用内服皆有良效。治疗痈疽恶疮，常与麝香、朱砂等配伍，用葱白汤送服取汗，如蟾酥丸。治疗瘰疬窦道流脓，与白丁香、寒水石、巴豆等同用，炼蜜为丸，塞入窦道中，脓尽为度。治疗咽喉肿痛及痈疖，与牛黄、冰片等同用，如六神丸。

(2)各种痛证 本品具良好的麻醉止痛作用。治疗牙痛，不论何因所致，均有良效，单用本品研细少许点患处，亦可加雄黄、甘草、硼砂，研极细，混匀，水泛为丸塞患处。用于五官科手术的黏膜麻醉，与川乌、生天南星、生半夏为末，烧酒调敷患处，如外敷麻药方。

(3)中暑神昏，痧胀腹痛吐泻 本品辛温走窜，有辟秽化浊、开窍醒神之功，嗅之亦能催嚏。治疗夏伤暑湿秽浊或饮食不洁所致痧胀腹痛、吐泻不止、甚则昏厥等，常与麝香、丁香、雄黄等同用，制丸内服；与麝香、冰片、细辛等共为末，搐入鼻中取嚏开窍，如通窍散。

近年用蟾酥治疗各种癌肿，发现其有一定的攻毒抗癌、消肿止痛作用。如用于肝癌、肠癌、白血病、皮肤癌等，内服或外用，均取得一定的疗效。临床亦用于呼吸、循环衰竭，有迅速且持久的升血压作用，并有明显的兴奋呼吸作用。

用法用量 内服：马、牛 0.1～0.2 g，猪、羊 0.03～0.06 g，犬 0.075～0.15 g，多入丸、散用。外用适量。

禁忌 本品有毒，内服切勿过量；外用不可入目。孕畜忌用。

按语 蟾酥为辛温有毒之品，功善解毒，止痛，开窍醒神。有良好的解毒消肿，麻醉止痛作用。可用于痈疽疔疮，咽喉肿痛，牙痛，《医学入门·本草》总结为："主痈疽疔肿瘰疬，一切恶疮顽癣。"能辟秽化浊，开窍醒神，可用于痧胀腹痛，神昏吐泻。故《本草便读》云："善开窍辟恶搜邪，惟诸闭证救急方中用之，以开其闭。"

现代研究

(1)化学成分 本品主要含蟾蜍毒素类(蟾毒、蟾毒配基脂肪酸酯、蟾毒配基硫酸酯、蟾毒配基类、蟾毒色胺类)以及多糖类、有机酸、氨基酸、肽类、肾上腺素等。

(2)药理作用 本品有强心、抗心肌缺血、抗凝血、升血压、抗休克、兴奋大脑皮层及呼吸中枢、抗炎、镇痛、局部麻醉、抗肿瘤、升高白细胞数量、抗放射线、镇咳、利尿、增强免疫、抗疲劳、抑制汗腺和唾液腺分泌、兴奋肠管和子宫平滑肌等作用。

(3)不良反应 蟾酥主要对心脏有毒性，刺激迷走神经或直接损害心肌，引起心动过缓伴有心律不齐，最后停搏致死。蟾酥中毒的主要原因是过量服用，中毒时主要表现为呕吐、腹泻、呼吸急促、心律不齐、惊厥，最后麻痹而死。

附药：蟾皮

本品为蟾蜍科动物中华大蟾蜍或黑眶蟾蜍等的皮。性味辛，凉。有小毒。清热解毒，利水消胀，适用于痈疽疮毒、疳积腹胀、瘰疬肿瘤等。可煎服，可研末入丸、散。外用适量，可研末调敷患处，或以新鲜蟾皮外贴患处。

五、木鳖子

本品为葫芦科植物木鳖 *Momordica cochinchinensis* (Lour.) Spreng. 的干燥成熟种子(图 21-4，彩图 21-4)。冬季采收成熟果实，剖开，晒至半干，除去果肉，取出种子，干燥。捣碎

图 21-4　木鳖子的原植物和饮片

生用或制霜用。主产于我国广东、广西、湖北、安徽等地。

性味与归经　苦、微甘，凉；有毒。归肝、脾、胃经。

功能　攻毒疗疮，消肿散结。

主治

(1)疮疡肿毒，乳痈　本品能散结消肿止痛，治疗疮痈肿痛，单味外敷，对日久不溃者可促使破溃排脓；治疗乳痈，内服可消散肿块。

(2)筋脉拘挛　本品能疏通经络，治疗痹痛、瘫痪，可与乳香为末，清油、黄蜡为膏，取少许搓擦患处，如木鳖子膏(组成：木鳖子、乳香，《是斋百一选方》)。

用法用量　煎灌，马、牛 3～9 g，羊、猪 1～1.5 g。外用适量，研末调敷、磨汁涂或煎水熏洗。

禁忌　孕畜及体虚者忌用。

按语　木鳖子、马钱子皆为有毒之品，均能消肿散结、通络止痛，治疗疮痈肿痛、跌打伤痛等证。木鳖子为葫芦科植物，长于攻毒疗疮，多用于恶疮肿毒、乳痈、痔疮等证；而马钱子为马钱科植物，又称番木鳖，有大毒，应用宜慎，长于通经络、消结肿、止疼痛，用于风湿顽痹、跌打伤痛等证，止痛作用强于木鳖子。

现代研究

(1)化学成分　本品含木鳖子素、皂苷及脂肪油。

(2)药理研究　本品所含木鳖子素能较强地抑制兔网织红细胞裂解液蛋白质的合成；对犬、猫及兔等麻醉动物有降血压作用，但毒性较大。

六、土荆皮

本品为松科植物金钱松 *Pseudolarix amabilis* (Nelson) Rehd. 的干燥根皮或近根树皮(图 21-5，彩图 21-5)，本品又称土槿皮。夏季剥取，晒干。生用。主产于我国江苏、浙江、安徽、江西等地。

性味与归经　辛，温；有毒。归肺、脾经。

功能　杀虫、止痒。

图 21-5 土荆皮的原植物和饮片

主治

(1)疥癣 本品有较强的祛湿止痒、杀虫疗癣作用。治疗各种癣证,可单用浸酒涂擦或研末加醋调敷,现多制成10%～50%土荆皮酊,或与水杨酸、苯甲酸等制成复方土槿皮外用,如鹅掌风药水(组成:土荆皮、蛇床子、大风子仁、百部、防风、当归、凤仙透骨草、侧柏叶、吴茱萸、花椒、蝉蜕、斑蝥,《中国药物大全》)。

(2)皮肤瘙痒 可单用浸酒外擦,也可与大黄、苦参、黄柏等同用。

用法用量 外用适量。醋浸或酒浸,涂擦,或研末调涂患处。

禁忌 本品有毒,只供外用,不可内服。

按语 土荆皮为辛温有毒之品,外用杀虫疗癣,止痒。凡体癣、头癣等多种癣恃为要药。因其止痒作用突出,亦可治疗湿疹、皮肤瘙痒。

现代研究

(1)化学成分 本品含土荆皮酸、β-谷甾醇、鞣质、挥发油、多糖等。

(2)药理作用 本品酊剂对金黄色葡萄球菌、枯草芽孢杆菌、痢疾杆菌、变形杆菌及常见皮肤真菌均有抑制作用,其中以土荆皮酸的作用最强;醇提取物制成的10%止血粉与血液接触后,在适当的压力下即形成富有弹性的膜状物,对实验动物有良好的止血作用;土荆皮甲酸、土荆皮乙酸和土荆皮酸苷均有抗早孕作用;土荆皮乙酸苷有明显的抗肝癌活性。

七、蜂房

本品为胡蜂科昆虫果马蜂 *Polistes olivaceous* (DeGeer)、日本长脚胡蜂 *Polistes japonicus* Saussure 或异腹胡蜂 *Parapolybia varia* Fabricius 的巢(图 21-6,彩图 21-6)。秋、冬二季采收,晒干或略蒸,除去死蜂死蛹后晒干。用时剪块生用或炒用。又称露蜂房。我国大部分地区均产,尤以南方为多。

性味与归经 甘,平。归胃经。

功能 散风,解毒

主治

(1)疮痈肿毒,乳痈,癌肿 本品长于攻毒杀虫,为外科常用之品。凡痈疽疮疡、顽癣疥

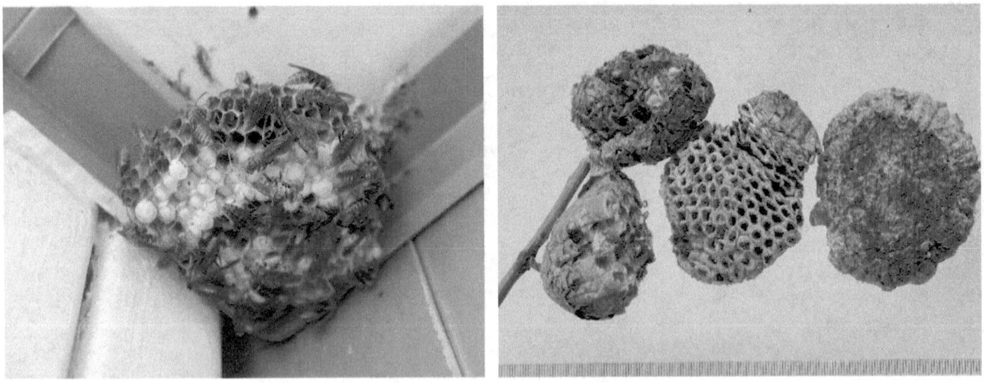

图 21-6 果马蜂巢和蜂房饮片

疮，无论新久均可应用。虽可单用，但更常与解毒消肿生肌药配伍应用。治疗疮肿初发，与生南星、生草乌、白矾、赤小豆共为细末，淡醋调涂；治疗无名肿毒，痈疽发背，瘰核瘰疬，常与玄参、生马钱子、穿山甲等制膏贴于患处，如消核膏（组成：玄参、生马钱子、蓖麻子、五倍子、蛇蜕、苦杏仁、木鳖子、穿山甲、蜂房、巴豆、樟脑，《中华人民共和国卫生部药品标准》）；治疗乳痈肿痛，常与蒲公英、漏芦等同用；治疗癌肿，可与莪术、全蝎、僵蚕等同用。

(2)风湿痹痛　治疗风湿痹痛，可与川乌、草乌同用，乙醇浸泡外涂痛处。

用法用量　煎灌：马、牛 15～25 g，羊、猪 3～6 g。外用：适量。

禁忌　气血虚弱者慎用。

按语　本品历代本草大都标有毒。本品提取的蜂房油可引起实验动物急性肾炎，又可驱绦虫，但毒性强，一直没有用于临床。水提取物也有一定毒性。综合本草记载、功用特点与药理学研究结果，药性标明为“有小毒”。

现代研究

(1)化学成分　本品含蜂房油、蜂蜡、蜂胶、树脂、蛋白质及丰富的钙、锌、铁、硅、锰、铜等微量元素。

(2)药理作用　本品有促凝血、扩张血管、降血压、强心、促进胃肠道平滑肌蠕动、利尿、抗炎、镇痛、抗菌、防腐、抗肿瘤等作用；蜂胶对单纯疱疹病毒及脊髓灰质炎病毒有抑制作用；蜂房油能驱蛔虫、绦虫。

附药：蜂蜡

本品为蜜蜂科昆虫中华蜜蜂 *Apis cerana* Fabricius 或意大利蜜蜂 *Apis melifera* Linnaeus 分泌的蜡。性味甘，微温；归脾经。功能解毒，敛疮，生肌，止痛。外用于溃疡不敛，臁疮糜烂，外伤破溃，烧烫伤。外用取适量，熔化后敷患处。也常作成药赋形剂及油膏基质。

第二节　化腐生肌药

以拔毒化腐、生肌敛疮为主要功效的中药，称为拔毒化腐生肌药。

本类药物主要适用于疮痈疔毒、疥癣、湿疹瘙痒及痈疽疮疡溃后脓出不畅，或溃后腐肉不去，新肉难生，伤口难以生肌愈合等外科、皮肤科及五官科病证。常用的药物有红粉、轻粉、砒石、雄黄、硫黄等。

在兽医临床上，常将拔毒化腐生肌药与其他类药物配伍应用。若属疮疡初期，应与清热解毒药、活血化瘀药配伍，以促其消散；如脓成未溃者，应与清热托毒药配伍，以促进疮疡破溃、排脓；后期如正气虚弱，久溃不敛者，应与补虚药配伍，以促进生肌敛口。治疗湿疹瘙痒，应与清热燥湿或祛风、养血之品配伍。

因拔毒化腐生肌药大多为矿石重金属类药物，大多具有毒性或强刺激性，故以外用为主。有些毒性剧烈，使用时应严格控制剂量和用法，外用也不可过量或过久。有些药不宜在头面及黏膜上使用，以防发生不良反应。其中含砷、汞、铅的药物毒性甚强，更应严加注意。

本类药物的使用方法可根据病情和用途而定，常用方法有研末外撒、加油调敷、制成外用膏药贴敷、点眼、吹喉、吹鼻、滴耳等。

现代药理学研究表明，本类药物多能抑杀病原微生物，兼有防腐、收敛、保护和促进伤口愈合的作用。

一、红粉

本品是以水银、火硝、白矾为原料，人工炼制而成的红氧化汞（HgO），为橙红色片状或粉状结晶（图21-7，彩图21-7）。片状的一面光滑，另一面较粗糙。质硬，性脆，遇光颜色逐渐变深。避光保存，研细末用。别名红升丹、升药、灵药、三白丹、三仙散、升丹、三仙丹。主产于我国湖北、湖南、江苏、河北等地。

图21-7　红粉

性味与归经　辛，热；有大毒。归肺、脾经。

功能　拔毒，除脓，去腐，生肌。

主治

痈疽疮毒，窦道瘘管久不收口　治疗梅毒下疳，一切恶疮，肉暗紫黑，腐肉不去，窦道瘘管，脓水淋漓，久不收口。治疗痈疽疮疡溃后，脓出不畅，可与乳香、没药等共研细末外敷，如拔脓净。治疗痈疽疮疡溃后腐肉不去，新肉难生，可与煅石膏、煅炉甘石、轻粉等共研末外敷，如提毒散。治疥癣湿疹顽痒，与硫黄、蛇床子、白芷、樟脑等共研末涂擦。临床上常与煅石膏同用，具有化腐生肌，收湿敛疮之功效，用于痈疽疮疡，腐肉不去，如九一丹（《医宗金鉴》）。煅石膏与升药用量之比为9∶1者称九一丹，拔毒力较轻而收湿生肌力较强。

用法用量　外用适量，用时研极细粉末，干掺或调敷，或以药捻沾药粉使用。

禁忌　本品为汞化物，有大毒，只可外用，不可内服。外用亦不可过量或持续使用。外疡腐肉已去或脓水已尽者，不宜用。孕畜禁用。

按语　红粉毒性甚强，功专拔毒去腐，为外科之要药，用于痈疽溃后，脓出不畅，腐肉不去及疮面不敛。《疡科纲要》云："一切溃疡皆可通用，拔毒提脓最应验。"《疡医大全》曰："提脓长肉，治疮口坚硬，肉暗紫黑，或有脓不尽者。"《疡科心得集》谓："治一切疮疡溃后，拔毒去腐，生新长肉。"

现代研究

(1)化学成分　本品主要含红氧化汞,还含硝酸汞及钠、镁、铝、铁等元素。

(2)药理作用　在切掉大鼠全层皮肤的 2 cm×2 cm 创面上撒布本品干粉 4 h 后,血、脑、肝、肾等组织含汞量明显升高,内脏组织的含汞量随给药剂量增加而递增,以肾含汞量最多,其次为肝、血、脑;水溶液在试管中对绿脓杆菌、乙型溶血性链球菌、大肠杆菌以及金黄色葡萄球菌均有抑制作用,对绿脓杆菌的抑菌圈与多黏菌素 E 相似,抑菌机制可能是汞离子与细菌酶的巯基结合而使其失去活性,导致细菌死亡;还有促进伤口愈合、防腐止痒、利尿、泻下等作用。

二、轻粉

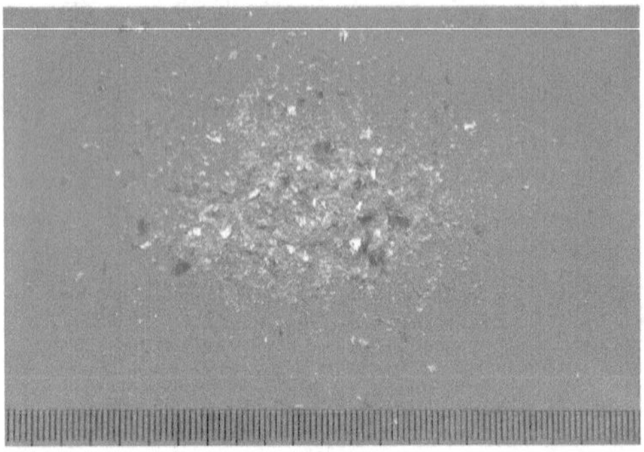

图 21-8　轻粉

本品为水银、白矾(或胆矾)、食盐等用升华法制成的氯化亚汞(Hg_2Cl_2)(图 21-8,彩图 21-8),为白色有光泽的鳞片状或雪花状结晶,或结晶性粉末。避光保存,研细末用。主产我国于湖北、湖南、山西、陕西、贵州等地。

性味与归经　辛,寒;有毒;归大肠、小肠经。

功能　外用攻毒,杀虫,敛疮;内服祛痰消积,逐水通便。

主治

(1)痈疽疮疡　轻粉配大风子,两药均有攻毒杀虫作用,为治疗麻风及梅毒的常用药对。轻粉配黄连,解毒祛腐,生肌敛疮,用于臁疮溃烂不愈。

(2)小便不利　轻粉配牵牛子,逐水消肿。用于水邪盛而正气尚能耐受攻伐,且一般利尿药乏效者。

用法用量　外用适量,研末调涂或掺敷患处,或制膏外贴。内服每次 0.1～0.2 g,入丸、散服,一日 1～2 次。

禁忌　本品有毒(可致汞中毒),内服宜慎。体虚及孕畜忌用。不良反应多为吸入汞蒸气或口服汞盐所致。口服中毒者可见口腔及咽部烧灼痛,黏膜肿胀、出血、糜烂,口内有金属味,恶心、呕吐、腹痛、排黏液便或血便,甚至出现肠穿孔、惊厥、震颤等。汞吸收入血后,可致汞毒性肾病,动物出现水肿、尿少、蛋白尿、管型尿,严重者发生急性肾衰竭、昏迷、抽搐,最终因呼吸衰竭死亡。慢性中毒以口腔炎、震颤、消化系统病变及精神障碍为特征。

现代研究

(1)化学成分　本品主要含氯化亚汞(Hg_2Cl_2 或 HgCl),化学上又称甘汞。

(2)药理作用　本品水煎剂在体外对大肠杆菌、变形杆菌、乙型溶血性链球菌、金黄色葡萄球菌、皮肤真菌均有明显的抑制作用,广谱抗菌;直接撒布于完好的皮肤不导致组织坏死,撒布于受损皮肤则导致明显的组织变性坏死;口服在肠道中遇碱及胆汁,小部分成为易溶的二价汞离子,能抑制肠壁细胞的代谢与功能,阻碍肠道中水和电解质的吸收而引起泻下;轻粉中一价汞离子转化为二价汞离子并被吸收后,可与肾小管细胞中含巯基酶结合,抑制酶活性,影响其再吸收功能，起利尿作用。

三、炉甘石

本品为碳酸盐类矿物方解石族菱锌矿，主要含碳酸锌（$ZnCO_3$）（图 21-9，彩图 21-9）。采挖后，晒干。打碎用，煅或水飞用。主产于我国广西、湖南、四川等地。

图 21-9　炉甘石

性味与归经　甘，平。归肝、脾经。

功能　敛疮生肌，退翳明目。

主治

（1）目赤肿痛、睛生翳膜　炉甘石为眼科要药，外用点眼，既能解毒，又长于去翳脱腐及收涩止泪。主要用于肝热目赤肿痛、羞明多泪及睛生翳膜等。常与冰片、硼砂、玄明粉等为末点眼。

（2）湿疹、疮疡多脓或久不收口　本品有敛疮生肌之效，可用于湿疹、疮疡多脓或久不收口等，常与铅丹、煅石膏、枯矾、冰片等同用。治疗湿疹，可用煅炉甘石 30 g、轻粉 3 g，研匀，用煮熟鸡蛋黄炼油，调敷患处。治疗乳头皲裂，可用炉甘石、花蕊石、寒水石各 10 g，研极细末，加冰片少许，和匀，以菜油调敷患处，每日 2～3 次。

用法用量　外用适量。

按语　《本草纲目》："止血，消肿毒，生肌，明目，去翳退赤，收湿除烂。"炉甘石只供外用，以收湿敛疮为主，凡疮疹多脓水而不收口者，用之最宜。炉甘石尚有明目退翳的作用，可治疗目赤翳障、烂弦风眼之疾。

现代研究

（1）化学成分　本品含碳酸锌，钴、铁、镒、镁、钙的碳酸盐，极微量的镉和钼等，燃烧后生成氧化锌。

（2）药理作用　本品能部分溶解并吸收创面渗出液，起收敛、保护作用；能抑制葡萄球菌的生长；口服后在胃内可生成氯化锌，会腐蚀胃肠道。

本章小结

杀虫止痒药以攻毒疗疮、杀虫止痒为主要功效，主要适用于疮痈疔毒、虫蛇咬伤、癌肿及疥癣、湿疹等病证。雄黄、硫黄共有解毒杀虫之功。雄黄解毒疗疮力强，硫黄外用杀虫止痒力强，多用于疥癣、湿疹、皮肤瘙痒，尤为"疥疮要药"。雄黄杀虫，燥湿祛痰，截疟；硫黄内服补火助阳通便。白矾、蛇床子外用杀虫止痒。白矾内服清热化痰，收敛止血，涩肠止泻；蛇床子内服温肾壮阳，散寒祛风燥湿。蟾酥开窍醒神辟秽、攻毒消肿止痛。蜂房、大蒜、木鳖子、土荆皮解毒杀虫。蜂房祛风止痛、止痒，大蒜消肿、止痢，木鳖子既攻毒疗疮又消肿散结，土荆皮专杀虫止痒，主治多种癣病。

化腐生肌药以外用为主，多有毒性，主要功效是拔毒敛疮、祛腐生肌，常用于疮痈疔毒、疥癣、湿疹瘙痒等。临床应用需结合病证特点和药物性味、归经、功效及主治特性进行选用。

复习思考题

1. 简述攻毒杀虫止痒药的性能特点、功效、适用范围。
2. 攻毒杀虫止痒药的使用注意事项有哪些?
3. 简述雄黄与硫黄功效、主治的异同点。
4. 拔毒化腐生肌药的使用注意事项有哪些?
5. 兽医临床常用的拔毒化腐生肌药有哪些?

第二十二章　植物油脂和提取物

第一节　植物油脂

一、广藿香油

本品为唇形科植物广藿香 *Pogostemon cablin*(Blanco)Benth. 的干燥地上部分经水蒸气蒸馏提取的挥发油。

性状　本品为红棕色或绿棕色的澄清液体,有特异的芳香气,味辛、微温。与三氯甲烷、乙醚或石油醚任意混溶。相对密度为0.950～0.980。

现代研究

(1)化学成分　本品成分以倍半萜及其衍生物为主,占总物质含量的80%以上,其中以百秋李醇(pachouli alcohol)和广藿香酮(pogostone)含量最高。

(2)药理作用　本品有抗炎、抗菌、抗过敏、胃肠道保护及驱虫等多种药理作用,对阴道炎有很好的治疗作用,对新型隐球菌、球毛壳霉和短柄帚霉有明显的生长抑制作用,其最低抑菌浓度(MIC)低于0.11 mL/L,有较强的抗菌活性;对豚鼠离体十二指肠自动收缩及对组胺、乙酰胆碱、氯化钡所致的回肠收缩均有良好的抑制作用。

二、莪术油

本品为莪术(温莪术)经水蒸气蒸馏提取的挥发油。

性状　本品为浅棕色或深棕色的澄清液体,气特异,味微苦而辛。在甲醇、乙醇、丙酮、乙酸乙酯、三氯甲烷、乙醚、甲苯或石油醚中易溶,几乎不溶于水。相对密度为0.970～0.990。

现代研究

(1)化学成分　本品含有多种低沸点的倍半萜类和单萜类化合物,如莪术醇(curcumol)、莪术二酮(curdione)、α-蒎烯(α-pinene)、β-蒎烯(β-pinene)、樟烯(laurolene)、樟脑(camphor)、异龙脑(isoborneol)、龙脑(borneol)、异呋吉马酮(isofuranogermacrone)、吉马酮(germacrone)和揽香烯(elemene)等,主要活性成分为倍半萜类莪术醇、莪术二酮、吉马酮。

(2)药理作用　本品有消炎、抗肿瘤、抗病毒、抗菌、增强免疫等作用,可用于治疗上呼吸道感染、病毒性肠炎、流行性感冒、病毒性肺炎,甲型病毒性肝炎等,对呼吸道合胞病毒(RSV)有直接抑制作用,对流感病毒A1和A3型有直接灭活作用;对多种肿瘤细胞的增殖有一定抑制作用。

第二节　植物提取物

一、人参茎叶总皂苷

本品为五加科植物人参 *Panax ginseng* C. A. Mey. 的干燥茎叶经加工制成的总皂苷。

制法　取人参茎叶，切成 1～2 cm 段，加水煎煮二次，第一次 2 h，第二次 1.5 h，煎液滤过。合并滤液，通过 D101 型大孔吸附树脂柱，水洗脱至无色，再用 60%乙醇洗脱，收集 60%乙醇洗脱液，滤液浓缩至相对密度为 1.06～1.08(80 ℃)的清膏，干燥，粉碎，即得。

性状　本品为黄白色或淡黄色的粉末，微臭，味苦；具吸湿性。在甲醇或乙醇中易溶，在水中溶解，在乙醚或石油醚中几乎不溶。

现代研究

(1)化学成分　本品主要成分为皂苷类，分别为达玛烷型原人参二醇型皂苷、达玛烷型原人参三醇型皂苷、齐墩果酸类皂苷及其他类型皂苷。主要包括人参皂苷 Rb1、Rb2、Rc、Rd、Rd2、Re、F1、F2、F3、F4、Rg1、Rg2、Rg3、Rg4、Rg7、Rh1、Rh3、Rh4、Rh5、Rh6、Rh7、Rh8、Rh9、Ib、RS-9、La，20-葡萄糖-人参皂苷 Rf、Re 及 Rg2、20(R)-人参皂苷 Rh2、25-羟基-人参皂苷 Rg2、20(R)-达玛烷-3*β*，6*α*，12*β*，20，25-五醇、20(R)-达玛烷-3*β*，6*α*，12*β*，20，25-五醇-6-*O*-*β*-*D*-吡喃葡萄糖苷、三七皂苷 Fe、20(R)-原人参三醇、胡萝卜苷、珠子参苷 F4、珠子参苷 F2、假人参皂苷 RT5 等。

(2)药理作用　本品有改善糖脂代谢、抗炎、抗疲劳、增强免疫、护心、提高记忆力等作用，对许多动物疫苗的免疫有增强作用，口服人参茎叶总皂苷能够明显提高口蹄疫疫苗免疫小鼠的特异性 IgG 及其亚类水平；人参皂苷能抑制脑组织各部分自由基所致损伤，提高自由基清除酶的活性，因此人参皂苷有抗氧化和延缓脑老化、提高记忆力的作用；能延长负重小鼠力竭游泳时间，降低血乳酸、血清尿素氮含量，缓解疲劳。

二、三七总皂苷

本品为五加科植物三七 *Panax notoginseng*(Burk.) F. H. Chen. 的主根或根茎经加工制成的总皂苷。

制法　取三七粉碎成粗粉，用 70%的乙醇提取，滤过，滤液减压浓缩，滤过，过苯乙烯非极性或弱极性共聚体大孔吸附树脂柱，用水洗涤。水洗液弃去，以 80%的乙醇洗脱，洗脱液减压浓缩，脱色，精制，减压浓缩至浸膏，干燥，即得。

性状　本品为类白色至淡黄色的无定形粉末；味苦、微甘。

现代研究

(1)化学成分　本品是植物三七的主要活性成分，含人参皂苷 R_1、Rg_1 和三七皂苷 Rb_1 等多种单体皂苷成分，按干燥品计，其中含三七皂苷 R_1($C_{47}H_{80}O_{18}$)不少于 5.0%、人参皂苷 Rg_1($C_{42}H_{72}O_{14}$)不少于 25.0%、人参皂苷 Re($C_{48}H_{82}O_{18}$)不少于 2.5%、人参皂苷 Rb_1($C_{54}H_{92}O_{23}$)不少于 30.0%、人参皂苷 Rd($C_{48}H_{82}O_{18}$)不少于 5.0%，且三七皂苷 R_1、人参皂苷 Rg_1、人参皂苷 Re、人参皂苷 Rb_1、人参皂苷 Rd 总量不低于 75%(供口服用)或 85%(供注

射用)。

(2)药理作用　本品在体外能明显促进小鼠 B 淋巴细胞增殖和 T 淋巴细胞 IL-2 分泌,有一定的细胞免疫活性和诱生细胞因子的能力,有抗炎、免疫调节、抗氧化和抗病毒等多种活性。其他药理作用包括保护神经元、保护内皮细胞、促进骨损伤后的修复、抗脑缺血、抗肿瘤及抗纤维化等。

三、大黄浸膏

本品为大黄经加工制成的浸膏。

制法　取大黄(最粗粉)1 000 g,照流浸膏剂与浸膏剂项下的渗漉法,用 60%乙醇作为溶剂,浸渍 12 h 后,以每分钟 1～3 mL 的速度缓缓渗漉,收集滤液 8 000 mL;或用 75%乙醇回流提取 2 次(10 000 mL,8 000 mL),每次 1 h,合并提取液。滤过,滤液减压回收乙醇至稠膏状,低温干燥,研细,过四号筛,即得。

性状　本品为棕色至棕褐色的粉末;味苦,微涩。

现代研究

(1)化学成分　本品主要成分包括大黄素、大黄酸、大黄素甲醚、芦荟大黄素、大黄酚、番泻苷、鞣质等,其重要的活性成分是蒽醌类化合物及其衍生物。大黄蒽醌类衍生物主要包括大黄素、大黄酸、芦荟大黄素、大黄素甲醚以及大黄酚等。此外,还含单糖、多糖、蛋白质、挥发油等有机物以及钙、钾、钛、锰、锌、铜、镍等微量元素。

(2)药理作用　本品有泻下、止血、抗病原微生物、抗炎、抗肿瘤、抗氧化等作用。

四、马钱子流浸膏

本品为马钱子经加工制成的流浸膏。

制法　取三七粉碎成粗粉,用 70%乙醇提取,滤过,滤液减压浓缩,滤过,过苯乙烯非极性或弱极性共聚体大孔吸附树脂柱,用水洗涤,弃去水洗液,以 80%乙醇洗脱。洗脱液减压浓缩,脱色,精制,减压浓缩至浸膏,干燥,即得。

性状　本品为棕色的液体;味极苦。

现代研究

(1)化学成分　本品主要成分为马钱子碱和士的宁,其他成分包括 γ-可鲁勃林及 β-可鲁勃林、番木鳖次碱、马钱子新碱、番木鳖苷等,番木鳖碱(士的宁)与马钱子碱(布鲁生)也是其主效成分及毒性成分。

(2)药理作用　本品有通络止痛等功效,主要用于消肿散结,治疗痈疽肿痛;通络止痛,跌打损伤、风湿痹痛、麻木瘫痪。治疗马、牛、羊、猪等的脊髓性不全麻痹,或作为口服药,发挥苦味健胃剂作用,治疗消化不良,食欲不振,前胃迟缓,瘤胃积食等疾病。但同时又是一味有大毒的中药,士的宁和马钱子碱是马钱子的主要毒性成分,目前被认为其先作用于脊髓,兴奋反射功能,引起感觉器官敏感,提高横纹肌、平滑肌和心肌的张力,终致强直性惊厥,最后引起呼吸麻痹而致死。

五、丹参总酚酸提取物

本品为唇形科植物丹参 *Salvia miltiorrhiza* Bge. 的干燥根及根茎经加工制成的提取物。

制法 取丹参，切成小段，加水于 80 ℃提取 2 次，合并提取液，滤过。滤液于 60 ℃减压浓缩至相对密度为 1.18～1.22(50 ℃)的清膏，放冷，加乙醇使含醇量为 70%，静置 12 h。取上清液，减压回收乙醇，并浓缩至稠膏，干燥，即得。

性状 本品为黄褐色粉末。

现代研究

(1)化学成分 本品主要成分包括丹参素、原儿茶醛、咖啡酸、丹酚酸 F、丹酚酸 H/L、丹酚酸 G、丹酚酸 D、丹酚酸 E、迷迭香酸、紫草酸、丹酚酸 B、异丹酚酸 B/E、丹酚酸 C、丹酚酸 A 和咖啡酸。

(2)药理作用 本品对于组织缺血再灌注损伤有明显的防护作用，有抗氧化、抗凝血、扩张血管、改善血液黏滞性、加快血液循环、改善微循环、增加心肌供血、抗菌消炎、抗肿瘤等作用，对心肌缺血再给氧损伤的保护作用与其氧自由基清除活性有关；能降低实验性急性胃黏膜损伤和大鼠胃黏膜组织过氧化脂质的含量；丹参含有较强的抗脂质过氧化的活性成分，被用来抑制黄曲霉毒素 5 引起的动物脂质过氧化反应，增加谷胱甘肽含量，清除活性氧，降低脂质过氧化产物。

六、丹参酮提取物

本品为唇形科植物丹参 *Salvia miltiorrhiza* Bge. 的干燥根及根茎经加工制成的提取物。

制法 取丹参，粉碎成粗粉，加乙醇加热回流提取 3 次，滤过。合并滤液，减压回收乙醇并浓缩成相对密度为 1.30～1.35(60 ℃)稠膏，用热水洗至洗液无色，80 ℃干燥，粉碎成细粉，即得。

性状 本品为棕红色的粉末，有特殊气味，不具引湿性。易溶于三氯甲烷、二氯甲烷，溶解于丙酮，微溶于甲醇、乙醇、乙酸乙酯。

现代研究

(1)化学成分 本品主要成分包括丹参酮Ⅰ、丹参酮ⅡA、丹参酮ⅡB、隐丹参酮及异隐丹参酮等十多种丹参酮等活性成分。

(2)药理作用 本品有清除氧自由基、抑制炎症细胞增殖、抗菌等作用。本品对巴豆油引起的局部炎症有明显的抗炎作用，丹参酮类化合物对蛋清所致大鼠急性足肿胀和羧甲基纤维素诱导的白细胞游走均有抑制作用；对金黄色葡萄球菌及其耐药菌株、链球菌、分枝杆菌、蜡样芽孢杆菌、人结核杆菌都有明显的抑杀作用；对心血管系统有广泛的药理作用，可以降低心肌耗氧量，缩小心肌梗死面积，抗动脉粥样硬化，扩张冠状动脉以防止动脉狭窄，改善微循环障碍等，可增加实验动物冠状动脉血流量，对实验性急性心肌梗死犬、猫，以及离体猫、猪的冠状动脉，能明显扩张及增加血流量，并能对抗吗啡、心得安的缩小冠状血管的作用；还有保护胃黏膜完整性并增强其防御功能的作用。

七、水牛角浓缩粉

本品为牛科动物水牛 *Bubalus bubalis* Linnaens 角的半浓缩粉。

制法 取水牛角，洗净，锯断，除去角塞，劈成小块。选取尖部实心部分（习称“角尖”），用75%乙醇浸泡或蒸气消毒后，粉碎成细粉，其余部分（习称“角桩”）打成粗颗粒或棒成薄片。取角桩粗颗粒或镑片810 g，加10倍量水煎煮2次，每次7～10 h，煎煮过程中随时补充蒸去的水分。合并煎液，滤过，滤液浓缩至80～160 mL，加入上述角尖细粉190 g，混匀，在80 ℃以下干燥后，粉碎成细粉，过筛，即得。

性状 本品为淡灰色粉末；气微腥，味微咸。

现代研究

（1）化学成分 本品主要含蛋白质类（角蛋白）、肽类、氨基酸类、含硫类、核苷类、无机元素类等，含多种氨基酸，如酪氨酸、异亮氨酸等，还含钙、铁、钾、镁、钠、锌、锰、铜元素等常量和微量元素。

（2）药理作用 本品对感染性发热（酵母致热）与非感染性发热（脱脂牛奶致热）动物均有明显的解热作用，亦可明显降低发热大鼠血浆中IL-1β、IL-6、TNF-α、PGE2等炎症因子水平；有较好的镇静作用，可明显减少小鼠自发活动次数，可协同戊巴比妥钠延长小鼠睡眠时间；有止血作用，小鼠断尾模型和玻管凝集试验表明其止血作用起效快，持续6 h左右。

八、甘草浸膏

本品为甘草经加工制成的浸膏。

制法 取甘草，润透，切片，加水煎煮3次，每次2 h，合并煎液，放置过夜使沉淀。取上清液浓缩至稠膏状，取出适量，测定甘草酸的含量，调节使符合规定，即得；或干燥，使成细粉，即得。

性状 本品为棕褐色的块状固体或粉末，有微弱的特殊臭气和持久的特殊甜味。

现代研究

（1）化学成分 本品含甘草苷、甘草酸，甘草次酸、芹糖异甘草苷、异甘草苷、新异甘草苷、甘草查尔酮B。

（2）药理作用 本品用于缓解和改善动物呼吸道疾病的症状，主要功效为祛痰止咳；还有抗炎、抗病毒、抗肿瘤、免疫调节等药理作用。

九、北豆根提取物

本品为防己科植物蝙蝠葛 *Menispermum dauricum* DC. 的干燥根茎经加工制成的提取物。

制法 取北豆根，粉碎成粗粉，加8倍量硫酸水溶液（pH 1～2），温浸（55～60 ℃）2次，每次24 h，滤过。合并滤液，静置，待沉淀完全，取上清液用10%氢氧化钠调节pH至8.0～9.0，静置。待沉淀完全，弃去上清液，取沉淀抽滤，用少量水洗至中性，50～60 ℃干燥，粉碎成细粉，即得。

性状 本品为灰棕色至黑棕色的粉末，气微，味苦。

现代研究

（1）化学成分 本品主要含生物碱，其中含量较高的为蝙蝠葛碱、蝙蝠葛辛碱、蝙蝠葛定碱、粉防己碱和青藤碱等。

(2)药理作用　本品对呼吸道致病菌有抑制作用，尤其对肺炎链球菌效果明显；还可抗心律失常、抗高血压、抗肿瘤、抗心肌缺血，在脑缺血时保护神经等。

十、当归流浸膏

本品为当归经加工制成的流浸膏。

制法　取当归粗粉 1 000 g，用 70%乙醇作溶剂，浸渍 48h，缓缓渗漉。收集初漉液 850 mL，另器保存，继续渗漉。至渗漉液近无色或微黄色为止，收集续漉液，在 60 ℃以下浓缩至稠膏状，加入初漉液 850 mL，混匀，用 70%乙醇稀释至 1 000 mL，静置数日，滤过，即得。

性状　本品为棕褐色的液体，气特异，味先微甜后转苦麻。

现代研究

(1)化学成分　本品主要包括有机酸及挥发油，其中阿魏酸和藁本内酯分别为代表性指标成分。

(2)药理作用　本品有免疫增强、抗炎、保护肝脏、抗氧化、抗肿瘤、抗心律失常和镇痛等作用，在饲料添加、疾病防治等畜牧业生产领域得到广泛应用。本品可促进生成 B 细胞、T 细胞，加快产生特异性免疫抗体，促进巨噬细胞分泌细胞因子，有效提高其吞噬功能，加速对异物的识别和吞噬；治疗牛前胃弛缓；促进胎衣排出；对不孕母牛有生新血、祛淤血作用，气血双补，可促母牛发情、排卵，恢复其生殖机能，达受胎之目的。

十一、连翘提取物

本品为木犀科植物连翘 *Forsythia suspensa*(Thunb.)Vahl 的干燥果实经加工制成的提取物。

制法　取连翘，粉碎成粗粉，加水煎煮 3 次，每次 1.5 h，滤过。合并滤液，滤液于 60 ℃以下减压浓缩至相对密度为 1.10～1.20(室温)的清膏，放冷，加入 4 倍量乙醇，搅匀，静置 2 h，滤过，滤液减压回收乙醇，浓缩液喷雾干燥，即得。

性状　本品为棕褐色的粉末；气香，味苦。

现代研究

(1)化学成分　本品含连翘苷、连翘脂素、松脂素-*β*-*D*-葡萄糖苷、罗汉松脂素、松脂素单甲醚、连翘酯苷 A、异连翘酯苷、连翘酯苷 G、槲皮素、异槲皮素、紫云英苷、芦丁、胡萝卜苷等。

(2)药理作用　本品有清热解毒、消肿散结的功效，主要体现在抗炎、抗菌、抗病毒、抗内毒素、解热、解毒、抗肝损伤、降血压、抗肿瘤等方面。连翘抗菌谱广，对多种革兰氏阳性菌、革兰氏阴性菌、结核杆菌等有抑制作用，对金黄色葡萄球菌等革兰氏阳性菌作用强，对伤寒杆菌、变异变形杆菌等革兰氏阴性菌作用弱。

十二、刺五加浸膏

本品为五加科植物刺五加 *Acanthopanax senticosus*(Rupr. et Maxim.)Harms 的干燥根及根茎或茎用水或乙醇提取加工制成的浸膏。

制法　取刺五加 1 000 g，粉碎成粗粉，加水煎煮 2 次，每次 3 h，合并煎液，滤过，滤液浓缩成浸膏 50 g(水浸膏)，即得；或取刺五加 1 000 g，粉碎成粗粉，加 75% 乙醇，回流提取 12 h，滤过，滤液回收乙醇至无醇味，浓缩成浸膏 40 g(醇浸膏)，即得。

性状　本品为黑褐色的稠膏状物，气香，味微苦、涩。

现代研究

(1)化学成分　异秦皮啶、紫丁香苷和刺五加苷 E 是本品的特异性成分，其他化学成分还包括刺五加苷 A(胡萝卜苷)。

(2)药理作用　本品在免疫调节、抗疲劳、中枢神经系统及心血管方面的生物活性较为明显。本品能明显减少小鼠的自主活动，并可明显延长异戊巴比妥钠引起的小鼠睡眠时间，对抗防己毒素引起的小鼠惊厥，对神经系统有镇静安神的作用；在饲料中添加刺五加可以促进动物生长、提高机体免疫力、抗氧化、调节脂质代谢、维持肠道健康，还有抗炎、缓解应激等作用，刺五加多糖可以通过提高血清中超氧化物歧化酶、谷胱甘肽过氧化物酶、过氧化氢酶含量和降低丙二醛含量，提高机体的抗氧化功能。

十三、肿节风浸膏

本品为金粟兰科植物草珊瑚 *Sarcandra glabra* (Thunb.) Nakai 的干燥全株经加工制成的浸膏。

制法　取肿节风，加水煎煮 3 次，每次 1 h。合并煎液，滤过，滤液浓缩成稠膏，85 ℃以下减压干燥，即得。

性状　本品为深棕色至深褐色的疏松不规则块，味苦，微涩。

现代研究

(1)化学成分　本品含迷迭香酸、伊斯坦布尔马芹素 A、白术内酯Ⅱ、落新妇苷、左旋类没药素甲(istanbulin A)、异嗪皮啶(isofraxidin)、延胡索酸(fumaric acid)、琥珀酸(succinic acid)、黄酮苷及香豆精衍生物等。

(2)药理作用　本品有抗菌、抗病毒、抗炎、抗氧化、抗血小板减少及抗肿瘤等作用。本品有广谱抗菌作用，对金黄色葡萄球菌、铜绿假单胞菌、大肠杆菌、肺炎链球菌、痢疾杆菌、伤寒杆菌和绿脓杆菌的生长均有抑制作用，尤其是金黄色葡萄球菌和铜绿假单胞菌；有止咳、平喘、祛痰作用；对细胞吞噬功能有促进作用，小剂量可增强免疫低下者的免疫功能，大剂量则降低免疫亢进者的免疫功能；有人参样抗疲劳、延长寿命、抗寒冷作用。

十四、茵陈提取物

本品为菊科植物滨蒿 *Artemisia scopatia* Waldst. et Kit. 或茵陈蒿 *Artemisia capillaris* Thunb. 春季采收的干燥地上部分(绵茵陈)经提取制成的提取物。

制法　取绵茵陈，加入 90% 乙醇作为溶剂，浸渍 24 h 后进行渗漉。收集渗漉液，滤过，滤液减压浓缩至相对密度为 1.10～1.15(60～65 ℃)的清膏，加 6～7 倍量水，冷藏，静置，滤过。滤液 120 ℃加热 1 h，冷藏，静置，加入 0.2%活性炭，滤过。滤液减压浓缩至相对密度为 1.15～1.20(60～65 ℃)的清膏，80 ℃以下真空干燥，即得。

性状　本品为棕褐色的块状物或颗粒，气香，味苦。

现代研究

(1)化学成分　本品主要成分包括黄酮类(茵陈黄酮、异茵陈黄酮、木犀草素、槲皮素和蓟黄素)、香豆素类(主要有6,7-二甲氧基香豆素等)、香豆酸及其他有机酸类(主要有茵陈香豆酸A、B和绿原酸、咖啡酸等)。

(2)药理作用　本品药理作用广泛,主要有利胆保肝、抗肿瘤、调节心血管系统、抗病原微生物和调节免疫的作用,有较强的抗菌作用,对变形链球菌、白喉杆菌、金黄色葡萄球菌有一定的杀灭作用。

十五、穿心莲内酯

穿心莲内酯(andrographolide,AG)是从穿心莲(*A. paniculata*)中提取的化合物,分子式$C_{20}H_{30}O_5$,分子量350.45。

性状　本品为无色结晶性粉末;无臭,味苦。在沸乙醇中溶解,在甲醇或乙醇中略溶,在三氯甲烷中极微溶解,在水中几乎不溶。

现代研究

(1)化学成分　本品是一种双环二萜内酯,是穿心莲的主要活性成分。

(2)药理作用　本品有调节免疫、抗炎、保护心脏、抗肿瘤、抗病毒、抗血栓和护肝等作用。抑制胃癌,提高胰腺癌吉西他滨的治疗效果;可穿过血脑屏障减少炎症介导的神经退行性病变;在体外和体内动物模型中调节自噬机制。

十六、益母草流浸膏

本品为益母草经加工制成的流浸膏。

制法　取益母草1 000 g,切碎,加水煎煮3次。合并煎液,滤过,滤液浓缩至约500 mL,放冷,加入等量的乙醇,搅匀,静置,沉淀,滤过。滤渣用45%乙醇洗涤,洗液与滤液合并,减压回收乙醇,放冷,滤过,调整乙醇量至规定浓度,并使总量为1 000 mL,静置,待澄清,滤过,即得。

性状　本品为棕褐色的液体;味微苦。

现代研究

(1)化学成分　本品含水苏碱、盐酸益母草碱,是益母草的主要活性成分,还含对羟基苯甲酸和丁香酸、益母草啶、益母草宁和胡芦巴碱、谷甾醇、3′,4′,5,5′,7-五甲氧基黄酮、汉黄芩素、大豆素、芫花素、芦丁、异槲皮苷、金丝桃苷、山柰、橙皮素等。

(2)药理作用　本品为子宫收缩药,对子宫有双向调节作用,对离体子宫有兴奋作用,与增加子宫平滑肌细胞胞浆Ca^{2+}含量有关,对正常大鼠子宫有兴奋作用,对痉挛子宫有舒张作用,通过开放Ca^{2+}通道增强离体子宫平滑肌的敏感性,促进能量代谢,保护缺血再灌注子宫;益母草水提物改善异丙肾上腺素致大鼠心肌重构模型心脏收缩功能,增强大鼠心肌重构模型舒张功能,下调胶原表达,改善心肌胶原构成比,减轻心肌重构程度;还有降低血液黏度、抗氧化、抗凋亡、抗炎、抗血栓、抗动脉粥样硬化等作用。

十七、黄芩提取物

本品为唇形科植物黄芩 *Scutellaria baicalensis* Georgi 的干燥根经加工制成的提取物。

制法　取黄芩，加水煎煮，合并煎液，浓缩至适量，用盐酸调节 pH 至 1.0～2.0，80 ℃保温，静置，滤过。沉淀物加适量水搅匀，用 40%氢氧化钠溶液调 pH 至 7.0，加等量乙醇，搅拌使溶解，滤过。滤液用盐酸调节 pH 至 1.0～2.0，60 ℃保温，静置，滤过。沉淀依次用适量水及不同浓度的乙醇洗至 pH 至 7.0，挥尽乙醇，减压干燥，即得。

性状　本品为淡黄色至棕黄色的粉末；味淡、微苦。

现代研究

(1)化学成分　本品活性成分主要是黄芩素、黄芩苷、汉黄芩素和汉黄芩苷 4 种，其他包括千层纸素 A、野黄芩苷等。

(2)药理作用　本品有抗菌、抗病毒、抗过敏、抗炎作用和保护肝脏、保护神经系统等多种药理活性。在抗菌方面，对革兰氏阳性菌、革兰氏阴性菌等有抑制作用，在体外对金黄色葡萄球菌的抑制效果较好；在抗病毒方面，猪繁殖与呼吸系统综合征病毒在传代细胞系 MARC145 细胞中增殖的试验表明，其可在细胞水平抑制病毒增殖，黄芩乙醇提取物对传染性支气管炎病毒有明显的抑制作用，且药物浓度越高抑制作用越明显，可增加传染性支气管炎病毒(IBV)感染细胞内抗病毒基因的表达量；在抗真菌方面，黄芩苷对白色念珠菌有较好的抑制作用；对全身炎症反应综合征可起到较好的治疗作用；在抗过敏反应方面，能抑制肥大细胞脱颗粒和介质释放所需巯基酶活性，抑制组胺 SRS-A 释放；有解热镇痛的作用，能够明显降低 TNF-α、IL-1β 等制热性细胞因子水平，对伤寒、副伤寒内毒素诱导的兔单核细胞产生内生致热原过程中的 DNA 合成和 Ca^{2+} 内流有明显抑制作用，可抑制下丘脑中 PGE_2 和 cAMP 含量的升高，可降解内毒素，降低发热模型动物的体温，药效和地塞米松等药物相似；可保护神经组织免受氧自由基的损伤，因此对缺血性脑损伤有很好的改善作用。

十八、黄藤素

本品为防己科植物黄藤 *Fibraurea recisa* Pierre. 干燥藤茎中提取的生物碱，又称巴马汀。分子式 $C_{21}H_{22}ClNO_4$ 分子量 387.86。

制法　取黄藤粗粉 1 000 g，加 0.3%～0.5%硫酸溶液浸泡 2 次，每次 24 h，第一次 5 倍量，第二次 4 倍量，合并提取液，滤过。滤液加食盐约 800 g，搅匀，静置，滤过，滤渣干燥，即得黄藤素粗品。取粗品 1 000 g，加 85%乙醇 30 000 mL 及活性炭 100 g，加热回流 30 min，趁热滤过，滤液浓缩至 15 000 mL，室温静置 48 h 使结晶，滤过，结晶后置 70 ℃下干燥，粉碎，即得。

性状　本品为黄色的针状结晶；无臭，味极苦。在热水中易溶，在水中略溶，在乙醇或三氯甲烷中微溶，在乙醚中几乎不溶。

现代研究

(1)化学成分　本品是大黄藤中生物碱的主要成分，也是大黄藤主要活性成分。

(2)药理作用　本品具有抗炎、抗菌、提高免疫力等作用。本品对多种革兰氏阳性菌和阴性菌均有抑制作用，对真菌抑制效果更好；可通过抑制肺内炎症相关 NF-κB 信号通路，有效减轻小鼠肺内组织炎性反应；有明显的抗炎作用，能够增强小鼠非特异性免疫功能。

十九、薄荷脑

本品为唇形科植物薄荷 *Mentha haplocalyx* Briq 的新鲜茎叶经水蒸气蒸馏、冷冻、重结晶得到的一种饱和的环状醇，为 *L*-1-甲基-4-异丙基环己醇-3。

性状 本品为无色针状或棱柱状结晶或白色结晶性粉末；有薄荷的特殊香气，味初灼热后清凉。乙醇溶液显中性反应。在乙醇、三氯甲烷、乙醚中极易溶，在水中极微溶。熔点应为 42～44 ℃。取本品，精密称定，加乙醇制成每 1 mL 含 0.1 g 的溶液，依法测定，比旋度应为－49°～－50°。

现代研究

(1)化学成分　本品薄荷脑($C_{10}H_{20}O$)含量应为 95.0%～105.0%。

(2)药理作用　本品薄荷脑通过激活突触前 TRPA1、TRPM8 等经典的痛觉靶点，增强延髓背角中枢前馈神经回路中的抑制性突触传递，或者增加兴奋性突触传递，使外周神经元对疼痛信号脱敏，发挥镇痛作用；作用于瞬时受体电位(TRP)通道亚家族 M 成员 8、5-羟色胺系统、γ-氨基丁酸系统等，保护中枢神经系统；通过温感调节、缓解热应激压力等调节体温；通过调控前列腺素 E2、白三烯 B4 等炎症介质的产生和释放，以及 TRP 通道介导的细胞免疫效应，发挥抗炎作用；破坏角质层之间的分子相互作用，使肌肤表层构造变得疏散，降低皮肤屏障作用，从而使药物容易透过皮肤；通过调控肿瘤细胞增殖、凋亡和黏附途径等，发挥抗肿瘤作用。

二十、露水草提取物

本品为鸭跖草科植物露水草 *Cyanotis arachnoidea* C. B. Clarke 全草提取制得。

性状 本品为淡黄色的结晶性粉末。在乙醇中易溶，在丙酮中略溶，在乙酸乙酯及热水中微溶，在乙醚中几乎不溶。

现代研究

(1)化学成分　本品主要化学成分为 20-羟基蜕皮甾酮(β-蜕皮激素)、漏芦甾酮 B、露水草甾酮 A、露水草甾酮 D、2,25-二去羟基水龙骨甾醇。

(2)药理作用　本品主要作用为促进细胞生长、刺激真皮细胞分裂，能促进核酸和蛋白质的合成，影响糖代谢和脂类代谢；调节机体的免疫；提高乙酰胆碱酯酶的活性。广泛用于桑蚕养殖，调节家蚕的生长发育，使桑蚕上簇整齐；在水产养殖中也用于促进虾、蟹脱壳，以达到高产的目的。

复习思考题

1. 简述植物油脂和提取物的定义及分类。
2. 简述连翘提取物的药理作用。
3. 植物提取物常用的提取方法有哪些？
4. 简述大黄浸膏、甘草浸膏、益母草流浸膏的主要化学成分和药理作用。

第二十三章 成方制剂和单味制剂

一、解表方

以解表药为主组成，具有发汗解表作用，用于解除表证的一类方剂，称为解表方。因表证有表寒与表热的不同，故解表方也有辛温解表和辛凉解表之分。辛温解表方适用于外感风寒引起的表寒证，病的初期一般以荆芥、防风为君药，病情较重者，可用麻黄、桂枝为君药；对于表虚证，则应在辛温解表药中加入白芍等，以敛阴止汗，防止耗伤正气。辛凉解表方适用于外感风热引起的表热证。若为风热伤肺的轻证，可用疏散风热的桑叶、菊花、薄荷等为君药，若发热明显，则应与清热解毒的金银花、连翘、牛蒡子等配伍。

解表类兽医中药制剂的传统功能包括辛凉解表、辛温解表、解表疏肝、疏风清热、解表散寒等，现代兽医学确定的临床主治内容包括感冒发热、风寒感冒、外感风热、温热病初起等(表 23-1)。

表 23-1　解表类新兽药成方制剂和单味制剂

新兽药	功能	主治
双黄连口服液	辛凉解表，清热解毒	感冒发热
双黄连可溶性粉	辛凉解表，清热解毒	感冒发热
荆防败毒散	辛温解表，疏风祛湿	风寒感冒，流感
茵陈木通散	解表疏肝，清热利湿	温热病初起
桑菊散	疏风清热，宣肺止咳	外感风热
银翘散	辛凉解表，清热解毒	风热感冒，咽喉肿痛，疮疡初起
麻黄桂枝散	解表散寒，疏理气机	风寒感冒

二、清热方

以清热药为主组成，具有清热泻火、凉血解毒等作用，用于治疗里热证的一类方剂，称为清热方。清热剂又可分为清泄气分、清营凉血、清热解毒、清脏腑热、清热燥湿、清热解暑以及清虚热等类。使用清热剂时，应先辨明里热的真假。如真热假寒，当用清热法；真寒假热，则应使用温里回阳之剂。屡用清热剂而热仍不退者，属阴虚火旺之证，当用滋阴壮水之法，使阴复而热自退。此外，使用清热剂，还应根据动物病情轻重和体质强弱来选药定量，避免因使用寒凉药太过而损伤脾胃阳气。

清热类兽医中药制剂的传统功能包括清热解毒、清热润肺、清热泻火、清热燥湿、清热解暑、清肝明目、清热通肠、清热利尿、清热化痰等，现代兽医学确定的临床主治内容包括肺热咳嗽、膀胱积热、湿热泄泻、痢疾、湿热下注、三焦热盛、胃热食少、烂腮、乳痈、幼畜奶泻、目赤肿痛、脏腑壅热、口舌生疮、血热、热毒发斑等方面，在防治仔猪白痢、羔羊腹泻、鸡传染性法氏囊病、鸡支原体病、鸡大肠杆菌病、雏鸡白痢、风热感冒、风疹、黄疸、鸡喉气管炎等方面取得成效(表 23-2)。

表 23-2 清热类新兽药成方制剂和单味制剂

新兽药	功能	主治
二母冬花散	清热润肺，止咳化痰	肺热咳嗽
十黑散	清热泻火，凉血止血	膀胱积热，尿血，便血
七味胆膏散	清热解毒，止泻止痢	羔羊腹泻，痢疾
七清败毒颗粒	清热解毒，燥湿止泻	湿热泄泻，雏鸡白痢
八正散	清热泻火，利尿通淋	湿热下注，热淋，血淋，石淋，尿血
三子散	清热解毒	三焦热盛，疮黄肿毒，脏腑实热
三白散	清胃泻火，通便	胃热食少，大便秘结，小便短赤
大黄芩鱼散	清热解毒	烂腮
止痢散	清热解毒，化湿止痢	仔猪白痢
公英散	清热解毒，消肿散痈	乳痈初起，红肿热痛
乌梅散	清热解毒，涩肠止泻	幼畜奶泻
龙胆泻肝散	泻肝胆实火，清三焦湿热	目赤肿痛，淋浊，带下
四味穿心莲散	清热解毒，除湿化滞	泻痢，积滞
四黄止痢颗粒	清热泻火，止痢	湿热泻痢，鸡大肠杆菌病
白龙散	清热燥湿，凉血止痢	湿热泻痢，热毒血痢
白头翁口服液	清热解毒，凉血止痢	湿热泄泻，下痢脓血
白头翁散	清热解毒，凉血止痢	湿热泄泻，下痢脓血
白矾散	清热化痰、下气平喘	肺热咳喘
加减消黄散	清热泻火，消肿解毒	脏腑壅热，疮黄肿毒
苍术香连散	清热燥湿	下痢，湿热泄泻
扶正解毒散	扶正祛邪，清热解毒	鸡传染性法氏囊病
鸡痢灵片	清热解毒，涩肠止痢	雏鸡白痢
鸡痢灵散	清热解毒，涩肠止痢	雏鸡白痢
青黛散	清热解毒，消肿止痛	口舌生疮，咽喉肿痛
板青颗粒	清热解毒，凉血	风热感冒，咽喉肿痛，热病发斑
板蓝根片	清热解毒，除湿利胆	感冒发热，咽喉肿痛，肝胆湿热
板蓝根注射液	清热解毒	流感、仔猪白痢、肺炎及某些发热性疾患
郁金散	清热解毒，燥湿止泻	肠黄，湿热泻痢
金荞麦片	清热解毒，活血祛瘀，清肺排脓	鸡葡萄球菌病，细菌性下痢，呼吸道感染
金根注射液	清热解毒，化湿止痢	湿热泻痢；仔猪黄痢、白痢
鱼腥草注射液	清热解毒，消肿排脓，利尿通淋	肺痈，痢疾，乳痈，淋浊

续表 23-2

新兽药	功能	主治
荆防解毒散	疏风清热,凉血解毒	血热,风疹,遍身黄
茵陈蒿散	清热,利湿,退黄	湿热黄疸
香薷散	清热解暑	伤暑,中暑
复明蝉蜕散	清肝明目,退翳消肿	目赤肿痛,睛生云翳
洗心散	清心,泻火,解毒	心经积热,口舌生疮
穿心莲末	清热解毒	湿热下痢
穿白痢康丸	清热解毒,祛湿止痢	湿热泻痢,雏鸡白痢
穿梅三黄散	清热解毒	细菌性败血症,肠炎,烂鳃与赤皮病
蚌毒灵散	清热解毒	蚌瘟病
消黄散	清热解毒,散瘀消肿	三焦热盛,热毒,黄肿
通肠芍药散	清热通肠,行气导滞	湿热积滞,肠黄泻痢
秦艽散	清热利尿,祛瘀止血	膀胱积热,努伤尿血
黄连解毒片	泻火解毒	三焦实热
黄连解毒散	泻火解毒	三焦实热,疮黄肿毒
银黄提取物口服液	清热疏风,利咽解毒	风热犯肺,发热咳嗽
银黄提取物注射液	清热疏风,利咽解毒	风热犯肺,发热咳嗽
麻杏石甘口服液	清热,宣肺,平喘	肺热咳喘
麻杏石甘片	清热,宣肺,平喘	肺热咳喘
麻杏石甘散	清热,宣肺,平喘	肺热咳喘
麻黄鱼腥草散	宣肺泄热,平喘止咳	肺热咳喘,鸡支原体病
清胃散	清热泻火,理气开胃	胃热食少,粪干
清热健胃散	清热,燥湿,消食	胃热不食,宿食不化
清热散	清热解毒,泻火通便	发热,粪干
清暑散	清热祛暑	伤暑,中暑
清解合剂	清热解毒	鸡大肠杆菌引起的热毒症
清瘟败毒片	泻火解毒,凉血	热毒发斑,高热神昏
清瘟败毒散	泻火解毒,凉血	热毒发斑,高热神昏
清瘟解毒口服液	清热解毒	外感发热
喉炎净散	清热解毒,通利咽喉	鸡喉气管炎
普济消毒散	清热解毒,疏风消肿	热毒上冲,头面、腮颊肿痛,疮黄疔毒
解暑抗热散	清热解暑	热应激,中暑
雏痢净	清热解毒,涩肠止泻	雏鸡白痢
滑石散	清热利湿,通淋	膀胱热结,排尿不利
决明散	清肝明目,消瘀退翳	肝经积热,云翳遮睛

三、泻下方

以泻下药为主组成，具有通导大便、排除肠胃积滞、荡涤实热、攻逐水饮作用，用于治疗里实证的方剂，称为泻下方，又称攻里方。泻下剂常分为攻下、润下和峻泻逐水三类。泻下剂大多药性峻猛，凡孕畜、产后、老弱以及伤津亡血者，均应慎用。必要时可考虑攻补兼施，或先攻后补。对于表证未解，里实未成者，不宜使用泻下剂。如表证未解而里实已盛，宜先解表，后治里，或表里双解。又因泻下剂易伤胃气，应得效即止，切勿过投。

泻下类兽医中药制剂的传统功能包括破气消胀、攻下热结、健胃消食、泻下逐水、破痞消肿以及泻下通肠等，现代兽医学确定的临床主治内容包括胃肠臌气、食欲不振、大便秘结、宿草不转、胃肠积滞等，在防治结症、便秘、疮黄疔毒等方面上取得成效(表 23-3)。

表 23-3　泻下类新兽药成方制剂和单味制剂

新兽药	功能	主治
三香散	破气消胀，宽肠通便	胃肠臌气
大承气散	攻下热结，通肠	结症，便秘
大黄末	健胃消食，泻热通肠，凉血解毒，破积行瘀	食欲不振，实热便秘，结症，疮黄疔毒，目赤肿痛，烧伤烫伤，跌打损伤； 鱼肠炎，烂腮，腐皮
大黄酊	健胃，通便	食欲不振，大便秘结
大黄流浸膏	健胃通肠	食欲不振，便秘
大戟散	泻下，逐水	水草肚胀，宿草不转
山大黄末	健胃消食，清热解毒，破痞消肿	食欲不振，胃肠积热，湿热黄疸，热毒痈肿，跌打损伤，瘀血肿痛，烧伤
无失散	泻下通肠	结症，便秘
木槟消黄散	泻热通便，理气止痛	实热便秘，胃肠积滞
当归苁蓉散	润燥滑肠，理气通便	老、弱、孕畜便秘
通肠散	通肠泻热	便秘，结症

四、消导方

以消导药为主组成，具有消食化积功能，用于治疗积滞痞块的方剂，称为消导方。消导方应用甚为广泛，凡由气、血、痰、湿、食等壅滞而成的积滞痞块，均可用之。本节内容主要讨论消食导滞方面的方剂。消导方与泻下方都有消除有形实邪的作用，但在临床应用上，两者有所不同，泻下方一般用于急性有形实邪，是猛攻急下的方剂；消导方一般用于慢性的积滞胀满，属渐消缓散的方剂。

水谷停滞，往往因脾失健运，胃失和降而逐渐产生，动物出现食欲减退、肚腹胀满等症状。除重用山楂、六神曲、麦芽等消导药外，还需与行气宽中及理气健脾的药物配伍。如积滞郁而化热，宜与清热药配伍；若积滞兼寒，宜与祛寒药等配伍。消导方虽较泻下方作用缓和，然而毕竟是克伐之剂，对于脾胃虚弱、气血不足而邪已实者，还需与补益药物配伍，消补兼施。

消导类兽医中药制剂的传统功能包括健胃、燥湿健脾、健胃消食、化谷消积、破气宽肠以及行气消食等，现代兽医学确定的临床主治内容包括脾虚不食、食欲不振、消化不良、宿草不转、湿困脾土、食少、粪稀软，胃寒冷痛、慢草不食、寒湿困脾、伤食积滞等（表 23-4）。

表 23-4　消导类新兽药成方制剂和单味制剂

新兽药	功能	主治
马钱子酊	健胃	脾虚不食，宿草不转
大黄碳酸氢钠片	健胃	食欲不振，消化不良
龙胆酊	健胃	食欲不振
龙胆碳酸氢钠片	清热燥湿，健胃	食欲不振
平胃散	燥湿健脾，理气开胃	湿困脾土，食少，粪稀软
曲麦散	化谷消积，破气宽肠	胃肠积滞，料伤五攒痛
肉桂酊	温中健胃	食欲不振，胃寒，冷痛
肥猪菜	健脾开胃	消化不良，食欲减退
肥猪散	开胃，驱虫，催肥	食少，瘦弱，生长缓慢
厚朴散	行气消食，温中散寒	脾虚气滞，胃寒少食
复方大黄酊	健脾消食，理气开胃	慢草不食，食滞不化
复方龙胆酊	健脾开胃	脾不健运，食欲不振，消化不良
保健锭	健脾开胃，通窍醒神	消化不良，食欲不振
健胃散	消食下气，开胃宽肠	伤食积滞，消化不良
健猪散	消食导滞，通便	消化不良，粪干便秘
消食平胃散	消食开胃	寒湿困脾，胃肠积滞
消积散	消积导滞，下气消胀	伤食积滞
猪健散	消食健胃	消化不良

五、和解方

根据调和的原则组方，具有和解表里、调畅气机的作用，用于治疗少阳病或肝脾、肠胃不和等病证的方剂，称为和解方。和解方原为治疗少阳胆经病证而设，然而肝胆关系密切，病理上常相互影响，并往往累及脾胃，故其适应证还包括肝脾不和、胃肠不和等。使用时应注意适应证。凡属邪在肌表，或表邪已入里者，不宜使用和解方，以免引邪入里或延误治疗；脏腑极虚、气血不足之寒热，不宜使用和解方。

和解类兽医中药制剂的传统功能包括和解少阳、解热等，现代兽医学确定的临床主治内容包括少阳证、寒热往来、不欲饮食、口津少、反胃呕吐、感冒发热等（表 23-5）。

表 23-5　和解类新兽药成方制剂和单味制剂

新兽药	功能	主治
小柴胡散	和解少阳，解热	少阳证，寒热往来，不欲饮食，口津少，反胃呕吐
柴胡注射液	解热	感冒发热
柴葛解肌散	解肌清热	感冒发热

六、化痰止咳平喘方

以化痰、止咳、平喘药为主组成，具有消除痰涎、缓解或制止咳喘的作用，用于治疗肺经疾病的方剂，称为化痰止咳平喘方。咳嗽与痰、喘在病机上关系密切，咳嗽每多挟痰，而痰多亦每致咳嗽，久咳则肺气上逆而作喘，三者可互为因果。在治法上，化痰药、止咳药、平喘药常配合应用。

化痰止咳平喘类中药制剂的传统功能包括燥湿化痰、清肺化痰、祛痰止咳、温肺散寒、养阴清热、祛痰镇咳、润肺化痰、清肺平喘、清泻肺热、止咳平喘等，现代兽医学确定的临床主治内容包括湿痰咳嗽、肺热咳喘、肺寒吐沫、肺虚咳喘、劳伤久咳等（表 23-6），在防治鸡慢性呼吸道病、喉气管炎等方面取得成效。

表 23-6　化痰止咳平喘类新兽药成方制剂和单味制剂

新兽药	功能	主治
二陈散	燥湿化痰，理气和胃	湿痰咳嗽，呕吐，腹胀
止咳散	清肺化痰，止咳平喘	肺热咳喘
甘草流浸膏	祛痰止咳	咳嗽
甘草颗粒	祛痰止咳	咳嗽
半夏散	温肺散寒，燥湿化痰	肺寒吐沫
百合固金散	养阴清热，润肺止咳	肺虚咳喘，阴虚火旺，咽喉肿痛
远志酊	祛痰镇咳	痰喘，咳嗽
远志流浸膏	祛痰镇咳	痰喘，咳嗽
金花平喘散	平喘，止咳	气喘，咳嗽
定喘散	清肺，止咳，定喘	肺热咳嗽，气喘
理肺止咳散	润肺化痰，止咳	劳伤久咳，阴虚久咳
理肺散	润肺化痰，止咳定喘	劳伤咳喘，鼻流脓涕
清肺止咳散	清泻肺热，化痰止咳	肺热咳喘，咽喉肿痛
清肺散	清肺平喘，化痰止咳	肺热咳喘，咽喉肿痛
清肺颗粒	清肺平喘，化痰止咳	肺热咳嗽，咽喉肿痛
镇喘散	清热解毒，止咳平喘，通利咽喉	鸡慢性呼吸道疾病，喉气管炎

七、温里方

以温热药为主组成，具有温中散寒，回阳救逆，温经通脉等作用，用于治疗寒证的一类方剂，称温里方或祛寒方。由于寒邪所侵脏腑经络的不同，以及病情轻重缓急的差异，温里方可分为温中散寒、回阳救逆、温经散寒三类。又因寒邪易伤阳气，故本类方剂中还经常与助阳补气的药物配伍。温里方多由辛热温燥之品组成，应用时应首先辨明寒热真假，真热假寒绝非所适；其次，对阴虚或失血动物，当注意用量，切不可过量。

温里类中药制剂的传统功能包括温脾暖胃、温中祛寒、温阳散寒、温中健脾、暖腰肾、祛风湿等，现代兽医学确定的临床主治内容包括胃寒、冷痛、四肢厥冷、脉微欲绝、亡阳虚脱、阴证疮疽、寒湿困脾、脾胃虚寒等（表 23-7）。

表 23-7　温里类新兽药成方制剂和单味制剂

新兽药	功能	主治
五味石榴皮散	温脾暖胃	胃寒，冷痛
四逆汤	温中祛寒，回阳救逆	四肢厥冷，脉微欲绝，亡阳虚脱
阳和散	温阳散寒，和血通脉	阴证疮疽
复方豆蔻酊	温中健脾，行气止呕	寒湿困脾，翻胃少食，脾胃虚寒，食积腹胀，伤水冷痛
姜酊	温中散寒，健脾和胃	脾胃虚寒，食欲不振，冷痛
茴香散	暖腰肾，祛风湿	寒伤腰膀
姜酊	温中散寒，健脾和胃	脾胃虚寒，食欲不振，冷痛
姜流浸膏	温中散寒，健脾和胃	脾胃虚寒，食欲不振，冷痛
桂心散	温中散寒，理气止痛	胃寒草少，胃冷吐涎，冷痛
健脾散	温中健脾，利水止泻	胃寒草少，冷肠泄泻
理中散	温中散寒，补气健脾	脾胃虚寒，食少，泄泻，腹痛
温脾散	温中散寒，理气止痛	胃寒草少，冷痛

八、祛湿方

以祛湿药物为主组成，具有化湿利水、祛风除湿作用，用于治疗水湿和风湿病证的一类方剂，称为祛湿方。临床治疗时，首先应辨别湿邪所在部位的内外上下。在外在上，宜微汗以解之；在内在下，宜健脾行水以利之。其次，应审其寒热虚实。如湿从寒化，宜温阳化湿；湿从热化，宜清热祛湿；体虚湿盛者，宜祛湿与扶正兼顾；水湿壅盛脉证俱实者，宜用逐水之方。根据治法的不同，祛湿方一般分为祛风湿、利水和化湿三类。本类方剂多属于辛温香燥或淡渗利水之品，容易伤阴耗液，对津液亏损之证一般不宜使用，必要时需与养阴药同用。此外，湿邪重着黏腻，易于阻碍气机，故祛湿剂中，常与理气药同用，以求"气化则湿亦化"。

祛湿类中药制剂的传统功能包括行气、化湿、利水、温阳化气、芳香化浊、祛风除湿、化湿止痢、利水止泻、化湿和中、解表化湿等，现代兽医学确定的临床主治内容包括水肿、水湿内停、排尿不利、泄泻、风寒湿痹、痢疾、肠炎、冷肠泄泻等(表 23-8)。

表 23-8　祛湿类新兽药成方制剂和单味制剂

新兽药	功能	主治
五皮散	行气，化湿，利水	水肿
五苓散	温阳化气，利湿行水	水湿内停，排尿不利，泄泻，水肿，宿水停脐
仁香散	芳香化浊	预防家蚕白僵病、曲霉病
风湿活血散	祛风除湿，舒筋活络	风寒湿痹，筋骨疼痛
杨树花口服液	化湿止痢	痢疾，肠炎
杨树花片	化湿止痢	痢疾，肠炎
猪苓散	利水止泻，温中散寒	冷肠泄泻
藿香正气口服液	解表祛暑，化湿和中	外感风寒，内伤湿滞，夏伤暑湿，胃肠型感冒
藿香正气散	解表化湿，理气和中	外感风寒，内伤食滞，泄泻腹胀

九、理气方

以理气药为主组成、具有调理气分，舒畅气机，消除气滞、气逆作用，用于治疗各种气分病证的方剂，称为理气方。气分病证有气滞、气逆、气虚三种，治疗时，气滞宜行气，气逆宜降气，气虚宜补气，因此，理气方的内容概括起来有行气、降气和补气三个方面。本类方剂多辛温香燥，容易伤津耗气，临床应用时当中病即止，勿过量使用。此外。气滞常有寒热虚实之分，又兼有食积、痰湿、血瘀等不同，故应随证化裁，灵活与其他药物配伍。

理气类中药制剂的传统功能包括行气导滞、理气健胃、益气健脾等，现代兽医学确定的临床主治内容包括胃肠积滞、食欲不振、消化不良、肚腹胀满、冷痛等，在防治瘤胃臌气、痢疾腹痛等方面取得成效(表 23-9)。

表 23-9　理气类新兽药成方制剂和单味制剂

新兽药	功能	主治
木香槟榔散	行气导滞，泻热通便	痢疾腹痛，胃肠积滞，瘤胃臌气
陈皮酊	理气健胃	食欲不振
多味健胃散	健胃理气，宽中除胀	食欲减退，消化不良，肚腹胀满
胃肠活	理气，消食，清热，通便	消化不良，食欲减少，便秘
健鸡散	益气健脾，消食开胃	食欲不振，生长缓慢
橘皮散	理气止痛，温中散寒	冷痛

十、理血方

具有活血调血或止血作用，治疗血瘀或出血证的方剂，称为理血方。血分病证有血虚、血热、血瘀、血溢等类型，所以在治疗方面则有补血、凉血、活血、止血等方法。在临证运用中，由于气与血的关系非常密切，“气为血之帅，气行则血行”，故对一般瘀血证候，通常多在活血祛瘀的同时，适当与理气药物配伍，如柴胡、枳壳、香附子等，以助血行瘀散。此外，由于瘀血病证的病机不同、部位有在上、在下之别，且瘀血久留可导致血亏气弱等，故本类方剂组成时尚须根据证候不同，分别与温经散寒、荡涤瘀热、补气养血的药物配伍，如吴茱萸、桂枝、大黄、芒硝、党参、当归等。因此类方剂多侧重攻的一面，故不可过用，以免伤害正气，凡血虚无瘀及孕畜均当慎用。以止血药为主组成，具有制止出血的作用，用于治疗血溢脉外的各种出血病证，如尿血、便血、咳血、子宫出血等。在临证运用时，由于出血的病因和部位不同，组方配伍亦随证而异。如急性出血，血色鲜红，有热象表现者，多为血热妄行之出血，应选用凉血止血药与清热凉血药配伍；若出血血色紫暗，有血凝块并兼有淤血现象者，多为血瘀出血，应选用具有祛瘀作用的止血药或与活血祛瘀药配伍；若为慢性出血，或出血反复不止，血色淡红而有虚寒之象者，多属气虚不能摄血，应以止血药与补气温阳药配伍。总之止血应治本，在止血的基础上，根据出血的原因适当配伍，切勿一味着眼于止血，故又有“见血休止血”之说，只有做到审因施治，才能提高疗效。

理血类中药制剂的传统功能包括活血止痛、活血理气、养血、活血祛瘢、通经下乳等，现代兽医学确定的临床主治内容包括胸膊痛、束步难行、料伤五攒痛、胎动不安、产后恶露不行、血瘀腹痛、产后乳少、乳汁不下等(表 23-10)。

表 23-10　理血类新兽药成方制剂和单味制剂

新兽药	功能	主治
当归散	活血止痛，宽胸利气	胸膊痛，束步难行
红花散	活血理气，消食化积	料伤五攒痛
保胎无忧散	养血，补气，安胎	胎动不安
益母生化散	活血祛瘀，温经止痛	产后恶露不行，血瘀腹痛
通乳散	通经下乳	产后乳少，乳汁不下

十一、收涩方

具有收敛固涩作用，治疗气、血、精、津液耗散滑脱的一类方剂，称为收涩方。收涩方所治气、血、精、津液的耗散滑脱之证，均由脏腑亏损、正气内虚所致，因其临床表现有自汗，盗汗、久泻久痢、肺虚久咳、遗精滑泄、小便失禁、崩漏带下等的不同，故治疗上也有固表止汗、涩肠固脱、涩精止遗和固崩止带等的不同。所以，收涩方在组方时又常根据气、血、阴、阳、精、津液耗伤程度的不同，相应与补益药物配伍，以标本兼顾。本类方剂专为本虚卫外不固及脏腑固摄无力所设，临床上不可误用于热病汗多、热病初起、伤食泄泻、热痢下重、相火妄动之滑精等有实邪的病证。

收涩类中药制剂的传统功能包括敛汗固表、固肾涩精、收敛、止血、清肠止血、疏风行气等，现代兽医学确定的临床主治内容包括体虚自汗、肾虚滑精、疮疡不敛、外伤出血、肠风下血等(表 23-11)。

表 23-11　收涩类新兽药成方制剂和单味制剂

新兽药	功能	主治
牡蛎散	敛汗固表	体虚自汗
金锁固精散	固肾涩精	肾虚滑精
桃花散	收敛，止血	疮疡不敛，外伤出血
槐花散	清肠止血，疏风行气	肠风下血

十二、补虚方

具有补益畜体气、血、阴、阳不足和扶助正气，用于治疗各种虚证的一类方剂，称为补虚方。因虚证有气虚、血虚、阴虚、阳虚之分，故补虚方也相应地分为补气、补血、补阴、补阳四类。气虚补气，血虚补血，气血俱虚则气血双补，这是临床治疗气血不足的常规。但因气血同源，气为血帅，血为气母，二者相互为用，故补气与补血虽各有侧重，但不能截然分开。若血虚兼有气虚，补血必须辅以补气；即或血虚而气不虚，也应少量佐以补气药物，以滋生化；对大出血而致血虚者，更应重用或急投补气药物，使气旺以生血。正如李东垣《脾胃论》所说："血不自生，须得生阳气之药，血自旺矣。"可知补血应与补气结合运用。对于若气虚而血不虚者，一般以补气为主，较少运用补血药，以防阴柔滞气，影响脾胃运化。临证中血弱所致的气虚，以及气不足所致的血亏，亦属常见，当用气血双补之法。补阴和补阳的关系，较之气血关系更为密切。由于阴阳互根，相互依从，相互转化、故阳虚补阳，常辅以补阴之药，使所补之阳有所依附；阴虚补阴,多与补阳药物配伍,以使欲补之阴,生化有源。但如阳虚而阴不虚者,应以补阳为主,宜补之以甘温;阴虚而火旺者,应以补阴为主,宜补之以甘凉;如阴阳两虚,又当阴阳双补。总之,气血同源,阴阳互根,不论补气、补血、补阴、补阳,必须全面兼顾,才能相得益彰。使用补虚方应注意以下事项:首先,补虚方禁用于外邪在表及一切实证;其次,补血、补阴方多滋腻,应用时应注意脾胃功能,若脾胃功能不足,则需与理气健脾、和胃助运药物配伍,或先调理脾胃,然后予以补益;最后,应辨清虚实真假,所谓"大实有羸状"(真实假虚证)、"至虚有盛候"(真虚假实证),前者当攻反补,则实者愈实,后者应补反攻,则虚者愈虚。

补虚类中药制剂的传统功能包括益气养血、滋补肝肾、补肾壮阳、益气固表、滋阴降火等,现代兽医学确定的临床主治内容包括劳伤、虚损、体弱、肝肾阴虚、腰膀无力、盗汗、滑精、阴虚发热、腰胯风湿、表虚不固、脾胃气虚、胎动不安、劳伤气虚、性欲减退、脾胃虚弱、肺气不足、痹症日久、肝肾两亏、气血不足等(表 23-12),在防治卵巢静止和持久黄体所致不孕症、气血不足所致缺乳和乳少症、气血两虚所致胎动不安、习惯性流产、鸡传染性法氏囊病等方面取得成效。

表 23-12 补虚类新兽药成方制剂和单味制剂

新兽药	功能	主治
七补散	培补脾肾,益气养血	劳伤,虚损,体弱
六味地黄散	滋补肝肾	肝肾阴虚,腰膀无力,盗汗,滑精,阴虚发热
巴戟散	补肾壮阳,祛寒止痛	腰胯风湿
玉屏风口服液	益气固表,提高机体免疫力	表虚不固,易感风邪
四君子散	益气健脾	脾胃气虚,食少,体瘦
生乳散	补气养血,通经下乳	气血不足所致缺乳和乳少症
白术散	补气,养血,安胎	胎动不安
加味知柏散	滋阴降火,解毒散痰,化痰止涕	脑颡鼻脓,额窦炎
伤力散	补虚益气	劳伤气虚
壮阳散	温补肾阳	性欲减退,阳痿,滑精
防己散	补肾健脾,利尿除湿	肾虚浮肿
辛夷散	滋阴降火,疏风通窍	脑颡鼻脓
补中益气散	补中益气,升阳举陷	脾胃气虚,久泻,脱肛,子宫脱垂
补肾壮阳散	温补肾阳	性欲减退,阳痿,滑精
参苓白术散	补脾胃,益肺气	脾胃虚弱,肺气不足
促孕灌注液	补肾壮阳,活血化瘀,催情促孕	卵巢静止和持久黄体所致不孕症
独活寄生散	益肝肾,补气血,祛风湿	痹症日久,肝肾两亏,气血不足
泰山磐石散	补气血,安胎	气血两虚所致胎动不安,习惯性流产
黄芪多糖注射液	益气固本,诱导产生干扰素,调节机体免疫功能,促进抗体形成	鸡传染性法氏囊等病毒性疾病
强壮散	益气健脾,消积化食	食欲不振,体瘦毛焦,生长迟缓
催奶灵散	补气养血,通经下乳	产后乳少,乳汁不下
催情散	催情	不发情

十三、祛风方

以辛散祛风或滋阴潜阳、清热平肝药为主组成，具有疏散外风和平熄内风的作用，用于治疗风证的一类方剂，称为祛风方。祛风方也分为疏散外风和平息内风两类。

祛风类中药制剂的传统功能包括熄风解痉、疏散风邪、益气和血、祛风湿、调气血等，现代兽医学确定的临床主治内容包括脾虚湿邪、慢性脑水肿、腰膀风湿、破伤风等(表 23-13)。

表 23-13　祛风类新兽药成方制剂和单味制剂

新兽药	功能	主治
千金散	熄风解痉	破伤风
天麻散	疏散风邪，益气和血	脾虚湿邪，慢性脑水肿
五虎追风散	熄风解痉	破伤风
防风散	祛风湿，调气血	腰膀风湿
破伤风散	祛风止痉	破伤风

十四、安神与开窍方

以养心安神药为主组成，具有重镇安神功能，用于治疗惊悸、神昏不安等证的方剂，称为安神方。以芳香走窜，醒脑开窍药物为主组成，具有通关开窍醒神作用，用于治疗窍闭神昏、气滞痰闭等证的方剂，称为开窍方。

安神开窍类中药制剂的传统功能包括镇心安神、通关开窍、解痉安神、解痉止痛等，现代兽医学确定的临床主治内容包括心热风邪、昏迷、冷痛等(表 23-14)，在防治脑黄、中暑、幼畜惊病等方面取得成效。

表 23-14　安神开窍类新兽药成方制剂和单味制剂

新兽药	功能	主治
朱砂散	镇心安神，扶正祛邪	心热风邪，脑黄
通关散	通关开窍	中暑，昏迷，冷痛
镇心散	镇心安神，清热息风	惊狂，神昏，脑黄
镇痫散	活血熄风，解痉安神	幼畜惊病
颠茄酊	解痉止痛	冷痛
颠茄流浸膏	解痉止痛	冷痛
颠茄浸膏	解痉止痛	冷痛

十五、驱虫方

以驱虫药物为主组成，具有驱除或杀灭寄生虫的作用，用于治疗动物体内外寄生虫病的方剂，称为驱虫方。本类方剂主要适用于体内寄生虫引起的腹痛、胀满、贪食消瘦、口色淡白等虫积证和疥螨、虱等外寄生虫病。组成驱虫方的药物，如雷丸、鹤虱、贯众、苦楝根皮等，都有不同程度的毒性，在使用时应注意准确掌握剂量和服药间隔时间。同时，驱虫方在服法上多空腹服，或与适当的泻下药配伍，以加速寄生虫的排出。驱虫之后，当调补脾胃，使虫去而正不伤。

驱虫类中药制剂的传统功能包括杀虫、驱虫、利水、止血等，现代兽医学确定的临床主治内容包括消化不良、虫积等(表 23-15)，在防治肝片吸虫病、鸡球虫病、胃肠道寄生虫病、蜜蜂寄生螨等方面取得成效。

表 23-15　驱虫类新兽药成方制剂和单味制剂

新兽药	功能	主治
肝蛭散	杀虫，利水	肝片吸虫病
鸡球虫散	抗球虫，止血	鸡球虫病
驱虫散	驱虫	胃肠道寄生虫病
钩吻末	健胃，杀虫	消化不良，虫积
蜂螨酊	杀灭蜂螨	蜜蜂寄生螨

十六、外用方

以外用药为主组成，能够直接作用于病变局部，具有清热凉血、消肿止痛、化腐拔毒、排脓生肌、接骨续筋和体外杀虫止痒等功效的一类方剂，称为外用方。外用方以局部熏洗、涂搽、撒布、敷贴、点眼、吹鼻等为主要运用方式，多用于疮痈肿毒、皮肤病、眼病和某些内科病证等。对于某些顽固性或病情严重的外科病证，可配合内服方药，以加强疗效。本类方剂中的药物多具有刺激性或毒性，不宜过量使用，涂搽面积亦不宜过大，以免引起肿胀疼痛或中毒。

外用类中药制剂的传统功能包括生肌敛疮、散瘀止痛、防腐生肌、收敛止血、消肿止痛、退翳明目、活血散瘀止痛、杀疥螨等，现代兽医学确定的临床主治内容包括疮疡、骨折、闭合性损伤、痈疽溃烂、疮疡流脓、外伤出血、红肿热痛、云翳遮睛、疮痈肿毒初起、热性黄肿、烫伤、火伤、跌打损伤、腰肢疼痛、疥癣等(表 23-16)。

表 23-16　外用类新兽药成方制剂和单味制剂

新兽药	功能	主治
生肌散	生肌敛疮	疮疡
白及膏	散瘀止痛	骨折，闭合性损伤
防腐生肌散	防腐生肌，收敛止血	痈疽溃烂，疮疡流脓，外伤出血
如意金黄散	清热除湿，消肿止痛	红肿热痛，痈疽黄肿，烫火伤
拨云散	退翳明目	云翳遮睛
消疮散	清热解毒，消肿排脓，活血止痛	疮痈肿毒初起，红肿热痛，属于阳证未溃者
雄黄散	清热解毒，消肿止痛	热性黄肿
紫草膏	清热解毒，生肌止痛	烫伤，火伤
跛行镇痛散	活血，散淤，止痛	跌打损伤，腰肢疼痛
擦疥散	杀疥螨	疥癣

十七、饲料添加方

以饲料添加剂的方式添加于饲料中给药的一类方剂，称为饲料添加方，又称中草药饲料添加剂。严格来讲，这只是给药方式比较特殊的一类方剂。目前所生产和使用的中草药饲料添加剂在剂型上以散剂为主，也有采用预混剂形式的，即将中药或其提取物预先与某种载体混合均匀制成添加剂，如将松针提取物和载体松针粉混合制成饲料添加剂。除此之外，还有颗粒剂和饮水剂等剂型供添加到饲料中，或作为饮水添加剂使用。

饲料添加类中药制剂的传统功能包括促脱壳、促生长、益气健脾、补肾壮阳、清热解毒、活血祛瘀、补肾强体等，现代兽医学确定的临床主治内容包括虾蟹脱壳迟缓、家禽产蛋减少等(表23-17)，在促进家蚕上蔟整齐、提高家禽产蛋率等方面取得成效。

表 23-17　饲料添加类新兽药成方制剂和单味制剂

新兽药	功能	主治
虾蟹脱壳促长散	促脱壳，促生长	虾蟹脱壳迟缓
蚕用蜕皮液	调节家蚕生长发育	用于促进家蚕上蔟整齐
蛋鸡宝	益气健脾，补肾壮阳	用于提高产蛋率，延长产蛋高峰期
降脂增蛋散	补肾益脾，暖宫活血，可降低鸡蛋胆固醇	产蛋量下降
激蛋散	清热解毒，活血祛瘀，补肾强体	输卵管炎，产蛋功能低下

复习思考题

1. 请列举常用消导方与和解方并进行方解。
2. 试论述补虚方与温里方的组方思路。

参考文献

[1] 胡元亮．兽医中药学[M]. 北京：中国农业出版社，2007.
[2] 钟秀会，刘占民．兽医中药学[M]. 北京：中国农业出版社，2009.
[3] 刘钟杰，许剑琴．中兽医学[M]. 4 版．北京：中国农业出版社，2011.
[4] 钟赣生，杨柏灿．中药学[M]. 4 版．北京：中国中医药出版社，2021.
[5] 周祯祥，唐德才．临床中药学 [M]. 2 版．北京：中国中医药出版社，2021.
[6] 高学敏，钟赣生．中药学[M]. 2 版．北京：人民卫生出版社，2013.
[7] 中华人民共和国兽药典委员会．中华人民共和国兽药典[M]. 2020 版．北京:中国农业出版社,2020.

附录：本书涉及兽用中药材彩图

彩图 8-1　草麻黄的原植物和饮片

彩图 8-2　桂枝的原植物和饮片

彩图 8-3　荆芥的原植物和饮片

彩图 8-4　防风的原植物和饮片

彩图 8-5　石香薷的原植物和饮片

彩图 8-6　辽细辛的原植物和饮片

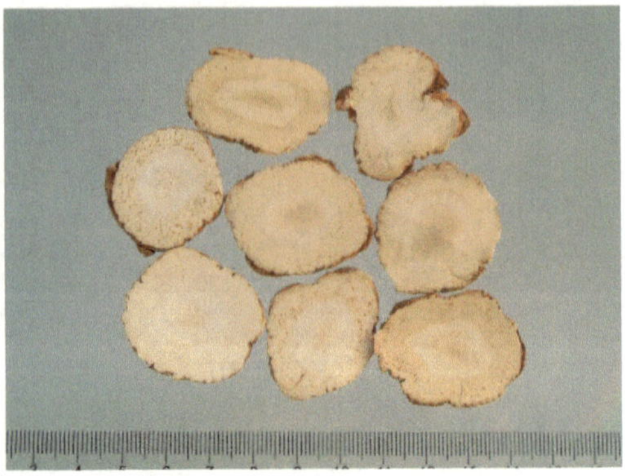

彩图 8-7　白芷的原植物和饮片

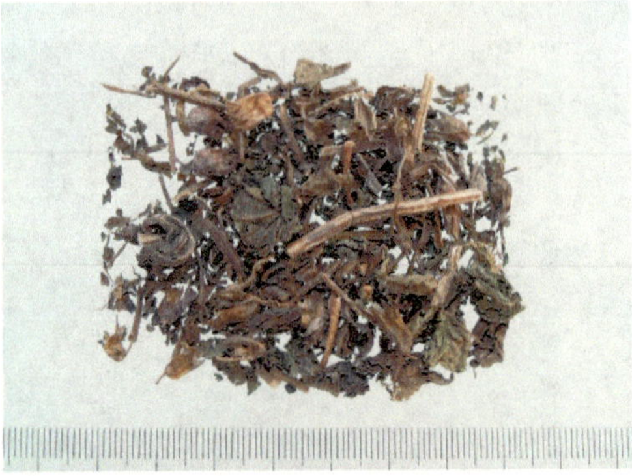

彩图 8-8　紫苏叶的原植物和饮片

彩图 8-9　苍耳子的原植物和饮片

彩图 8-10　辛夷的原植物和饮片

彩图 8-11　薄荷的原植物和饮片

彩图 8-12　柴胡的原植物和饮片

彩图 8-13　大三叶升麻的原植物和饮片

彩图 8-14　葛根的原植物和饮片

彩图 8-15　蝉和蝉蜕饮片

彩图 8-16　桑叶的原植物和饮片

彩图 8-17　菊花的原植物和饮片

彩图 8-18　牛蒡子的原植物和饮片

彩图 8-19　淡豆豉的原植物和饮片

彩图 9-1　石膏

彩图 9-2　知母的原植物和饮片

彩图 9-3　芦根的原植物和饮片

彩图 9-4　栀子的原植物和饮片

彩图 9-5　夏枯草的原植物和饮片

彩图 9-6　淡竹叶的原植物和饮片

彩图 9-7　黄芩的原植物和饮片

彩图 9-8　黄连的原植物和饮片

彩图 9-9　黄柏的原植物和饮片

彩图 9-10　龙胆的原植物和饮片

彩图 9-11　苦参的原植物和饮片

彩图 9-12　秦皮的原植物和饮片

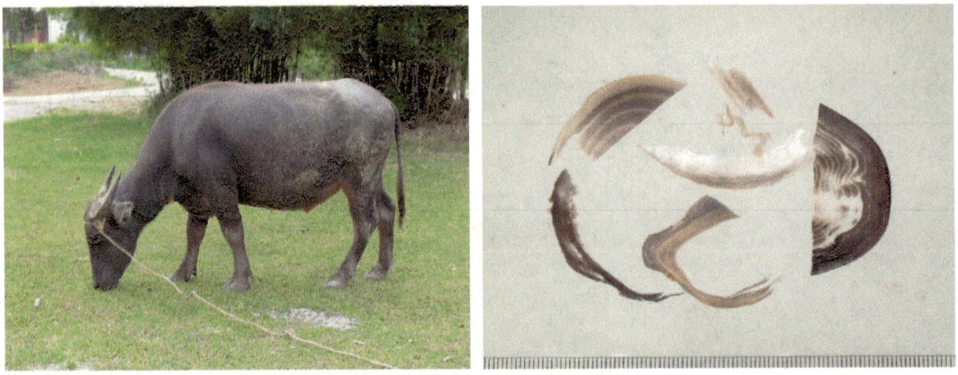

彩图 9-13　水牛和水牛角饮片

彩图 9-14　地黄的原植物和饮片

彩图 9-15　玄参的原植物和饮片

彩图 9-16　牡丹皮的原植物和饮片

彩图 9-17　芍药的原植物和饮片

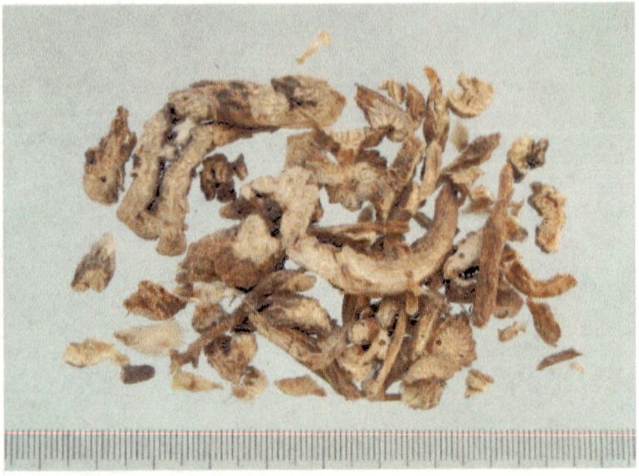

彩图 9-18　白头翁的原植物和饮片

彩图 9-19　紫草的原植物和饮片

彩图 9-20　金银花的原植物和饮片

彩图 9-21　连翘的原植物和饮片

彩图 9-22　蒲公英的原植物和饮片

彩图 9-23　紫花地丁的原植物和饮片

彩图 9-24　大青叶的原植物和饮片

彩图 9-25　板蓝根的原植物和饮片

彩图 9-26　青黛的原植物和饮片

彩图 9-27　穿心莲的原植物和饮片

彩图 9-28　鱼腥草的原植物和饮片

彩图 9-29　金荞麦的原植物和饮片

彩图 9-30　射干的原植物和饮片

彩图 9-31　山豆根的原植物和饮片

彩图 9-32　青蒿的原植物和饮片

彩图 9-33　地骨皮的原植物和饮片

彩图 9-34　银柴胡的原植物和饮片

彩图 10-1　掌叶大黄的原植物和饮片

彩图 10-2　芒硝

彩图 10-3　狭叶番泻的原植物和饮片

彩图 10-4　火麻仁的原植物和饮片

彩图 10-5　郁李仁的原植物和饮片

彩图 10-6　巴豆的原植物和饮片

彩图 10-7　甘遂的原植物和饮片

彩图 10-8 芫花的原植物和饮片

彩图 10-9 商陆的原植物和饮片

彩图 10-10 大戟的原植物和饮片

彩图 10-11 裂叶牵牛的原植物和饮片

彩图 10-12　续随子的原植物和饮片

彩图 11-1　山楂的原植物和饮片

彩图 11-2　麦芽的原植物和饮片

彩图 11-3　家鸡和鸡内金饮片

彩图 11-4　莱菔子的原植物和饮片

彩图 11-5　谷芽的原植物和饮片

彩图 11-6　陈皮的原植物和饮片

彩图 11-7　青皮的原植物和饮片

彩图 11-8　枳实的原植物和饮片

彩图 11-9　枳壳的原植物和饮片

彩图 11-10　木香的原植物和饮片

彩图 11-11　厚朴的原植物和饮片

彩图 11-12　川楝子的原植物和饮片

彩图 11-13　乌药的原植物和饮片

彩图 11-14　香附的原植物和饮片

彩图 11-15　佛手的原植物和饮片

彩图 11-16　香橼的原植物和饮片

彩图 11-17　娑罗子的原植物和饮片

彩图 11-18　薤白的原植物和饮片

彩图 11-19　大腹皮的原植物和饮片

彩图 11-20　砂仁的原植物和饮片

彩图 12-1　干姜的原植物和饮片

彩图 12-2　吴茱萸的原植物和饮片

彩图 12-3　小茴香的原植物和饮片

彩图 12-4　丁香的原植物和饮片

彩图 12-5　高良姜的原植物和饮片

彩图 12-6　荜茇的原植物和饮片

彩图 12-7　荜澄茄的原植物和饮片

彩图 12-8　胡椒的原植物和饮片

彩图 12-9　花椒的原植物和饮片

彩图 12-10　艾叶的原植物和饮片

彩图 12-11　附子的原植物和饮片

彩图 12-12　肉桂的原植物和饮片

彩图 13-1　暗紫贝母的原植物和饮片

彩图 13-2　浙贝母的原植物和饮片

彩图 13-3　瓜蒌的原植物和饮片

彩图 13-4　天花粉的原植物和饮片

彩图 13-5　桔梗的原植物和饮片

彩图 13-6　前胡的原植物和饮片

彩图 13-7　半夏的原植物和饮片

彩图 13-8　天南星的原植物和饮片

彩图 13-9　旋覆花的原植物和饮片

彩图 13-10　白前的原植物和饮片

彩图 13-11　苦杏仁的原植物和饮片

彩图 13-12　紫菀的原植物和饮片

彩图 13-13　款冬花的原植物和饮片

彩图 13-14　百部的原植物和饮片

彩图 13-15　马兜铃的原植物和饮片

彩图 13-16　葶苈子的原植物和饮片

彩图 13-17　紫苏子的原植物和饮片

彩图 13-18　枇杷叶的原植物和饮片

彩图 13-19　白果的原植物和饮片

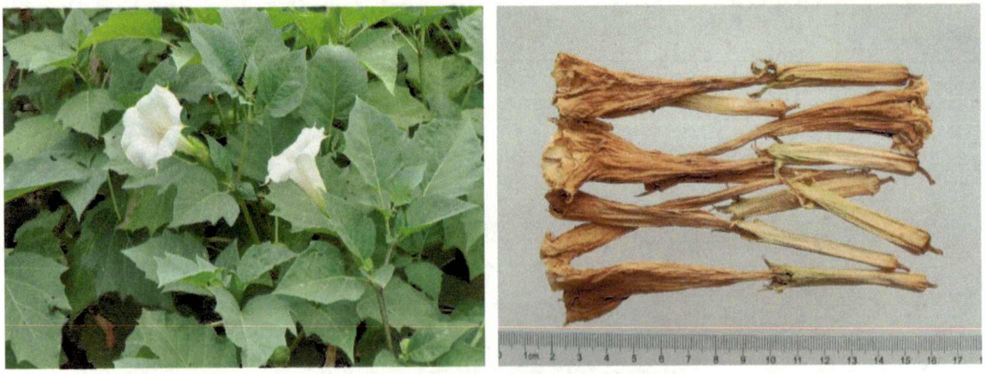

彩图 13-20　洋金花的原植物和饮片

彩图 14-1　独活的原植物和饮片

彩图 14-2　威灵仙的原植物和饮片

彩图 14-3　乌梢蛇动物和饮片

彩图 14-4　木瓜的原植物和饮片

彩图 14-5　防己的原植物和饮片

彩图 14-6　秦艽的原植物和饮片

彩图 14-7　桑枝的原植物和饮片

彩图 14-8　马钱子的原植物和饮片

彩图 14-9　五加皮的原植物和饮片

彩图 14-10　桑寄生的原植物和饮片

彩图 14-11　藿香的原植物和饮片

彩图 14-12　苍术的原植物和饮片

彩图 14-13　佩兰的原植物和饮片

彩图 14-14　草豆蔻的原植物和饮片

彩图 14-15　茯苓和饮片

彩图 14-16　猪苓和饮片

彩图 14-17　东方泽泻的原植物和饮片

彩图 14-18　车前子的原植物和饮片

彩图 14-19　薏苡的原植物和饮片

彩图 14-20　木通的原植物和饮片

彩图 14-21　通脱木的原植物和饮片

彩图 14-22　石竹的原植物和饮片

彩图 14-23　茵陈的原植物和饮片

彩图 14-24　过路黄的原植物和饮片

彩图 14-25　萹蓄的原植物和饮片

彩图 14-26　海金沙的原植物和饮片

彩图 14-27　地肤子的原植物和饮片

彩图 14-28　庐山石韦的原植物和饮片

彩图 14-29　绵萆薢的原植物和饮片

彩图 15-1　杂色鲍和石决明饮片

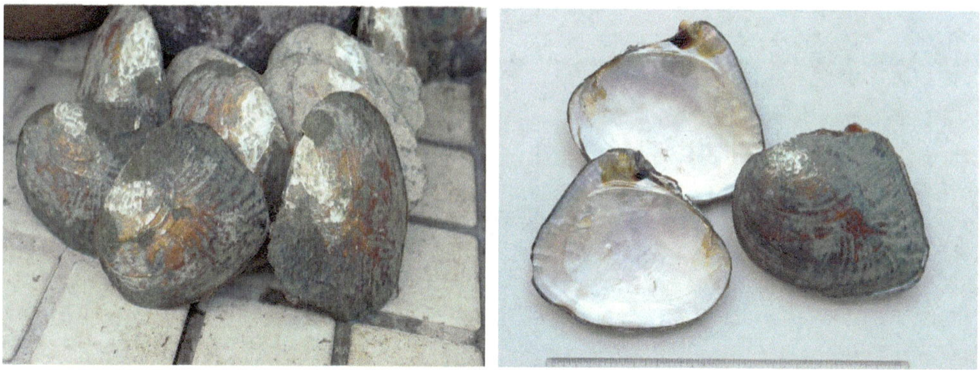

彩图 15-2　三角帆蚌和珍珠母饮片

彩图 15-3　决明子的原植物和饮片

彩图 15-4　木贼的原植物和饮片

彩图 15-5　谷精草的原植物和饮片

彩图 15-6　密蒙花的原植物和饮片

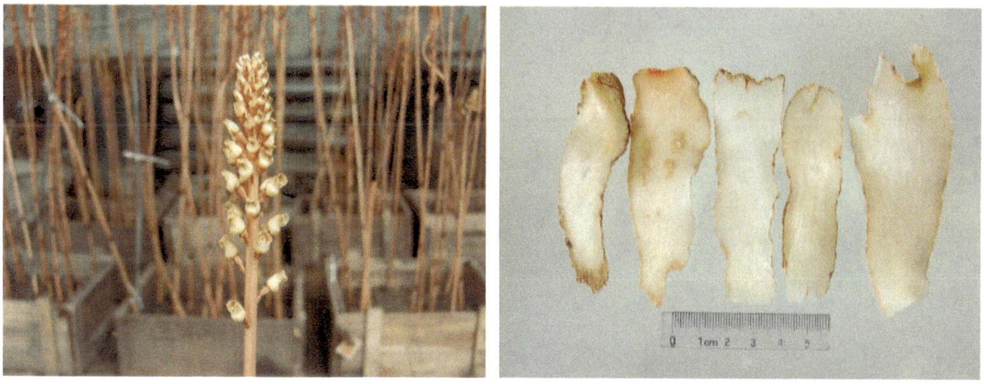

彩图 15-7　天麻的原植物和饮片

彩图 15-8　钩藤的原植物和饮片

彩图 15-9　全蝎饮片

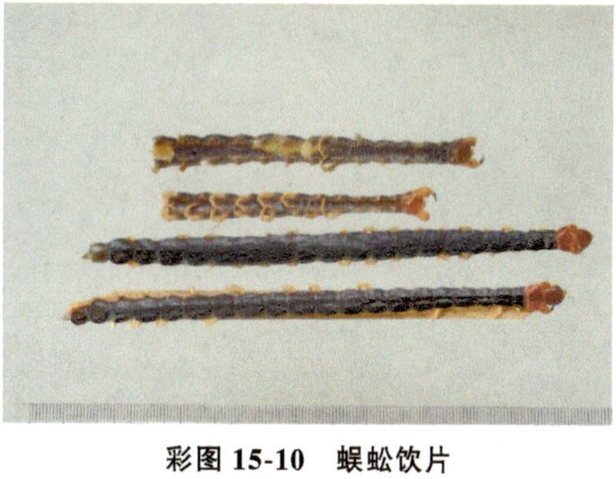

彩图 15-10　蜈蚣饮片

彩图 15-11　蚕蛾和饮片

彩图 15-12　威廉环毛蚓和饮片

彩图 15-13　青皮竹的原植物和饮片

彩图 15-14　独角莲的原植物和饮片

彩图 16-1　乌梅的原植物和饮片

彩图 16-2 诃子的原植物和饮片

彩图 16-3 肉豆蔻的原植物和饮片

彩图 16-4 石榴的原植物和饮片

彩图 16-5 盐肤木和五倍子饮片

彩图 16-6　罂粟壳的原植物和饮片

彩图 16-7　五味子的原植物和饮片

彩图 16-8　长牡蛎和饮片

彩图 16-9　小麦的原植物和饮片

彩图 16-10　金樱子的原植物和饮片

彩图 16-11　桑螵蛸（大刀螂）动物和饮片

彩图 16-12　芡实的原植物和饮片

彩图 17-1　人参的原植物和饮片

彩图 17-2　党参的原植物和饮片

彩图 17-3　黄芪的原植物和饮片

彩图 17-4　山药的原植物和饮片

彩图 17-5　白术的原植物和饮片

彩图 17-6　甘草的原植物和饮片

彩图 17-7　大枣的原植物和饮片

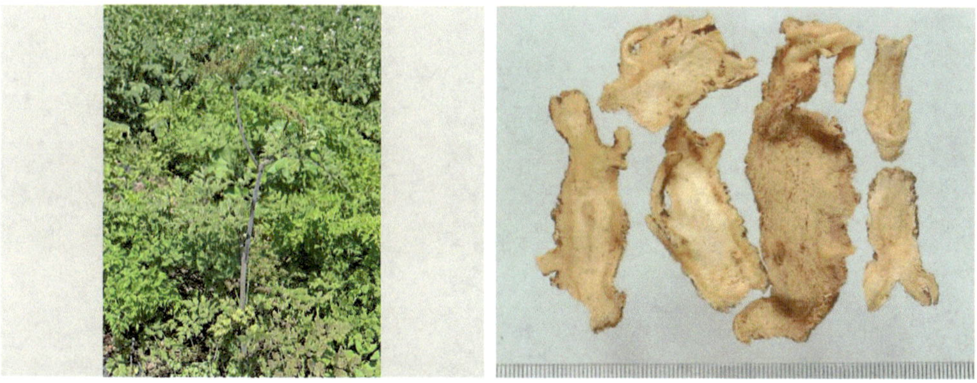

彩图 17-8　当归的原植物和饮片

彩图 17-9　白芍的原植物和饮片

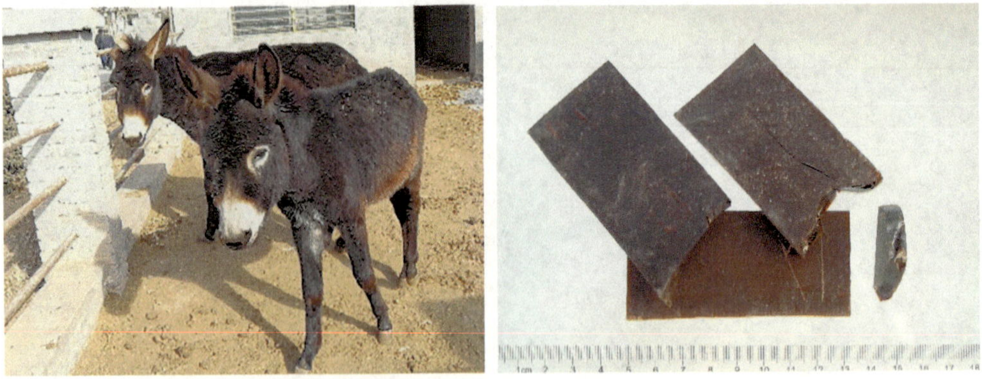

彩图 17-10　驴和阿胶饮片

彩图 17-11　熟地黄的原植物和饮片

彩图 17-12　何首乌的原植物和饮片

彩图 17-13　北沙参的原植物和饮片

彩图 17-14　轮叶沙参的原植物和饮片

彩图 17-15　天冬的原植物和饮片

彩图 17-16　麦冬的原植物和饮片

彩图 17-17　百合的原植物和饮片

彩图 17-18　金钗石斛的原植物和饮片

彩图 17-19　女贞子的原植物和饮片

彩图 17-20　鳖和鳖甲饮片

彩图 17-21　枸杞子的原植物和饮片

彩图 17-22　黄精的原植物和饮片

彩图 17-23　玉竹的原植物和饮片

彩图 17-24　山茱萸的原植物和饮片

彩图 17-25　巴戟天的原植物和饮片

彩图 17-26　肉苁蓉的原植物和饮片

彩图 17-27　淫羊藿的原植物和饮片

彩图 17-28　益智的原植物和饮片

彩图 17-29　补骨脂的原植物和饮片

彩图 17-30　杜仲的原植物和饮片

彩图 17-31　续断的原植物和饮片

彩图 17-32　南方菟丝子的原植物和饮片

彩图 17-33　骨碎补的原植物和饮片

彩图 17-34　锁阳的原植物和饮片

彩图 17-35　胡芦巴的原植物和饮片

彩图 17-36　蛤蚧

彩图 18-1　川芎的原植物和饮片

彩图 18-2　延胡索的原植物和饮片

彩图 18-3　郁金的原植物和饮片

彩图 18-4　姜黄的原植物和饮片

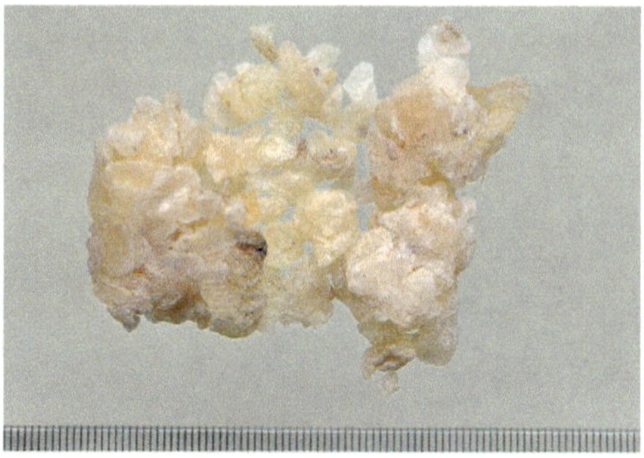

彩图 18-5　乳香

彩图 18-6　没药的原植物和饮片

彩图 18-7　丹参的原植物和饮片

彩图 18-8　红花的原植物和饮片

彩图 18-9　山桃的原植物和饮片

彩图 18-10　益母草的原植物和饮片

彩图 18-11　泽兰的原植物和饮片

彩图 18-12　牛膝的原植物和饮片

彩图 18-13　鸡血藤的原植物和饮片

彩图 18-14　地鳖和土鳖虫饮片

彩图 18-15　自然铜

彩图 18-16　刘寄奴的原植物和饮片

彩图 18-17　三棱的原植物和饮片

彩图 18-18　广西莪术和饮片

彩图 18-19　蚂蟥饮片

彩图 18-20　大蓟的原植物和饮片

彩图 18-21　地榆的原植物和饮片

彩图 18-22 槐花的原植物和饮片

彩图 18-23 侧柏叶的原植物和饮片

彩图 18-24 三七的原植物和饮片

彩图 18-25 茜草的原植物和饮片

彩图 18-26　水烛香蒲的原植物和饮片

彩图 18-27　白及的原植物和饮片

彩图 18-28　仙鹤草的原植物和饮片

彩图 18-29　血余炭

彩图 18-30　杜虹花的原植物和饮片

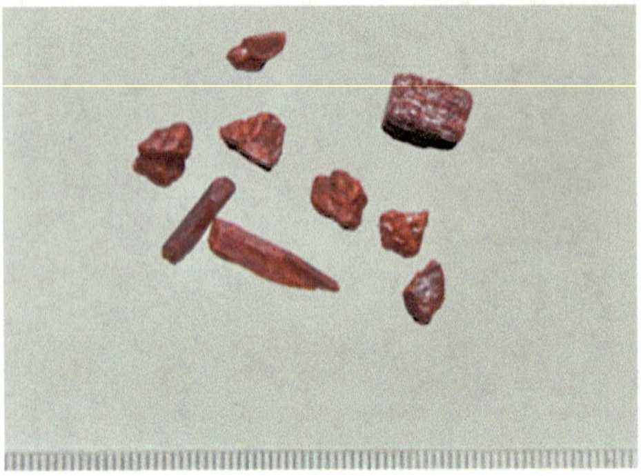

彩图 19-1　朱砂

彩图 19-2　磁石

彩图 19-3　紫石英

彩图 19-4　酸枣仁的原植物和饮片

彩图 19-5　柏子仁的原植物和饮片

彩图 19-6　远志的原植物和饮片

彩图 19-7　合欢皮的原植物和饮片

彩图 19-8　莲子的原植物和饮片

彩图 19-9　冰片的原植物和饮片

彩图 19-10　石菖蒲的原植物和饮片

彩图 19-11　中华大蟾蜍和蟾酥饮片

彩图 19-12　皂角刺的原植物和饮片

彩图 20-1　常山的原植物和饮片

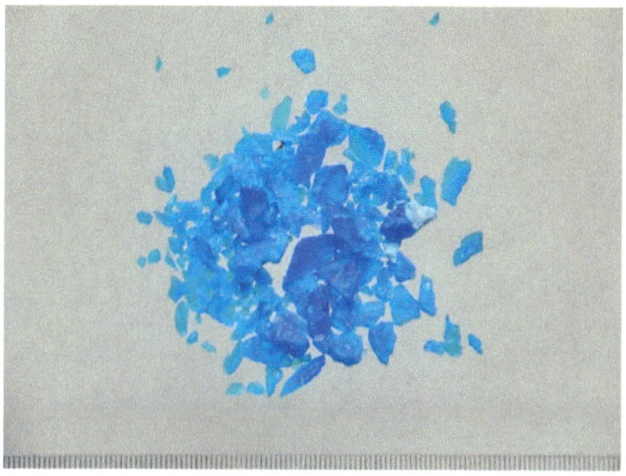

彩图 20-2　胆矾

彩图 20-3　藜芦的原植物和饮片

彩图 20-4　使君子的原植物和饮片

彩图 20-5　楝的原植物和饮片

彩图 20-6　槟榔的原植物和饮片

彩图 20-7　大蒜的原植物和饮片

彩图 20-8　蛇床子的原植物和饮片

彩图 20-9　雷丸饮片

彩图 20-10　鹤虱的原植物和饮片

彩图 20-11　榧子的原植物和饮片

彩图 21-1　雄黄

彩图 21-2　硫黄

彩图 21-3　白矾

彩图 21-4　木鳖子的原植物和饮片

彩图 21-5　土荆皮的原植物和饮片

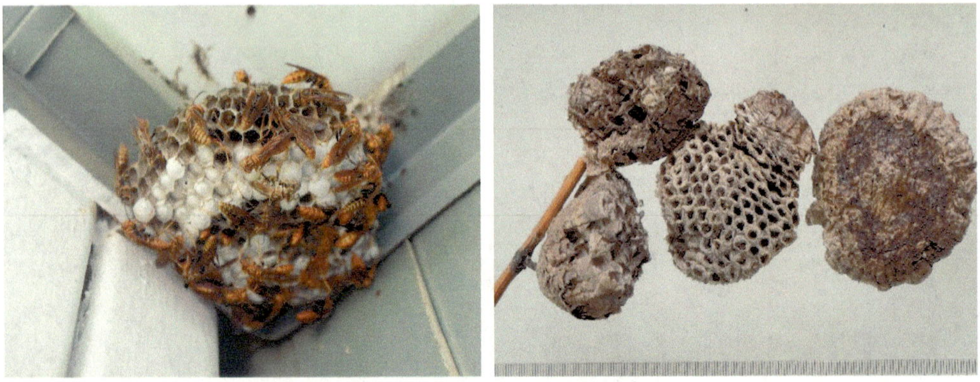

彩图 21-6　果马蜂巢和蜂房饮片

彩图 21-7　红粉

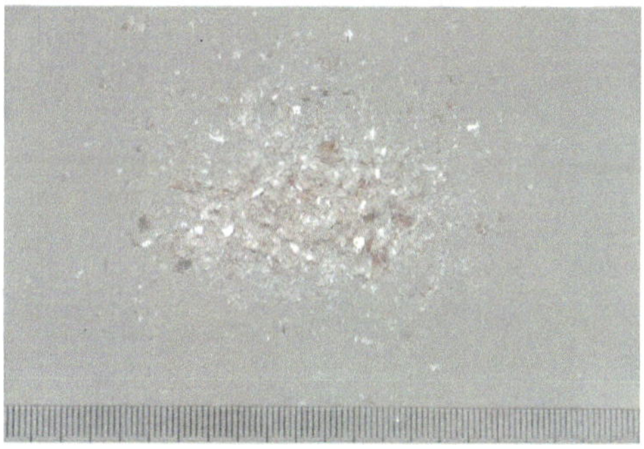

彩图 21-8　轻粉

彩图 21-9　炉甘石